材料科学技术著作丛

凝固科学基础

方大成　姚　曼
徐久军　王旭东　编著

科学出版社
北　京

内 容 简 介

本书系统阐述有关凝固的基本理论，说明凝固过程的物理本质、伴随发生的现象、影响因素和控制原理。

全书分成 8 章，在说明液体的结构（第 1 章）和凝固发生的条件（第 2 章）的基础上，从原子级或微观结构形成的角度，讨论晶核的形成和晶体的长大（第 3 章），第 4 章和第 5 章阐述凝固过程的热量、质量和动量传输，第 6 章讨论凝固过程控制与非晶态、微晶和准晶的形成。随后着重于宏观过程，讨论伴随凝固过程发生的现象与对策（第 7 章）。从材料的角度看，前 7 章讨论的实验基础偏重于金属。最后，集中讨论陶瓷材料的凝固问题（第 8 章）。全书引入 170 个案例，帮助读者理解凝固理论与工艺原理，了解研究方法。其中一些案例是作者的研究成果。

本书主要面向材料科学与工程，特别是材料加工工程领域的读者，可以作为大学有关专业的教材或参考书。对于有兴趣了解凝固科学理论的读者，本书可作为一本快速入门且不失全面性的参考书。

图书在版编目（CIP）数据

凝固科学基础 / 方大成等编著. —北京：科学出版社，2013
（材料科学技术著作丛书）
ISBN 978-7-03-037128-7

Ⅰ.①凝… Ⅱ.①方… Ⅲ.①凝固理论 Ⅳ.①O552.6

中国版本图书馆 CIP 数据核字（2013）第 049331 号

责任编辑：吴凡洁　张　星 / 责任校对：包志虹
责任印制：吴兆东 / 封面设计：耕者设计工作室

科学出版社出版
北京东黄城根北街 16 号
邮政编码：100717
http://www.sciencep.com
北京中石油彩色印刷有限责任公司印刷
科学出版社发行　各地新华书店经销
*
2013 年 3 月第　一　版　开本：720×1000 1/16
2025 年 5 月第七次印刷　印张：20
字数：374 000

定价：72.00 元

（如有印装质量问题，我社负责调换）

前　言

铸造、从液相生长晶体、陶瓷材料和焊接材料等的加工与成型过程中都存在凝固过程。掌握凝固理论，对提高与凝固过程有关的产品质量、开发新材料和新工艺有重要意义。凝固理论是材料科学与工程领域研究工作者和工程师必须掌握的基础理论之一。

凝固过程涉及热力学、结晶学、传热学、流体力学、金属物理等众多学科。在20世纪50～70年代，国外已经出版了有关金属凝固理论基础的多个版本的专著与教材，并在金属物理（物理冶金）专著与教材中设置专门的章节进行论述。它们回避了深入的数理分析、复杂的影响因素讨论和大量的经验数据，简明扼要地阐明凝固理论的要点，帮助读者在凝固原理方面获得坚实的基础。

近20多年来，凝固过程流动与凝固过程控制以及快速凝固的研究取得很大进展，丰富了凝固理论。将这些进展补充到凝固理论基础中是作者撰写本书的初衷之一。为此，独立设置了“凝固过程液相的流动现象”一章（第5章），增加了非晶态固体、准晶、纳米晶、微晶的讨论（第6章），以适应近年研究与技术的发展。

凝固科学的一些基本理论，很多都是在研究金属的凝固过程中形成的。现有的专著多是论述金属凝固的。凝固是从液态向固态转变的相变过程，熔体可以是金属或非金属，相变形成的固体可以是晶态或非晶态，其规律与理论基础是共通的。将讨论内容扩大到陶瓷领域，向统一讨论金属和非金属的凝固问题方向努力，是推动作者写作本书的另一个原因。除注明外，本书有关理论均适用于金属或非金属。本书还设立了“陶瓷材料中的凝固问题”一章（第8章），讨论非金属凝固和液态烧结中的凝固问题。

作为一本理论基础书，本书内容选择的重点放在阐明原理和机制等基础问题上，尽可能简明地阐述基础理论与物理概念，尽可能减少数学表达和计算公式的推演，不进行热力学、动力学计算，不讨论具体的传输计算方法，不讨论凝固工艺的技术细节、经验数据和基于经验的计算。这样的选材原则在计算和公式推导比较多的第3～5章（结晶学基础、传热和流动）和涉及具体工艺和经验数据较多的第6、7章（凝固组织控制、凝固与冷却的伴生现象）表现很明显。

为了帮助读者深入地了解理论及其应用，本书引入170个案例。读者可以通过案例检查自己对理论的了解，同时还可以了解相关研究方法。选择案例时，受版权等原因的限制，国内工作案例优先选择，其中包括作者的研究成果。这些案例不一定是同类中最好的。案例用楷体印刷，读者可以根据需要选择阅读，或通过查阅引用的文献深入了解感兴趣的课题。

本书除照片和实验曲线外，引自参考文献的理论、观点、假设、方法、数据一般都注明了出处。重要的进展论述尽可能地选择最先提出成果的有关著作。读者可以从参考文献查到作出贡献的作者和文献的年代。注明提供者而没有出处的照片选自作者的私人通信。没有注明提供者的图表与照片，是作者自己未发表的工作。

本书写作分工如下：第 1 章由姚曼博士（大连理工大学）编写，第 4 章由王旭东博士（大连理工大学）编写，第 8 章由徐久军博士（大连海事大学）编写，其余的章节均为方大成教授（大连理工大学）编写。本书作者对所引用文献、照片与图表的作者致以特别的谢意，他们的资料大大地丰富了本书内容。特别感谢作者方大成的老师 Hellawell 博士，他生前允许本书可以引用他的研究成果。最后感谢姚曼博士为本书的编写与出版做了大量的工作，使本书的出版成为可能。

方大成

2012 年 12 月

目　　录

案例目录

主要符号表

英文字母

A	Helmholtz 自由能,面积,表面积,投影面积,横截面积(m^2)
C_0	熔体的设定(平均,名义)浓度
C_S	固相浓度
C_L	液相浓度
$\bar{C}$	固体和液体局部平均成分
$\bar{C}_S$	固体的平均局部成分
c	比热容[J/(kg·K)],合金的成分,阻力系数
c_{eff}	等价比热容
c_p	恒压条件下的比热容[J/(kg·K)]
D	扩散系数(cm^2/s),铸件凝固的厚度
d	直径,一次枝晶臂间距,平均体积的特征长度
F	力,阻力,摩擦力(N)
f	质量分数
f_S	固相质量分数
f_L	液相质量分数
G	Gibbs 自由能,温度梯度
G_L	液相自由能
G_S	固相自由能
ΔG	系统自由能变化
ΔG_V	体自由能变化
$\Delta G_{表面}$,ΔG_S	表面自由能变化
ΔG^*	均质形核形成临界半径 r^* 需要的能量
ΔG^{**}	异质形核形成临界半径 r^{**} 需要的能量
g	体积分数,重力加速度(m/s^2)
g_L	液相体积分数
g_S	固相体积分数
H	焓
h	Planck 常量,高度(m)
h_ξ	阻力损耗(m)

I	衍射束的强度,形核率
K	凝固常数,渗透率(m^2)
K_0	渗透率系数
k	Boltzmann 常量($k=1.38\cdot10^{-23}$J/K),分布系数,导热系数[W/(m·K)]
k_{eff1}	有效导热系数
k_{eff2}	对流增强的导热系数
k_c	对流放大因子
L	液相
L_b	汽化潜热
L_m	熔化潜热(J/kg)
L_0	一个原子的凝固潜热(J/原子)
l	长度
N	系统中原子(分子)的总数,固-液界面上可能具有的结点数
N_S	吸附在异质基底上的原子的数目
$n_{r,r+dr}$	半径为 r 和 $r+dr$ 之两球面间的壳层内的原子中心数
n_B	晶体中原子的可能邻近原子数(配位数)
n_S	固-液界面晶体表面层中原子的实际邻近原子数
P	压力(Pa),压力梯度
Q'	单位时间内微元立方体内发生的热量
R	气体常量[$R=8.31$J/(mol·K)],凝固速率(cm/s),长大速率,半径
r	半径,曲率半径,距参考原子的距离
r^*	胚芽临界半径,球状晶核的临界半径
r^{**}	球冠状晶核的临界半径
Re	雷诺数
S	熵
ΔS_m	熔化熵[J/(mol·K)]
T	温度
ΔT	过冷度
ΔT^*	液相能够大量形核的过冷度
ΔT_k	界面生长所需要的动力学过冷度
T_m	平衡熔点
T_f	铸型与铸件的界面温度
T_p	浇注温度
T_L	液相点(线)温度
T_S	固相点(线)温度
T_0	平衡相图中相对于平均浓度 C_0 的液相线温度,发生无扩散相变的临界

	(平衡)温度
U	内能
V	流速,相对速度(m/s),体积,比体积
u、w	速度在 x、z 轴向的分量
x	固-液界面的结点占据率
Y	曲面曲率半径

希腊字母

α	导温系数(或热扩散系数、温度扩散系数),$\alpha=k/\rho c$(m^2/s);平均线膨胀系数或平均线收缩系数
β	平均体积膨胀(收缩)系数
β_S	溶质热膨胀系数
β_T	温度热膨胀系数
γ	表面张力,奥氏体
γ_{SS}	两结晶相 S 间界面表面张力
γ_{SL}	固-液两相间界面表面张力
δ	δ-Fe
ε	温度变化速率,收缩率(%),扩散激活能
ε_1	原子穿越界面时的激活自由能
$\varepsilon_{铸}$	铸造收缩率
θ	散射(衍射)角,湿润角,(铸件的)凝固时间
λ	波长,共晶同一个相的层片或纤维中心的距离
μ	黏度系数($N\cdot s/m^2$),化学位(偏摩尔自由能),流量系数
ν	运动黏度
ξ	铸型常数,$\xi=1.128\sqrt{k_2c_2\rho_2}(T_f-T_0)$(脚标 2 代表铸型,$k$ 为导热系数)
ρ	密度(kg/m^3)
$\rho(r)$	r 处单位体积内的原子数目,它表示 r 处的液体密度
ρ_0	平均密度
ρ_L	液体密度
ρ_S	固体密度
σ	表(界)面自由能
σ_b	晶粒周界自由能
σ_{SV}	固-气界面(表面)自由能
σ_{SL}	固-液界面自由能
τ	时间
Φ	弧度,颗粒间界的液相二面角

绪　　论

物质从液态向固态转变的相变过程称为凝固(solidification)。凝固发生在各种自然和人为环境中。固态材料绝大多数都经历凝固过程[1]。绝大部分金属是通过熔化冶炼后凝固成材。凝固过程影响材料的组织,在材料的后续加工中难以完全改变,从而对材料和工程构件的性能产生深刻的影响。因此,凝固学科成为冶金和材料科学的一个重要分支和基础。在工程中广泛使用的焊接过程中,凝固再次扮演重要的角色。凝固也是自然界广泛存在的物理现象,包括水的结冰、地球熔岩的冷却和矿产资源的形成等地质学问题都与凝固有关。

开卷之初,说明下列问题对读者阅读本书是很有帮助的。

1. 对象与范畴

本书的研究对象是材料科学中的凝固问题,包括金属、陶瓷材料和晶体材料。金属是使用最广泛、历史最悠久的材料。凝固科学的一些基本理论,很多都是在研究金属的凝固过程中形成的。本书以金属为主要对象。在晶体学和陶瓷材料的凝固问题等方面不可避免地与地质科学交叉。应该指出,在讨论凝固问题时,凝固科学的规律具有普遍意义。

对于金属、陶瓷材料的液态烧结,晶体生长,玻璃等任何一种材料的凝固问题,都有大量的论文。本书取材限于凝固理论与工程的原理,从奠定基础的角度出发,使读者通过本书能够利用已有的文献,进入凝固科学的广阔天地。

2. 内容

凝固科学可以划分为凝固理论与工程两部分。前者主要内容是液-固相变过程的物理本质、规律和影响因素,晶体生长规律,凝固过程的伴生现象。后者包括铸造(casting),从熔体生长晶体、快速凝固等特种工艺问题,也包括焊接熔池的凝固。在工程领域中,实验研究和生产实践占有重要地位。本书重点放在凝固理论。

凝固是温度控制的相变,其进程取决于温度场和热流方向。在重力场内的凝固过程中,温差驱动对流,在相变条件下发生热量、质量和动量传输,各种现象和场量之间互相影响和作用,是一个非常复杂的过程。凝固理论是建立在热力学、结晶学和传热、传质与动量传输的科学基础上的。不同的学科有完全不同的研究对象和研究方法。在凝固组织形成的命题下,按学科分别讨论,可能是了解凝固理论的较好方法。本书按结晶、传热、流动分别讨论有关内容,然后在凝固组织及其控制一章中汇总,讨论它们的影响。

在现代凝固理论中，热力学与传输计算等会多些，为了预测凝固组织，提出包含很多变量的数学模型。在内容选择时，将重点放在物理概念上，尽量避免过多的计算。

3.凝固理论与工程重要进展的回顾

凝固工程实践与铸造工艺联系在一起，已经有几千年的历史。贵金属、青铜和铸铁铸造的货币、兵器、钟鼎和各种生活用品的考古发现，揭示了凝固工程伴随人类文明发展的历史进程。实际经验的铸造工艺已经很成熟，读者从第 7 章引用文献的年代可以看出，铸造工艺已经有悠久的历史。但凝固理论与现代凝固组织控制技术的发展与形成，距离今天还不足一个世纪。今天，凝固科学已经成为冶金和材料科学与工程的一个重要的学术分支，成为一个学科领域[1,2]。这里，简略地回顾重要进展的历程。

1926 年和 1929 年，Volmer 和 Weber 针对纯净的蒸汽凝聚为液体，提出均质形核理论[3]，这是现代经典形核理论的基础。1922 年，Gulliver 首次推导出非平衡杠杆法则[4]，成为表达无固相扩散时溶质分配的基础方程。20 世纪中叶，凝固过程中的晶体生长理论得到长足发展。Turnbull 和 Fisher 于 1949 年和 1950 年提出了液-固相变中的形核理论[3]；1953 年，Jackson 和 Chalmers 等提出了溶质再分配与成分过冷理论[5]；Burton、Cabrera 和 Frank 于 1951 年，Jackson 于 1958 年，Cahn 于 1960 年共同发展了固-液界面结构模型与生长机制的理论[3]；Chadwick 于 1963 年，Hunt 和 Jackson 于 1966 年完善了共晶生长理论[3]。这些著名的经典论文，为凝固理论的发展打下了基础。

凝固是一个传热控制的过程，凝固速率的计算在凝固工程中占有重要位置。早期的著名成果是基于实测结果归纳的 Chvorinov 法则[6]。从 Schniewind 于 1963 年进行凝固过程的数字计算机模拟的早期工作开始[7]，凝固速率的计算随着计算机技术的发展，进展迅速并日趋成熟。

从 20 世纪 60 年代开始，凝固过程流动问题受到重视。研究集中在被称为糊状区的固-液两相区的流动现象。由于系统内存在相变，极其复杂的界面几何形状和不稳定的界面结构，使数学处理比较复杂。1969 年，McDonald 和 Hunt 在模拟实验方面首先取得进展[8]。1970 年，Mehrabian、Keane 和 Flemings 在计算上建立物理模型，把糊状区视为多孔介质求解[9]。到 1990 年，已建立了不同的数学模型，提出 8 种动量守恒方程的表达形式[10]。除材料凝固外，糊状区还存在于地球内部、浮冰等各种自然和人造系统中，这个问题已经发展成为一个跨学科的部分凝固系(partially solidified systems)的结构和动力学问题[11]。除冶金和材料专家外，加入研究的还有数学、传热学、流体力学和工程专家。

现代凝固过程控制技术起步要早些。用振动的方法来提高铸造金属的质量开始于1868年,并于1910年成功地应用于铸锭[12]。1917年,Czochralski开发出提拉法生长单晶[13]。1925年,Bridgemam通过控制过冷度以获得单晶[13],1952年,Pfann开发出材料提纯和获得单晶的区域熔炼[14]。长期的生产实践,使人们认识到在一定成分的前提下,材料组织对性能有重要的影响。从20世纪60～70年代开始,开展理论研究的同时,被称为凝固工艺学(solidification technology)的凝固组织控制工艺取得很大进展[15]。发展了外加力场作用下凝固、单向凝固、单晶生产、快速凝固等一系列崭新的工艺方法,成为凝固科学的一个新的分支。除达到控制晶粒的形态尺寸外,还获得新的组织。1960年,Duwez、Willens和Klement获得了非晶态金属[16],1969年,Pond和Madden通过自由喷射熔体甩出法制造金属薄带[17];1982年,Shechtman获得准晶[18]等。Shechtman因发现准晶体而获得2011年诺贝尔化学奖。

文献[19]对1965年以前凝固理论进行了回顾。文献[20]和[21]对金属凝固工程及技术给出了很好的概述。文献[22]在晶体生长原理和技术方面引导读者更深入细致地理解。

参考文献

[1] 师昌绪. 凝固科学技术及其在国民经济与国防建设中的作用//香山科学会议第211次学术讨论会论文集,北京,2005:25.

[2] 傅恒志,魏炳波,郭景杰. 凝固科学技术与材料//香山科学会议第211次学术讨论会论文集,北京,2005:2.

[3] Davies G J. 凝固与铸造. 陈邦迪,舒震,译. 北京:机械工业出版社,1981:13,20,63.

[4] Flemings M C. Solidification Processing. NewYork: McGraw-Hill, 1974:35.

[5] Tiller W A, Jackson K A, Rutter J W, et al. The redistribution of solute atoms during the solidification of metals. Acta Metallurgica, 1953,1:428-437.

[6] Chvorinov N. Theorie der erstarrung von gusstücken. Die Giesserei, 1940, 27: 177, 201,222.

[7] Stoehr R A. Simulations in the design of sand castings. Modeling of casting and welding processes//Proceedings of Symposium,New York, 1981:3-18.

[8] McDonald R J,Hunt J D. Fluid motion through the partly solidified zone of a casting and its importance in understanding A type segregation. Transactions of the Metallurgical Society of AIME, 1969, 245:1993-1997.

[9] Mehrabian R, Keane M, Flemings M C. Interdendritic fluid flow and macrosegregation, influence gravity. Metallurgical Transactions, 1970, 1(5):1209-1220.

[10] Ganesan S, Poirier D R. Conservation of mass and momentum for the flow of interdendritic liquid during solidification. Metallurgical Transactions B,1990,21B:173-181.

[11] Loper D E. Preface. Workshop on the Structure and Dynamics of Partially Solidified Systems, Tahoe, 1986: 12-16.

[12] 王家炘，黄积荣，林建生. 金属的凝固及其控制. 北京:机械工业出版社,1983:198.

[13] Laudise R A. 单晶生长. 刘光照,译. 北京:科学出版社,1979:190,205.

[14] Pfann W G. Zone Melting. New York:John Wiley & Sons, 1958:7.

[15] Burke J J, Flemings M C, Gorum A E. Solidification technology//Proceedings of The First Army Materials Technology Conference, Chestnut Hill,1974.

[16] Duwez P,Willens R H. Rapid quenching of liquid alloys. Transactions of the Metallurgical Society of AIME, 1963, 227:362-364.

[17] 陈国钧,王新林,孙桂琴,等. 非晶态合金，纳米晶合金//干勇，田志凌，董瀚，等. 中国材料工程大典(2). 北京:化学工业出版社,2006:963.

[18] Shechtman D, Blech I, Gratias D, et al. Metallic phase with long-range orientational order and no translational symmetry. Physical Review Letters, 1984, 53:1951-1953.

[19]Christian J W. The Theory of Transformations in Metals and Alloys. Oxford:Pergamon Press,1965:527-593.

[20] 柳百成，黄天佑. 中国材料工程大典. 北京:化学工业出版社,2005:343.

[21] 周尧和,胡壮麒,介万奇. 凝固技术. 北京:机械工业出版社,1998.

[22] 介万奇. 晶体生长原理与技术. 北京:科学出版社,2010.

第 1 章　液体结构与物理性质

凝固是液态向固态转变的相变过程。凝固过程与液体的结构和性质有关。作为讨论的基础，首先应当了解液体的结构与相关的物理性质。本章只讨论经典液体，不涉及液晶。

1.1　液体结构的研究方法

要了解液体结构，首先要了解研究液体结构的方法。与晶体结构一样，关于液体结构的信息都是通过实验获取的。使用的方法包括 X 射线、中子、电子的衍射和扩展 X 射线吸收精细结构谱（EXAFS）等。用中子射线衍射测定的结果和 X 射线是一致的。对熔体结构进行测定的实验难度很大，测定结果有时存在差异。

1.1.1　X 射线衍射图

用单色射线所得到的液体 X 射线照片，其特征是有一个强的圆光斑区，以此为中心，有一个或两个围绕着它的弥散的光环（与图 6.20 类似），没有表征结晶态的任何斑点和清晰的条纹。根据液体所散射的单波长 X 射线实验，可以作出衍射图，也可以用晶体衍射仪直接测得。衍射图给出衍射束的强度 I 和散射（衍射）角 θ 的函数关系。案例 1.1 是典型的例子。X 射线衍射图谱出现的几个最高点，表明原子（结构为原子的液体）或分子间的互相位置存在一定的规律。图谱为研究液体的结构提供依据。

案例 1.1　一些液态金属的 X 射线衍射强度曲线

图 1.1 提供一些实验结果。衍射强度曲线横坐标为 $\sin\theta/\lambda$，其中 λ 为波长。Au 熔体的研究温度为 1100℃[1]，Pb、Bi 和 K 的研究温度都在熔点附近[2]。资料引自不同文献，图中纵坐标衍射束强度并未给出单位，因此数值差异很大。所有曲线都有共同的特征，它们有相当明显的峰值，它们都与相应的固态金属晶体所获得的衍射线的位置在一定程度上是相对应的。

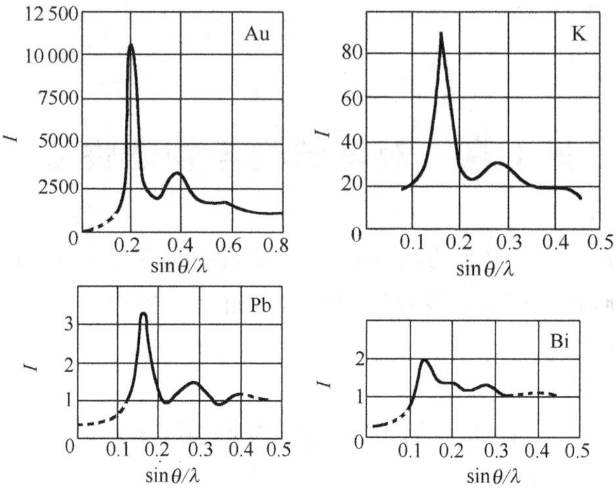

图 1.1 一些液态金属的 X 射线衍射强度曲线(Au-1100℃;Vineyard,1958 年;K-Данилов,1941 年;Pb、Bi-Данилова 等,1952 年)①

1.1.2 径向分布函数

根据液体的 X 射线衍射或中子衍射图,可以得出**径向分布函数**(radial distribution function)(Zernicke 和 Prins 于 1927 年提出),它能够定量地描述一定温度下液体分子的分布[1]。通常都是采用径向分布函数描述液体结构。

以任意一个位于中心静止位置的原子为参考原子。对于球形质点,径向分布函数由下式确定[2],即

$$n_{r,r+\mathrm{d}r} = 4\pi r^2 \mathrm{d}r\rho(r) \tag{1.1}$$

式中,r 为距参考原子的距离;$n_{r,r+\mathrm{d}r}$ 为半径分别为 r 和 $r+\mathrm{d}r$ 两球面间的壳层内的原子中心数;$\rho(r)$ 是 r 处单位体积内的原子数目,它表示 r 处的液体的密度(number density)。

对于球形分子的液体,空间的取向没有影响。对于非球形分子,原子的排列有一定的取向,分布函数取决于 r 和角度两个参数,通过平均所有角度求得径向分布函数[3]。

常用的径向分布函数有两种数据处理方式。分别用原子的中心数 $4\pi r^2\rho(r)$(案例 1.2)和概率函数 $\rho(r)/\rho_0$(案例 1.3)来描述质点的分布。ρ_0 为液体的平均密度。当 r 较小时,径向分布曲线的峰值反映原子分布存在某种序。随着 r 增大,$\rho(r)$ 趋向平均密度 ρ_0,说明液体不存在长程序。两种径向分布函数曲线都清晰地表明这一特性。

---

① 为表示对原作者的尊重,图和一些重要理论之后都列出了各个图的原作者和年代。但由于年代久远,有些可能无法找到原文献。

用径向分布函数求得配位结构的情况。它们可以确定测定温度下近邻原子的角平均径向概率分布，给出在一定位置上原子数目的概率。

案例 1.2　铋的径向分布函数[2]

图 1.2 垂直线给出理想的铋晶体的径向分布函数。用原子的中心数 $4\pi r^2\rho(r)$ 来描述质点的分布。

Bi 晶体的三角系点阵与简单立方点阵很相似。在 Bi 晶体中，每个原子有6 个近邻，3 个在 0.309nm 距离处，另外 3 个在 0.346nm 处，晶体 Bi 的配位数为 3＋3＝6。实线曲线为熔化的液态。在从参考原子中心到其半径的距离内，原子密度实际上为零。熔融 Bi 原子近邻之间的平均距离为 0.325nm，与晶体点阵中的平均值(0.346＋0.309)/2＝0.3275(nm)非常接近。熔融 Bi 的配位数可以从第一个峰值下的面积(阴影区)求出，为 7～7.5。虚线表明处于完全无序状态，相当于气体状态。

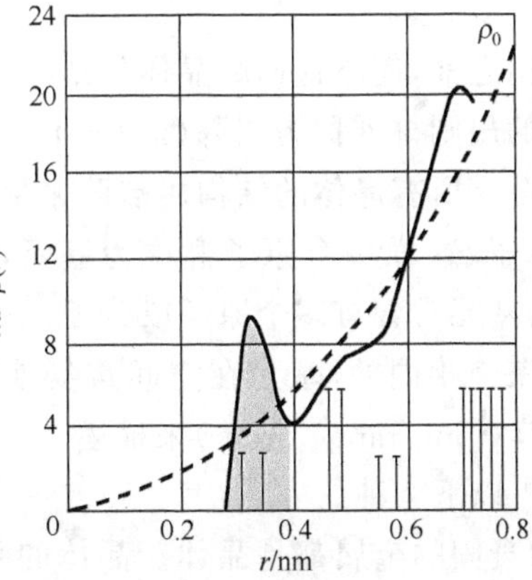

图 1.2　Bi 的径向密度分布(Данилова、Данилов 和 Спектов，1952 年)
垂直线为晶体(0K)；实线为液体；阴影区为 7～7.5 个原子；虚线为气体

案例 1.3　金的径向分布函数[1]

图 1.3 所示为 Au 在 1100℃时的径向分布函数，用概率函数 $\rho(r)/\rho_0$ 来描述质点的分布。ρ_0 为液体的平均密度。当 r 较小时，曲线出现正负峰值。随着 r 增大，$\rho(r)$趋向平均密度 ρ_0。图中还给出金晶体的径向分布函数(垂直线为绝对零度)。

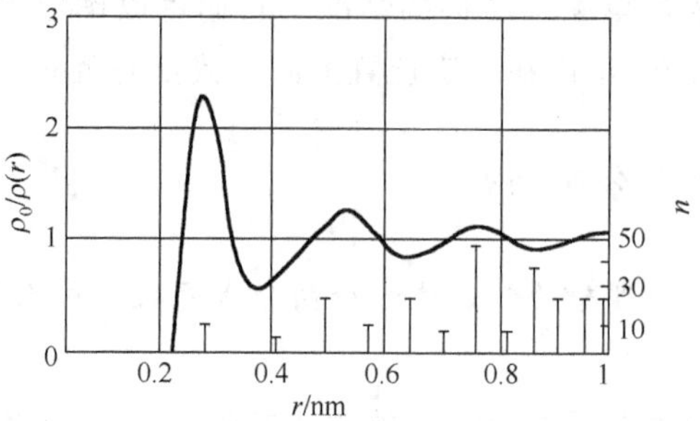

图 1.3　Au 的径向密度分布(Vineyard,1958 年)

曲线为液态:1100℃;$\rho(r)$为径向分布函数密度;ρ_0为容积密度;垂直线为晶体;n为原子数

1.2　液体的结构

1.2.1　晶体的结构简述

在开始讨论液体结构之前,简略地回顾晶体的结构。

点在空间中周期性的规则排列称为**点阵**(lattice)。点阵可以通过平移或其他各种对称操作与自身重合。所有晶体的结构用点阵来描述,点阵的每个阵点(lattice point)上附有一群原子,这样一个原子群称为**基元**(basis)。基元中可以是 1 个原子或更多,化合物的基元常含有多个原子或分子。每个基元的组成、排列(arrangement)和取向都是完全相同的,基元在空间重复就形成晶体结构。因此,晶体结构被简单地用**长程序**(long-range order)来描述。

晶体的主要类型有[4]以下 4 种。

(1)金属晶体。正常凝固的金属都是晶体。晶体的基元是金属的原子。用 X 射线研究金属晶体中电子密度的分布时得出,位于这些金属点阵上的是带正电荷的离子,价电子脱离原子,在整个晶体中运动,它们被称为传导电子(conduction electrons),形成共有的电子海(electron gas,electron sea),正离子散布于其间,并形成列阵。因而在离子以外任何一点找到价电子的概率是相同的[2]。在一些金属中,离子核心和传导电子的相互作用对束缚能提供大的贡献。金属倾向于结晶为密排六方、面心立方和体心立方等密堆积结构。在一级近似下,可以将金属原子视为刚球,形成密堆积结构(图 1.4)。

(2)离子晶体。晶体由正负离子组成,一般为卤化物、氧化物及硅酸盐,如 ZnO。正负离子相互间的静电作用形成离子键(ionic bond),这是离子晶体束缚能的主要来源。大多数金属氧化物结构可以在氧离子近似密堆的基础上形成[5]。案例 1.4 给出偏铌酸锂($LiNbO_3$)晶体的结构。

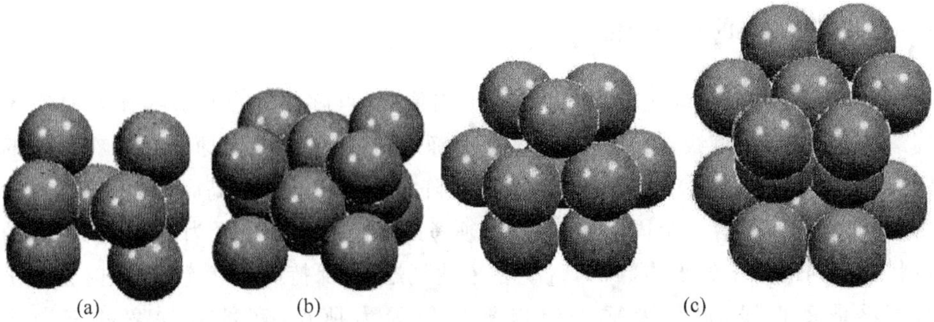

图 1.4 金属原子的刚球密堆积结构模型

(a)体心立方;(b)面心立方;(c)密排六方

(3)共价晶体。原子由共价键维系在一起。共价键是一种强键,通常由两个中性原子各给出一个电子形成,如金刚石、SiO_2、C、Si、Ge。

(4)惰性气体晶体。这是最简单的晶体,其电子分布非常接近自由原子的电子分布。具有闭合电子壳层的中性原子被范德华力微弱地束缚在一起。这种晶体也被列入“分子晶体”类型[3]。

案例 1.4 铌酸锂的晶体结构[6]

光学材料偏铌酸锂($LiNbO_3$)晶体的结构属于菱形(rhombohedral)晶系。小的 Li 原子被 8 个 O 的八面体框架包围,每个八面体框架中心有 1 个 Nb 原子(图 1.5)。

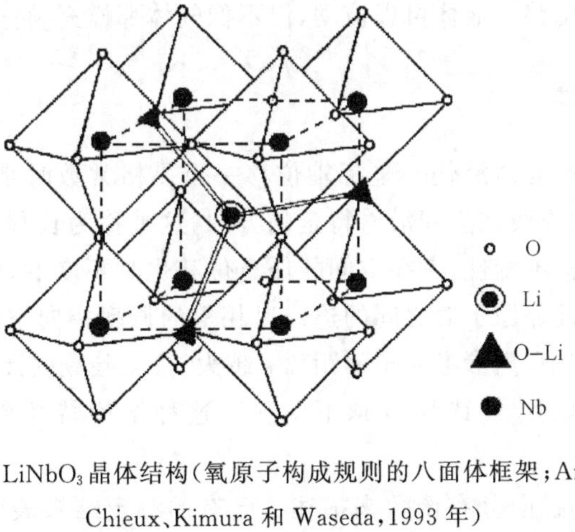

图 1.5 $LiNbO_3$晶体结构(氧原子构成规则的八面体框架;Andonov、Chieux、Kimura 和 Waseda,1993 年)

1.2.2　熔化引起的结构变化

在 0K,原子处于静止状态(振动的平均位置、点阵的阵点),分布函数具有不连续性,为一组垂直线,位置由点阵精确地确定,各原子与参考原子之间有固定的距离(图 1.2 和图 1.3),形成理想的晶体点阵结构。在温度较高时,原子处于振动状态(热运动),没有一个固定的位置,必须考虑距离此原子半径为 r、厚度为 dr 的球状壳层内的原子的平均数 $n_{r,r+dr}$。在未达到熔点,保持晶体状态时,径向分布函数不再是垂直线,近似变成一组以平均位置为顶点,底部被加宽的三角形(图 1.6)[2]。此三角形的面积等于绝对零度时的原子数,长程序仍然保持。

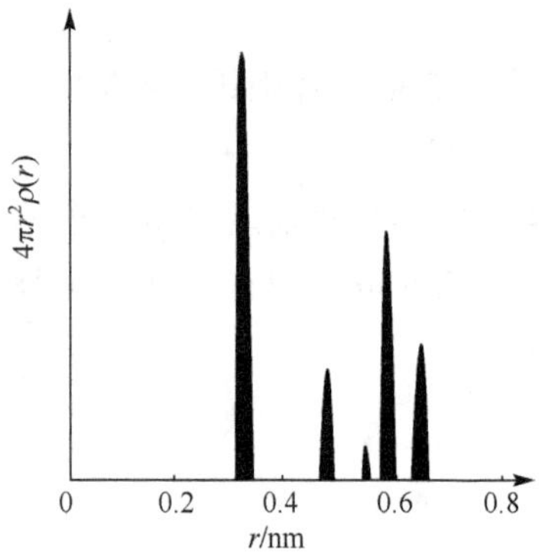

图 1.6　绝对零度以上时晶体的径向分布函数[2]

当固体温度达到熔点时,原子的振动达到高的振幅,规则的点阵被破坏,形成液体。

液体的径向分布函数说明熔化产生了结构变化。以 Bi(图 1.2)作为例子,当 r 很小,曲线出现峰值,它和晶体中原子的配置相似,表明熔体中围绕一定原子的近邻原子仍有密集的倾向,存在某种短距离的序。随着 r 增大,液体曲线向平均密度线接近(图中虚线),表明各处密度趋于常数 ρ_0,各处原子数量 $4\pi r^2\rho(r)$ 正比于壳层体积 dr 和 r^2,相当于气体状态,原子处于完全无序状态,说明液体不存在长程序。

在液体内部,任何分子或原子(结构为原子的液体)相互间会发生无规则的碰撞,还可能有扩散位移。液体可以流动,但不像气体那样充满整个空间。

1.2.3　短程序概念

从结构角度看,晶体沿任一坐标轴位移一个晶格常数时是不变的,其最近邻原子对之间的价键连线在空间沿着特定的方向,这被称为长程有序。液体只存在短程序,也具有平移不变性,它在空间的任意位移也是不变的,但液体的方向对称性与晶体不同,最近邻原子对之间的连线以相等的概率指向空间所有方向。在液体的径向分布函数中,离参考原子的距离 r 越大,按实验数据计算出的原子分布与均匀分布的差别越小,规律性也越不明显。这种结构特性称为**短程序**(short-range order)。

短程序通常用径向分布函数来描述。已有的测定结果表明,在熔点附近,在几个原子或分子直径的距离内存在短程序。在这个距离内,熔体结构与晶体结构(粒子径向分布和邻近原子数)很相似。案例 1.5 给出一些金属的结构参数,表明在短程序范围内，金属固-液两相原子间距差别不大。液体的配位数通常比固体稍小，通常为 8～11(表 1.1)。

在接近熔点的液体中，液体的径向分布函数表现出共同的特性(见给出的金属和非金属案例)，液体存在短程序是普遍的规律。从这个角度讲，液体结构存在很大的相似性。

案例 1.5　一些金属的配位数

液体的配位数可以从径向分布函数第一个峰值下的面积确定。一些液态和固态金属的结构数据对比见表 1.1。大体上可以认为液体中的配位数比固体稍小。熔化时熵都增加，说明有序度明显降低[1]。

表 1.1　一些液态和固态金属的结构数据的对比

<table>
<tr><th rowspan="2">金属名称</th><th colspan="3">固　态</th><th colspan="2">液　态</th></tr>
<tr><th>晶格类型</th><th>原子间距/nm</th><th>配位数</th><th>平均原子间距/nm</th><th>配位数</th></tr>
<tr><td>Al</td><td rowspan="2">面心立方</td><td>0.2861</td><td>12</td><td>0.296</td><td>11</td></tr>
<tr><td>Au</td><td>0.288</td><td>12</td><td>0.286</td><td>11</td></tr>
<tr><td rowspan="2">Zn</td><td rowspan="4">密排六方</td><td>0.265</td><td>6</td><td rowspan="2">0.294</td><td rowspan="2">11</td></tr>
<tr><td>0.294</td><td>6</td></tr>
<tr><td rowspan="2">Cd</td><td>0.297</td><td>6</td><td rowspan="2">0.306</td><td rowspan="2">8</td></tr>
<tr><td>0.330</td><td>6</td></tr>
<tr><td>Na[7]</td><td>体心立方</td><td></td><td>8,6</td><td></td><td>10.6</td></tr>
<tr><td rowspan="2">Bi[2]</td><td rowspan="2">菱形(三方)</td><td>0.309</td><td>3</td><td rowspan="2">0.325</td><td rowspan="2">7～7.5</td></tr>
<tr><td>0.346</td><td>3</td></tr>
</table>

注：除注明外，其他均为引自 Vineyard 于 1958 年给出的数据。

1.2.4　温度的影响

液态结构是温度的函数。液体过热温度加大，表明短程序的径向分布曲线中的峰值下降，说明结构破坏加剧[3]。当过热温度足够高时，熔体的短程序就变得很差(案例 1.6)[2,3]。凝固问题研究的熔体过热温度通常都不太高，熔体结构应当保持短程序特征。表 1.2 给出一些例子，在所研究的过热温度下，实验材料的衍射图谱都出现两个峰值，表明原子或分子间的互相位置都存在一定的规律。

表 1.2　实验温度下保持短程序特征的例子

熔体	实验的最高过热度/K	参考文献
Al	389.85	[8]
Sn	868.21	[8]
$LiNbO_3$	72	[6]

案例 1.6　温度对 Ar 径向分布函数的影响[3]

液态 Ar 的径向分布函数示于图 1.7。在温度较低的 84.4K，在 $r=0.34$nm 处有 1 个明确的峰值，其值为液体平均值的 3 倍，这个 r 值接近 Ar 原子的直径。r 值加大一倍，峰值基本消失。在温度较高的 149.3K，短程序较差，出现的峰值小于液体平均密度的 1.5 倍。

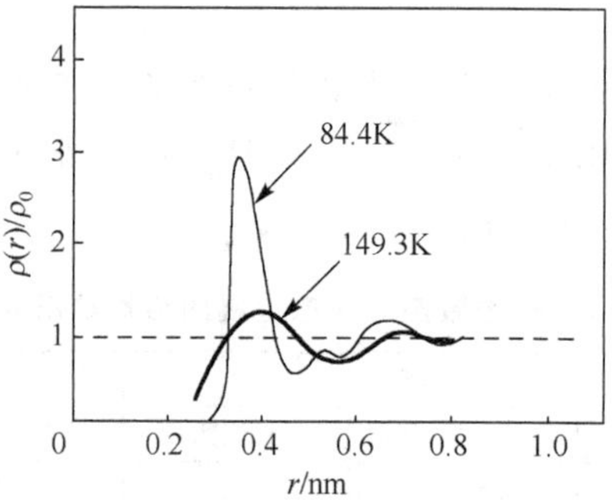

图 1.7　不同温度液态 Ar 的径向分布函数(Eisenstein 和 Gingrich，1942 年)

1.2.5　液体的结构类型

与晶体类型相对应，液体结构的主要类型有以下 3 种[3]。

(1)金属液体：液态金属由散布于电子海中的正离子组成。

(2)离子型液体：由离子组成，如熔盐。案例 1.7 给出 $LiNbO_3$的例子。

(3)分子型液体：由分子组成，如水(案例 1.8)、乙醇。

没有与共格型晶体相对应的共格型液体。

案例 1.7　铌酸锂的熔体结构[6]

偏铌酸锂($LiNbO_3$)晶体的结构见案例 1.4，熔点 $T_m\approx1526$K。使用高纯度(99.99%)Li_2CO_3和 Nb_2O_5粉末，在 1000℃烧结 5h 制成 $LiNbO_3$。使用 X 射线和中子高温衍射两种方法研究了 $LiNbO_3$熔体，实验结果一致。实验温度从 1623K 逐步降低至 1490K，观察到大的过冷区域($\Delta\approx36°$)。图 1.8 给出 X 射线的实验结果。在 1548K、1573K 和 1598K，X 射线衍射数据都具有图 1.8(a)的规律，说明在熔体过热 72K 范围内，液体结构保持短程序的特征。

研究温度略高于熔点时熔体的径向分布函数的第一个峰值，发现：

(1)Nb—O 和 O—O 的距离与 300K 晶体相似，在熔体存在的 Nb—O_6结构单元中，只呈现微弱的歪曲，氧的配位数近似与晶体相等，说明 Nb—O 键在高温没有扩大，在熔体中存在 NbO_6八面体。

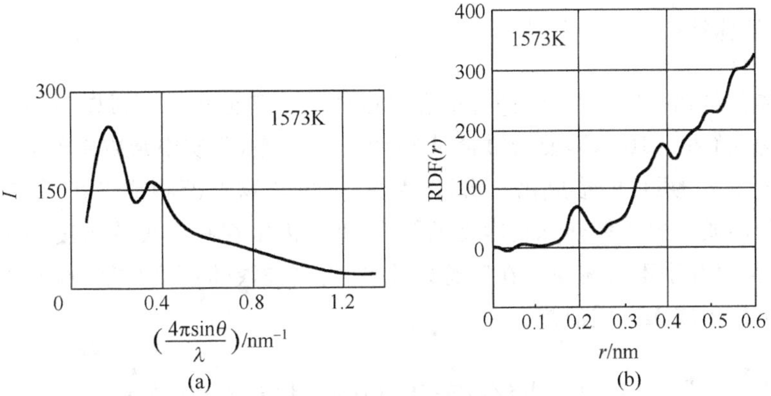

图 1.8　熔融 $LiNbO_3$(1573K)的 X 射线实验结果(Andonov、Chieux 等,1993 年)

(a)相干散射强度 I,在$(4\pi\sin\theta)/\lambda=0.21nm^{-1}$出现峰值;(b)径向分布函数[RDF($r$)],在 $r=0.2$nm 出现峰值

(2)Li—O 和 Nb—Nb 的距离也与 300K 晶体相似。

以上事实只能用熔体中存在一些集合体(aggregate)来解析。进一步使用小角度 X 射线散射法(small angle X-ray scattering)研究,证实熔体中 Nb—O_6 结构八面体用一种与晶体相似的局部序(local order)相互连接,构成分子团模式(cluster model)。这些分子团可能与单晶产品中(6.5.5.1 节)出现亚晶粒周界有关。

案例 1.8　水的结构

水是最常见的液体,在凝固研究工作中常被用作模拟材料。对水的结构已经进行过大量的研究,但其结构细节有待深入。

研究确定,在 $r=0\sim0.25$nm,水的单位体积内的原子数目 $\rho(r)$等于 0,这就表明其有效的分子直径为 0.25nm。在 4℃和 100℃两种液体状态,在 $r=0.29$nm处,径向分布函数都存在第一个峰值[3]。

在不同温度,水分子有三种互相配置的形式(Bernal 和 Fowler,1933 年)。第Ⅰ种水中,其配置与鳞石英晶体中极疏松的硅酸分子的分布是相似的。鳞石英是 SiO_2 的高温变态,当冰接近熔点时就具有这种结构[2]。

在 0～4℃,含有少量的第一种水,逐渐地由第Ⅰ种水转换为比较紧密的 α 石英结构(第Ⅱ种水)。因而引起在 4℃时体积收缩这一反常现象。

在更高温度时,具有分子分布最紧密的第Ⅲ种水出现,它是在接近临界点时最显著的一种形态。

1.2.6　液体结构的不均匀性

熔体很难达到完全纯净，高温的金属熔体更难避免污染。每摩尔体积中总的原子数为 6.023×10^{23}，即使杂质含量为 10^{-10}，每摩尔单质中杂质原子数仍然高达 10^{13} 数量级。杂质可能形成化合物，以固相(如氧化物)、液相或气相形态存在，也可能成为溶质。由于散热和纯净度的影响，液体内常存在温度或浓度的不均匀现象，这种情况几乎不可避免。在实验条件下，将高纯液体高度分散，在其中某些微液滴中可以形成无杂质液体。

1.3　熔化产生的物理参数变化

熔化产生各种物理性能的变化。这些变化与结构变化密切相关，也被作为说明结构变化的一些实验依据。在平衡条件下，加热和冷却、熔化和凝固过程的物性变化是可逆的，轨迹是完全重合的。由于平衡过程很难达到，实际上常并非如此。熔体中存在各种杂质，使熔体物性与原材料的组织、热历史和外界环境条件有关，进而影响凝固过程。

1.3.1　潜热

纯物质(元素)有固定熔点。单位质量纯物质相变时要求的热量称为**潜热**(latent heat)(J/mol)，其值取决于物质与相变的类型。熔化潜热可以解释为克服原子(分子)的吸引力，破坏构成规则点阵的键所需要的能量。汽化潜热(L_b)比熔化潜热(L_m)大(案例 1.9)，说明气体内原子间的距离比液体大得多，液体结构与气态相差甚远。

合金除共晶合金外，都有一个熔化温度区间，熔化时吸收的热量是潜热和加热到液相线所吸收热量之和。

相反，熔体结晶时要释放**结晶潜热**，其值等于熔化潜热。

案例 1.9　一些物质的汽化潜热和熔化潜热对比

表 1.3 列出一些物质的汽化潜热(L_b)与熔化潜热(L_m)对比数据。从这些数据看，金属的 L_b/L_m 比水和 S 要大得多。

表 1.3　汽化潜热与熔化潜热的比值(根据文献[9]数据计算)

物　质	水	S	Pb	Al	Ag	Au	Cu
汽化潜热/熔化潜热	6.79	8.56	34.25	28.7	26.4	24.5	37.76

1.3.2　体积变化

具有体心立方、面心立方和密排六方结构等紧密结构的金属，液态时的密度都比固态时小，熔化时都有3%～5%的体积膨胀。这是因为熔化后原子间距加大（案例1.5），而且原子的热运动使空位和空穴增加。

具有菱形（三方）、面心斜方和金刚石型等不紧密结构的金属，包括Bi、Sb、Ga、Ge和Si，熔化时有0.95%～10%的体积收缩[1,10]。以Bi为例讨论这一现象。熔融Bi原子近邻之间的平均距离为0.325nm，小于晶体点阵中的平均值0.3275nm（案例1.2）。熔化引起点阵的破坏使原子的堆积趋向紧密，导致体积收缩，短程序急剧减弱[2]。而具有紧密点阵的金属熔化后明显地保持短程序。

当体积变化不受阻碍时，熔化与凝固时体积的改变大小相等，方向相反。

1.3.3　导电、导热与扩散性能[8]

纯物质熔化前的导电性能的变化有以下不同情况：

(1)金属熔化前后电导率都非常好，熔化后大多数金属的电导率都下降，如铜，熔体电阻是固态的2.1倍，表明液相中离子的无序度增大；

(2)Bi、Sb和Mn在熔化后电阻下降，仅为固态的45%～61%，Te则只有4.8%～9.1%，这种现象被解释为熔化后自由电子增多；

(3)Ge和Si在固态是半导体，熔化后电阻明显降低，在熔点时液态电阻仅是固态的3.4%～7.7%，其值与Ni熔体相当。

液态金属的电阻随温度升高而线性增加，但Zn和Cd却相反。加入其他元素后，液态合金的电阻一般比其各组分电阻的线性叠加值要大。

金属熔化前后热导率都非常好，与电导率一样，一般因为液相中离子的无序度增大而下降，但仍然比液态非金属的热导率高很多。

液态中的扩散系数比固态中要大很多。金属熔化前后扩散系数的差别在2～3个数量级。熔点附近的扩散系数在$10^{-9}m^2/s$数量级，这与原子具有高迁移能力有关。

1.4　界面现象

在固体或液体与另一种固体、液体或气体之间存在边界，称为**界面**(interface)或**表面**(surface)。习惯上表面指物体和气体接触的边界，界面指固体或液体与另一种固体或液体之间的接触面。表面和界面两个术语经常交换使用，它们代表至少两个共存相之间的边界。

凝固过程从液相产生新的固相，也就创造了固-液界面。熔体内部杂质或气泡形成固-液或固-气界面。固体和液体表面有吸引和捕获环境存在的气体和液体的分子、原子或离子，与其反应或使其相互反应的能力。通过表面的吸附，气体可能进入固体或液体内部。与界面有关的一些特征现象或参数，对凝固过程有重要的影响。所以，除需要了解液体结构外，还必须了解界面现象。

1.4.1 界面能

由于界面的分子或原子承受内部分子或原子的吸引，所以它们受到一个朝向内部的吸引力。界面存在**界面能**（interfacial energy）。与界面能有关的参量主要是**表面张力**（surface tension）γ 和**界面自由能**（interfacial free energy）σ。由于内部分子或原子的吸引，在液体自由表面存在的表面张力是最直观的物理现象，它使液体表面积趋于最小。

从宏观的观点看，表面张力可以定义为在温度、压力和系统内各组元化学位不变的条件下，使液体表面增长单位面积所做的功。

形成单位界面面积时，系统的自由能将发生变化。系统自由能变化 ΔG 包括体自由能变化 $\Delta G_{体}$ 和 $\Delta G_{表面}$ 两部分，即

$$\Delta G = \Delta G_{体} + \Delta G_{表面} \tag{1.2}$$

使液体表面增长单位面积 dA 所做的功等于 γdA，如果体自由能不发生变化，界面能和结构维持稳定，σdA 将等于 γdA。由此得到一个著名的重要关系式，即

$$\sigma = \gamma \tag{1.3}$$

式(1.3)表明具有表面自由能 σ(J/m^2)的表面，具有 σ(N/m)的表面张力。它在经典形核理论的临界晶核半径计算中起了重要作用(3.1 节)。由文献[11]，纯金属中表面张力等于表面自由能已经得到证明(Mullins，1963 年和 Trivedi，1975 年)。

如果形成界面面积时系统的体自由能发生变化，式(1.3)将不成立。例如，多组元系统(合金)中，界面改变将引起晶体内组元原子数的改变，从而使组元的化学位改变。如果界面改变时界面能 σ 不是常数，$d\sigma/dA \neq 0$，式(1.3)也不成立。由于液体不能承受剪应力，变形时内部的原子很容易移动，并维持表面结构，保持 σ=常数。固体在接近熔点时，内部原子运动剧烈，式(1.3)也可以成立。但低温变形时，则可能不能保持表面结构与表面能稳定[12]。

创造新的表面所需要的能量与破坏化学键有关，所以晶体的表面能是各向异性的，通常原子密度最大的原子面具有最低的表面能。

多数液体的表面张力为 20～40mN/m，但水在室温时的表面张力为 72.75mN/m。相比之下，液态金属有很大的表面张力(案例 1.10)，它比有机物质液体的表面张力大数十倍，比熔盐的表面张力大几倍[13,14]。当液体的温度升高，

达到液相可能存在的临界温度时，液相与气相的界面将消失，表面张力将为零。因此，通常液体的表面张力随温度的升高而下降，具有负的温度系数 $d\gamma/dT$[8]。但也有例外。

对于像液态金属一样表面易于氧化的高温熔体，防止污染在技术上也相当困难，精确地测定液态金属的表面张力与估计误差都十分困难，文献提供的数据分散，使用这些数据时需要注意。随着技术水平提高，液态金属表面张力的实测数据逐渐接近，达到一个相对稳定的值，数据误差范围为±(5%～10%)[8]。

案例 1.10　液态金属的表面张力

液态金属表面张力与熔点有关。图 1.9 给出了大多数金属单质表面张力实测数据与熔点的关系。一般的趋势是熔点越高，表面张力越大，但 B 例外。图中使用的数据是由较高的实验温度测定后，再外推到熔点获得的。

大多数液体金属单质表面张力的温度系数 $d\gamma/dT$ 都是负值，为$(-0.1\sim-0.7)\times10^{-3}$ N/(m · K)，测量精度估计为±50%。实验值表明 $d\gamma/dT$ 一般为非线性关系[8]。

只有 Cd、Zn 和 Cu 熔体在一个有限的温度区间，$d\gamma/dT$ 具有正值，并且表面张力与温度不呈线性关系。它可能是由杂质或非平衡条件下测量产生的；也有文献提出它表明液体表面的原子比体内的有序度高[8]。

1.4.2　Laplace 方程

表面张力使曲面一定受到一个法向力的作用，从而造成了指向曲面内部的附加压力 ΔP。表面张力所引起的附加压力也称为 Laplace 力。凹面上比凸面上高出的压力 ΔP 为

$$\Delta P=\gamma\left(\frac{1}{r_1}+\frac{1}{r_2}\right) \tag{1.4}$$

式中，r_1，r_2 为表面观察点的主曲率半径。可以根据能量守恒推导出此式：设一个由两个相互垂直的弧线组成的曲面，其曲率半径分别为 r_1，r_2，在 ΔP 作用下使曲面积增大 ΔA，产生体积增量 ΔV 所需的功为 $\Delta P\Delta V$，它应当等于表面能的增加 $\gamma\Delta A$，即

$$\Delta P\Delta V=\gamma\Delta A \tag{1.5}$$

忽略 Δr^2 项就得到式(1.4)。在微小颗粒形成时，如晶体生长和气泡形成，需要考虑这种附加压力。

对球形表面，$r_1=r_2=r$，因此球形体的内部附加压力为

$$\Delta P=\frac{2\gamma}{r} \tag{1.6}$$

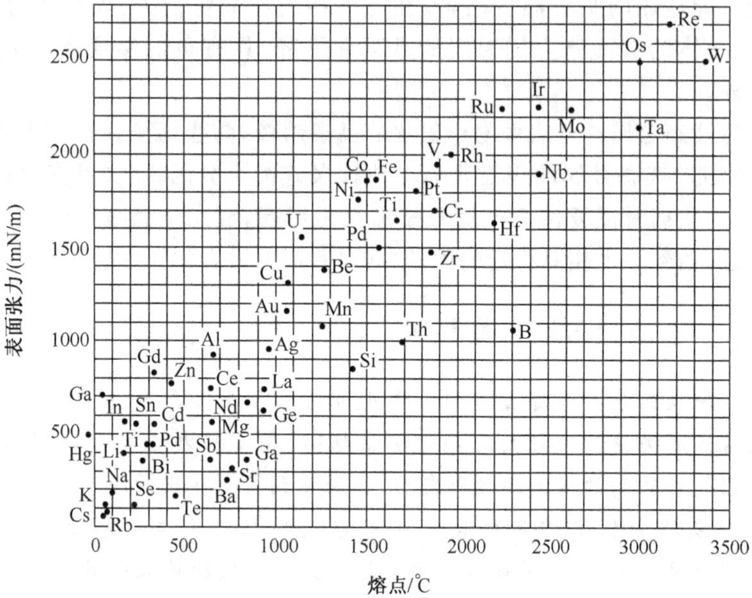

图 1.9　熔点时液态金属单质表面张力与熔点的关系

(表面张力实验数据取自文献[8],熔点取自文献[15])

大多数测量表面张力的方法都基于 Laplace 方程(案例 1.11)。

案例 1.11　最大气泡压力法测量表面张力

这是测定液态金属及其合金表面张力的最常用方法之一。用一根毛细管插入被测量液体内部,吹入惰性气体,毛细管的圆锥形端部吹出气泡(图 1.10)。气泡的曲率半径与吹入气体的压力有关。当气泡半径与毛细管的内半径相等时,气泡的半径最小,气泡内压力最大。测量毛细管尖端产生的最大气泡压力 P_{max},然后算出表面张力[8]。测量时常插入不同深度。在不知道液体密度时,可以采用两根不同直径毛细管进行测定。

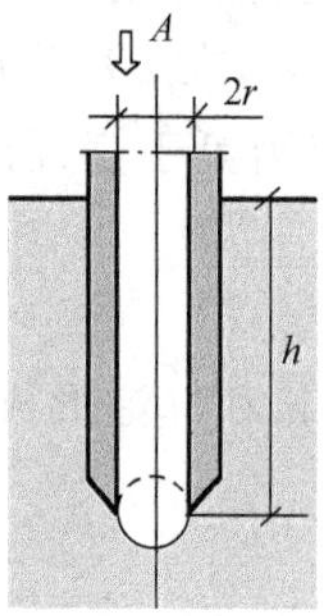

图 1.10　最大气泡法原理图

如果气泡是一个理想的球体,则有

$$P_{max} = \rho g h + \frac{2\gamma}{r} \tag{1.7}$$

式中,γ 为表面张力;r 为毛细管半径;ρ 为液体密度。由于重力的影响,液体内部不同深度存在压力差,气泡不是理想球形。不湿润效应也会使测得的表面张力偏低。已有多种方法对实验数据进行修正。对于液体金属最常用的是(Lang,1973 年)

$$\gamma = \frac{rP}{2}\left[1 - \frac{2r\rho g}{3P} \times 10^{-3} - \frac{1}{6}\left(\frac{r\rho g}{P}\right)^2 \times 10^{-6}\right] \tag{1.8}$$

式中，$P = P_{max} - \rho g h$（SI 单位制）。[8]

1.4.3 溶质元素的影响

在液体表面存在溶质原子或分子，会使液体的表面张力升高或降低。添加少量即可显著地降低表面张力的物质称为**表面活性剂**，或称表面活化剂，表面活化剂的溶液有极高的湿润能力。表面活性溶质的原子在液体表面的浓度大于在液体内部的浓度。这种现象也被称为溶质原子在液体表面的吸附现象，可以通过不同溶质含量时的表面张力来研究这种现象。

金属熔体中的微量溶质，包括添加剂或杂质可能对其表面张力有重要的影响（案例 1.12），由此对凝固过程产生影响（6.5.2 节）。基于合金化（稀溶液）对表面张力影响的研究，有一条已被许多实验证实的粗略的判断规则（Baes、Kellogg，1953 年）[8]：液态金属中大部分具有高表面活性的元素在液体金属中具有很小的溶解度，并且与液态金属原子之间的相互作用力小于液态金属本身原子的相互作用力。根据这一原则，在元素周期表中，Ⅴ族和Ⅵ族元素在液态金属中应当有很强的表面活性。例如，Bi 和 Sb 在 Al 和 Mg 合金中，S、P 在铸铁中都是表面活性物质，导致熔体表面张力明显下降[16]。在稀溶液中添加表面张力高的溶质（一般是高熔点金属），对合金的表面张力一般影响不大[8]。例如，在 Al 中加入 Cu、Si 或 Zn（案例 1.12），在铸铁中加入 Si 都不会对表面张力产生明显的影响[16]。需要指出，同一种溶质对不同金属往往会有不同作用。

案例 1.12　一些溶质元素对 Al 表面张力的影响

Al 加入一些第二组元后表面张力的变化见图 1.11，这是 1960 年以前测定的数据。在 Al 中加入 Cu、Si 或 Zn 时，表面张力没有明显变化。但某些元素，只要加入千分之几的微量，如 Li、Bi、Mg，表面张力即明显下降，随着含量增加，下降逐渐平缓。凝固组织控制中 Al-Si 合金的变质处理就是加入少量的第三种元素，主流的观点是变质剂影响界面张力和相间边界能量（案例 6.16）。

1.4.4 多相界面张力平衡

当三个相相互接触时，就会出现多相界面张力平衡的问题。液-固-气相界的界面现象是一个典型的例子。液滴接触固体出现三个界面（图 1.12），就存在三种相应的界面张力 γ_{SL}、γ_{LV} 和 γ_{SV}，下标 S、L 和 V 分别代表固体、液体和气体。固体和液体之间构成**接触角** θ，其值取决于界面张力。平衡时，三相公共接触点 O 处存

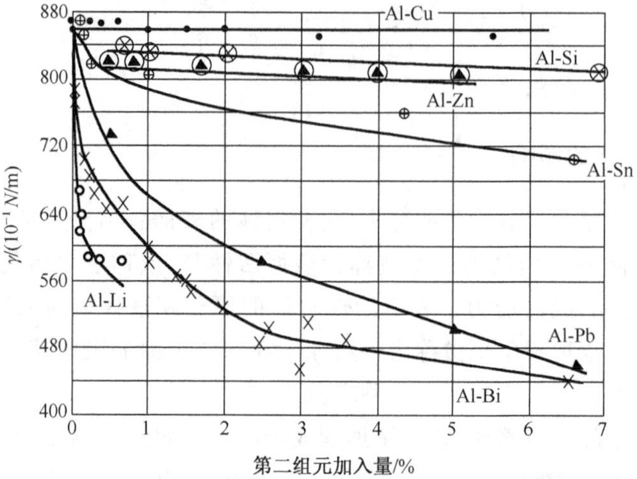

图 1.11　一些第二组元对 Al 表面张力的影响[16]

在界面张力平衡，由此决定 θ 值，即

$$\cos\theta=\frac{\gamma_{SV}-\gamma_{SL}}{\gamma_{LV}} \tag{1.9}$$

θ 的值决定于 γ_{SV} 和 γ_{SL} 的值，它表示固体能否被液体**湿润**。通常 $\gamma_{SV}\neq\gamma_{SL}$，存在两种情况：$\gamma_{SV}>\gamma_{SL}$，$\theta$ 为 0°～90°，就认为液体湿润固体，液体倾向在固体表面铺展开；$\gamma_{SV}<\gamma_{SL}$，θ 为 90°～180°，就认为不湿润固体[13]，液体倾向聚集成球状。θ 值可以通过实验方法测定。

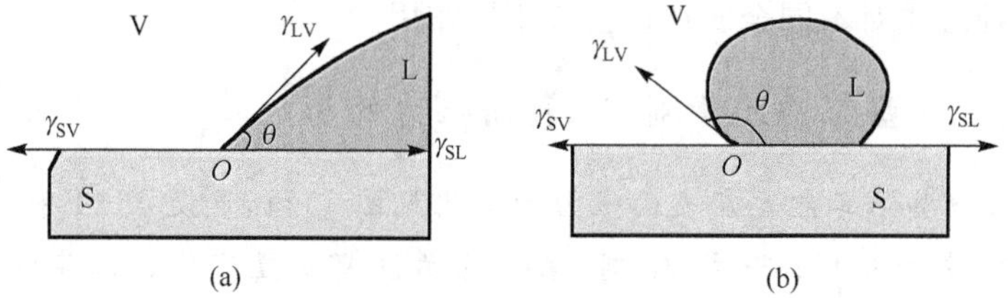

图 1.12　湿润角 θ

(a)$\theta<90°$，L、S、V 表示液体、固体、气体，液体湿润固体；(b)$\theta>90°$，液体不湿润固体

最常见的液-固-气相界的界面现象是**毛细现象**。将一支毛细管插入液体中，当液体湿润毛细管壁，管内液体向下弯曲，凹面朝上，液体在管中上升；相反，若不湿润，管内液体向上弯曲，凸面朝上(将图 1.12 顺时针转 90°的情景)。曲面内外压力差按 Laplace 方程计算。在充型过程中，充填狭窄型腔或熔体渗入砂型问题都涉及有关计算(案例 5.23)。

在结晶的形核(图 3.3)和陶瓷液相烧结理论(8.3 节)中,都涉及液相-晶核-异质基底(颗粒)界面张力平衡的问题。

1.5 黏　度

液体具有流动性,即它的剪切模量为零,液体原子间相对运动时的摩擦力形成阻力(黏滞力)。当一种不可压缩的液体受到一个恒定的剪切力时,黏滞力在垂直于剪切力的方向产生一个速度梯度。反映流速不同的相邻两层液体间的内摩擦阻力的物理量是黏度,它是由 **Newton 黏性定律**定义的。当各液层作相对平行移动时,相邻流体层的剪应力 τ 与运动方向垂直的速度梯度 dv/dz 的负值成正比[17]。

$$\tau = -\mu \frac{dv}{dz} \tag{1.10}$$

比例常数 μ 称为**黏度**(**动力学黏度**,黏度系数)。黏度系数可以衡量流体黏性的大小。在处理凝固过程流动问题时,黏度是一个必须考虑的物理量。另一个常用参数是运动黏度 $\nu=\mu/\rho$,式中 ρ 为液体的密度。

实测是获得黏度数据的基本途径。已经提出了一些计算黏度的理论公式,但还没有一个能够精确地计算黏度[8]。

水在 20℃时的动力学黏度 μ 为 1.0 mPa · s,100℃时为 0.3 mPa · s[9]。除位于周期表ⅠA 族的碱金属 Li、Na、K、Rb 和 Cs 外,金属熔体的 μ 值都比水高[8](案例 1.13)。由于金属密度比水大,所以金属熔体的运动黏度比水低(表 1.4)。液态金属具有良好的流动性。

黏度是温度和压力的函数,还受杂质含量的影响,悬浮的固体物质使熔体的假黏度增大。

案例 1.13　常见液态金属的黏度

对金属熔体的黏度进行了很多的实验测量,由于金属的黏度值较低,熔点高且化学活性高,一些测定数据(如 Ni、Co 和 Al)相当分散,精确、可靠的数据仍然很少,测量误差通常在±20%以内[8]。

金属黏度与熔点有关。图 1.13 给出常见金属单质黏度实测数据与熔点的关系。一般的趋势是熔点越高,黏度越大,但 Sb 和 Mg 例外。

一些金属熔体的运动黏度见表 1.4。由于文献数据的限制,表中有些密度与黏度的测定温度存在差异,但总的说来,多数金属的运动黏度低于水。

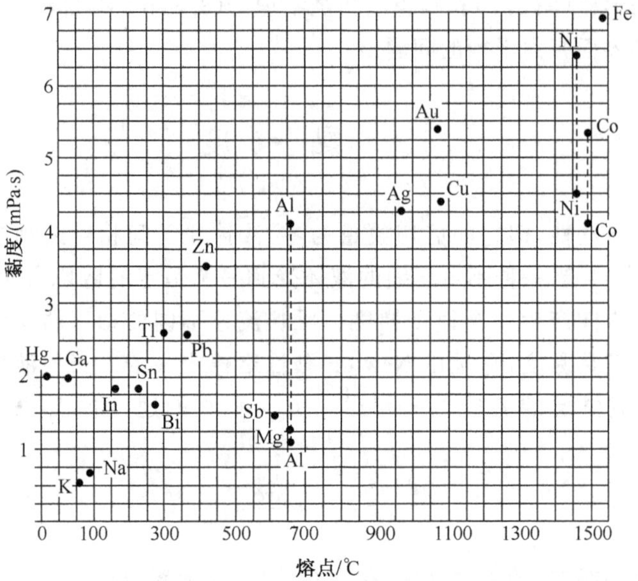

图 1.13　熔点时常见液态金属单质黏度与熔点的关系
(黏度实验数据取自文献[8],熔点取自文献[15])

表 1.4　一些金属熔体与水运动黏度 υ 的对比

金属元素	动力学黏度 $\mu/(10^{-3}Pa \cdot s)$	密度 $\rho/(kg/m^3)$	运动黏度 $\nu/(10^{-6}m^2/s)$
水	1.00(20℃)	1000(20℃)	1
Sn	1.38(409℃)	6834(409℃)	0.202
Pb	2.12(441℃)	10510(400℃)	0.202
Zn	2.24(600℃)	6920(419.5℃)	0.324
Sb	1.13(801℃)	6450(700℃)	0.175
Mg	1.25(651℃)*	1536(700℃)	0.814
Al	1.4(800℃)	2315(900℃)	0.605
Ag	2.98(1200℃)	9300(960.5℃)	0.320
Au	5.38(1063℃)*	17240(1100℃)	0.312
Cu	3.41(1145℃)	7930(1080℃)	0.430

* 取自文献[8],其余数据取自文献[16]。

1.5.1　温度对黏度的影响

温度升高,液体的黏度将下降。液体金属的黏度和扩散系数随温度的变化都近似地表现为 Arrhenius 关系[8]。对黏度 μ

$$\mu = A\exp\left(\frac{H_\mu}{RT}\right) \tag{1.11}$$

式中,A 和 H_μ 均为常数;R 为摩尔气体常量。

1.5.2　溶质对黏度的影响

液态二元合金已有的黏度实验数据比较分散，很难查到准确的数据。例如，Sn-Pb 系黏度-成分的关系，不同实验结果不一致。案例 1.14 和案例 1.15 给出两个共晶系的例子，它们呈现完全不同的规律。考虑到测量误差的问题，这些实验结果的可靠性还需要可重复的实验数据来验证。

单质 Hg 加入 1%(原子分数)的溶质构成稀液态合金后，测定的黏度变化仅为 1%～5%(Iida 等，1973 年)。依据已有实验推论，加入低含量的合金元素构成稀溶液后，认为其黏度与单质差别不大，尤其在高温下更小[8]。

液体的纯净程度影响其黏度，固态杂质通常使黏度增加，如钢中的 Al、Si 氧化物和硫化锰。

案例 1.14　Al-Cu 合金的黏度

实验结果见图 1.14。接近共晶成分(27%～30%)合金的动力学黏度具有最低值。Al-Si 合金的黏度也具有同样的特性[16]。

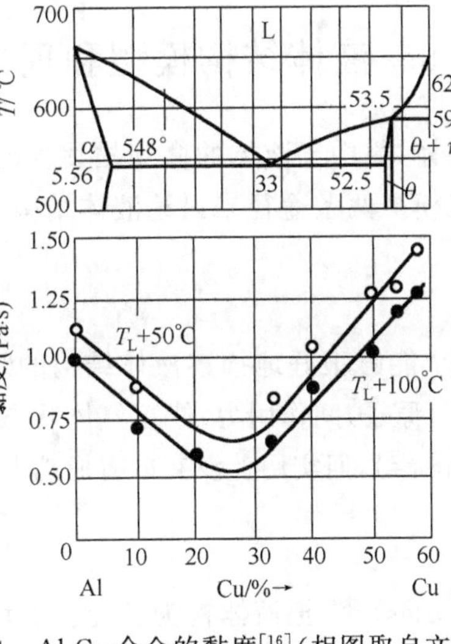

图 1.14　Al-Cu 合金的黏度[16](相图取自文献[18])

案例 1.15　Sn-Bi 合金的黏度

实验结果见图 1.15[8]。

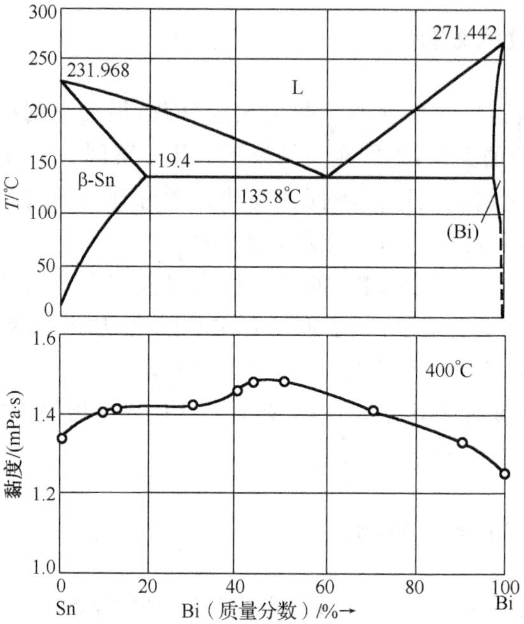

图 1.15　Sn-Bi 系的黏度(400℃;Lida,1970 年;相图根据文献[18])

1.6　液体结构模型和理论

从原子论角度研究液体,集中于液体的微观描述。已经进行的研究主要从提出液体结构模型和计算机模拟两条途径来讨论液体结构。

1.6.1　液体结构理论

时至今日尚未形成一个能够很好地描述液体结构的统一模型。早期曾把液体视为浓缩的气体,考虑分子(原子)间作用力,修正气体状态方程,提出描述液体运动的分子分布函数(Born,1946 年),但实用上没有取得成功[1]。目前主要有两个模型。

1.6.1.1　点阵理论

点阵理论(lattice theories)[1,3]把液体视为各处被破坏的固体。这是早期的模型,主要包括以下两种。

(1)晶胞理论(free-volume or cell theories)(Lennard-Jones 和 Devonshire,1936 年)此理论假定分子(原子、离子)仍被周围分子限制在其所占据的点阵位置附近的一个小的空间。与固体不同,在液态它们可以更加自由,可以在围绕此分子在一定范围内移动,不再存在长程序。由周围分子形成的这一范围称为(晶)胞(cell),这些胞都是相同的,每一个分子在胞内的运动是完全独立的。

(2)空穴(hole)(Eyring,1936 年)或"有效结构(significant structure)(Eyring、Ree 和 Hirai,1958 年)"理论:与上述理论类似,也作为一种改进,考虑大量点阵位置是空位。这些空位随机地分布在液体内。

点阵理论可以解析一些液体行为,基于这样的理论计算确定的径向分布函数与实验结果符合得不好。它们现在已经很少被使用。

1.6.1.2　刚球随机密堆积模型(Bernal,1964 年)

刚球模型是一个相对简化的模型。这模型把原子作为一种惰性刚球来描述和处理,假设液体是分子(原子)刚球的随机密集堆积物,其中没有晶体区域,也没有大到可以容纳一个原子的空穴。对于这种随机的集合体,未能确定其数学表达式。Bernal 用实验证明,实测的刚球模型径向分布值与简单的单原子液体相符,表明该模型取得了部分成功(案例 1.16)[1]。

液态金属由散布于电子海中的正离子组成,此模型对液态金属的一些性质给出了相当成功的解析。

案例 1.16　随机密集堆积刚球的径向分布函数

将直径相等的刚性小球与黏结剂混合后固化,获得球的随机密堆积模型。Bernal 测出球的径向分布函数,测定结果与简单的单原子液体氩测定的径向分布函数符合得相当好(图 1.16)。这表明简单的单原子液体的结构与刚球随机密堆积模型相似。

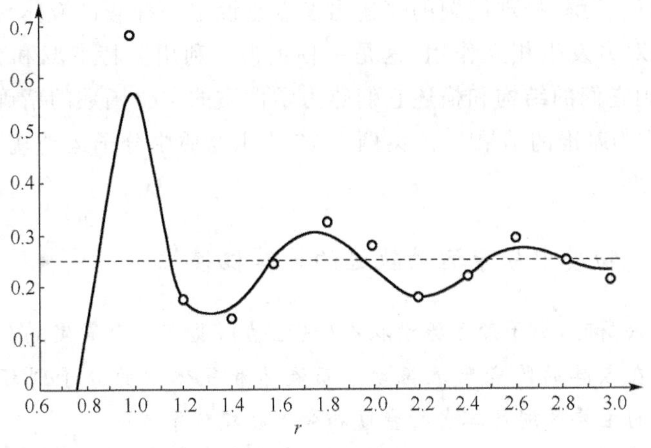

图 1.16　等径刚球随机密堆积的径向分布函数关系(Bernal,1965 年)

曲线根据液态氩中子衍射结果的计算值绘制。11 个实验点是根据刚球模型的计算值;r 为离参考原子(刚球)中心的距离(以球体直径为单位);N 为在 0.2 倍球直径的壳层内球的平均数

1.6.2　液体内分子运动的计算机模拟

液体结构取决于其分子(原子)间的作用力和性质。不同液体,如液态氩、液态金属或熔盐,分子(原子)间相互作用不同。即使由单原子(分子)组成、相互作用具有球对称的简单液体,相互作用也是很强的。分子间作用力的理论处理比气体或固体都更困难。基于处理液体内大量分子运动的计算机模拟,能够精确地描述液体的行为。根据计算机能力,处理一定数量的分子(原子、离子)的运动问题,计算时考虑分子间作用力。使用平均处理的方法计算液体的性质,提出的方法主要有两种,它们的计算结果均与实验结果很符合[3]。

(1)**蒙特卡罗**(Monte Carlo)**法**:选择多种分子的配置,计算每种方案的位能,然后用 Boltzmann 因子加权,在此基础上计算液体的性质。此法包含覆盖不同分子配置的平均结果,是计算平衡时液体状态有用的方法。

(2)**分子动力学法**(molecular-dynamical method):此法设置一定的初始位置和速度,然后从分子间力角度列出运动方程,计算随后不同时间的位置和速度。根据平衡时的位置、速度和位能计算液体性质,它是全部时间的平均值,可以作出表面影响的修正。此法在处理黏度和扩散等非平衡问题时有优势。

20 世纪 80 年代,在某些蒙特卡罗和分子动力学计算机模拟方面的研究取得了显著的进展。微观考察的典型工作是从经典统计力学基本原理出发,研究液体的静态和动态性质,过程中考虑液体中原子(分子)的基本作用力。两个原子间作用力常受第三个原子的影响。由于对大多数实际两个分子(原子)间的相互作用还没有精确的了解,处理问题的普遍出发点是设定一种假设液体,假定它们的原子只通过配对力发生相互作用,这是一种近似。利用蒙特卡罗和分子动力学技术,可以得到它们的结构和描述它们热力学性质的主要函数的精确数据,从而得出可靠的、作为基准的结果[19]。案例 1.17 给出物质中分子运动轨迹的计算机模拟的部分结果。

案例 1.17　物质中分子运动轨迹的计算机模拟

在温度较高时,原子处于振动状态(热运动),没有一个固定的位置,但是固体中分子只能在点阵的阵点附近振动。而液体和气体中的分子则可以自由移动。液体和气体的主要区别是二者的密度和分子碰撞频率不同。

使用计算机模拟固、液和气态中二维系统分子运动的情况。该程序求解了 500 个二维分子的运动方程,给出的分子运动轨迹示于图 1.17(只列出其中少量分子)。此图形象地说明了原子在物质三态中的热运动状态[8]。

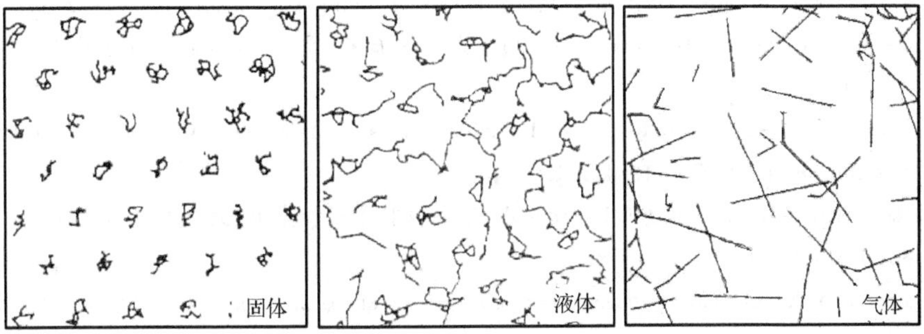

图 1.17　固体、液体和气体中分子的二维系统运动轨迹(Barker 和 Henderson,1981 年)

1.6.3　液态中的电子态

弱无序系统电子态同相应的结晶系统中的电子态可能有很大差别,Si(或 Ge)就是很好的例子。结晶 Si 是半导体,但液态 Si 是导体。在液态金属及其合金这一领域,正在着重研究电子和原子的输运、结构和热力学。电子间的相互作用与无序性间的平衡可以因合金的过程而改变。研究的困难在于包括液态金属的稠密经典流体的微观理论知识还很缺乏,实验所需要的温度很高[19]。

参 考 文 献

[1] Davies G J. 凝固与铸造. 陈邦迪，舒震，译. 北京:机械工业出版社,1981:3-8.

[2] Уманский Я С，Финкелъштйн В Н，Блантер М Е，идр. 金属学物理基础. 中国科学院金属研究所，译. 北京：科学出版社，1958:63,185-190.

[3] Laidler K J，Meiser J H. Physical Chemistry. Boston:Houghton Mifflin Co.，1999:815,823,831-832,835-839.

[4] Kittel C. Introduction to Solid State Physics. 7th ed. New York：John Wiley & Sons，1996:66-75.

[5] Kingery W D，Bowen H K，Uhlmann D R. 陶瓷导论. 第二版. 清华大学无机非金属材料教研组，译. 北京:中国建筑工业出版社，1982:59.

[6] Andonov P，Chieux P，Kimura S，et al. Local order refinement in Lithium Niobate using a two radiation method (X-rays and Neutrons). Zeitschrift für Naturforschung，1993，48a:955-964.

[7] Guy A G，Hren J J. 物理冶金学原理. 徐纪楠,译. 北京:机械工业出版社,1984:171.

[8] Takamichi Iida，Guthrie R I L. 液态金属的物理性能. 冼爱平，王连文，译. 北京:科学出版社，2006:7,35,36,124-125,142-143,151-152,160,197,204,211,218,255-258,266.

[9] Serway R A. Physics. Philadelphia:Saunders College Publishing,1990:411,533.

[10]《半导体器件制造技术丛书》编写组. 硅材料制备. 北京:国防工业出版社,1972:344.

[11] Verhoeven J D. 物理冶金学基础. 卢光熙，赵子伟，译. 上海:上海科学技术出版社，1980:112.

[12] Poter D A, Easterling K E. Phase Transformations in Metals and Alloys. New York: Van Nostrand Reinhold Co. ,1984:111.

[13] Nachtrieb N R. 表面张力//Lapedes D N. 科学技术百科全书(第九卷). 北京:科学出版社，1986,9:8-9.

[14] Брегер А Х. О природе поверхностного натижении расплавленных металлов. Академии Наук СССР. Гидродинамика расплавленных металлов. Москва: Издательство Академии Наук СССР，1958:63.

[15] Hodgman C D，Weast R C，Selby S M. Handbook of Chemistry and Physics. 37th ed. Cleveland: Chemical Rubber Publishing Co. , 1956.

[16] 李庆春. 铸件形成理论基础. 北京:机械工业出版社,1982:11,18,22-23.

[17] Szekely J. 冶金中的流体流动现象. 彭一川，等，译. 北京:冶金工业出版社,1985:11.

[18] American Society for Metals. Metals Handbook. Metallography and Phase Diagrams. 8th ed. 1973,8:259,273.

[19] Physics Survey Committee. 凝聚态物理学. 龚少明，译. 北京:科学出版社，1994:44-46,177.

第 2 章　凝固的热力学基础

2.1　相变反应自发性判断标准

在内能 U、焓 H、熵 S、温度 T 的体系中，**Gibbs 自由能**(free energy)G 和 **Helmholtz 自由能** A 的定义为[1]

$$G = H - TS \tag{2.1}$$

$$A = U - TS \tag{2.2}$$

通过自由能函数建立相变反应自发性判断标准。对于恒温和恒容过程，使用 Helmholtz 自由能 A 作为判断标准。对于恒温和恒压过程，使用 Gibbs 自由能 G 作为判断标准。在冶金和凝固过程中，PdV 项很小，可以忽略不计，dG 和 dA 差别不大[2]。本书使用 Gibbs 自由能 G(以下简称自由能)。

在恒温和恒压下，外加作用力(机械力、电磁力和重力等)可以忽略不计时，如果系统相变后与相变前的自由能的差额 $\Delta G=0$，则系统处于平衡状态；如果 $\Delta G<0$，相变倾向于自发进行；如果 $\Delta G>0$，相变将自发地朝相反方向进行。

2.1.1　过冷

物质冷却到平衡熔点以下继续保持液态，称为**过冷**(supercooling)。低于平衡熔点 T_m 温度的差值 ΔT 称为**过冷度**。液相开始结晶的温度必须低于平衡熔点，使 $\Delta G<0$。自由能的降低提供了凝固**驱动力**(driving force)。下面以单成分系统说明这一重要概念。

单成分系统的凝固过程是一个固定质量和成分的系统。当温度和压力都改变，对一个固定质量和成分的系统，自由能的变化为[1]

$$dG = -SdT + VdP \tag{2.3}$$

当压力不变时，$dP=0$，比热容 c、焓 H、熵 S 和自由能 G 都是温度的函数。

$$\left(\frac{\partial G}{\partial T}\right)_p = -S \tag{2.4}$$

在所有情况下，液相比固相有较高的焓和熵值，因此，在低温时，$G_L>G_S$。随着温度上升，G_L 比 G_S 值下降更快。液态和固态物质单位体积的自由能 G 与温度的关系示于图 2.1。在熔点 T_m，固相和液相处于平衡，$\Delta G=G_S-G_L=0$。当温度高于 T_m 时，$\Delta G>0$，液相稳定；而当熔体过冷时，$\Delta G<0$，固相稳定。过冷 ΔT 是任何液相中产生结晶(凝固相变)的前提。案例 2.1 和案例 2.2 提供凝固时过冷的实例。

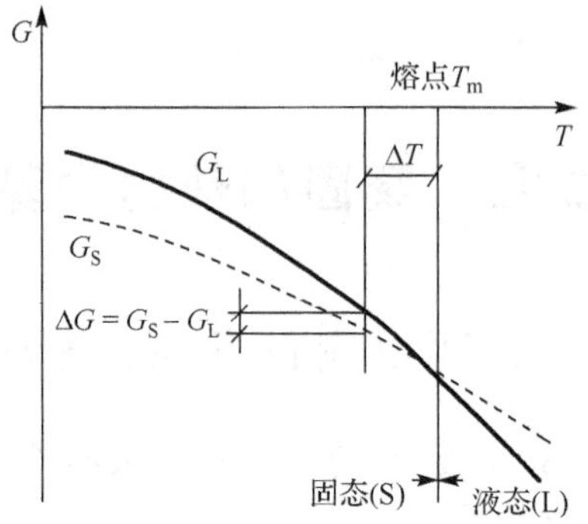

图 2.1 液态(L)和固态(S)物质的体积自由能 G 与温度的关系[3]

案例 2.1 单成分系统的冷却曲线

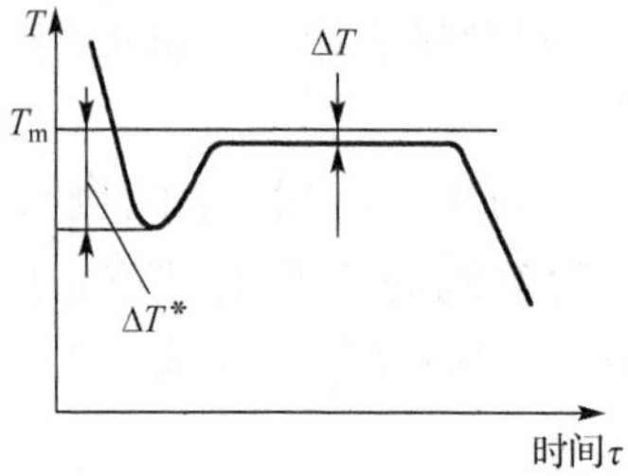

图 2.2 单成分系统冷却曲线的一般模式

单成分物质，如纯金属，在通常的情况下具有一个稳定的熔点 T_m，冷却曲线的一般模式见图 2.2。只有当熔体过冷，结晶才能开始。达到某一 ΔT^* 值后，大量的结晶潜热析出，使系统温度回升，再在较小的、稳定的过冷 ΔT 保持稳定生长。这时，析出的结晶潜热与散热达到平衡。共晶结晶过程也是在一定的温度下进行，冷却曲线也是这种模式。

案例 2.2 铸铁的冷却曲线

测定的铸铁冷却曲线示于图 2.3[4]，图中并给出铸铁的稳定和介稳定系统平衡共晶凝固温度，其中右图为 Fe-C 二元系相应部分相图。研究的成分为亚共晶铸铁，在液相线以下奥氏体首先结晶，剩余的液相在共晶温度下进行共晶过程。

在冷却曲线第一个特征温度(1250℃和 1215℃)奥氏体开始结晶，奥氏体结晶放出的结晶潜热改变了冷却曲线的斜率，但不足以构成温度平台。第二个特征温度反映共晶过程。可以明显地观察到共晶结晶时的过冷现象与温度平台，为案例 2.1 提供实例。

T_1 为稳定系统平衡共晶凝固温度，T_2 为介稳定系统共晶凝固温度。试样化学成分如下：

曲　线	C/%	Si/%	Mn/%
1	2.75	2.46	0.49
2	3.0	2.12	0.8

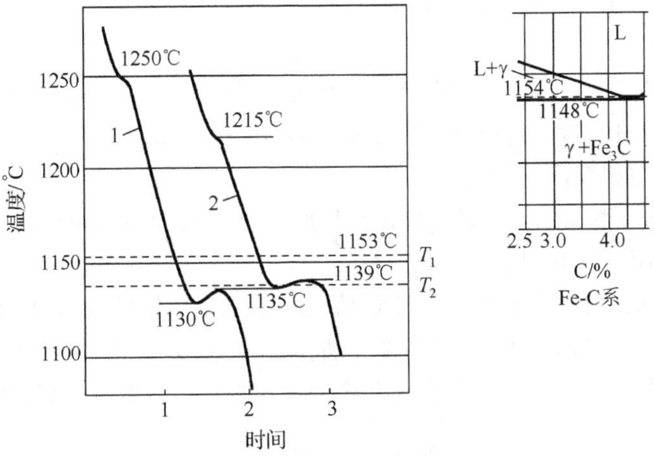

图 2.3　铸铁的冷却曲线(肖柯则,1988 年)

2.1.2　单成分系统 ΔG 的计算

凝固过程的自由能变化 ΔG 为凝固后和凝固前的液固相两相自由能的差额。对于在熔点以下温度 T 的凝固过程,自由能的变化为

$$\begin{aligned}-\Delta G &= G_L - G_S = (H_L - TS_L) - (H_S - TS_S)\\ &= (H_L - H_S) - T(S_L - S_S)\\ &= \Delta H - T\Delta S \end{aligned}\tag{2.5}$$

式中,ΔH 和 ΔS 是凝固温度 T 下的焓变和熵变。在平衡熔点 T_m(K),$G_L = G_S$,液相的内能大于固相,$\Delta H = L_m$是熔化潜热(结晶潜热,J/m^3),ΔS_m为熔化熵,且

$$\Delta G = \Delta H - T_m \Delta S_m = 0$$

$$\Delta S_m = \frac{\Delta H}{T_m} = \frac{L_m}{T_m}\tag{2.6}$$

根据实验值,大多数金属的熔化熵 $\Delta S_m \approx R = 8.31$ J/(mol · K)(摩尔气体常量)。这被称为 Richard 法则(Richard's rule)[5]。

当过冷 ΔT 很小时,可以假定 ΔH 和 ΔS 都与温度无关[5]。由式(2.5)和式(2.6)得

$$-\Delta G = \Delta H - T\Delta S \approx L_m - T\frac{L_m}{T_m} = \frac{L_m \Delta T}{T_m}\tag{2.7}$$

2.1.3　二元溶液的自由能-成分图

多元系凝固过程的溶质再分配现象(3.4 节),使成分成为变数。因此,压力不

变时，多组元系统凝固过程的自由能有温度和成分两个变量。二元溶液是处理这个问题的基础。

在一定温度下，用成分为横坐标作图，表示每摩尔二元溶液（合金）内各相的（摩尔）自由能曲线，称为自由能-成分图（free energy curve），它给出有关二元溶液自由能、平衡与相变问题的有关数据。

对于摩尔分数为 X_A、X_B的 A、B 两种原子组成的理想溶液（$X_A+X_B=1$），从自由能-成分图可以获得下列数据。

（1）作 G 曲线的任意成分点的切线，得出两组元化学位 μ（偏摩尔自由能，chemical potential）的数据[5]，如图 2.4 所示。μ_A、μ_B为 A、B 在溶液中的化学位。引入活度系数（activity）作为溶液偏离理想溶液的校正系数，可以将计算推广到非理想溶液。

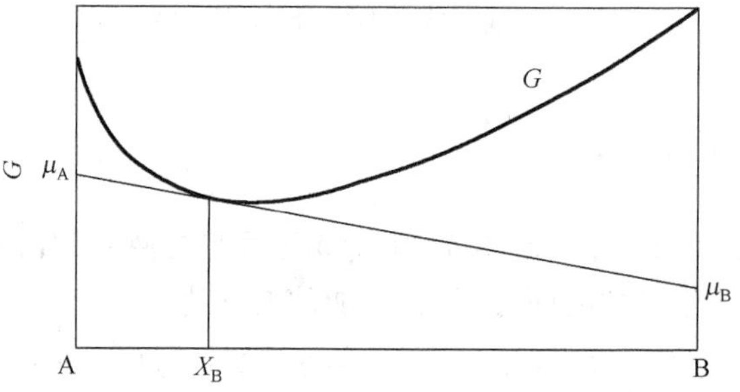

图 2.4　从自由能-成分图获得组元的化学位数据

（2）非均质系的 G 值。在一定的温度和压力下，如果 A、B 两组元组成多种不同结构的相，构成非均质系，则相应存在多条自由能曲线。图 2.5 为 α、β 两相结构，自由能曲线分别为 G_α、G_β。设 α、β 两相浓度分别为 C_α、C_β，二相自由能相应在 G 曲线 d、e 两点。作溶液的平均浓度 X_B的垂直线。已经证明[5]，垂线与 de 线的交点 h 的高度 X_Bh 等于系统的平均自由能 G。

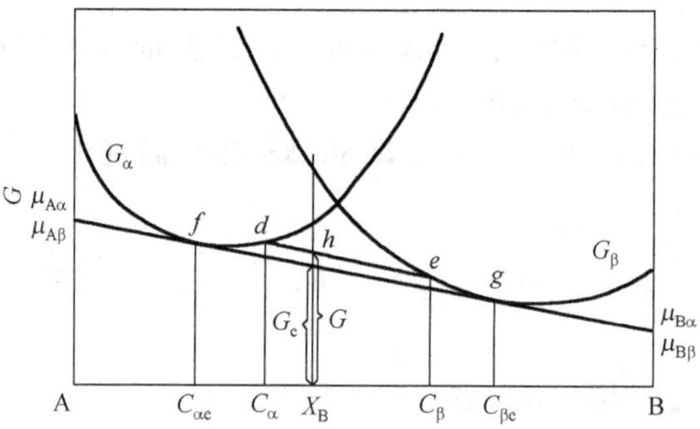

图 2.5　两相溶液的切线规则

2.2 相平衡

当凝固过程各相处于热力学平衡状态时，系统是稳定的，不存在转变的倾向。系统平衡要满足一定的热力学条件。当各个相能够自由地进行热、机械功和物质交换时，平衡的热力学条件为各相的温度 T、压力 P 和每个组元在各个相的化学位 μ 必须相等。例如，A、B 两组元形成 α、β 两相，平衡条件为

$$\left.\begin{aligned} T_\alpha &= T_\beta \\ P_\alpha &= P_\beta \\ \mu_{A\alpha} = \mu_{A\beta}, &\quad \mu_{B\alpha} = \mu_{B\beta} \end{aligned}\right\} \tag{2.8}$$

使用自由能作为判据时，平衡条件是在一定的温度和压力下，一个封闭系统(成分和质量固定的系统)的自由能处于可能的最低值。

2.2.1 非均质系内相平衡的条件

在一定的温度和压力下，考虑成分为 X_B的二元两相溶液(图 2.5)。G 曲线的公切线 fg 对应的G_e 为系统自由能的最低值，这时，两组元在各相内有相同的化学位，满足相平衡条件[式(2.8)]，系统处于平衡状态。f、g 对应的 $C_{\alpha e}$ 、$C_{\beta e}$是 α、β 相的平衡成分。如果有足够的扩散时间，原子将在两相间移动，使系统达到平衡，对图 2.5 所示的状态，两相浓度将自发地从 d、e 点移向 f、g 点。

在两切点(f、g)范围内，对任何二元系，这个规律都成立。当溶液成分位于两切点范围外，最低 G 值位于G_α、G_β曲线上，二元系的平衡状态为单相[5]。

切线规则适用于所有多元多相非均质系。案例 2.3 提供共晶系凝固的实例。通过这个例子，可以理解相图的热力学依据。

案例 2.3　共晶系相图与自由能-成分图

图 2.6 所示为共晶系相图与自由能-成分图。α 、β 两相具有不同晶体结构，系统内存在 α、β 和液相 L 三个相，相应有三条 G 曲线。

选择了平衡凝固过程四个典型温度。T_1 温度下，系统由 α＋L 组成。T_2 温度时，系统由 α＋β＋L 三相组成。T_E 温度发生共晶反应。T_3 时凝固已经完成，系统由 α＋β 两个固相组成。各个温度下，自由能-成分图相应的切线确定的平衡浓度与相图的相变点相互对应。在共晶温度下，α、β 和 L 三相有公共切线，三相共存。

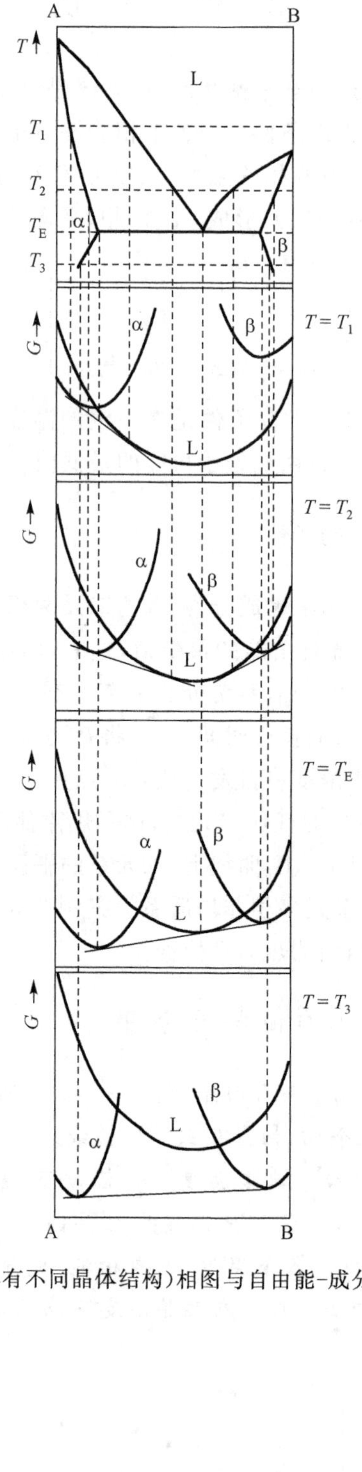

图 2.6　共晶系(α、β 具有不同晶体结构)相图与自由能-成分图(根据文献[1]绘制)

2.2.2　亚稳相

根据相律，在一个温度和压力区，平衡状态只存在一个相，就是稳定相。在相变过程中，可能形成一些**亚稳平衡**(metastable equilibrium)，在同一个温度和压力区存在不止一个相，这些相称为**亚稳相**(metastable-phase)。根据热力学，亚稳相会转变为稳定相。转变速率取决于动力学因素，一些亚稳相能够长期存在。金刚石(案例 2.4)和铁碳系的 $Fe\text{-}Fe_3C$ 亚稳系(案例 2.5)是最常见的两个亚稳相典型例子。

在冷却速率比较快的条件下，容易出现亚稳相。使用**快速凝固**(rapid solidification)技术，获得极大的冷却速率(6.5.6 节)，它们通常是形成加大溶解度的各种亚稳固溶体或非晶态玻璃，也可能形成新结构的晶体，例如，在 Fe-C 系获得一种新的密排六方相[6]。

案例 2.4　碳的亚稳相

碳的相图见图 2.7[2]。在不同温度和压力下，碳有三种结构状态。在常温常压下，石墨是碳的平衡结构，是稳定相，金刚石是亚稳相。实验表明，如果将高温高压下形成的金刚石在高压下降到室温，再将压力降到常压，碳将保持金刚石晶体结构。在常温常压下，亚稳相金刚石十分稳定，可以长期存在。但是。在绝氧的条件下，从 1500℃开始，亚稳定的金刚石会自发地转变为稳定的石墨[7]。

金刚石这种性质，被解释为在常温常压下，存在一个能量势垒，阻碍碳原子从亚稳的金刚石结构改排为稳定的石墨结构的排列[5]。高温提供原子重新排列、克服势垒所需要的能量。

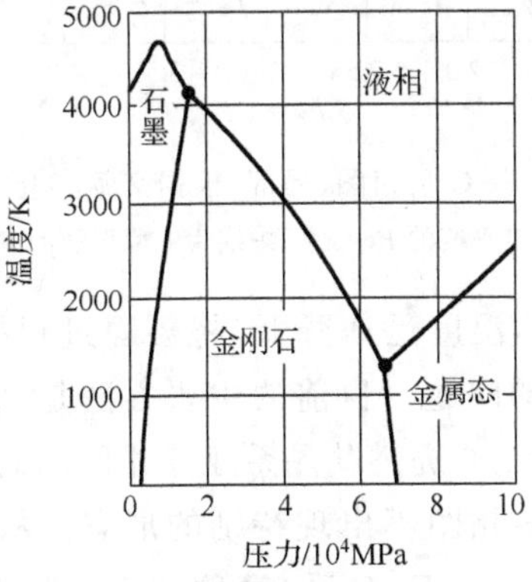

图 2.7　碳平衡图(来自 Suits)

案例 2.5 Fe-C 系的亚稳相

Fe-C 系的平衡状态是 Fe-C(石墨)。在含碳量 2.08%～6.69%范围内,凝固时可能形成稳定相石墨或亚稳相 Fe_3C(渗碳体)。在相图中,亚稳相线(虚线)和共晶点向下向右移动,如图 2.8 所示。熔体 L 可以按稳定系结晶,也可以按亚稳系结晶,相应形成稳定相石墨或亚稳相渗碳体(Fe_3C)。加大冷却速率有利于形成亚稳相,异质核数量也有重要影响。

这个成分区域的工程材料是铸铁,铸铁成分中还含有 Si、Mn 等其他元素。铸铁按稳定或亚稳定系凝固取决于成分、冷却速率和石墨晶芽的存在等因素。加大冷却速率,亚共晶铸铁的奥氏体的量就相应增加,过共晶铸铁内可能形成初生奥氏体 γ[8]。Si 等一些元素促进按稳定系凝固,有利于凝固组织获得石墨,Mn 等另一些元素则相反。

亚稳相 Fe_3C 将分解形成稳定的石墨。热力学计算表明,Fe_3C 的热力学不稳定性随着温度的下降而减少。实际上,在常温下分解速率极小。提高温度,有利于 Fe_3C 的分解。例如,白口铸铁石墨化退火,加热到 850～1050℃,Fe_3C 分解,形成石墨[8]。

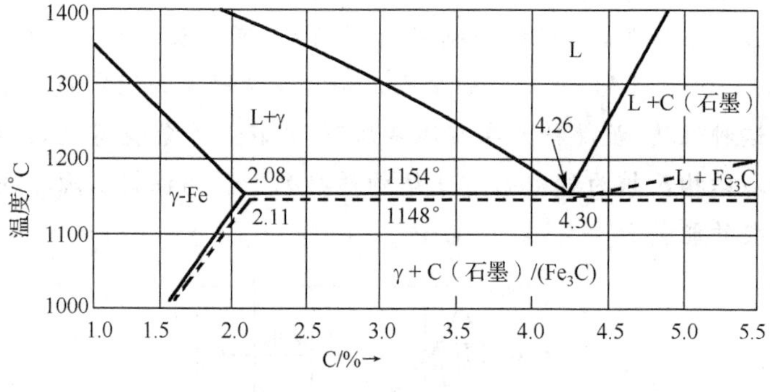

图 2.8 Fe-C 系相图(局部,根据文献[9]资料绘制)

实线为稳定平衡的 Fe-C 系,虚线为亚稳平衡的 Fe-Fe_3C 系

当冷却速率较高,熔体温度迅速降低,将凝固过程推入到平衡相图的固相区域时,需要研究亚稳相图的问题。目前的主要方法是基于凝固实验,直接在平衡相图上创立亚稳区。案例 2.6 提供共晶系亚稳相图的研究结果。

已有的研究表明,亚稳相图不出现特别的形态。从稳定相向亚稳定相过渡,相图是连续的。典型的例子是 Fe-C 系(案例 2.5),亚稳相线是稳定相线的延伸,相线向下向右移动。在缺乏实验资料,需要构思亚稳相图供参考时,文献提供的一种方法如下[6]:假设亚稳相平衡遵从应用到稳定平衡同样的热力学法则,即各相的温度和化学位应相等，或者说，达到相对的能量平衡，并且是能量较低的状态，将稳定相线向下延伸构成亚稳相线(图 2.9)。

在被称为拐点(spinodal)的亚稳定界限(limits of metastability)附近，形核势垒(barrier)不再存在，亚稳相图可能出现特殊形貌[6]。有关自由能-成分图中拐点的概念，请参看案例 2.7。

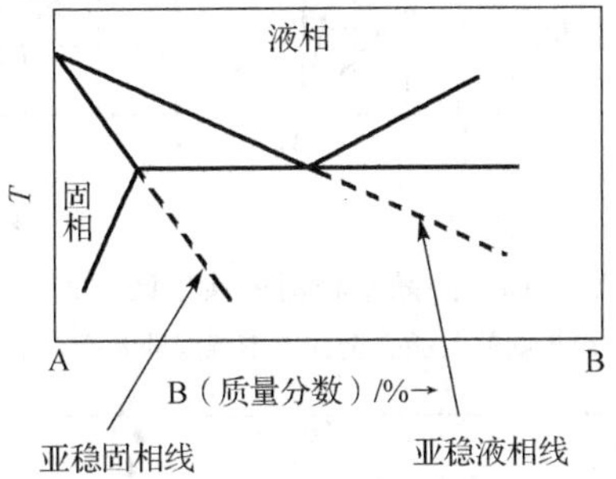

图 2.9　亚稳相图的构思(Flemings,1974 年)

案例 2.6　共晶系相图中共生区位置的研究

Kofler 研究有机物共晶系在不同过冷度下等温凝固时，提出了**共生区**(coupled zone)的概念[10]。共生区是指相图中具有一定温度和成分的一个区域，在这个区域内，两个共生相以相类似的速度生长。

共晶系可以分为两种主要类型。具有规则的层状和棒状，两组元熔点相近的共晶合金称为规则的(normal)共晶系，如 Pb-Sn 系，它具有规则的层片状共晶组织。相反，具有各种形态的不规则的微观组织，两组元熔点差异较大的共晶合金称为不规则的(anomalous)共晶系，如 Al-Si 系，它具有不规则薄片状组织。当熔体被过冷到低于共晶温度凝固时，两种类型的共生区分别为对称和不对称，如图 2.10 所示[11]。

快速凝固(6.5.6 节，溅射法)条件下，Ag-Cu 系的共生区见图 2.11[12]。

当熔体被过冷到低于共晶温度凝固，在相图中的坐标点位于共生区以外时，将形成 α 或 β 单相过饱和固溶体合金。

案例 2.7　拐点的概念

当 α 和 β 两相具有相同的晶体结构时，如 Ag-Cu 系[11]，α 和 β 两条自由能曲线连成了一条，曲线具有"驼峰"。在自由能-成分图上，二阶导数 $d^2G/dX^2=0$ 的两点是拐点(c,d 点)。在相图中，可以确定相应的拐点的轨迹(图 2.12)。

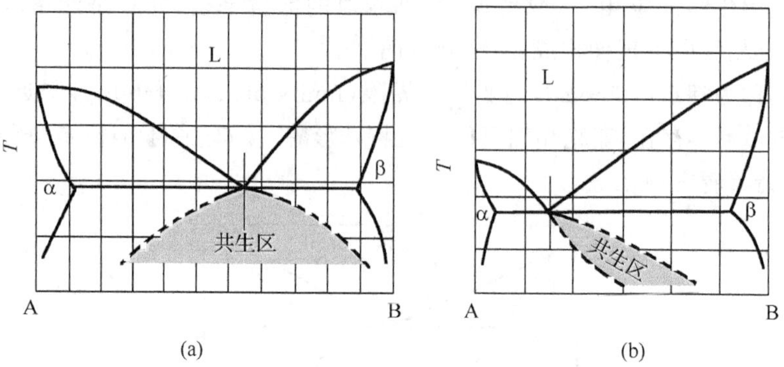

图 2.10　共晶系相图中共生区位置[11]

(a)规则的共晶合金；(b)不规则的共晶合金

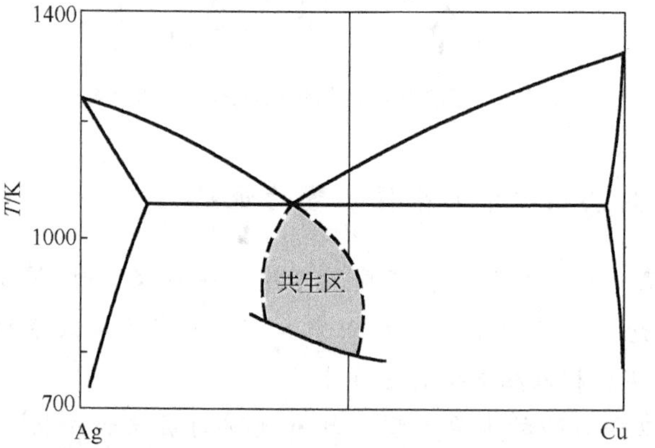

图 2.11　快速凝固(溅射法)条件下 Ag-Cu 系的共生区(Boswell 和 Chadwick，1977 年)

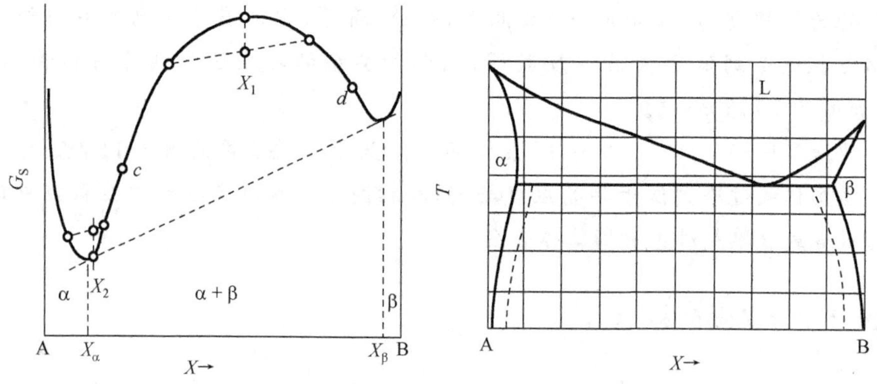

图 2.12　拐点概念(根据文献[13]资料绘制)

自由能-成分图上 c，d 点是拐点($d^2G/dX^2=0$)，相图上虚线表示拐点的轨迹位于拐点范围内的成分，如 X_1，这一成分的单相固溶体分解为浓度较高与较低的两个固溶体，系统的自由能将降低。这个过程将自发地进行。只要时间允许，将直至达到平衡浓度 X_α 和 X_β。位于拐点以外的成分则相反，如 X_2，任何成分起伏产生的分解都将导致系统自由能升高，系统倾向维持单相[13]。

2.2.3　压力对相平衡的影响

当温度不变时，$\mathrm{d}T=0$，根据式(2.3)得

$$\left(\frac{\partial G}{\partial P}\right)_T = V \tag{2.9}$$

一个相的自由能随压力增加而增大。若处于平衡的两相有不同的摩尔体积，压力改变两相自由能将有不同的增量，相的平衡将被破坏。只有改变温度条件，才能达到新的平衡。图 2.7 为一个例子。可对平衡条件进行如下推算：若液相 L 和固相 S 两相处于平衡状态，$G_\mathrm{L}=G_\mathrm{S}$。各取 1mol，根据式(2.3)有

$$V_\mathrm{L}\mathrm{d}P - S_\mathrm{L}\mathrm{d}T = V_\mathrm{S}\mathrm{d}P - S_\mathrm{S}\mathrm{d}P$$

$$\left(\frac{\mathrm{d}T}{\mathrm{d}P}\right)_\mathrm{eq} = \frac{V_\mathrm{S}-V_\mathrm{L}}{S_\mathrm{S}-S_\mathrm{L}} = \frac{\Delta V}{\Delta S} \tag{2.10}$$

在平衡熔点，$T=T_\mathrm{m}$，即

$$\Delta G = G_\mathrm{S} - G_\mathrm{L} = \Delta H - T_\mathrm{m}\Delta S = 0$$

$$\Delta S = \frac{\Delta H}{T_\mathrm{m}} \tag{2.11}$$

将式(2.11)代入式(2.10)，得

$$\left(\frac{\mathrm{d}T}{\mathrm{d}P}\right)_\mathrm{eq} = \frac{T_\mathrm{m}\Delta V}{\Delta H} \tag{2.12}$$

式(2.12)称为 Clausius-Clapeyron 方程。例如，对于液态比固态有较大的摩尔体积的大多数金属，$\Delta V=V_\mathrm{S}-V_\mathrm{L}<0$，而 $\Delta H=H_\mathrm{S}-H_\mathrm{L}<0$，$\mathrm{d}T/\mathrm{d}P$ 为正值。因此平衡凝固温度(熔点)随压力增加而升高。在通常遇到的压力变化条件下，压力对金属熔点的影响很小，为 10^{-2}℃/atm① 数量级[6]。

Clausius-Clapeyron 方程具有普遍意义，可以被用于处理任何 α 和 β 两相平衡关系。

---

① 1atm＝1.01325×10^5Pa。

2.2.4 界面对平衡的影响

前面讨论的自由能曲线都是基于一个前提，即对象是无限大物质的理想单晶，界面被忽略，或者说，界面被视为平面，而实际晶体是曲面。在一定温度下，当压力改变时，根据式(2.3)，将产生一个附加自由能增量，即

$$\Delta G = V\Delta P = V\gamma\left(\frac{1}{r_1}+\frac{1}{r_2}\right) \tag{2.13}$$

式中，ΔP 为表面张力 γ 引起的附加压力；V 为相的摩尔体积；r_1、r_2 为组成曲面的两个相互垂直的弧线的曲率(主曲率)半径。这表明系统没有达到完全的平衡状态。当晶体体积极小(r 很小)时，界面的影响不能被忽略。

研究一个平衡二元非均质系的摩尔自由能 G。β 相从 α 相析出(图 2.13)。通常自由能曲线考虑 β 相为平界面，在图中以实线表示。设新结晶的 β 相小颗粒是半径为 r 的球形，有关参数注脚标“r”，在图中用虚线表示。新相内压力增大 $\Delta P=2\gamma/r$，弯曲的 β 晶体表面的自由能 G 相应增大 $\Delta G^{\beta}=2\gamma V/r$。根据切线规则，系统将产生新的平衡，相的平衡浓度将改变。根据图 2.13 中的比例关系，下式足够近似地成立。

$$\mu_{Br}^{\alpha}-\mu_{B}^{\alpha}=\frac{(1-X^{\alpha})}{(X^{\beta}-X^{\alpha})}\Delta G^{\beta} \tag{2.14}$$

由于界面导致自由能增加，界面凹侧的化学位总是比较高[式(2.14)]。在动力学允许时，化学位差将驱使原子越过界面移向凸侧，使界面向凹侧移动。此外，相的平衡浓度(成分)随相表面的曲率变化。这个现象被称为 **Gibbs-Thomson 效应**，或称**毛细管**(capillarity)**效应**。[14]

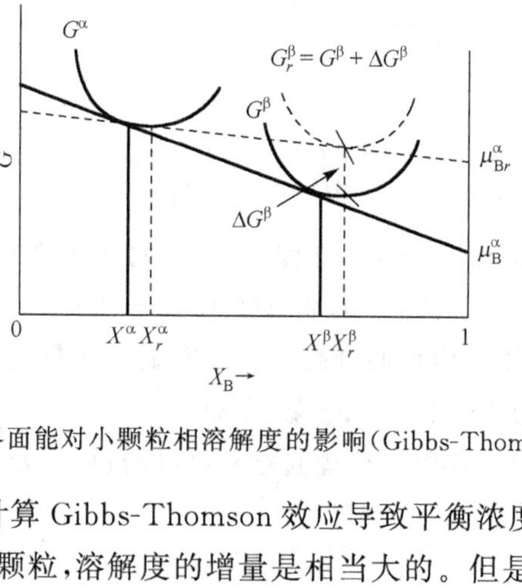

图 2.13 界面能对小颗粒相溶解度的影响(Gibbs-Thomson 效应)

从式(2.14)可以计算 Gibbs-Thomson 效应导致平衡浓度的增量。计算表明，对于 $R=1\sim100$nm 的颗粒，溶解度的增量是相当大的。但是，对于光学显微镜可见的微粒($R>1\mu$m)，Gibbs-Thomson 效应的影响很小。[5]

在陶瓷的液相烧结中(8.3.3.3 节),具有较大曲率的小颗粒和颗粒表面的棱角和凸起部位,因化学位较高而优先溶解。

参 考 文 献

[1] Gaskell D R. Introduction to Metallurgical Thermodynamics. New York: Hemisphere Publishing. Corporation, 1981:93,101,384,398.

[2] Guy A G. Hren J J. 物理冶金学原理. 徐纪楠,译. 北京:机械工业出版社, 1981:159,166.

[3] Уманский Я С, Скаков Ю А. 金属物理. 赵坚, 蔡淑卿, 译., 北京:冶金工业出版社, 1985:148.

[4] 肖柯则. 高 Si/C 值铸铁的强度及内应力. 铸造技术, 1988, 2:31-32.

[5] Poter D A, Easterling K E. Phase Transformations in Metals and Alloys. New York: Van Nostrand Reinhold Co. ,1984:3,11,17,31,47.

[6] Flemings M C. Solidification Processing. New York: McGraw-Hill, 1974:266,275-277.

[7] 张克从, 张乐潓. 晶体生长. 北京:科学出版社, 1981:574.

[8] Гиршович Н Г. Чугунное лиье. Москва: Металлургиздат, 1949:34,47,60.

[9] Ohio Metals Park. Metals Handbook. Metallography and Phase Diagrams. 8th ed, 1973:275.

[10] 李庆春. 铸件形成理论基础. 北京:机械工业出版社,1982:147.

[11] Elliott R. Eutectic Solidification Processing: Crystalline and Glassy Alloys. London: Butterworths,1983:6,55-56.

[12] Boswell P G, Chadwick G A. The structure of the γ' extended solid solution in a splat-cooled Ag-50at. %Cu alloy. Journal of Materials Science, 1977,12:1879.

[13] Verhoeven J D. 物理冶金学基础. 卢光熙, 赵子伟, 译. 上海:上海科学技术出版社, 1980:222,234.

[14] Christian J W. The Theory of Transformations in Metals and Alloys. Oxford: Pergamon Press,1975:180-182.

第3章 凝固的结晶学基础

凝固是从液态向固态转变的相变过程。凝固组织可能以晶体或非晶体两种状态存在。研究晶体的发生、生长和变化，以及控制和影响它们的因素，是**结晶学**(crystallography)的一个分支。使质点从不规则排列到规则排列的**结晶作用**(crystallization)的基本理论是控制凝固过程，获得晶态和非晶态材料的基础。

当液相温度达到固液相变开始温度时，开始结晶。这个自发过程的驱动力是过冷。过冷是液相中产生结晶的前提(2.1.1节)。结晶过程一般经历形成结晶中心的**形核**(nucleation)和**生长**(growth)两个阶段。这两个阶段的进行有两种典型情况。一种是形核与生长两个过程同时进行。由于温度和形核条件的差别，这是常见的类型(案例3.1)。另一种是所有的核在凝固开始时就全部出现，熔体内出现形核位置饱和，然后一起进入长大阶段。

案例3.1 结晶的动态过程

试样材质为铝黄铜Cu67Zn24Al5Mn2Fe2，热分析测定试样结晶温度范围为939～988℃。微粒试样加热到950℃，保温1min后，在冰盐水中淬火，中断凝固进程。

当试样还存在液相时淬火(液淬)，凝固组织保留试样在淬火瞬间的凝固动态(图3.1)。在液相(黑色基体为液相的淬火组织)上散布着正在生长的β相枝状晶。β相中部是黑色富Fe相枝状晶，起着β相结晶中心的作用。每个β相枝晶是一个小晶体，他们长大后构成固相的多晶结构[凝固终结前状态见图6.1(c)]。结晶的β相大小不等，说明形核与晶体生长两个过程同时进行。比较大的β相先形核，它们生长时，在其他部位继续形成新的晶核并随后生长，它们的尺寸比较小。

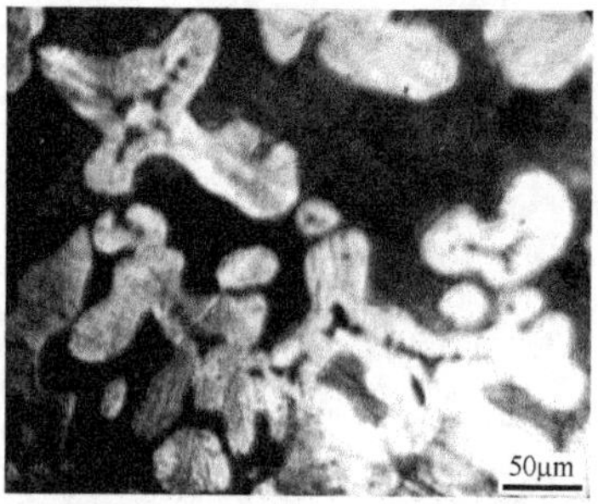

图3.1 铝黄铜Cu67Zn24Al5Mn2Fe2淬火组织

微粒试样，950℃，保温1min，冰盐水淬火，$FeCl_3$盐酸水溶液浸蚀，液相淬火组织(黑色基体)+β相(枝状晶)+富Fe相(β相内黑色枝晶)

3.1　经典形核理论

形核就是形成作为结晶中心的**晶核**(nucleus,也被称为**晶芽**),即液相的质点构成可以继续长大的、稳定的结晶相微粒。形核是原子团长大的结果,有两种形核类型。

异质形核(heterogeneous nucleation):在熔体内部悬浮的固相质点表面或型壁(称为**基底**,substrate)上形成晶核(新相)。已经证实,这是形核的主要方式。

均质形核(homogeneous nucleation):在液相开始结晶的整个区域内,自发地、均匀地由液相原子或分子聚集形成新相晶核。

经典的形核理论是在蒸汽形核理论(Volmer,1926 年)的基础上发展起来的。有两方面内容:首先,从热力学角度探讨晶核稳定的条件,包括形核需要的过冷度,晶核稳定的条件,成为异质形核基底的条件等问题。当达到形核稳定条件时,需要讨论的问题是形核数目,这是动力学问题。结晶中心越多,凝固组织就越细。

3.1.1　晶核的临界半径

形成晶核就创造了固-液界面,需要做功。与界面能量有关的量是界面张力与自由能(1.4 节)。Gibbs 在 1878 年根据热力学的一般概念指出[1]:在一般条件下,任何新相的胚芽,只有在达到一定尺度以后才变成稳定的。在达到这个尺度以前,胚芽的长大不但不使体系的自由能降低,反而使自由能增加。这个自由能最初的增长,是由于在新相胚芽与原相之间形成分界面所消耗的功所引起的。这一论述,提出了胚芽**临界半径** r^* 的概念。r^* 定义为不稳定核心与稳定核心的分界点。达到临界半径以后,胚芽的长大将导致自由能降低,形成稳定核心。

下面,从热力学角度讨论影响临界半径的有关因素。为了推导计算式,需要给出晶核形状。通常简化为球形和球冠形。对于使用宏观热力学概念来处理原子间作用力的距离的晶核问题,存在过争论[2]。直到现在,经典形核理论仍然是了解形核现象的基础。

3.1.1.1　球形晶核的临界半径

假定晶核为球形,推导 r^* 的数学表达式[3],这个假定与均质形核比较接近。达到稳定晶核的临界自由能 ΔG^* 和临界半径 r^* 的图解见图 3.2。每当一个原子转移到一个具有临界半径的原子团上时,总的自由能降低,晶核长大过程开始。

建立单位面积界面所需要的能量为晶核和液相之间的界面自由能 $\sigma(\mathrm{J/m^2})$，此项永远是正值。结晶相的体积释放的能量，总是负值。单位体积液相转变为固相产生的自由能差值 $\Delta G_V = G_S - G_L$。过冷提供凝固驱动力(2.1.1 节)。

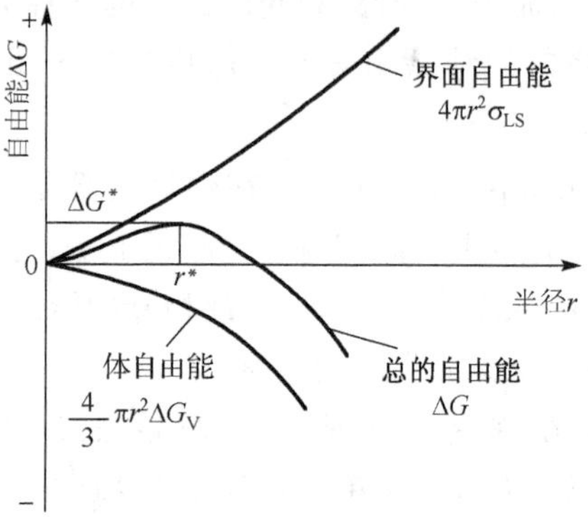

图 3.2 晶核半径与自由能的关系[3]

伴随着球状晶核的形成，总的自由能变化 ΔG 为

$$\Delta G = \Delta G_{体} + \Delta G_{表面} = \frac{4}{3}\pi r^3 \Delta G_V + 4\pi r^2 \sigma_{LS} \tag{3.1}$$

求式(3.1)的最大值，令 $\mathrm{d}(\Delta G/\mathrm{d}r)=0$，将式(2.7)代入，可得

$$r^* = -\frac{2\sigma_{LS}}{\Delta G_V} = \frac{2\sigma_{LS} \cdot T_m}{L_m \Delta T} \tag{3.2}$$

对于金属，熔化熵 $\Delta S_m = L_m/T_m \approx R$，对于一定的材料，$r^*$ 取决于过冷度 ΔT。

将式(2.7)和式(3.2)式代入式(3.1)，可以求出形成临界半径 r^* 需要的能量 ΔG^*

$$\Delta G^* = \frac{16\pi\sigma_{LS}{}^3}{3\,(\Delta G_V)^2} = \frac{16\pi\sigma_{LS}{}^3 T_m^2}{3L_m{}^2\,(\Delta T)^2} = \frac{4}{3}\pi \cdot r^{*\,2}\sigma_{LS} \tag{3.3}$$

即形成临界晶核需要克服的能量障碍为临界晶核界面能的三分之一，这是发生过冷的原因。

3.1.1.2 球冠状晶核的临界半径

假定晶核 C 在异质平面基底 S 上形核，晶核底半径为 R(图 3.3)。推导临界半径 r^{**} 的数学表达式[3]。晶核表面积由球冠表面积 A_{LC} 和晶核与基底的界面的面积 $A_{CS}=\pi R^2$ 两部分组成。计算新相增加的界面自由能时，应当减去新相占据的基底面积原来与液相的界面能。因此

$$\Delta G_{界面} = A_{LC}\sigma_{LC} + A_{CS}(\sigma_{CS} - \sigma_{LS}) \tag{3.4}$$

边界三相点应维持表面张力平衡

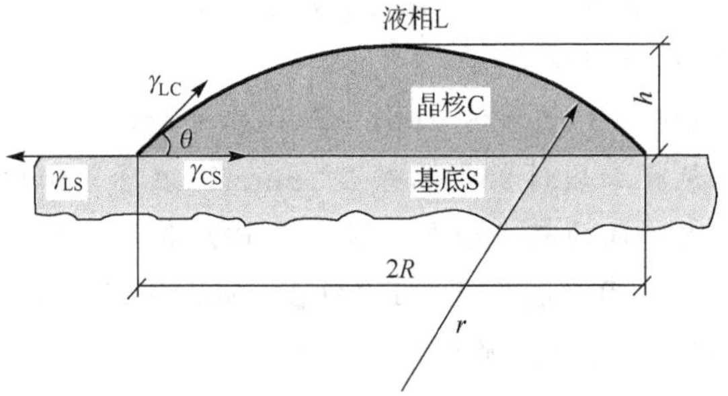

图 3.3　球冠状晶核的临界半径(Turnbull,1950 年)

$$\gamma_{LS} = \gamma_{CS} + \gamma_{LC}\cos\theta \tag{3.5}$$

取表面自由能 σ 的值等于表面张力 γ(1.4 节,对单成分系统,如纯金属是正确的,对多组元系统,忽略了界面改变引起晶体内组元原子数的改变[2]),基于式(3.4)和式(3.5),形成体积 V 球冠形晶核时,总自由能变化为

$$\Delta G = \Delta G_{体} + \Delta G_{表面} = V\Delta G_V + (A_{LC} - \pi R^2\cos\theta)\gamma_{LC} \tag{3.6}$$

将球冠的体积与表面积公式代入式(3.6),可得

$$\Delta G = \left(\frac{4}{3}\pi \cdot r^2\Delta G_V + 4\pi \cdot r^2\gamma_{LC}\right)\left(\frac{2 - 3\cos\theta + \cos^3\theta}{4}\right) \tag{3.7}$$

式(3.7)比式(3.1)多了 $f(\theta)$ 函数项。对于一定成分的熔体和基底,湿润角 θ 为常数。与球形晶核同样处理,可得与式(3.2)同样的结果,临界半径 r^{**}

$$r^{**} = -\frac{2\gamma_{LC}}{\Delta G_V} = \frac{2\sigma_{LC} \cdot T_m}{L_m\Delta T} \tag{3.8}$$

但是,球冠状晶核所需要的质点仅是 r^{**} 为半径球体的一部分,因而容易形成。形成临界半径 r^{**} 需要的能量 ΔG^{**}

$$\Delta G^{**} = \frac{16\pi\sigma_{LC}{}^3 T_m^2}{3L_m^2(\Delta T)^2}\left(\frac{2 - 3\cos\theta + \cos^3\theta}{4}\right) = \Delta G^*\left(\frac{2 - 3\cos\theta + \cos^3\theta}{4}\right) \tag{3.9}$$

同样,ΔG^{**} 比 ΔG^* 多了 $f(\theta)$ 函数项。

基底与新相湿润越好,θ 就越小,同一 r^{**} 的晶核的体积就越小,就能在更小的过冷度下形核。因此,只有排除任何已有质点和边界表面,才能实现均质形核。因为很难获得无杂质的熔体,所以异质形核是形核的主要方式。案例 3.2 提供先结晶相作为后结晶相基底的例子,从中可以明显地观察到异质形核。

相反,当 $\theta = 180°$,$f(\theta) = 1$ 时,新相完全不能在异质界面形核,晶核为球形,即为均质形核。

案例 3.2　富 Fe 相晶体作为 Cu 结晶基底

铁在黄铜和青铜合金中有提供异质基底、细化晶粒的作用。铁在黄铜中的溶

解度为 0.1%～0.2%，增加加入量，能生成熔点高的金属间化合物 Fe_3Zn_{10}[4]，在凝固时，散布的微粒提供形核基底。

试样材质为铝黄铜 Cu67Zn24Al5Mn2Fe2，热分析测定试样结晶温度范围为 939～988℃。微粒试样加热到 950℃，保温 1min 后，在冰盐水中淬火，中断凝固进程。保留试样在淬火瞬间的凝固动态。图 3.4 中基体为液相 L 的淬火组织，圆形晶体是 β 相，β 相中部三角形晶体是富 Fe 相(Fe-Mn-Cu-Zn，含 62%Fe[5])。β 相以首先凝固的富 Fe 相作为基底异质形核。

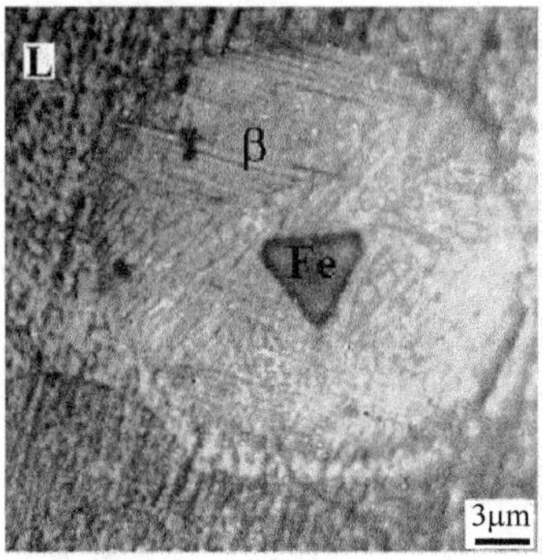

图 3.4　铝黄铜 Cu67Zn24Al5Mn2Fe2 淬火组织

微粒试样，950℃，保温 1min，冰盐水淬火，$FeCl_3$ 盐酸水溶液浸蚀；液相淬火组织基体(L)＋β 相(二维切面，晶体断面呈圆形)＋富 Fe 相(β 相内三角形晶体)

3.1.1.3　过冷度 ΔT^*

用 ΔT^* 表示液相能够大量形核的过冷度。温度达到 ΔT^* 后，凝固就迅速开始(案例 2.1)。图 3.5 给出 ΔT^* 的物理概念。在熔点以下的任意温度，熔体内都存在原子团，它们或排列在异质界面上(异质形核)，或形成原子团(均质形核)。以 r_{max} 表示其最大半径。当 ΔT 增大时，r_{max} 因热能随温度下降而增大。其函数关系取决于熔体的成分和可以形核的异质结构，其定性的形式如图 3.5 所示。另外，临界半径 r^* 与 ΔT 有关，根据式(3.2)和式(3.8)可以作出它们的关系曲线。两条曲线的交点对应的温度与熔点 T_m 的差值就是 ΔT^*。$\Delta T < \Delta T^*$，$r_{max} < r^*$ 时，形核不能发生。通常不可能将熔体过冷到 ΔT^* 以下，因为达到 ΔT^* 以后，$r_{max} = r^*$，凝固迅速进行。

在 20 世纪中叶，进行过确定最大过冷度的实验。通过将高纯度试样分散，获得无杂质的微粒的实验方法，确定均质形核的最大过冷度 $\Delta T^* \approx 0.2T_m$，实验材料包括 Hg(Vonnegut，1948 年)、Ga、Bi、Sn 和 Pb(Turnbull，1950 年，熔体微粒 1～10μm 数量级)，NH_3、H_2O 和乙醇(Stavely，1954 年)。在熔融玻璃中的大块 Au、

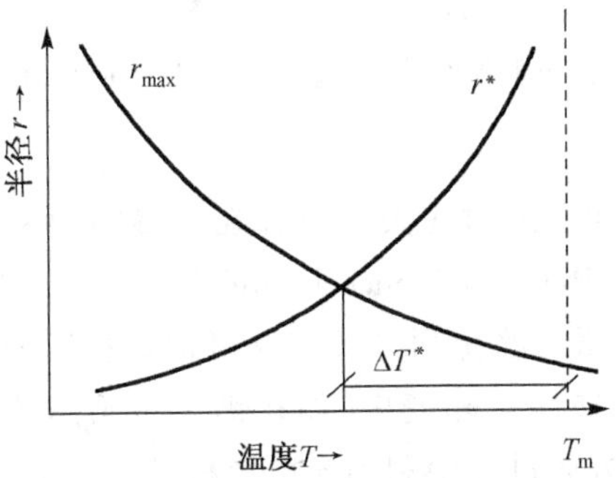

图 3.5　大量晶核形成的过冷度 ΔT^* [2]

Ag 和 Cu 试样也获得同样结果(Chalmers,1960 年)。使用更灵敏的差热分析方法重做 Ga、Bi、Sn 和 Pb 微粒实验,认为均质形核的最大过冷度 $\Delta T^* \approx 0.3T_m$(Rasmussen 和 Perepezko,1975 年后)[6];而异质形核时,$\Delta T^* \approx 0.02T_m$[3]。

3.1.2　异质基底上结晶的条件

式(3.7)表明,湿润角 θ 小是异质成为基底的条件。但确定 θ 非常困难。两个晶体间的界面张力是由接触面间的原子或离子的相互配置所决定的。可以从基底与新相的内部结构相近似的角度,确定异质颗粒成为基底的条件。

Gibbs-Curie-Wulff 定律把晶体与基体的同型性和结晶能力联系起来。经过后人的研究补充,它被陈述为:当在各向异性介质中结晶时,新相的形状和取向与一定体积内的表面能的极小值相适应,当原子在新相与旧相接触面上的配置相似的程度极大时,可以保证表面能极小[1]。

从 19 世纪开始,人们对从溶液或气相在各向异性基底上结晶和电沉积进行了大量研究。例如,NaI、NaBr、NaCl、NaF 的水溶液在方铅矿 PbS(100)晶面上的结晶;Al 蒸气在 Pt 晶体上凝结;金属电极的电沉积[如 Fe 在 Au、Pd(001)面上电解沉积]等。实验证明新相与基体的同型性是异质成为基底的条件[1]。当新相与基底的排列规律与质点间隔相同时,新晶体长大可以看做是原晶体的延续(这一现象称为**外延**)。当晶格常数略有差异时,与基底接触的新相表面层被变形(案例 3.3)。

案例 3.3　与基底接触的新相表面层被变形的实例[1]

用电解法使 Ni(面心立方,晶格常数 $a=0.352$nm)在 Cu($a=0.361$nm)上结晶,在 6～23nm 薄层内,Ni 的晶格常数变为 $a=(0.360\pm0.003)$nm。

电沉积在 Ag 上的 Cu 膜，Cu 的晶格常数趋近 Ag(面心立方，$a=0.409$nm)的晶格常数，$a=0.4078$nm。随着沉积的增长，被沉积的金属的晶格常数很快恢复到正常值。

实验证明，这种界面点阵对应关系也存在于凝固的结晶过程，称为**相位尺寸对应或界面共格对应原则**(coincidence boundary theory)[7]。新相与异质晶格类型不同，但某一晶面上原子的排列方式与晶格常数相近似或成比例，异质也可以成为基底(案例 3.4)。在固态相变中，如在钢中马氏体转变也有类似的例子[1]。基于实验研究开发，在凝固过程中利用异质形核已经成为细化晶粒的重要方法之一(见 6.3.3 节和 6.5.2 节)。案例 3.5 提供相应的例子。

案例 3.4　Al_3Ti 作为 Al 结晶基底

Ti 在 Al 合金中是非常有效的生核剂。在熔体中形成 $Al_3Ti(\beta)$，它首先析出，并在熔体中可以存在相当长的时间[8]。

Al(面心立方，晶格常数 $a=0.405$nm)与 Al_3Ti(正方，$a=b=0.543$nm，$c=0.859$nm)晶格类型不同。已经在实验中观察到 Al 和 Al_3Ti 在某些晶面之间良好的结构匹配[8]，成为 Al 形核的异质基底。

图 3.6 给出$(001)_{Al}$与$(001)_{Al_3Ti}$结构匹配的描述。Al 的晶格旋转 45°，质点间隔略有差异，形成结构匹配。$(001)_{Al}$与$(100)_{Al_3Ti}$[7]，$(021)_{Al}$与$(011)_{Al_3Ti}$[8]也可以匹配。

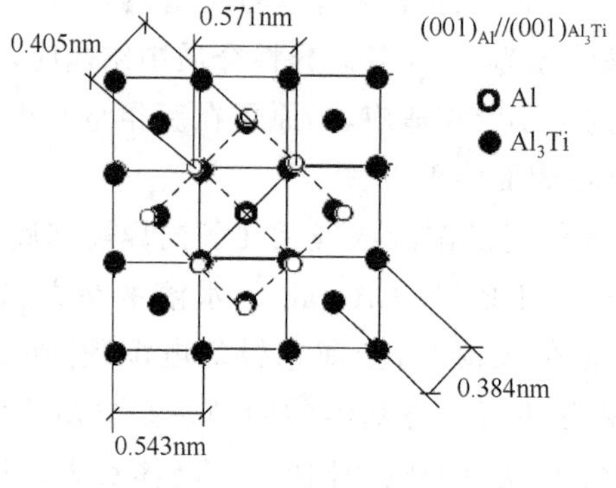

图 3.6　Al 的(001)晶面在 Al_3Ti 的(001)晶面上异质形核[7]

案例 3.5　加 P 为 Al-Si 合金初生硅提供结晶基底

在 Al-Si 合金中添加 P，可以为初生 Si 提供异质形核的基底。图 3.7 所示为在过共晶 Al-Si 合金中，初生硅块以富 P 相(黑色)为异质基底长大。线扫描显示中心黑相成分包括 P、Si 和 Al。

工程上常采用 P 作为变质剂，大幅度增加异质基底，使粗大的初生硅细化（案例 6.16）。其机制解析为 P 与 Al 生成磷化铝（AlP），AlP 和 Si 晶体结构相似、晶格常数相应[9]，起到异质核心作用。

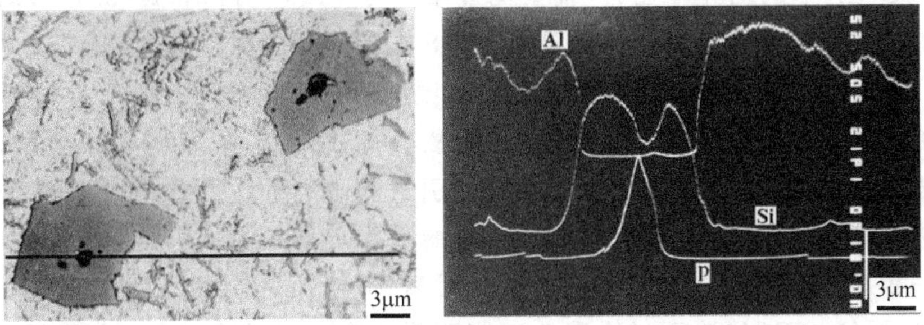

(a)　　(b)

图 3.7　初生 Si 形貌（Al-12.7Si-0.17P，850℃液淬；王丹虹，1984 年）

(a)形貌，在液淬组织基体上形成两块多边形初生硅块，硅块中心为黑色富 P 相，黑线示线扫描位置；(b)电子探针线扫描图像

3.1.3　形核率

在满足形核的热力学条件后，熔体的形核数量是一个动力学问题。单位时间内，单位体积的空间的形核数目定义为**形核率**（nucleation rate）I。对于凝聚或凝固系，被广泛接受的均质形核表达式为：形核率 I 与形成临界半径所需要的能量起伏（fluctuation）出现的概率和原子添加到原子团上的概率成比例（Becker，1940 年）[10]

$$I = C\exp(-\Delta G^* /kT)\exp(-\varepsilon/kT) \tag{3.10}$$

式中，ΔG^* 为形成临界半径 r^* 需要的能量；ε 为**扩散激活能**（activation energy for diffusion）；k 是 Boltzmann 常量（$k=1.38\cdot 10^{-23}$J/K）。在 Becker 理论中，一般情况下，没有指定常数 C 的值。

应用反应速率理论（reaction rate theory），在一些简化条件下，推导了没有成分变化凝固的结晶过程（如纯金属）的 I 值的计算式（Turnbull 和 Fisher，1949 年），其足够精确的简化式为[10]

$$I = N\frac{kT}{h}\exp\left(\frac{-(\Delta G^* + \varepsilon_1)}{kT}\right) \tag{3.11}$$

式中，N 为系统中原子（分子）的总数；h 为 Planck 常量；ε_1 为原子穿越界面时的激活自由能。Turnbull 估计，对金属的凝固过程，$\exp(-\varepsilon_1/kT)\approx 10^{-2}$。

文献[10]给出有关形核速率的详细综述。文献[2]给出式（3.10）的简略推导。

使用上述处理均质形核的方法建立异质形核率的计算式[10]

$$I \approx (N_S \frac{kT}{h})\exp\left(\frac{-(\Delta G^{**}+\varepsilon_1)}{kT}\right) \tag{3.12}$$

式中，ΔG^{**} 为形成临界半径 r^{**} 需要的能量。对比式(3.11)和式(3.12)，均质与异质形核率 I 的差别是用吸附在异质基底 S 上的原子的数目 N_S 替换系统中原子(分子)的总数 N。另外，在计算 ΔG^{**} 时有湿润角 θ 的影响。

通过加入生核剂(6.5.2 节)增加结晶核心，以细化晶粒、改善材料性能，是凝固工程中的一种重要手段。形核率计算式引入的假定条件很多，因此工程使用的研究方法是实验，而不是计算。式(3.11)的重要贡献是揭示影响形核率的因素。对于一定的材料，I 受 ΔG^* 和 N 两个因素影响。式中 ΔG^* 为指数形式，从式(3.3)可知，ΔG^* 取决于过冷度 ΔT，表明形核率 I 对过冷度 ΔT 非常敏感。N 表明 I 与系统的大小有关。

3.2 固-液界面结构

固体和液体构成的界面是一个广泛的命题，这里仅讨论凝固相变中的固-液界面。

固-液界面结构对晶体生长过程有重要的影响，因此，讨论晶体长大时必须了解界面结构，为阐明晶体生长形貌奠定基础。近 20 年来，人们已经使用一些新的实验技术，研究固-液界面的结构和性质。

3.2.1 固-液界面的实验观察

典型的固-液界面介于两个致密相之间，宽度只有若干纳米，确定其原子结构和性质的实验难度较大。使用透视电子显微镜，通过加热和冷却试样，可以在原子层面用亚纳米尺度空间分辨率原位观察固-液界面的结构、化学和动力学行为。近 20 年来已经取得一些进展，几种合金系统已经被深入地研究。[11]

对 Al-Si 合金的固-液界面进行原位观察，证明 Si 和富 Al 两种晶体与液相的界面具有不同结构，在原子尺度上，分别是平直的小平面(faceted)和粗糙(diffuse)的(案例 3.6 和案例 3.7)。

案例 3.6　晶体 Si 与液相 Al-Si 合金界面[11]

使用高分辨率透视电镜(high-resolution TEM)，将 Al 和 Si 颗粒置于观察室内用 W 丝电阻加热，形成固相 Si 和液相 Al-Si 合金组成的试样(合金成分应当位于过共晶区)。试样厚度小于 500 nm。Al-Si 合金的固-液界面结构见图 3.8，在

Al-Si 合金的 Si[111]固-液界面的液相侧形成三层部分有序层[11]。然而 2、3 两层的峰值极低，沿着 Si(111)面倾向是原子尺度平直的小平面。

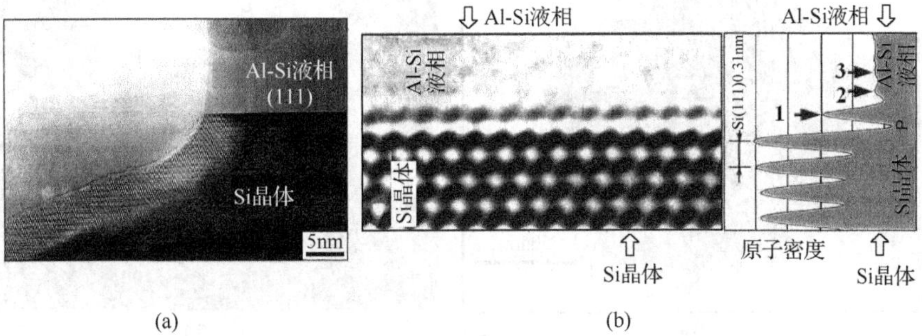

图 3.8　Al-Si 合金的固-液界面结构（Arai、Tsukimoto、Miyai 和 Saka，1999 年）

(a) Si{111}晶体固-液界面的高分辨率透视电镜图像；(b)固-液界面局部高倍放大，黑色椭圆形为 Si 原子，在结晶的固相和液相之间，观察到一层黑度约为 Si 晶体原子一半的过渡区；右图是越过界面的原子分布，表明在液相中平行 Si 的{111}面存在三层部分有序层（分别用 1、2、3 标注）

案例 3.7　Al 的固-液界面[11]

使用高分辨率透视电镜，将 Al-11.6%（原子分数）Si（亚共晶区）颗粒置于观察室内加热到部分熔化状态，形成富 Al 晶体与液相界面。试样厚度小于 500nm。在衍射强度和成分值变化图中[图 3.9(c)]，通过急剧变化区域确定界面宽度为 2.9nm，相当于约 7 个晶胞的距离（Al 的晶格常数为 0.405nm）。这是最大宽度值，未考虑界面曲率和沿厚度方向固液相区重叠等因素对电子束的影响。类似的研究表明曲率引起的误差不大于 1nm（Storaska，2001 年）。假如这些影响存在，界面宽度可能约为 1.9nm（约 5 个晶胞的距离）。Al 的固-液界面宽于案例 3.6 所示Si(111)的固-液界面，在原子尺度不是平直的，很可能是粗糙的。

3.2.2　固-液界面结构模型和理论

3.2.2.1　经典固-液界面结构分类

凝固前沿固液两相的边界形成固-液界面。存在两种可能的结构[3]，如图 3.10所示。第一种边界是分离型的，在原子尺度上，固相存在平整的、原子紧密堆积的界面，或描述为具有平直的小平面，这种结构称为**光滑界面**（atomically flat interface），或被称为**平整界面**、具有小台阶的界面。

第二种结构是界面厚达几个原子层，在这个界面区域内，发生固液相的转变，构成固液两相共存区，这种结构称为**粗糙界面**（diffuse interface）。有文献把此区

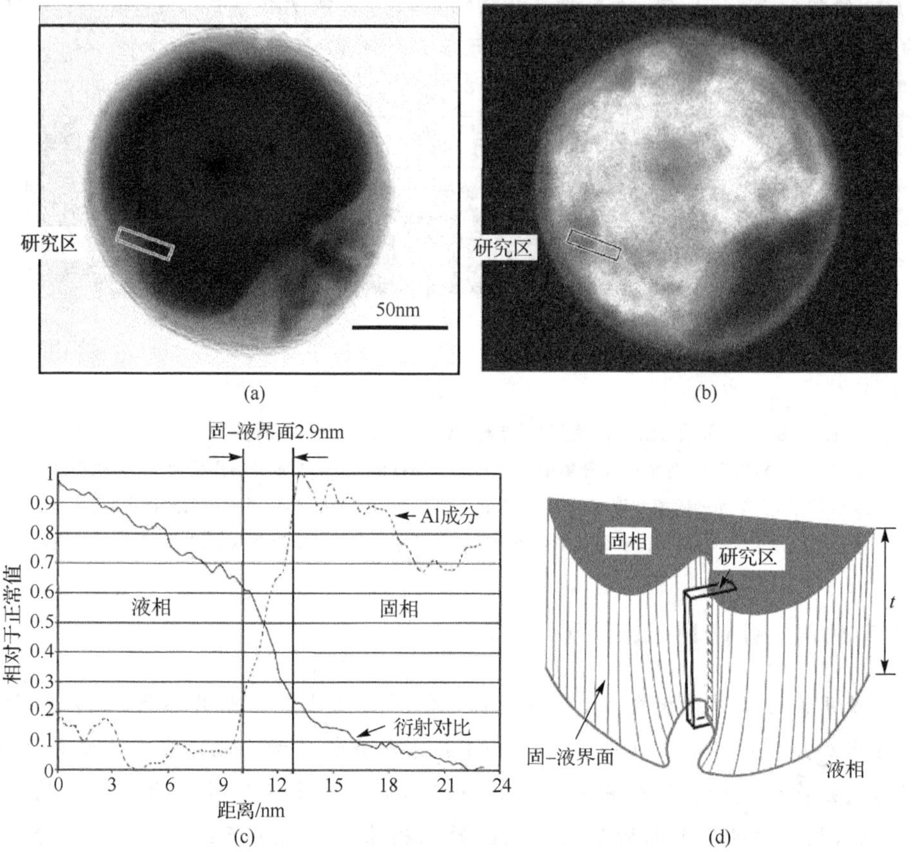

图 3.9　Al-11.6(原子分数)%Si 合金固-液界面宽度(Howe 和 Saka,2004 年)

(a)一个部分熔化的 Al-11.6%Si 颗粒的固-液界面的透视电镜原位明场图像,晶体区域强烈地衍射导致呈现黑色,浅色为液相区(Storaska、Moore和Howe,2004年);(b)对应的Al成分图,图像中亮度与Al的浓度成比例;(c)研究区域的衍射强度和成分值变化曲线,图中标出固-液界面宽度;(d) 研究区域的示意图,t 为试样厚度,$t<500$nm

域称为固相与液相的过渡区[3]。光滑与粗糙都是在原子尺度上讨论的。在界面区域内,原子层的热力学性质是连续改变的。越靠近晶体,有序原子的数量越多,直到所有原子都有序排列,结晶潜热全部排出[12]。粗糙界面的各向自由能差异很小,在 1%数量级[13]。

实验观察证实存在不同的界面结构(3.2.1 节,案例 3.6 和案例 3.7)。

3.2.2.2　固-液界面结构类型的判据

对于一种特定的材料,获得最小的界面自由能是确定界面结构类型的准则。为了获得影响界面自由能的参数,Jackson 根据一个简化的单成分二维模型

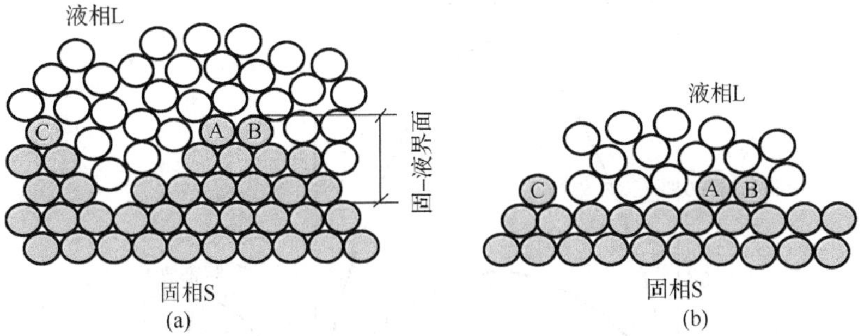

图 3.10　粗糙界面(a)与光滑界面(b)二维示意图(根据文献[12]绘制)

单成分系统,白色球表示处于液态的原子,灰色球表示处于固态的原子

(图 3.11),不考虑晶体结构的影响,从热力学角度,推导在平衡条件下,界面相对自由能变化与结点占据率的函数关系[14]。从这个二维模型看,界面上一个附着的原子或空位附加的不饱和断键的数量是相同的,都增加两个。因此,在计算能量时二者没有区别。

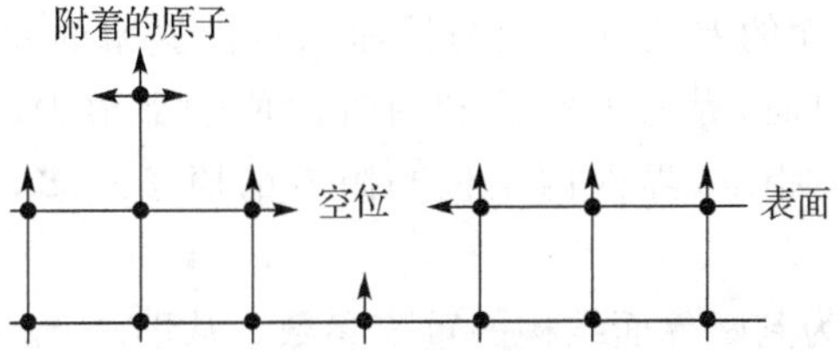

图 3.11　Jackson 简化二维界面模型

设一个单原子层被附加到一个原始光滑表面(注意,这是一个十分简化的假设),计算引起的表面焓变 ΔH 和熵变 ΔS,得到引起的表面自由能变化 ΔG_S

$$\frac{\Delta G_S}{NkT_m} = \alpha x(1-x) + x\ln x + (1-x)\ln(1-x) \tag{3.13}$$

式中,系数

$$\alpha = \frac{L_0}{kT_m} \cdot \frac{n_S}{n_B} \approx \frac{\Delta S_m}{R} \cdot \frac{n_S}{n_B} \tag{3.14}$$

N 为界面上可能具有的结点数;k 为 Boltzmann 常量($1.38 \cdot 10^{-23}$J/K);T_m 为平衡熔点,K;x 是结点占据率(界面上被原子占据的结点数 N_A 与 N 的比值);L_0 是一个原子的凝固潜热,J/原子;R 为摩尔气体常量,8.31J/(mol · K);ΔS_m 为熔化熵,J/(mol · K);n_B 为晶体中原子的可能邻近原子数(配位数);n_S 为表面层中原子的实际邻近原子数。$n_S/n_B<1$,它反映表层与同一晶面组能量的对比。式(3.13)图形见图 3.12。

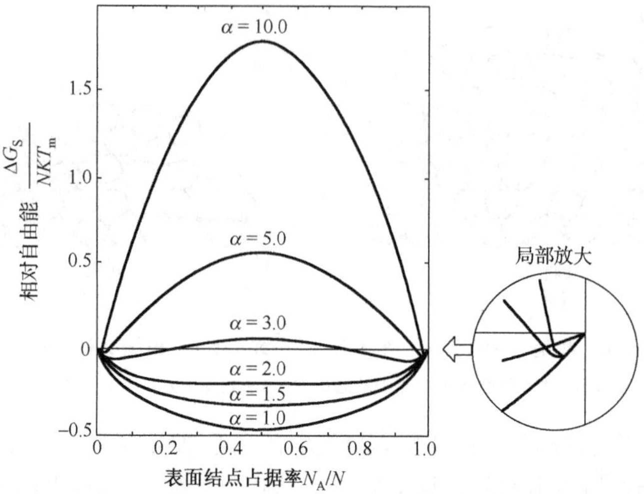

图 3.12　界面相对自由能变化与结点占据率的函数关系(Jackson,1958 年)

此项热力学计算的贡献在于查明影响凝固界面形态的各种因素。从晶体点阵的角度看,两种界面的差别可以视为界面结点占据率的差别。光滑界面可以视为平整的原子排列面,界面内空位和附着的原子都很少,节点占据率很高或很低。而粗糙界面则相反,界面内空位和附着的原子很多,节点占据率应在中间区域。

Jackson 以 α 作为判断界面结构的重要参数。从图 3.12 可知,当 $\alpha \leqslant 2$ 时,界面具有一个最低能量点,位于结点占据率为 0.5(大约有一半的结点被原子占据)处。因此有 $\alpha \leqslant 2$ 的材料的固-液界面都是粗糙界面。当 $\alpha \geqslant 5$ 时,界面具有两个最低能量点,位于结点占据率接近 0 和 1 处。即仅有少量结点被原子占据,或仅有少量结点未被原子占据时,相对自由能都最低,因此具有 $\alpha \geqslant 5$ 的材料的固-液界面都是光滑界面。这些结论和实验基本相符合[3]。

大多数金属的熔化熵 $\Delta S_m \approx R$(2.1.2 节),因此 $\alpha < 2$ 时[式(3.14)],所有金属的固-液界面预计都是粗糙界面。金属中的非金属相,某些金属间化合物、Ge、Sb 和大多数非金属通常具有光滑界面[15]。少数材料,如 Bi,位于中间区域,对不同晶面 $\alpha = 2 \sim 5$,情况比较复杂,往往是混合方式[3]。Si 的情况也比较复杂,通常具有光滑界面[15],但也有文献指出其往往是混合方式[3](案例 3.6 和案例 3.10)。

3.2.2.3　固-液界面结构的计算机模拟

从 20 世纪 80 年代开始,计算机模拟技术取得了重要的进展。开发出的用于计算固-液界面自由能和它的各向异性的分子动力学模拟方法,已经用于金属和合金。[13]

案例 3.8 介绍了纯 Ni 固-液界面的分子动力学模拟。这个计算结果与经典的粗糙界面理论一致(对比图 3.13 和图 3.10)。

案例 3.8　纯 Ni 固-液界面的分子动力学模拟[13]

使用嵌入原子法(embedded atom method)模拟纯 Ni 界面模型,一个晶体的"有序参数(order parameter)"被用来辨别原子处于液态或固态位置。计算的部分(100)界面示于图 3.13。根据有序参数急速改变确定界面的位置,获得图中的固相黑线。

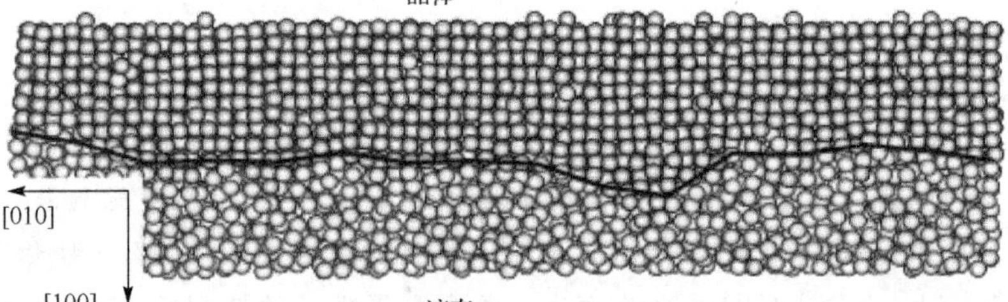

图 3.13　纯 Ni(100)固-液界面的分子动力学模拟图[13]

下部表示原子处于液态位置,上部表示原子处于固态位置,用黑线标出确定的固相,表明固-液界面不平直,存在波动

3.3　晶体生长

晶核形成以后,原子(分子)继续从液相向固相界面迁移,在界面上按固相结构排列,界面向液相推移,这就是晶体**生长**(growth)过程。这个原子规则排列过程的机制取决于界面结构。所以,固-液界面结构对晶体生长和晶体的形貌有重要影响。

3.3.1　动力学过冷

与形核过程一样,生长新界面需要能量,表现为晶核和液相之间的界面能。这个能量构成界面的能量势垒,阻碍原子向晶面迁移。生长过程同样需要过冷提供的凝固驱动力 ΔG_V(2.1.1 节)。生长界面的温度必须低于平衡凝固温度。结晶相的体积释放的能量用以克服界面的能量势垒。另外,生长过程是液相中原子向固-液界面堆砌的过程。原子堆砌与脱离是一个动态过程,过冷度是保证堆砌速率大于脱离速率所必须的。生长过程需要的过冷称为**动力学过冷**(kinetic undercooling)ΔT_k[2]。ΔT_k大小与固-液界面的结构和能量有关。

凝固过程要求的动力学过冷度不大。与晶粒周界自由能 σ_b 和固-气界面(表面)自由能 σ_{SV} 相比较,固-液界面自由能 σ_{SL} 是比较小的。基于实验,对于金属[15]:

$$\sigma_{SL} \approx (0.30 \sim 0.45)\sigma_b \approx (0.1 \sim 0.15)\sigma_{SV} \tag{3.15}$$

$$\sigma_{SV} > \sigma_{SL} + \sigma_{LV} \tag{3.16}$$

式(3.16)是一个有用的经验式,它表明处于熔点的金属,用固-液界面和液-气界面代替固-气界面将使系统能量降低。

利用这个关系式,开发了一种称为 VLS 法的晶体生长方法(案例 3.9)。反过来,了解 VLS 法是理解式(3.16)的良好途径。

案例 3.9　VLS 晶体生长方法

气-液界面不存在明显的势垒阻碍原子(分子)附着,而液-晶体界面比气-晶体界面能低很多。熔化热仅是蒸发热的大约十分之一。气-液界面能和液-晶体界面能的和小于气-晶体界面能[式(3.16)]。根据这一原理,开发了一种称为 VLS (vapor-liquid-solid)法的单晶生长方法。首先取得成功的是利用 H_2 还原 $SiCl_4$ 生长单晶 Si。[16]

方法的基本原理如下:首先制成 Au-Si 合金。在密闭容器中,将 Si 基底与小块 Au-Si 合金加热,形成 Au-Si 液滴[图 3.14(a)]。送入 H_2 和 $SiCl_4$ 混合气体,还原的 Si 使蒸气浓度达到 C_V(图 3.15)。还原的 Si 要结晶。Si 原子进入 Au-Si 液滴比在 Si 基底外延生长容易,所以,液滴浓度升高至 C_L,超过加热温度下的平衡浓度 C_E,成为过饱和溶液。液-固界面能很低,Si 很容易通过液滴从基底外延生长。因此,在 Si 的过饱和蒸气环境下,密排的 Si 表面上的富 Au 液滴是 Si 通过液滴沉积的快速通道,作为气-固间的中介传质相。由于 Si 在 Au 中的溶解度极低,接近共晶成分的液相能够在生长的单晶顶部维持。这个过程连续进行,晶体沿一维方向快速地生长,液滴下方就形成针状 Si 单晶,其横断面积与液滴断面相当[16]。生长方向为晶体的一个特定晶向,Si 为〈111〉晶向。

图 3.14(b)为 VLS 法生长的 GaN 纳米线。

3.3.2　生长机制

生长机制与固-液界面结构密切相关,生长时,原子优先选择沿台阶沉积。利用图 3.10 二维模型说明这点。生长过程液相原子要向固相沉积,固相内层每个原子有 6 个近邻,结晶潜热全部释放。当一个液相原子 C 沉积到界面上时,它只有两个晶体原子近邻,只有 1/3 潜热被释放。如果在界面上有 B 原子构成的**台阶**(step),则 A 原子沉积到界面上时,有 3 个晶体原子近邻,可以释放 1/2 结晶潜热,有更大的驱动力。通俗地说,结晶的原子不易脱落回到液相。

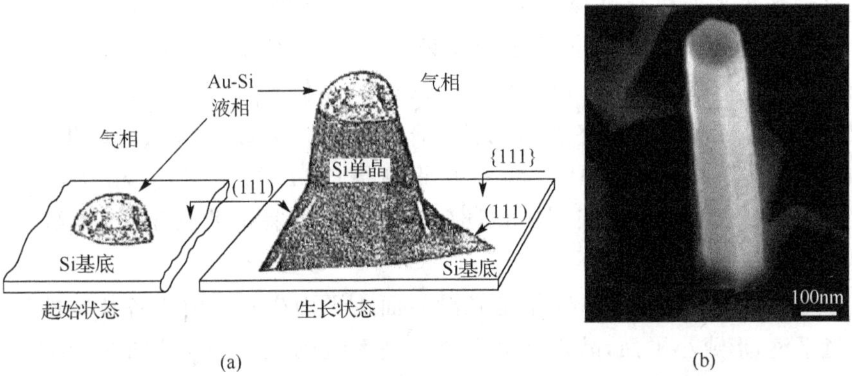

图 3.14　VLS 生长方法

(a) Si 单晶生长机制示意图；(b) VLS 法生长六边形断面 GaN 纳米线的扫描电镜图像[17]

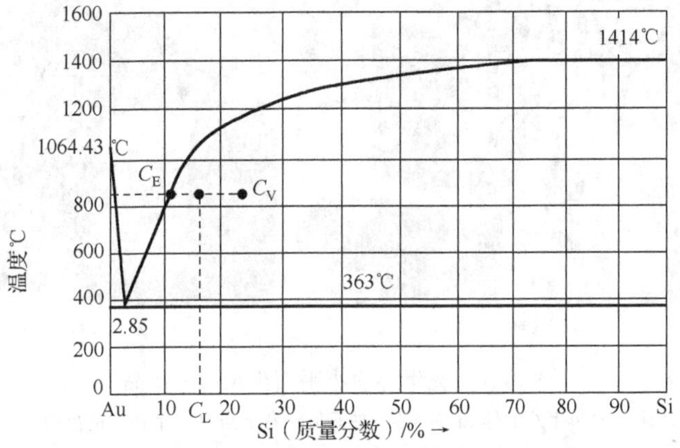

图 3.15　VLS 法生长 Si 单晶系统成分举例[16]

相图根据文献[18]资料绘制

有**小平面生长**(faceted growth)和**连续生长**(continuous growth)两种生长机制。

3.3.2.1　小平面生长

具有原子光滑界面的晶体生长时，固液相变被想象成是越过单原子层发生的过程[12]。原子沿台阶侧向沉积，因此被称为**侧向生长**(lateral growth)或小平面生长。这种界面生长所需要的动力学过冷 $\Delta T_k \approx 1 \sim 2K$[2]。通常原子密度最大的面具有最低的表面能。具有光滑界面小平面生长的材料具有强烈的晶体学取向，凝固时倾向在低指数密排面生长。

晶体生长时总要形成生长缺陷，包括螺型位错和孪晶等(3.3.3 节)。缺陷生长机理在小平面生长过程中起着重要的作用，缺陷造成的界面台阶提供生长台阶[3]。1949年，Frank提出螺型位错模型，在螺型位错和孪晶处生长是重要的生长机制。垂直螺型位错的晶面呈螺旋形状，晶体长大时，表面上的台阶绕螺型位错的露头点盘旋，始终保持台阶，不会消失。反射孪晶也形成生长台阶。例如，初生Si孪晶的两个晶体部分彼此围绕(111)面反射，并相互联系在一起[19]，组成的台阶清晰可见[图3.16(a)]。原子容易在此处生长，台阶在生长过程不易消失。

在金属系统中，SnSb初生相是光滑界面小平面生长。由于各特定的生长表面保持平整，形成小平面，晶体是由多个小平面组成，棱角分明[图3.16(b)]。Si通常具有光滑界面，图3.16(a)和案例3.10给出了Al-Si合金中Si晶体生长的电镜动态观察。

(a) (b)

图3.16 光滑界面小平面生长的一次晶

(a)共晶基体上的初生八面体Si一次晶(左下角)，右上角是一个初生的反射孪生Si晶体(Al-12.7%Si+0.2P，三维形貌，SEM)；(b)在富Sn基体上的β′-SnSb化合物一次晶立方体(SnSb合金，白色方块，二维形貌)

案例3.10 Al-Si合金Si晶体生长的电镜观察[11]

使用高分辨率透视电镜，将Al和Si颗粒置于观察室内用W丝电阻加热，形成固相Si和液相Al-Si合金组成的试样，试样厚度小于500nm。形成的固-液界面见案例3.6。图3.17所示晶体生长时Si{111}固-液界面的动态行为。区域的颜色(黑度)反映原子的密度。

图3.17(a)～(f)中的①～④与图3.17(g)的界面位置①～④相互对应。图3.17(a)中位置①为界面起始位置，1/30s后，它推进到位置②。在①与②间的原子数量(密度)明显低于晶体，但高于液体。可以认为这应当是固液混合区。在图3.17(c)中，固-液界面推进到位置③，与晶体相比较，在位置①和③之间的

晶格边沿仍是模糊的。经过 5/30s 后，新推进的凝固区域变成与晶体相当，沿 Si{111}平面的固-液界面在原子尺度重新保持小平面。界面推进的平均速度估计为 20nm/s。这一结果表明，在晶体生长的驱动力影响下，在 Si{111}界面形成很多的 Si 原子的密排层。

实验表明，Si 的情况比较复杂(3.2.2.2 节)，是以光滑界面推进，但推进过程中又有一个过渡区。

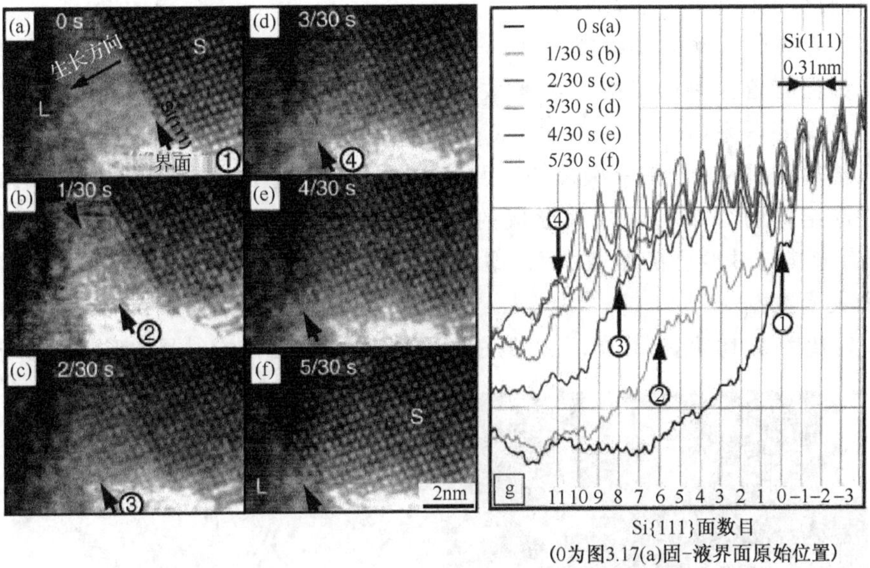

图 3.17　Al-Si 合金中 Si{111}固-液界面推进时的动态过程

(a)～(f)高分辨率透视电镜图像，显示固-液界面从右向左推进的动态过程，1/30s 时间间隔，形成黑色网格的点阵为 Si 原子，其黑度与原子密度相应(Arai、Tsukimoto、Miyai 和 Saka，1999 年)；(g)越过移动界面的原子密度分布(Howe 和 Saka，2004 年)

3.3.2.2　连续生长

与小平面生长相反，粗糙界面有很多位置适合生长，或者说，有很多台阶，生长比光滑界面要容易得多。粗糙界面生长所需要的动力学过冷度很小，$\Delta T_k \approx$ 0.01～0.05K[2](由于太小，精确测定很困难)。所以，界面的推进是比较均匀的。它的生长被称为连续生长，或**非小平面生长**(non-faceted growth)。研究表明，对于粗糙界面，自由能的各向异性差异很小，在 1%数量级。[13]可以认为粗糙界面上所有结点(位置)都是等效的，也被称为**正常长大**(Jackson，1956 年)。

粗糙界面生长形成的晶体形貌与光滑界面生长不同。大多数金属初生相形成粗糙界面，在通常的凝固条件下是枝状晶。共晶系合金中，从熔体首先结晶的

初生相(primary phase,也称为**一次晶**),为观察粗糙界面晶体的形貌提供了很好的例子(图 3.18)。与原子尺度上观察不同,在金相观察的放大倍率下,粗糙界面的微观表面是光滑的。

关于枝状生长问题人们已经进行了很多研究,已经认识到枝状晶的生长方式是由晶体结构和产生于固-液界面的原子过程所决定的。具有原子尺度粗糙界面的材料,如金属,取向不同的界面的自由能存在差异,界面动力学也存在各向异性,它们对生长机制产生影响。

实验和分子动力学模拟方法的进展已经表明,晶体的各向异性对枝晶的生长方向有着深刻的影响。纳米数量级的固-液界面的性质和枝晶微观形貌间存在重要联系(Muscho、Liu 和 Cummins,1992 年)。表面张力或动力学和扩散传输的平衡,控制一次枝晶臂及其前端半径的生长,以及二次枝晶臂和整个枝晶结构的分布。由枝晶形成的相场模拟已经可以直接计算三维枝晶生长,确定其与过冷度的函数关系(案例 3.11)。对纯的材料(如纯金属)已经积累了大量数据[13]。

对比图 3.16 和图 3.18,可以很好地了解固-液界面结构对晶体形貌的影响。

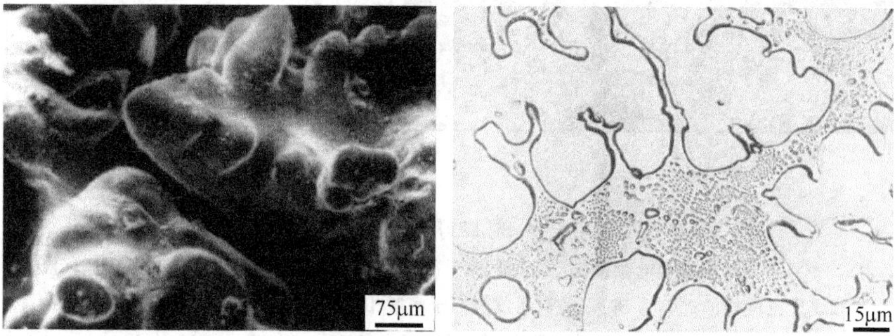

(a) (b)

图 3.18 粗糙界面非小平面生长的枝状晶(一次晶)

(a)三维形貌,Mo-Cu-Mg 大断面球墨铸铁,正在向液相区生长的奥氏体枝状晶(许玉贞,1983 年);(b)二维形貌,Al-Mg-Zn 合金(15%Mg,9%Zn),砂型铸造,在共晶体基体上的 Al 基固溶体枝状晶,电解抛光,电解腐蚀[20]

案例 3.11 枝晶生长的相场模拟

与固-液界面自由能一样,固-液界面的各向异性对枝晶的形貌有深刻的影响,尤其存在大的过冷时更是如此。在不同的各向异性条件下,使用相场模拟计算方法的计算结果见图 3.19。

(a)　(b)

图 3.19　在不同的各向异性条件下，枝晶生长的相场模拟计算结果[13]

一次枝晶沿不同方向生长。(a)沿⟨100⟩方向生长；(b)沿⟨110⟩方向生长

3.3.3　凝固形成的晶体缺陷

晶体长大时，可能产生**空位**（晶格缺位，vacancy）和**位错**（dislocation）等缺陷。**孪晶**（twin）也是一种缺陷。

3.3.3.1　空位

以金属为例，空位指晶格结点上缺少一个原子，是一种**点缺陷**（point defects）。由于破坏原子的规则排列，使周围晶体产生弹性畸变。各种形式的点缺陷起着增大熵值的作用，在热力学上都是稳定的[3]。

凝固时，空位是很容易产生的，高温空位浓度可达 10^{18} 个/cm^3 以上。在正常凝固条件下，无论是单个空位或者成簇空位，其浓度都不大，过饱和度应该是很小的，对性能不会有很大影响。在固体快速冷却时，就出现过饱和现象[3]。

图 3.20 所示为 Si 晶体(111)晶面的空位缺陷，当采用氢氟酸-铬酸腐蚀显示位错时，铬离子沉淀在位错坑中，呈黑色三角形，而空位呈白色三角形坑，很易区别[22]。在图 3.26 所示的泡沫模型实验中，可以清楚地看到点阵中的空位。

3.3.3.2　位错

位错是一种线状延伸的晶格缺陷，所以被称为线状缺陷。位错的两种基本形态是刃型位错和螺型位错，介于它们之间的称为混合型位错。

可以把刃型位错想象为点阵中多余半个原子面[图 3.21(a)]。从微观角度看，位错核心是一个管形区域。其他部位除引起晶格畸变外，原子接近正常排列。

螺型位错比较难于用几何图形形象化表示。图 3.21(b)为晶体长大中的螺型位错示意图。位错围绕露头点 A 盘旋，台阶的高度等于晶面间距或其整倍数[21]，

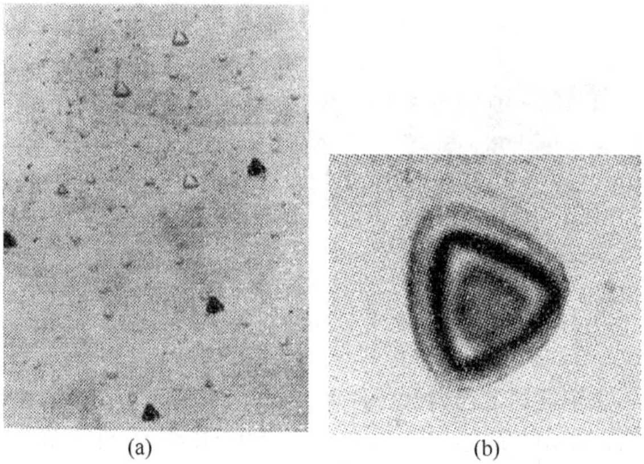

图 3.20 硅晶体(111)晶面位错蚀坑与空位(氢氟酸-铬酸浸蚀)[22]

(a)Δ 为空位，▲为位错蚀坑；(b)位错的腐蚀坑局部放大

始终保持台阶。用电子显微镜观察石蜡单晶体中的成长螺旋，发现台阶有一个分子高度[23]。

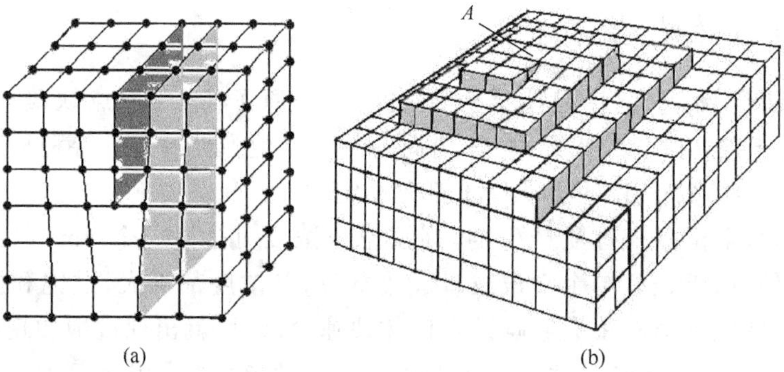

图 3.21 刃型位错(a)和晶体长大中的螺型位错(b)示意图

以单位体积晶体中位错线的总长度表示位错状态，称为位错的体密度。通常金属中位错密度为 $10^7 cm/cm^3$ 数量级。严格控制工艺条件，可以降到很低值($10^2 cm/cm^3$)[3]。由于位错周围原子排列偏离正常，因而能量较高。在试样浸蚀时，晶体表面的位错露头处优先形成腐蚀坑。图 3.20 是通过位错坑观察到的位错。

位错是热力学不稳定的缺陷。根据理论计算，由于位错的能量很大，位错不能靠热激活自发形成[24]，只能在一些具备条件的特殊部位产生。但它们形成后，常组成在力学上稳定的网络。位错最初是如何形成的，似乎没有单一的答案。可能导致位错产生的原因很多，主要包括以下几个。

1)来自异质形核

在异质基底上外延生长的晶体(晶核)，除少数完全耦合(coherent)外，一般都存在点阵常数的差异。当生长层很薄时，界面上的错配将同时在基底和新相薄层中产生弹性应力；当新相达到某一厚度时，形成位错可以使应力部分松弛，变得在能量上更为有利。这种机制已被实验观察证实。另外，形核和生长继承异质基底的晶体缺陷，基底位错在晶体生长过程中继续延伸。[24]

2)生长过程的应力

晶体受力达到切变强度水平，直接产生位错[21]，应力可以被形成的位错补偿。在凝固温度附近，极小的应力(≤1MPa)就能够导致晶体变形或表面受损伤，形成位错[25]。

晶体生长过程中，很多因素都能够导致产生应力。晶体内部和外部散热条件不同，形成内部温度梯度和温度起伏，导致**热应力**(7.4.1 节)。几度的温差就足以产生位错[25]。

溶质(或杂质)原子与基体原子半径的差异，产生界面点阵失配，或形成填隙原子，都促使晶格畸变，产生**成分应力**[25]。非平衡凝固加重了溶质元素的不均匀分布(3.4 节)，加大了成分应力。逐渐变化的点阵常数导致可能形成一系列刃型位错[21]。晶体中夹杂物因膨胀系数不同产生温度应力，也会导致位错[3]。例如，在含 N 的 Si 单晶中，析出物周围因局部应力而产生位错(图 3.22)。

单晶的自重或与铸型材料的热膨胀差异产生**外力**[25]。机械应力和热应力可以使晶体内的位错增殖[3]。

3)生长过程的偶然事件

生长过程中不正确的堆砌、受到机械振动等偶然事件和未知的生长变故引起晶体表面损伤都会引起位错[24]。点缺陷可以促使形成亚晶界(3.3.4.1 节)。过饱和空位的凝聚与崩塌是产生位错的一种重要途径。但是，不能认为凝固后一定存在空位过饱和现象，点缺陷的影响是有限的[3]。

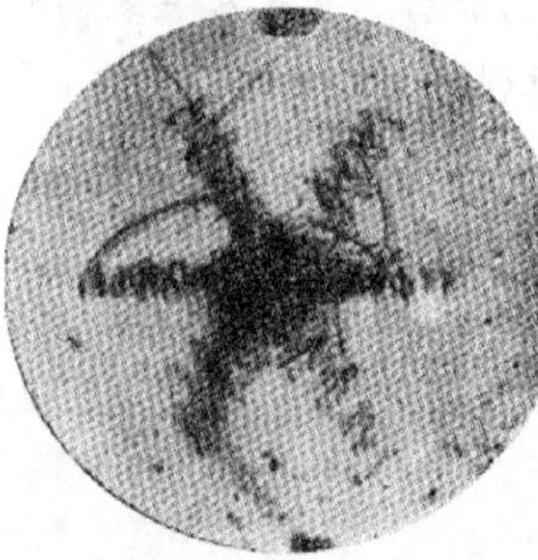

图 3.22　在硅单晶中析出物周围产生的位错[21]

严格控制时，金属的位错可以保持在很低的数值，非金属可以降低至零[3]。在以上影响因素中，异质核的位错是不能被控制的，溶质(杂质)的影响难以避免。在通常条件下，晶体位错难以避免。用籽晶外延方法，从液相生长高纯物质单晶，可以通过控制籽晶的位错生长出无位错单晶(案例 3.12)。

案例 3.12　提拉法生长无位错 Si 单晶体

提拉法生长单晶，是用籽晶与液面接触，从下向上提拉，从籽晶外延生长单晶

(6.5.5.1 节)。单晶硅是半导体材料，以位错为主要晶体缺陷。生长无位错单晶方法如下[21]：

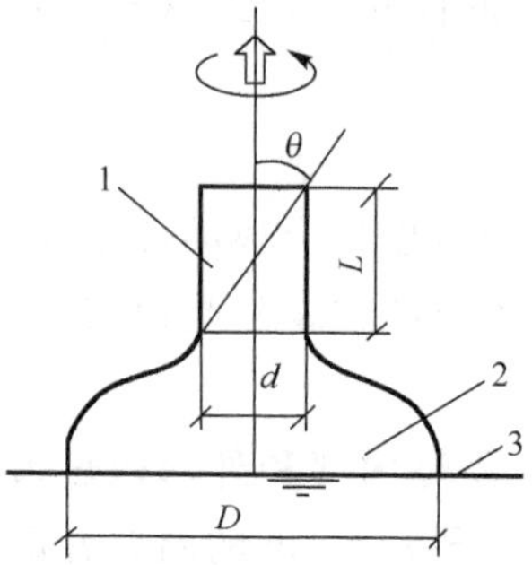

图 3.23 提拉法生长无位错单晶所需要的细颈长度

1. 单晶上的细颈；2. 单晶；3. 液面

选择小位错密度籽晶。选籽晶时用〈111〉作为晶体生长方向，有利于生长过程中位错向表面延伸。为了排除籽晶中的位错向晶体延伸，有效的方法是使晶体生长过程先收细，形成细颈(图 3.23)。细颈必须有足够小的直径 d 和长度 L，使籽晶中的位错能到达细颈表面。待细颈中已经无位错后，再让晶体长大到规定直径 D。一旦有位错进入晶体，它就会在热应力作用下大量增殖。

Si 晶体具有金刚石晶体结构，位错在{111}面上滑移和增殖。防止籽晶中的位错沿{111}面传播到晶体中，细颈的最小长度 L 应符合

$$L = d\cot\theta \tag{3.17}$$

式中，θ 为{111}面与晶轴的夹角。当沿〈111〉方向生长时，$\theta=19°28'$。

严格控制工艺参数，消除机械振动，避免温度大幅度起伏。晶体生长速率的起伏，会引起晶体生长取向的差异，产生具有不同取向的晶体邻接层，层间应力导致位错产生。

3.3.3.3 孪晶

孪晶有反射孪晶和旋转孪晶。铸铁中石墨(案例 3.13)和 Al-Si 合金中 Si 的生长(案例 3.14)，给出金属熔体中非金属相晶体生长时最常见的孪晶现象的例子。

案例 3.13 铸铁中石墨的旋转孪晶

石墨晶体具有以六角点阵为基面的层状结构，基面之间结合较为薄弱。层状结构的晶体容易产生旋转孪晶。生长过程中原子排列的层错，好像使上下层晶体点阵产生一定角度旋转，构成旋转孪晶。旋转轴和角度已经被确定，角度 θ 的几个取值符合界面相位尺寸对应原则，$\theta=22°$的例子示于图 3.24。

片状石墨晶体的生长机制与孪晶有关，(1010)面从孪晶旋转边界台阶[图 3.24(a)]长大。已经观察到，在石墨的(0001)面上有生长的螺旋线，表明晶体表面出现螺型位错，并以其提供的台阶生长。孪晶旋转台阶的生长速率比螺型位错台阶的高。[19]

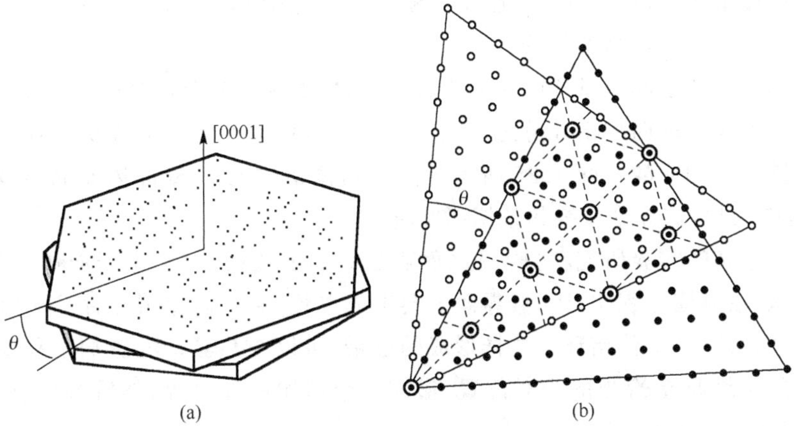

图 3.24　石墨的旋转孪晶[19]

(a)示意图;(b)旋转后点阵的结构匹配,上下层结点部分重合

案例 3.14　Al-Si 合金初生 Si 的反射孪晶

Si 结晶成金刚石型的立方体系,应该长成八面体形状,并以(111)面为界面。可以发现存在许多缺陷。一种常见类型是反射孪晶[图 3.16(a)]。两个晶体部分彼此围绕(111)面反射而互相联系着。对 Al-Si 合金中的板状 Si 晶体的研究表明,这些板是孪生生长的[19]。

3.3.4　晶界

从不同的晶核长大的小晶体,它们的取向各不相同。凝固结束时,两个晶体间的**位向失配**(orientation mismatch),形成分隔这些小晶体的内界面(晶界)。

3.3.4.1　晶界的分类

根据位向失配的大小,将晶界分为**小角晶界**(low-angle boundary)和**大角晶界**(high-angle boundary)两种类型。

位向失配很小时,称为小角晶界。在由失配所造成的高应变的作用下,晶界区域将发生弛豫,并形成一系列刃型位错。

位向失配加大,$\theta>(10^{\circ}\sim15^{\circ})$,称为大角晶界。比较接近实际的晶界模型是接近于理想的晶体将相互接触,其接触处是不规则的,有些区域被压缩,有些区域被拉伸,晶界含有同时属于两个晶体的原子,也含有不属于任一晶体的原子。晶界宽度是很窄的,仅为 0.1nm 数量级[2]。

泡沫模型实验(案例 3.15)在晶界模型的研究中起过积极的作用。它的研究结果支持上述晶界模型的结论。

在单晶体和多晶体试样的一些晶粒中,常能够观察到晶体是由 10～100μm 尺度的晶块组成。取向差由几分之一度到几度。这些晶块间的界面称为**亚晶界**,它是由位错列阵构成的。图 3.25 所示为由一列位错构成的 Si 晶体亚晶界,测出每 1mm 范围内超过 15 个重叠的位错腐蚀坑[22]。

基于金属的实验研究,对凝固过程亚晶界的形成解析为:由于液体体积大于固体体积,在凝固过程中,固-液界面上会生成空位,它们凝聚成小片,小片的两面闭合起来,留下一个位错环。这样形成的位错,可以在热骚动的影响下移动,其中一些会随机地移至恰当的相对位置,形成一个原始的亚晶界,然后再吸引其他位错(Teghtsoonian 和 Chalmers)[26]。

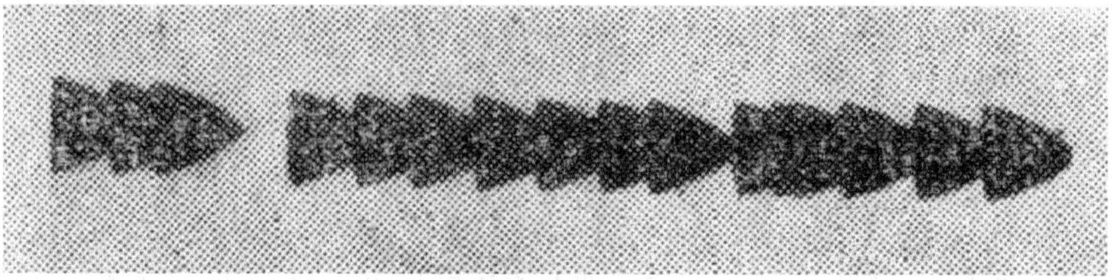

图 3.25 刃型位错构成的 Si 晶体亚晶界(氢氟酸-铬酸腐蚀)[22]

案例 3.15 泡沫模型演示晶界

利用泡沫模型,曾经实现了晶界模型的实验演示。用肥皂溶液或其他液体做出直径完全相同的泡沫,它们聚集形成密排六角点阵,模拟二维晶体点阵。因为可以做到使泡沫之间的作用力与铜原子之间的作用力非常相似[26],所以两个泡沫点阵连接构成的间界可以模拟简单的一维的晶界。

图 3.26(a)是用两个取向差(angular misorientation)$\theta=10°$的泡沫阵列连接构成小角晶界,这种晶界称为倾侧晶界(tilt boundary)。结果形成一列刃型位错,每一个位错都含有附加半平面[26]。为了观察方便,本书对附加平面的泡沫着色。

图 3.26(b)是取向差 $\theta=25°$的泡沫阵列连接构成的大角晶界。晶界具有无序结构,看不出位错。几乎一直到晶界,点阵都是完整的。晶界点阵结构可以比较满意地描述为:一个不厚的原子错配层,其中包含若干配置较好的小区域[26]。

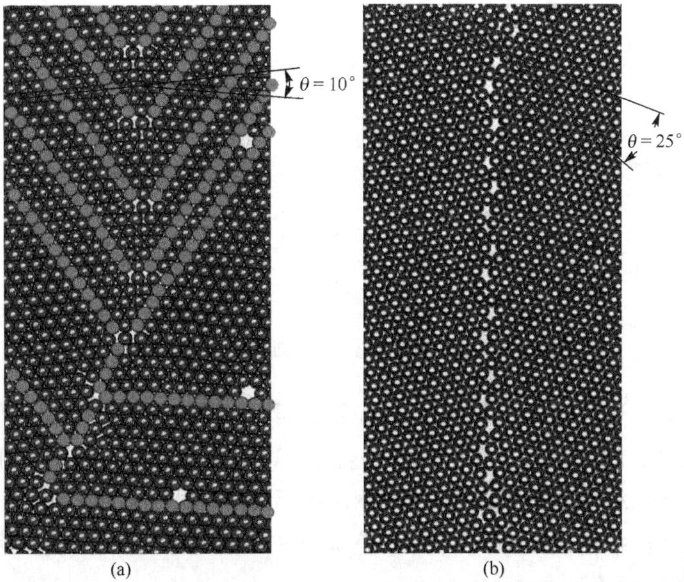

图 3.26　晶界的泡沫模拟演示(泡沫;Lomer 和 Nye,1952 年)

(a)小角晶界,点阵中可见空位(θ=10°,本书进行着色处理,用染色泡沫表示附加半平面,构成位错,并在图中标注角度);(b)大角晶界,晶界具有无序结构(θ=25°)

3.3.4.2　晶界界面张力的平衡

这是晶体内界面的能量问题。几个晶界相交处的张力平衡是晶界的重要特征之一。当三相相邻,将表面张力作为力的大小,将晶界作为力的方向。界面处于平衡时,三相相交的结点的界面张力之和等于零(图 3.27),即

$$\frac{\gamma_{12}}{\sin\theta_3} = \frac{\gamma_{23}}{\sin\theta_1} = \frac{\gamma_{13}}{\sin\theta_2} \tag{3.18}$$

当假定表面张力 γ 为各向同性时,式(3.18)是正确的。金属中 90%以上的晶界都是大角度晶界,当晶界面转动时,晶界能的变化是很小的,这个假定引起的误差可以忽略[2]。

最后凝固相形貌在很大程度上受到晶界界面张力的影响。一种常见情况是相 1 和相 2 是相同的结晶相 S[图 3.27(a)],相 3 是后凝固液相 L,这时,$\gamma_{12}=\gamma_{SS}$,$\gamma_{13}=\gamma_{23}=\gamma_{SL}$,$\theta_3=\theta$,张力平衡条件为

$$\gamma_{SS} = 2\gamma_{SL}\cos\frac{\theta}{2} \tag{3.19}$$

θ 角决定后凝固相形状。随着 γ_{SL} 增加,θ 角增大。当 θ 趋向 180°时,后凝固相趋向球形(案例 3.16),后凝固相完全不湿润晶体。

反之,当 γ_{SL} 很小时,达到 $\gamma_{SS}>2\gamma_{SL}$,γ_{SL} 与晶体间的界面张力 γ_{SS} 不能维持张力平衡,液相将渗入晶界,使晶界消失。最后凝固的液相以薄层状分布在相邻小晶

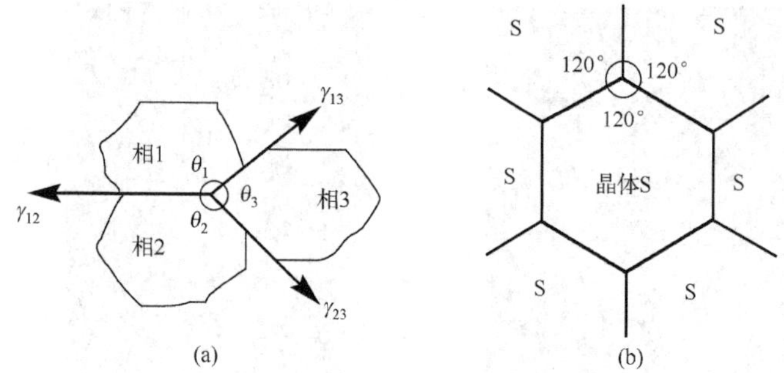

图 3.27　三相接触界面张力平衡示意图[2]

体间的晶界上。这种情况是后凝固相完全湿润晶体，毛细管作用力驱使熔体进入晶界。有关例子很常见，除案例 3.17 外，图 6.13 中的磷铸铁也是晶周网状结构的例子。在液态烧结陶瓷材料中，要求液相湿润晶体颗粒，θ 角必须很小(第 8 章)。

在这两种极端情况的中间，θ 角取值为 0～180°。后凝固相将呈镜片状形貌，如案例 3.18 所示。

在不同取向的晶粒之间，界面张力同样影响晶粒形状。当三个相同的相的晶周为直线时，构成 120°角，才是稳定的[图 3.27(b)]。这也是一种常见的金相组织，图 6.1(a)是铸态组织，案例 3.19 是退火组织。

案例 3.16　沸腾钢中残存 FeO 的形貌

在沸腾钢中，由于不脱氧或不完全脱氧，钢中残存 FeO。FeO 熔点为 1360℃，最后凝固，因此沿先结晶的晶体的周界分布。未浸蚀试样中，FeO 颗粒隐约勾画出凝固完成时的 δ-Fe 的晶界(图 3.28)。

FeO 为近似球形颗粒，表明 FeO 与晶体的界面张力很大，晶体与液相 FeO 构成的夹角 $\theta \approx 180°$。大球右侧 $\theta < 180°$。

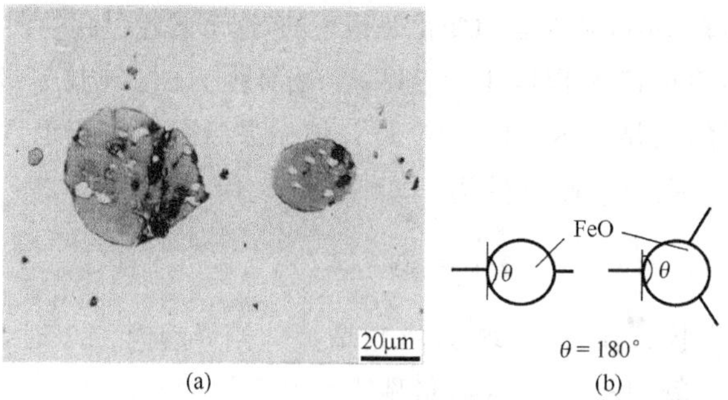

图 3.28　沸腾钢中残存 FeO 的形貌

(a)未浸蚀，铸态[27]；(b)凝固结束时示意图

案例 3.17　加稀土元素后铜合金的晶周相形貌

铝黄铜 Cu67Zn24Al5Mn2Fe2 的室温组织为 α＋β＋富铁相(图 3.29)。熔体加入 0.19％Ce 后，凝固组织出现断续的晶周相(含 Re 的后凝固相)。

后凝固相沿晶周分布，表明后凝固液相与晶体的界面张力(γ_{SL})很小，与晶体间的界面张力(γ_{SS})不能维持张力平衡($\gamma_{SS}>2\gamma_{SL}$)。最后凝固的液相以薄层状分布在相邻小晶体间的晶界上。

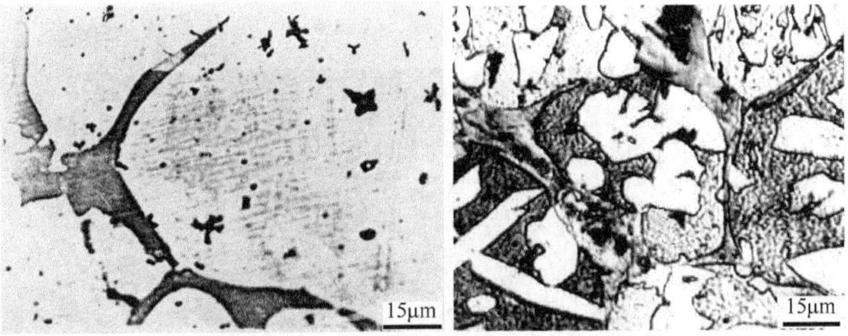

(a)　　(b)

图 3.29　铝黄铜 Cu67Zn24Al5Mn2Fe2＋0.19Ce 凝固组织

(a)未浸蚀；(b) $FeCl_3$盐酸水溶液浸蚀。晶粒内：α(白色板条、块)＋β(基体)＋富铁相(黑色小枝状晶)；晶周：加入 Re 后形成的后凝固相

案例 3.18　钢中镜片状夹杂物

42CrMo 钢中镜片状夹杂物形貌见图 3.30。经电子探针分析，夹杂物为 $MnO \cdot SiO_2$[27]。

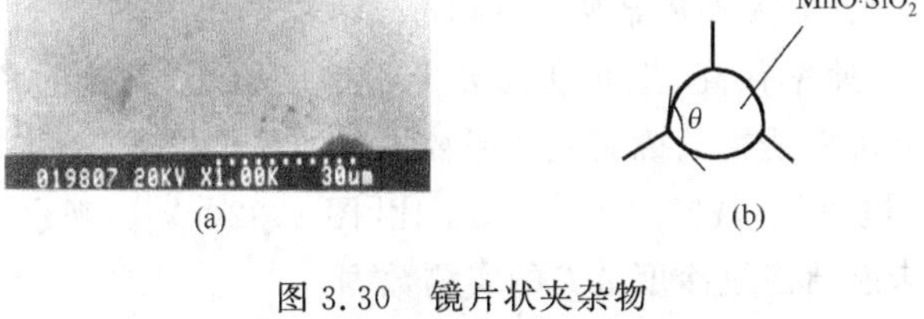

(a)　　(b)

图 3.30　镜片状夹杂物

(a)未浸蚀，铸态(SEM，42CrMo)[27]，夹杂物为 $MnO \cdot SiO_2$；

(b)凝固结束时，位于两相和三相相交处夹杂物示意图钢中 Mn、Si 氧化物系夹杂物 Mn_2SiO_4，熔点为 1300～1340℃，$MnSiO_3$ 熔点为 1270～1365℃[28]，均为后凝固相，位于晶周。

镜片状形貌表明其 θ 角取值为 0～180°。图 3.30(b)给出同样的 θ 取值，位于两相和三相相交处的夹杂物的形貌。

案例 3.19 脱氧铜的平衡组织

脱氧铜的退火组织示于图 3.31。取向不同的 α 晶粒构成近似 120°角的晶粒周界，表明其处于接近平衡状态。

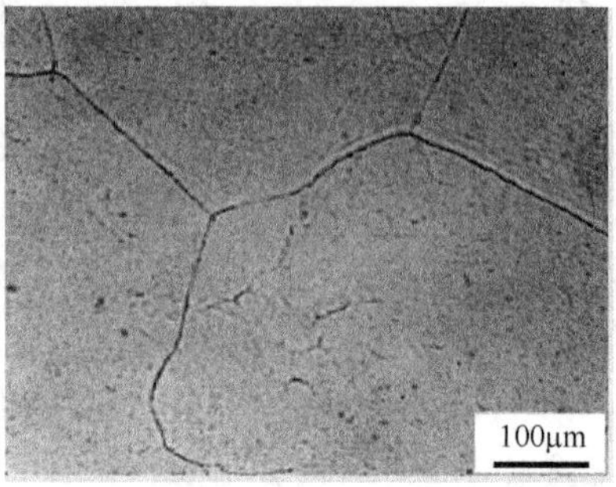

图 3.31 脱氧铜(99.9%Cu)，退火组织，单 α 相(徐久军，1990 年)

3.3.5 动力学:生长速率

生长就是固-液界面向液相推进，其速率主要取决于结晶潜热的散失速率、固-液界面结构和溶质离开固-液界面的扩散速率。计算生长速率的通常做法，是确定界面的平均移动速率 R 与过冷度 ΔT 的函数关系。人们分别就粗糙和光滑界面提出过计算式。准确地测量界面过冷度是实验验证这些计算式的难点。

具有粗糙界面的晶体生长过程是原子不断地、随机地添加到界面上。它容易保持比较高的长大速率，生长受扩散或热流控制。经典理论认为其平均长大速率 R 与过冷度 ΔT 成正比(Wilson，1900 年；Frenkel，1932 年)[3]

$$R = \mu_1 \cdot \Delta T \tag{3.20}$$

式中，μ_1 为比例常数，对大多数金属，$\mu_1 \approx 1\text{cm}/(\text{s} \cdot \text{K})$[3]。

粗糙界面生长速率很高，生长所需要的过冷度很小，测定过冷度很困难。案例 3.20 使用高分辨率透视电镜研究了粗糙界面的平均推进(晶体生长)速率 R，确定 R 与降低加热电流量(观察室温度)成正比[图 3.32(c)]。观察室温度控制潜热的散失速率，但未能给出过冷度 ΔT 的实测数据。

具有光滑界面小平面生长的晶体，如一些非金属相，缺陷机理在生长过程中起着重要的作用。晶核中如果存在位错，它的长大速率要比无缺陷晶体快。经典理论认为螺型位错的平均长大速率 R 与过冷度 ΔT^2 成正比(Frank,1949 年;Hillig 和 Turnbull,1956 年)

$$R = \mu_2 \Delta T^2 \tag{3.21}$$

式中,μ_2 为比例常数[3]。

有大量的分子动力学计算方法可以确定凝固速率。过去,晶体生长模型预测金属晶体的生长速率取决于液体内的扩散速率。通过分子动力学计算(嵌入原子法)已经确认,生长速率是原子热运动速率(thermal velocity)的函数[13]。

案例 3.20　富 Al 晶体的生长速率实验研究[11]

使用高分辨率透视电镜,将 Al-11.6%(原子分数)Si 的 400nm 颗粒置于观察室内加热到部分熔化状态,形成富 Al 晶体与液相界面[图 3.32(a)]。观察室温度与加热电流保持线性关系。通过改变加热电流调节观察室温度,从而影响过冷度 ΔT。在不同的加热电流下,控制不同的冷却速率,并测量界面移动(晶体生长)速率。完全凝固后,通过图 3.32(a)箭头所示平界面总的移动距离和耗时计算平均的界面移动(生长)速率。

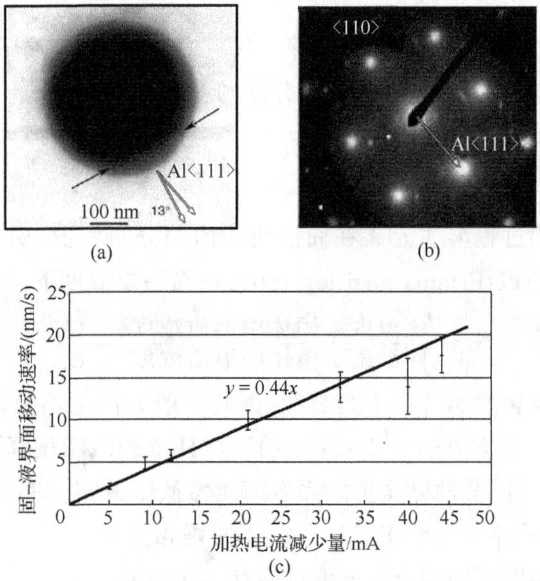

图 3.32　Al-Sl 合金固-液界面生长动力学(Howe 和 Saka,2004 年)

(a) Al-Si 微粒透视电镜图像,部分熔化状态,箭头标注处具有平直的固-液界面,并从⟨111⟩方向倾斜 13°,外围浅色区域为液相;(b)400nm 微粒晶体的⟨110⟩电子衍射图(Storaska,2001 年);(c)固-液界面移动速率与加热电流的关系(观察室温度与加热电流是线性关系)

富 Al 晶体固-液界面是粗糙界面，其生长机制是连续生长。实验表明，其移动(晶体生长)速率 R 与降低加热电流量(观察室温度)成正比[图 3.32(c)]。

3.4　凝固过程溶质的分配

非单一成分熔体，凝固是在一个温度范围内完成的。不同温度的平衡条件下，先结晶晶体与液相的成分是不同的(2.2.1 节)。复杂成分的岩浆的凝固过程，不同组元(矿物)的结晶存在一定的晶出顺序[29]。金属材料多数是多组元的合金，凝固过程中，先结晶的晶体所含的溶质原子(溶解的合金元素或杂质)的量(浓度)与熔体不同。这个现象被称为凝固过程**溶质再分配**(redistribution of solute atoms)。

纯物质(如单一元素)的凝固是热流问题，而多组元物质(合金)的凝固是热流和溶质流(传热与传质)问题。由于存在溶质再分配，即使含有少量的溶质都会对凝固过程产生深刻的影响，出现非平衡凝固、产生固相溶质分布不均匀(偏析)和影响结晶晶体形貌等现象。利用溶质再分配现象，开发了区域熔炼这一重要的工艺方法。

对金属凝固过程溶质分配现象的深入研究，推动了溶质分布理论的发展。本节以二元系单相合金为对象，讨论溶质分配的基本理论。

3.4.1　分布系数

为了表示凝固过程溶质元素在固液两相内的分布状况，引入**分布系数**(分配因数，distribution coefficient，partition ratio)k，在一定温度下

$$k=\frac{\text{该温度下固体中溶质浓度}}{\text{同温度下液体中溶质浓度}}=\frac{C_S}{C_L} \tag{3.22}$$

相图的固相线和液相线通常都不是直线，因此一般 k 值也不是常数。k 值有两种类型(案例 3.21)。大多数合金 $k<1$，表明溶质使液相线温度降低(降低结晶相熔点)，也表明凝固时，结晶的晶体溶解溶质的能力低于液相。率先结晶的晶体中溶质原子少，造成溶质原子在液相富集。$k>1$ 时则相反。

一个合金系相图不同部分的 k 值可能有不同类型。

案例 3.21　两种类型分布系数举例

图 3.33 给出了 Pd-Ag 和 Cu-Ni 两个二元系相图。A 和 B 两组元在液态和固态都完全互溶，形成单相固溶体合金。分布系数分别小于 1 与大于 1。

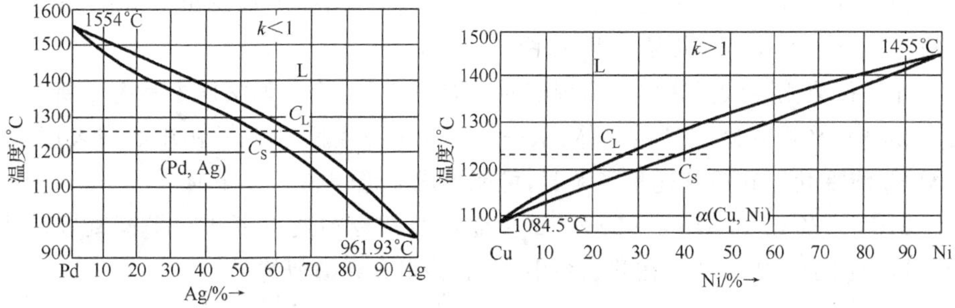

图 3.33　分布系数举例

平衡相图根据文献[30]资料绘制

3.4.2　平衡与非平衡凝固

溶质再分配的重要影响之一是产生**非平衡凝固**。使用简单的共晶系来说明平衡与非平衡概念(图 3.34)。当成分为 C_0 的合金冷却到温度 T_1 时,开始凝固。固-液界面上晶体的浓度为 C_{S1},液相的浓度为 C_{L1}。当温度从 T_1 下降到 T_2 时,凝固的进行出现两种情况。如果固液两相溶质都能充分均匀化,凝固将按照相图(平衡图)所示情况进行。晶体浓度沿固相线变化,液相浓度沿液相线变化。在 T_2 凝固结束,晶体浓度为 C_0,均匀分布。这种情况称为**平衡凝固**(equilibrium solidification)。

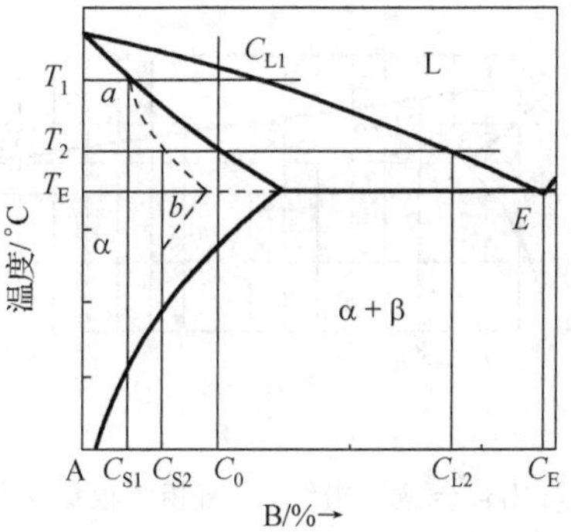

图 3.34　在局部相图中表示平衡与非平衡凝固

凝固过程固液两相浓度的均匀化,依赖于扩散和液相内部的自然或强迫对流运动。在通常凝固条件下很难达到均匀,平衡凝固不能实现,凝固将不按照相图进行。以凝固温度 T_2 为例(图 3.34),晶体浓度将低于 C_0,而处于 C_{S1} 和 C_0 间某一中间值 C_{S2}。凝固过程中,晶体浓度不是按照固相线,而是按照虚线 ab 变化。ab 线的位置取决于凝固条件,这种情况称为**非平衡凝固**。

在温度 T_2，由于固相线向左移动，系统内还存在液相，凝固继续进行，b 点成分有可能低于 C_0，出现共晶组织，如图 3.34 所示。

非平衡凝固导致晶体内部出现溶质分布不均匀，这种现象称为**晶内偏析**。在图 3.34 中，平均成分为 C_0 的晶体，从一个结晶中心生长的晶体，由中心向表层，浓度沿 ab 线变化。在冷却速率很大时，可能形成亚稳相(2.2.2 节)。

案例 3.22 给出 Al-(4～5)%Cu 合金在通常冷却速率下的非平衡凝固的组织。这个例子有代表性。在共晶系中，常能够观察到类似情况。

案例 3.22　Al-(4～5)%Cu 二元合金的非平衡凝固

根据相图(图 3.35)，含<5.65%Cu 的铝合金，平衡凝固后应当生成 α(Al)单相固溶体组织。在固相冷却过程中，Cu 在 Al 的溶解度随着温度下降，从 α 晶体析出少量 θ(Al_2Cu)，形成 α ＋θ 组织。

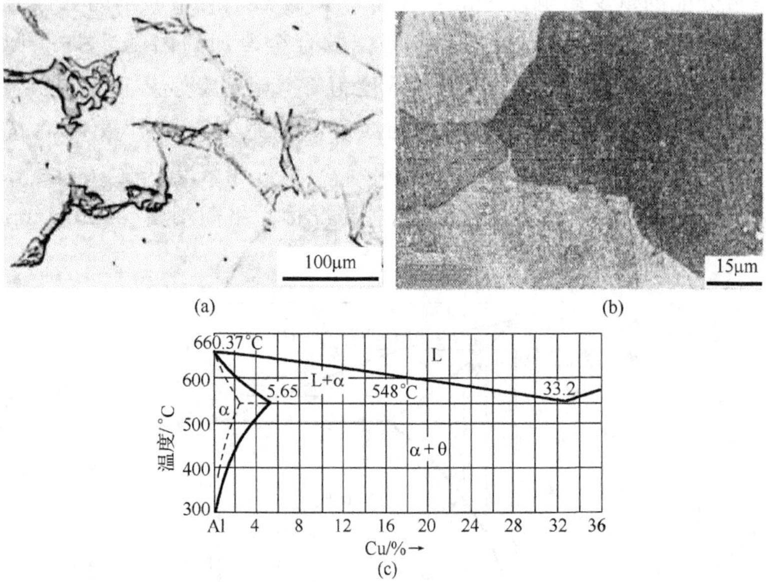

图 3.35　含(4～5)%Cu 铝合金微观组织，平衡相图根据文献[30]相变点资料绘制
(a)铸态组织，4.1%Cu，0.25%Fe，<0.1%Si，砂型铸造，0.5%HF 水溶液浸蚀，在 α(Al)晶界和枝晶间分布着 α+θ(Al_2Cu，花纹状)＋Al_7Cu_2Fe(针状)网状共晶体[31]，Al_7Cu_2Fe 是杂质 Fe 形成的相；(b)高温退火后的淬火组织，杂质总量≤2.2%(≤1.0Fe，0.03Mg，1.2Si，0.3Zn)，α(Al)固溶体，残留含铁相[32]

冷却较快时非平衡凝固，α(Al)晶体生长后期，晶周的液相含 Cu 量达到共晶浓度，晶周形成 α+θ 共晶组织，α(Al)晶体保留枝状晶形貌[图 3.35(a)]。相应相图的变化用虚线表示于相图中。共晶转变时残留的液相很少，由于 α 相长得很

大，共晶 α 相就可能在初生 α 相枝晶上结晶析出，初生相枝晶间可能仅留下 θ 相，两相各自独立生长，形成非共晶组织。注意，这种 θ 相是从液相结晶析出的，有别于固态析出的 θ 相。在平衡凝固时，它是这个成分区域不应出现的相。

这种非平衡组织是非稳定状态，将试样重新加热到 540℃，保温足够长时间，通过扩散可以获得平衡组织，从液相结晶析出的 θ 相将消失。在此温度下淬火，形成的 α(Al)单相固溶体组织见图 3.35(b)。

3.4.3 固-液界面平衡假设

在讨论正常凝固过程时，靠近固-液界面两侧的成分，假定按平衡[33]或者近似按平衡[34]处理，称为**界面平衡假设**(assumption of interface equilibrium)。换句话说，假定相图确定的平衡分布系数在界面被遵守。界面平衡假设在正常凝固、通常的铸件和铸锭的凝固过程理论研究中，是重要的和可信的，被广泛使用于讨论金属和很多非金属的凝固过程[12]。

但是，这个假定不总是正确的。在一些材料中，如一些半导体材料，即使低速生长，界面平衡也不能达到。实验证明，它们的分布系数是晶体取向和晶面(facets form)的函数。在快速凝固时，如溅射法和激光表面重熔(6.5.6 节)，固-液界面成分明显地偏离平衡[12]。

3.4.4 凝固时溶质的分布规律

溶质的分布受众多因数影响，为了推导其分布规律，必须从最简单的情况出发，规定典型状况，作出必要的假设。本节讨论两种经典的非平衡凝固时的溶质分布规律，它们在凝固理论与实践中都有重要的地位。在不同文献中，它们都被称为**正常凝固**(normal freezing)。[2,33,34]

在推导溶质分布理论时，都是考虑一定长度的均一断面试棒，从一端至另一端单向凝固(图 3.36)，固-液界面是平直的。断面的准确形状并不重要，凝固的分数 g 反映凝固进程。这个讨论对象实际上包含了从固体方向单向散热，固-液界面前沿具有正的温度梯度 G 的条件。

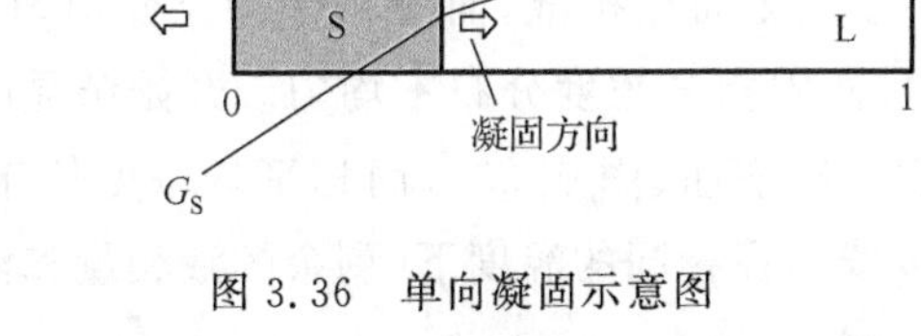

图 3.36 单向凝固示意图

L 为液相；S 为固相；G 为温度梯度；g 为凝固的分数

统一讨论 $k<1$ 的情况，并假定 k 值是常数。大多数平衡图的固相线和液相线略呈弯曲，k 并非常数。但在考虑的浓度范围内，可以确定一个平均的 k 值[33]。所有结论对 $k>1$ 的合金完全适用。

3.4.4.1　平衡凝固时溶质的分布

对凝固过程任一温度 T，由平衡图确定的固液两相浓度分别为 C_S 和 C_L。平衡凝固时，固液两相溶质都能充分均匀化(图 3.37)。根据溶质原子守恒，总的溶质平衡可以得出

$$C_S f_S + C_L(1 - f_S) = C_0 \tag{3.23}$$

式中，f_S 为凝固的质量分数。式(3.23)被称为平衡杠杆法则(equilibrium lever rule)[12]。凝固终结后，固相成分为 C_0，均匀分布。

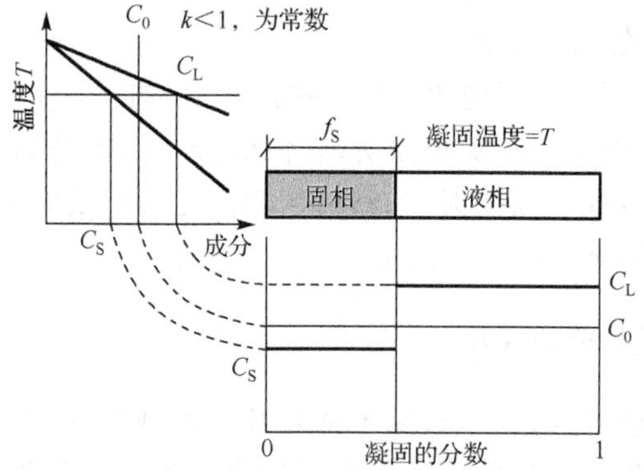

图 3.37　温度为 T 时，平衡凝固时的溶质分布

3.4.4.2　无固相扩散时的溶质分配

对比扩散系数可以估算，溶质在液相中的扩散速率比在晶体中快 $10^2 \sim 10^5$ 倍，加上对流的搅拌作用，实现液相内成分均匀化比固相要容易。例如，大断面试样，对流相对较快，可以比较充分地移动界面附近的高溶质层。

非平衡凝固的第一种典型近似，是在平衡凝固基础上，忽视固相扩散。这种典型近似是假设凝固过程无固相扩散，而液相保持充分均匀。即在任何时间内，液相的浓度是均匀的，而固相内浓度分布不均匀。开始结晶时，固相浓度 C_S 近似等于 kC_0，随生长过程逐渐增加(图 3.38)，固相平均浓度低于平衡时固相线确定的浓度(图 3.34 中 ab 线)，在相同的温度下，剩余的液相量和液相内溶质量都比平衡凝固时多。

按下列方法推导溶质分布规律。设 C_0 为液相溶液的原始浓度，f_S 为凝固的固

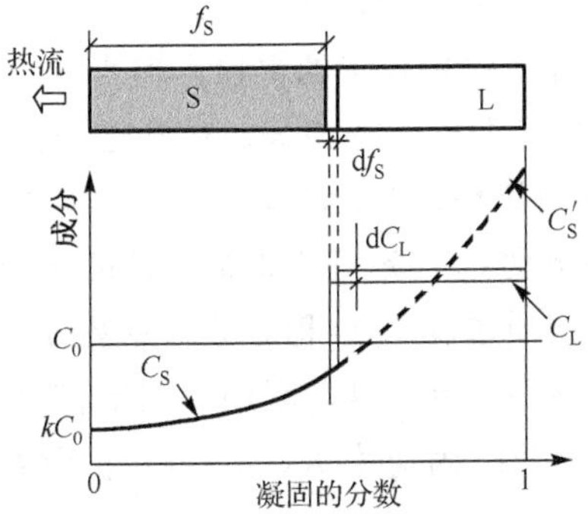

图 3.38　凝固过程固相无扩散，液相充分扩散

f_S为凝固的质量分数；C_S为固相的溶质浓度，根据式(3.25)绘制；C_L为液相溶质浓度；C_S'为凝固完成后溶质浓度

相质量分数，k＝固相浓度/液相浓度＝常数。在凝固过程中任意温度 T 时，固、液相浓度分别为 C_S和 C_L，固相增加 df_S，排出的溶质量为$(C_L-C_S)df_S$，剩余液相浓度升高 dC_L，排出的溶质量全部留在液相中，即

$$(C_L - C_S)df_S = (1 - f_S)dC_L \tag{3.24}$$

当 $f_S=0$，$C_S=kC_0$，积分后，可得[33]

$$C_S = kC_0(1 - f_S)^{k-1} \tag{3.25}$$

从 1922 年以来，式(3.25)在不同文献中被多次推导，被称为非平衡杠杆法则(nonequilibrium lever rule)或 Scheil 方程[12]，用以计算类似凝固条件下晶体内部成分分布(偏析)规律。

3.4.4.3　固相无扩散、液相无对流时的溶质分配

研究表明，对所有液体金属，扩散系数为 $1\sim10\text{cm}^2/\text{d}$，在单晶生长和区域熔炼(案例 3.23)时，依靠扩散不能达到充分均匀，需要借助外力或自然对流[33]。对流将促使液相内溶质的均匀化。然而，对流可以被消除。例如，小断面的试样由于空间小存在小的对流。在垂直试管内的熔体，随着温度变化，顶部密度将最低，使自然对流失去驱动力(案例 5.2)。在水平生长时，温度梯度减少，自然对流将减弱，混合将不充分。

非平衡凝固的第二种典型近似，是在固相无扩散基础上，加上忽视液相对流。这种假设条件下，液相只能达到有限的扩散。

Tiller 等对这种条件下的溶质分布提出了经典的分析[33]。设液相的起始浓度为 C_0，则固相的起始浓度为 kC_0，讨论 $k<1$ 的情况。随着凝固界面推进，溶质原子从固相排出，在液相内累积。液相浓度的上升，又将导致固相浓度跟着上升。

这个过程将持续进行，直到结晶的固相浓度达到一个稳定值，然后保持此值凝固，这时，靠近界面的液相浓度也保持稳定的恒值。即当固-液界面推进单位距离时，进入和排出此单元体积的溶质量保持相等。达到这一点的状态称为**稳态**。如果 $C_S < C_L$，原子继续在液相内累积；如果 $C_S > C_L$，固相溶质量将超过液相可能的供给量。因此，稳态时固相浓度 C_S 一定等于未被扰动的液相浓度（$C_L = C_0$）。

固-液界面前方液相溶质浓度 C_L 的稳态分布见图 3.39。在任意 x 处界面，固相浓度为 C_S，液相溶质浓度 $C_T = C_S/k$。凝固界面的推进是液相内溶质升高的根源。液相内溶质（C_L）分布受凝固速率 R（cm/s）和扩散系数 D（cm^2/s）两个因素制约。

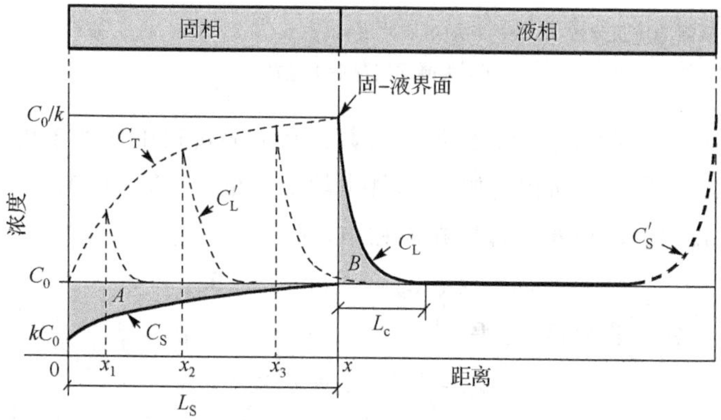

图 3.39　固相无扩散，液相无对流时，界面溶质浓度向稳态推进过程

C_0 为液相起始浓度；C_S 为固相浓度；C_L 为液相浓度；$C_T = C_S/k$ 为 x 点液相浓度的轨迹；C_L' 为任意 x 点界面前沿液相溶质分布；C_S' 为凝固完成后固相溶质分布（Tiller、Jackson、Rutter 和 Chalmers，1953 年）

设 x 为液相内距离固-液界面的距离。考虑 x 处单位面积溶质的扩散（图 3.40）。通过解微分方程（3.26），可以求得稳态时的溶质分布曲线[33]。设 x 处的液相的溶质的浓度为 C，扩散进入 x 面的溶质量为 $D(\mathrm{d}C/\mathrm{d}x)_x$，扩散排出 $x+\mathrm{d}x$ 面的溶质量为 $D(\mathrm{d}C/\mathrm{d}x)_{x+\mathrm{d}x}$，因此，在 $\mathrm{d}x$ 距离单元体积内的净流入是 $D(\mathrm{d}^2C/\mathrm{d}x^2)$。

界面的移动速率 R 即液相中浓度分布的推移速率。界面的溶质的净流出量为 $R\mathrm{d}C/\mathrm{d}x$，它是流入单元体积的溶质的来源，因此有

$$D\frac{\mathrm{d}^2C}{\mathrm{d}x^2} + R\frac{\mathrm{d}C}{\mathrm{d}x} = 0 \tag{3.26}$$

其通解为

$$C = A + B\exp\left(-\frac{R}{D}x\right) \tag{3.27}$$

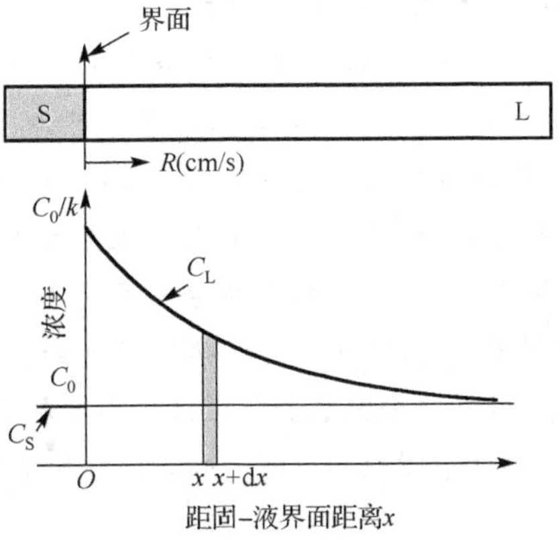

图 3.40　固(S)-液(L)界面前方液相溶质浓度 C_L 稳态分布
(Tiller、Jackson、Rutter 和 Chalmers,1953 年)

式中,A、B 为常数。边界条件为 $x=0, C=C_0/k, x=\infty, C=C_0$。代入式(3.27)得

$$C_L = C_0\left[1+\frac{1-k}{k}\exp\left(-\frac{Rx}{D}\right)\right] \tag{3.28}$$

式(3.28)表明液相中溶质的分布是指数函数,其衰减常数为 R/D。增加 R 将导致 C_L 快速衰减至 C_0,降低对流的影响。

设 x 为至开始凝固点的距离。假设 C_S 随 x 增加向 C_0 逼近的速率与 x 处的 C_0-C_S 成比例,可以导出[33]

$$C_S = C_0\left\{(1-k)\left[1-\exp\left(-k\frac{Rx}{D}\right)\right]+k\right\} \tag{3.29}$$

达到稳定凝固前任一 x 位置溶质的富集值 C_T(图 3.39),可以通过式(3.27),由 $C_T=C_S/k$ 得出。

根据溶质守恒原理,C_0 和 C_S 间面积 A(灰色)和 C_L 和 C_0 间面积 B(灰色)相等(图 3.39)。通过 $A=B$,可以导出达到稳定凝固前,任一 x 位置液相溶质的分布曲线 C_L'。凝固试样长度 L 必须是大于 D/kR 的一个适当值,才能建立稳态凝固。[33]

区域熔炼材料提纯是基于凝固时溶质的分布规律开发的工艺,也是理解这一规律的好例子(案例 3.23)。

案例 3.23　区域熔炼

区域熔炼(区熔法,zone melting)的基本原理是通过重新熔化与正常凝固,控制溶质在被加工锭料中的分布。在锭料的某些区域,得到材料杂质浓度低于平均浓度,起到提纯的效果,可以生产极纯和精确成分的晶体材料。第一篇文献发表于 1952 年。

被加工锭料为等断面二元固溶体合金原料棒，沿长度平均成分不变。它可能是很快地凝固的铸件或粉末混合体，或者是两条单成分棒，它们的共同横断面组成要求的平均浓度 C_0。让工件沿轴向缓慢地通过一个或多个长度为 l 的熔化区域[34]，如图 3.41 所示。移动的熔化区有两个液-固界面、一个熔化界面和一个凝固界面。每通过一个加热器，工件都熔化与凝固一次。处理后锭料内溶质的分布见图 3.42。由于液相不可能充分扩散，固相溶质分布具有图 3.39 的特征。$k<1$ 的溶质，锭料的端部浓度都降低为 kC_0，随着通过加热器数量加多，端部纯度逐渐增高，溶质向锭料尾部集中(图 3.42)[34]。相反，$k>1$ 的溶质向锭料的端部集中。例如，锗锭料中 B 和 Si 这两种杂质的 $k>1$，其余 $k<1$，区熔后的锗锭应切去头尾，保留中部[35]。

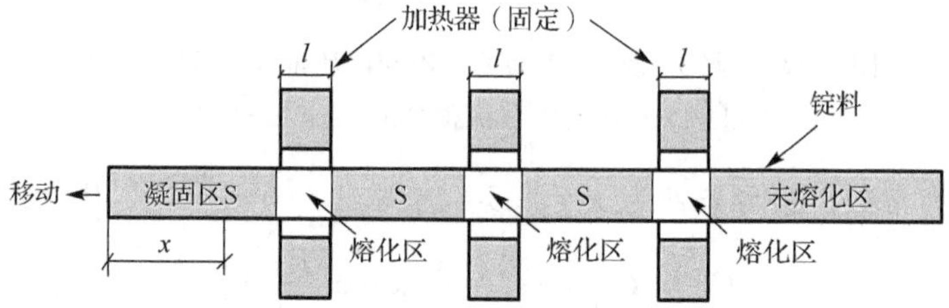

图 3.41　区熔法示意图(Pfann，1952 年)

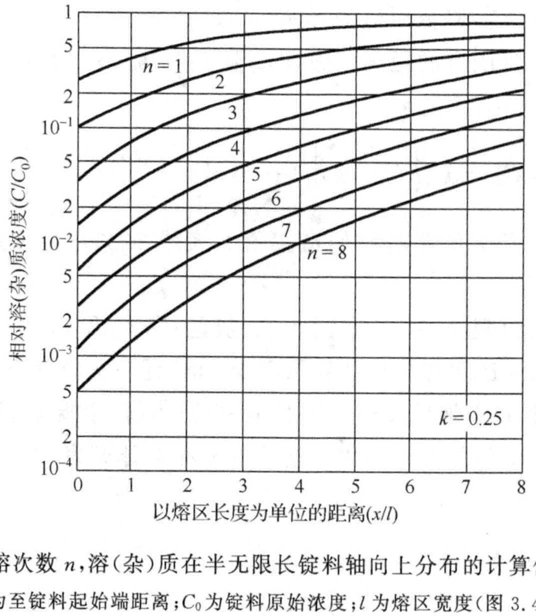

图 3.42　不同区熔次数 n，溶(杂)质在半无限长锭料轴向上分布的计算值(Lord，1953 年)
x 为至锭料起始端距离；C_0 为锭料原始浓度；l 为熔区宽度(图 3.41)

在多个熔区通过以后，溶质分布将达到一个稳态，或者说，达到一个可以提纯的极限。超过这个极限后，凝固作用产生的溶质向熔区的迁移流动，被一个相等的反向流动阻止，这个反向流动是由于熔区的混合作用产生的[34]。

熔区宽度 l 影响溶质的分布，从而影响提纯净化的效果。l 受溶质分配特征长度 L_C 和 L_S 的制约。L_C 是液相从固-液界面至溶质浓度衰减到接近 C_0 的距离。L_S 是固相从开始浓度 kC_0 至溶质浓度接近 C_0 的距离（图 3.39）。L_C 和 L_S 都取决于凝固速率 R。如果熔区宽度 $l>L_C$，则熔区内溶质分布与正常凝固（第二种典型分布）相同，可以直接应用 3.4.4.3 节讨论的计算方法。如果 $l<L_C$，熔区界面液相溶质浓度仍然是 C_0/k，但是，熔区内浓度不能衰减到 C_0。凝固的晶体浓度 C_S 必须升高，以维持溶质量的平衡（图 3.39 中 $A=B$ 的关系），l 越小，C_S 升高越快，提纯净化效果越差。因此熔区宽度应当 $l>L_C$[33]。

在使用多个熔区通过的工艺时，如果熔区宽度 $l>L_S$，则再次进入熔区的平均溶质浓度可能不低于 C_0，净化效果将降低[33]。

锭料处于水平位置的，称为水平区熔法，锭料处于垂直位置，而且是无容器熔炼，称为悬浮区熔法（案例 8.3）。

3.4.5　无溶质扩散的凝固过程

无溶质扩散凝固过程（diffusionless solidification）指凝固过程界面两侧的相具有相同成分，无成分变化，无溶质富集现象。如果这种现象出现，就意味着溶质再分配现象可以不出现，这是一个很有意义的命题。

3.4.5.1　相图中的 T_0 线

在给定温度下作二元系相图的自由能-成分图，相变前后两相自由能-成分曲线相交有一个交点（图 3.43）。在交点处成分的合金，两相自由能相等。在相图中，以 T_0 表示此交点。不同成分的 T_0 点相连，构成 T_0 线（图 3.43 和案例 3.24）。

以图 3.43 为例，说明 T_0 温度与结晶相浓度的关系。研究成分为 C_0 的合金，$T_0=T_2$。当温度在 T_0 以上，如 T_1[图 3.43(a)]，C_0 成分在 T_1 温度的 T_0 点和液相点构成的区域内，$\Delta G=G_\alpha-G_L$ 为正值，$L\rightarrow\alpha$ 的无成分变化转变不可能进行。当温度低于 T_0 时，例如，在温度 T_E[图 3.43(c)]，C_0 在 T_E 温度的 T_0 点和固相点构成的区域，$\Delta G=G_\alpha-G_L<0$，无成分变化转变可以进行。T_0[图 3.43(b)]是发生无扩散转变的临界（平衡）温度。原则上，如果能够把母相过冷到 $\leqslant T_0$ 温度，转变的 $\Delta G\leqslant 0$，可以获得无扩散相变所需要的驱动力，使无溶质扩散的凝固过程成为可能。

Baker 和 Cahn 在 1971 年进行过经典的分析[12]，成分为 C_0 的合金，在 T_0 以上温度范围内，固相不可能具有与液相相同的浓度 C_0。它们在正常凝固时，都不能达到稳态。只有在低于 T_0 后，稳态凝固才成为可能。达到稳态后，可能出现凝固前沿溶质富集或无扩散凝固，取决于凝固条件。

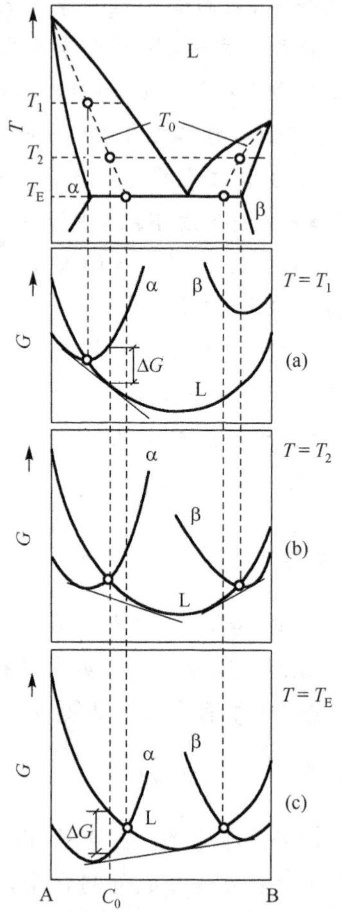

图 3.43　凝固过程相图中 T_0 线与固-液界面区域摩尔自由能-成分曲线

根据文献[12]和[36]资料绘制

通过在不同温度作自由能-成分图，可以证明，T_0 点大约位于成分为 C_0 处平衡相图固相线与液相线之间的一半处[2]。

3.4.5.2　无溶质扩散的凝固过程

无溶质扩散的凝固相变，热力学上是允许的[12]，凝固过程实际的成分分布决定于动力学因素。当合金被过冷到低于 T_0 线一定量时，过冷度足够大，从热力学角度看，凝固过程溶质再分配现象可以不出现，凝固可以在无成分变化条件下进行[37]。

T_0 线的分析和无扩散相变具有普遍意义，而不仅局限于凝固相变。如果能够把母相过冷到相图上相界之间大约一半的温度，原则上，任何相变都可以在母相与新相间无成分变化的条件下进行。普通碳素钢中面心立方的奥氏体转变为相同成分的体心立方的板条状马氏体，就是无扩散固相相变的例子。T_0就是马氏体转变的平衡温度[2]。

案例 3.24　Ag-Cu 系的 T_0线[38]

快速凝固(溅射法)条件下，Ag-Cu 系的 T_0线示于图 3.44。

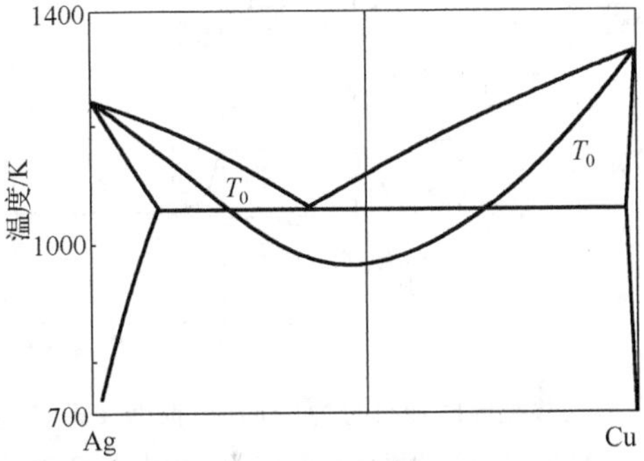

图 3.44　快速凝固(溅射法)条件下 Ag-Cu 系的 T_0线(Boswell 和 Chadwick，1977 年)

3.5　凝固前沿固-液界面的稳定性

合金中的溶质(杂质)再分配，会影响凝固前沿的过冷度，从而对凝固进程和晶体形貌产生深刻的影响。

3.5.1　成分过冷

正在推进的固-液界面前方的溶质富集，必然改变液相凝固温度，使液相的过冷度产生相应的变化。这种起因于成分分布的过冷度变化，被称为**成分过冷**(constitutional supercooling)。本节取材于 Chalmers 等对成分过冷最早提出的经典的分析[33]。为了简化，仍然讨论 k(常数)<1 的情况。

图 3.45 通过达到稳态的正常凝固过程，描述成分过冷的形成。原始成分为 C_0的合金，凝固达到稳态后，各参数应当满足下列条件：固-液界面固相侧成分 $C_S=C_0$，温度低于固相线 ΔT_k(动力学过冷度)，液相侧成分 $C_L=C_0/k$，平衡液相线温度为 T_L，温度梯度为 G(图示为正温度梯度)。在溶质富集区，熔体液相点将降低，T_L线相应向下弯曲。当 $G=G_1$时，温度梯度线与 T_L曲线相切，凝固前沿过冷度不因溶质富集而改变，成分过冷不出现。液相过冷区为图 3.45 中灰色区域，最大值在界面侧，等于 C_0的液相点 T_L与固相点 T_S温差加 ΔT_k。当温度梯度 G 和平衡液相点温度 T_L相交，相交的区域(图 3.45 中线条示区域)构成实际过冷区，最大过冷

度变小，并且被推离界面。这就是成分过冷现象。G 和 T_L 的交点给出成分过冷区域的长度 δ。

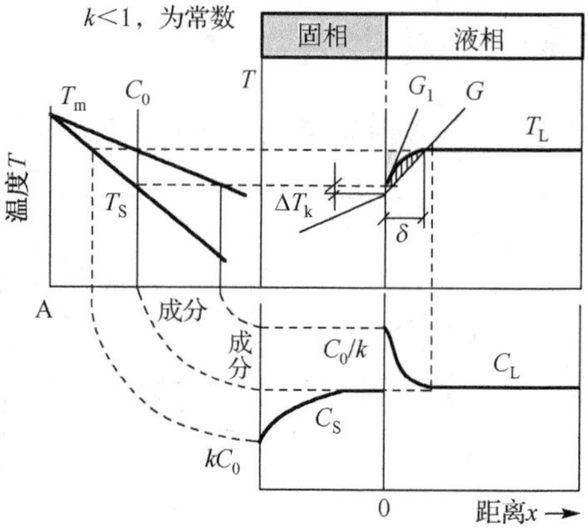

图 3.45　稳态正常凝固时成分过冷的形成(根据文献[33]资料绘制)

T_L、T_S为平衡液相、固相点温度；C_S为固相成分；C_L为液相成分；C_0为原始成分；T_m为组分 A 的熔点；G、G_1为温度梯度；δ 为成分过冷区宽度

忽略动力学过冷度 ΔT_k。设液相线斜率为 m，通过下列方法，可以导出界面前沿平衡液相线温度的表达式。根据相图的几何关系，平衡液相点温度

$$T_L = T_m - mC_L \tag{3.30}$$

式中，T_m是纯 A 组元的熔点。代入稳态时界面前沿液相的溶质分布式(3.28)得

$$T_L = T_m - mC_0\left[1 + \frac{1-k}{k}\exp\left(-\frac{Rx}{D}\right)\right] \tag{3.31}$$

界面前方的液相的实际温度 T 为

$$T = T_m - m\frac{C_0}{k} + Gx \tag{3.32}$$

式中，$T_m - mC_0/k$ 为界面温度(相图几何关系)。

图 3.46 给出式(3.31)和式(3.32)的图形，可以得出不同生长速率时成分过冷区的长度 δ 的计算值。显然，它取决于温度梯度 G 和凝固速率 R[33]。

根据式(3.31)和式(3.32)，不形成成分过冷的条件为(图 3.45)

$$G \geqslant \left(\frac{\mathrm{d}T_L}{\mathrm{d}x}\right)_{x=0} \tag{3.33}$$

由此可以导出不形成成分过冷的临界条件为

$$\frac{G}{R} = \frac{mC_0}{D}\frac{1-k}{k} = \frac{T_L - T_S}{D} \tag{3.34}$$

式中，T_L、T_S分别是原始成分为 C_0的合金的液相点和固相点温度。此式就是著名的**成分过冷判据**。

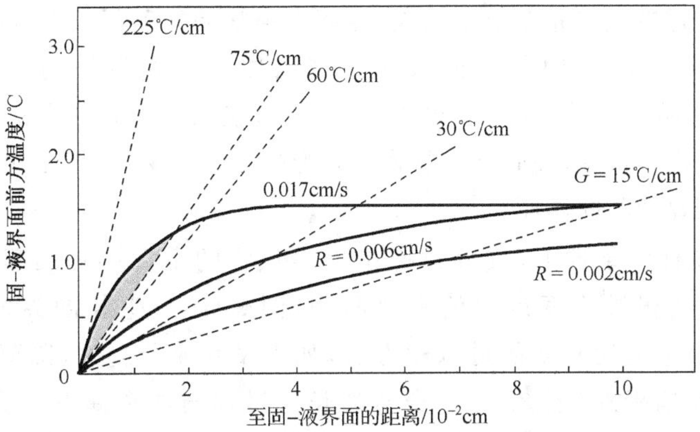

图 3.46　只考虑成分过冷，固-液界面前沿的平衡液相线温度[实线，根据式(3.31)计算]、凝固前方液相的实际温度[虚线，根据式(3.32)计算]和成分过冷的形成(灰色区域)(Tiller、Jackson、Rutter 和 Chalmers，1953 年)

3.5.2　固-液界面的稳定性

固-液界面稳定性指晶体生长界面的形态。保持平界面推进时，称界面是稳定的。稳定的界面保持等温，形成平面(platelet)结晶表面(案例 3.25 和案例 3.26)。这种界面形态，称为**平面前沿凝固**(plane front solidification)[12]。

界面的稳定取决于凝固前沿的温度分布。从传热的角度看，通常界面前方长大方向具有**正温度梯度**，即从界面进入液相中温度逐渐升高。在温度梯度为正的区域内，从界面通过凝固层的散热量控制晶体生长。界面保持稳定的条件是液相过冷度的最大值位于界面侧，任何随机扰动导致晶体产生的突出部分，会进入温度高于熔点的液相中，都将被重新熔化。纯金属在温度梯度为正的区域内的凝固，都应是平面界面(案例 3.25)。高纯度的非金属材料，在控制凝固条件时，预期也是平面界面[3]。

如果最大过冷度被推离界面，进入液相内部，界面任何突出的晶体将会获得更好的生长条件，界面将不再保持平整。这时，晶体的形貌取决于最大过冷度与界面的距离。在距离很窄时，突出距离很小，不会产生侧向分支。突出的晶体排出的溶质向晶体侧面扩散和富集，阻碍晶体向侧面生长，促使晶体从界面弧形突出，形成一种被称为**胞状晶**(cellular)的狭长的胞状晶体。它们柱状生长，横断面多是六边形[33]，也有条状或不规则形状，形状不同取决于成分和 G/R 值[7]，案例 3.27～案例 3.29 提供相应的例子。胞状晶的固-液界面是非平面的胞状界面。胞状组织是一种亚结构(substructure)[33]，一个晶粒可以形成许多胞状晶。在精确控制的单向凝固试样中，很多研究工作获得了这种组织。

随着最大过冷度与界面距离加大，界面上胞状晶的顶部长出分支，发展成**枝状晶**(dendrite)。从凝固前沿向液相区域以枝状方式生长的枝状晶形貌见图 3.18。枝状晶具有明确的晶体学特征，各个枝状晶主干和分支常相互平行，显示其特定的取向。例如，面心立方晶体取向为〈001〉。当枝状晶在材料中延伸时，材料将具有明显的各向异性[3]。

在正温度梯度条件下，成分过冷是界面稳定的主要影响因素。如果不存在成分过冷，液相过冷度最大值在界面侧(图 3.45)，生长的界面保持稳定。二元系单相合金的通常凝固进入稳态后，如果没有成分过冷，除凝固初期和末期的晶体存在偏析外(图 3.39)，合金的长大过程与纯金属基本是相同的[3]，也是平面界面(案例 3.26)。如果存在成分过冷区，其效果相当于在凝固前沿出现温度倒置，形成负温度梯度，界面就失去稳定，出现胞状晶、枝状晶各种生长形态。当成分过冷区域足够大，液相内部达到形核所需要的过冷度，甚至在液相内部形核。对比案例 3.25 和案例 3.27，可以理解成分过冷的深刻影响。与含有少量溶质 Sn 的试样相比较，在冷却速率较低的条件下，Pb 就可以保持界面稳定。在透明有机物的结晶过程中，通过改变 G/R 值，能直接观察到各种生长形态的转变。

除成分过冷外，如果将大体积的纯材料整体过冷到熔点以下，则形核与长大释放的凝固潜热使固-液界面处于最高温度位置。离界面较远的液相则保持过冷温度，界面前沿液相中温度梯度为负值(称为**负温度梯度**)。与成分过冷效应相同，负温度梯度同样使界面失去稳定，晶体以枝状晶方式长大[3]。

案例 3.25　Pb 凝固前沿表面的平面组织[39]

实验原料为 99.95%～99.99%工业纯 Pb。使用高频感应加热，真空或纯 A 气保护水平区域熔炼获得高纯度，提纯后 Pb 中杂质 Bi 含量低于 20 ppm①。高纯度材料防止出现成分过冷，使获得平面凝固前沿成为可能。

高纯 Pb 在垂直的纯石墨铸型中单向凝固，铸型直径 5cm，高 10cm[40]，底部被水冷铜激冷。通过倒置铸型倾出液相保留凝固前沿形貌。倒置时，铸型快速旋转 270°，利用离心力加速液相分离。

倾出液相后，直接对试样的表面进行观察，不再进行任何处理。在图 3.47 所示凝固前沿晶体表面的平面组织中，四个晶粒同时生长，晶粒内大的台阶，推测是{111}面的痕迹。

---

① ppm 为非法定量级，量级为 10^{-6}。

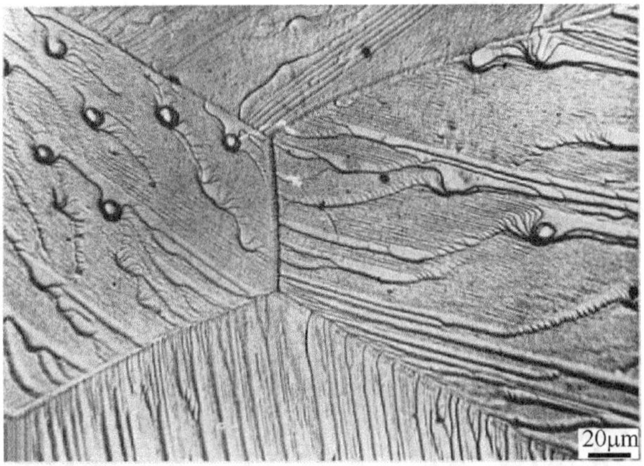

图 3.47　倾出液相后，单向凝固 Pb 凝固前沿晶体表面的平面组织(未浸蚀)(Hellawell 和 Herbert，1962 年)
生长速率 $R=10^{-2}$ cm/s

案例 3.26　Al-CuAl$_2$共晶合金凝固前沿表面的平面组织[40]

研究 Al-CuAl$_2$共晶合金，使用的倾出方法见案例 3.25。倾出液相后，试样脆性断裂的轴向断面见图 3.48。从图中可以清楚地看出，由于难以彻底将液体清除，倾出表面被一层厚 10～20μm 的激冷层覆盖。高倍放大表明，激冷层是非层片状两相结构。由于结构的差异，共晶两相层状的生长界面被清晰地保留。

平面前沿凝固的共晶合金试样，从中部切开试样进行观察，其横断面具有规则的层片状组织，构成规则的复合材料形式的结构。

图 3.48　Al-CuAl$_2$共晶合金凝固前沿晶体表面的平面组织(Munson、Hellawell 和 Phil，1962 年)
倾出液相后，试样脆性断裂的轴向断面，未浸蚀，生长速率 $R=4\times10^{-4}$ cm/s

案例 3.27　Pb-0.1%Sn 的胞状组织

研究了 Pb-0.1%Sn 合金的凝固过程,使用的方法见案例 3.25,获得的胞状组织见图 3.49[10]。实验结果表明,胞状凝固过程中,晶体没有表现出特别的取向倾向,所有取向有相等的生存概率。与枝状晶不同,不存在择优取向(6.2.2 节)。生长过程中,晶体表面的突出高度和曲率被限制[39]。

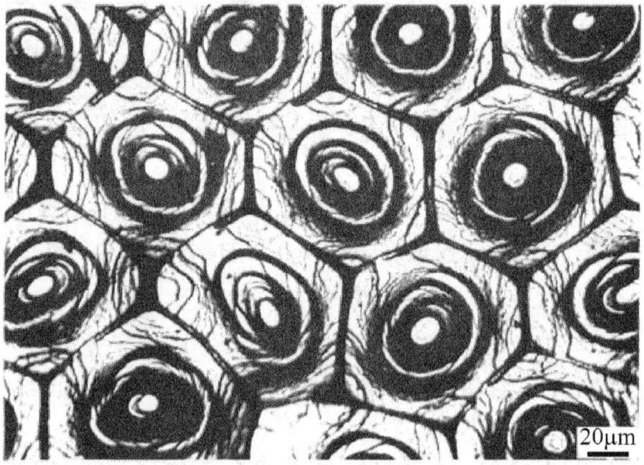

图 3.49　Pb-0.1%Sn 合金的胞状组织,倾出液相后晶体表面,凝固速度 $R=10^{-3}$ cm/s (Hellawell,1962 年)

案例 3.28　Al-Cu 单相合金的胞状组织[41,42]

研究 Al-Cu 单相合金。通过单向凝固的方法,控制 G/R 值,获得胞状组织。使用快速淬火的方法突然中断凝固过程,观察界面形态和胞状组织[图 3.50(a)、(b)]。由于快速冷却形成的组织差异,淬火前组织和界面被清晰地保留。图 3.50(b)显示凝固平面前沿出现的最初扰动从平面界面向胞状界面转变的最初形态。

图 3.50(c)给出凝固前沿胞状组织的形貌,它是由倾出液相的方法获得的[7]。

案例 3.29　Al-Ag_2Al 共晶合金的胞状组织

在水平单向凝固条件下,制备了共晶合金胞状组织试样,杂质含量为 50～100ppm,选择低纯度。从中部切开进行观察(图 3.51),试样具有规则的层片状组织[43]。

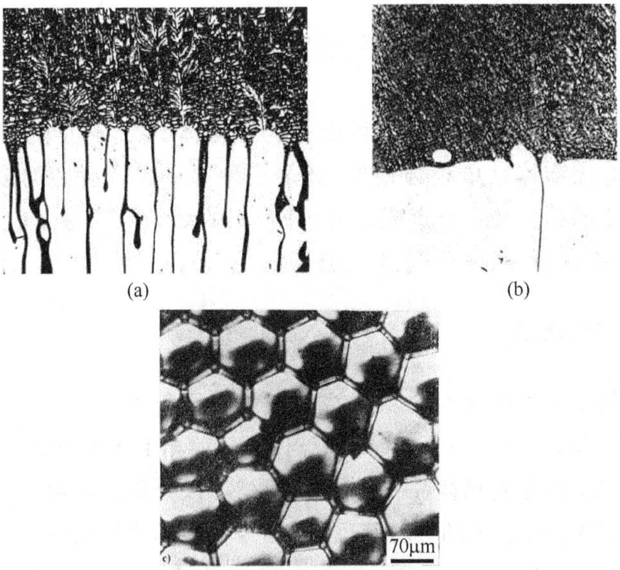

(a)　(b)

(c)

图 3.50　Al-Cu 合金的胞状组织

(a)凝固过程快速淬火试样轴向断面；(b)凝固平面前沿出现的最初扰动(胞状组织前方是液相淬火组织，Sharp 和 Hellawell，1970 年)；(c) Al-0.1%Cu，倾出液相后晶体表面，$G/R=0.42\times10^{4}\mathrm{K\cdot s/cm^{2}}$(李庆春、安阁英和唐多光，1981 年)

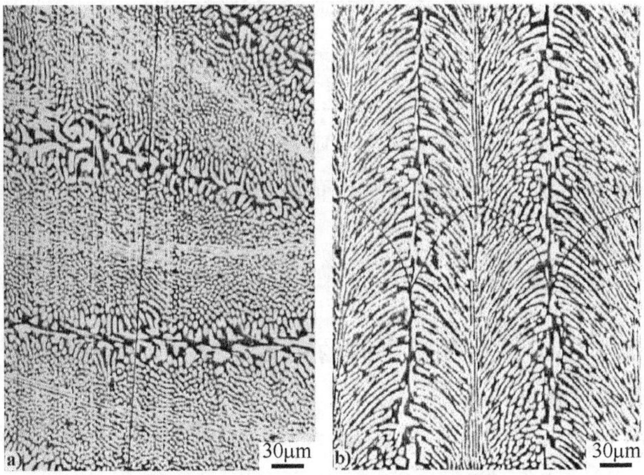

(a)　(b)

图 3.51　低纯度 $Al\text{-}Ag_2Al$ 共晶合金试样胞状组织

(a)横断面，图中直线表明相应纵截面近似位置；(b)沿试样轴向断面，中部细波浪形线为固-液界面近似轮廓(Cooksey、Munson、Wilkinson 和 Hellawell，1964 年)

3.6　多相合金的结晶

凝固过程结晶形成的合金组织可以分为固溶体、共晶体、包晶体和偏晶体四种基本类型。除固溶体是单相合金外，其余三种都是比较复杂的多相合金，存在两个或两个以上的相。多相合金凝固时，每一相的结晶都要遵守前面论述的有关规律。同时，两相的凝固又相互关联与影响。

3.6.1　共晶合金的结晶

典型的共晶相图见图 3.52。共晶成分（*E* 点）的合金，在一个固定的共晶温度发生**共晶反应**（eutectic reaction），同时析出两相：液相 L→固相 α＋固相 β，共同生长的两相混合组织称为**共晶体**（eutectic）。两相可以分别是纯组元、固溶体或化合物。在共晶水平线 *ce* 或 *ed* 的成分范围内，称为亚共晶或过共晶合金，凝固组织由初生晶和共晶基体组成。

金属系的共晶过程已经被深入地研究过，有大量相关的文献资料。

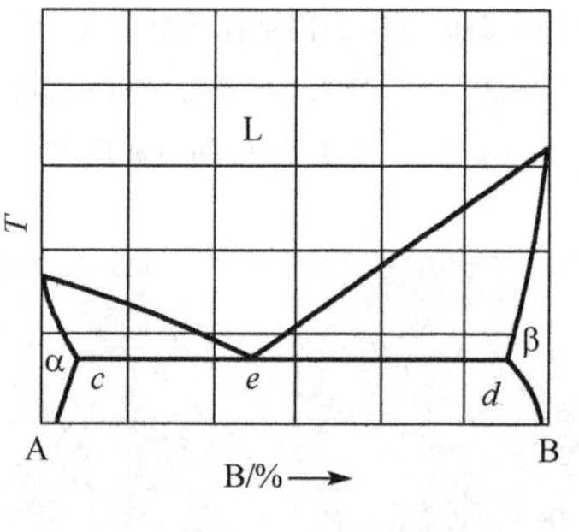

图 3.52　共晶系相图

3.6.1.1　一般规律

共晶结晶时，共晶组织中两相之间的相界面很大，尽量降低界面能是一个控制因素。共晶结晶过程如下：

两个共晶相形核先后和生长速率是不同的。许多已知的共晶系，如 Al-$CuAl_2$、Al-$NiAl_3$、Fe-Fe_3C、Al-AlSb 和 Zn-$MgZn_2$、ZnAl、Pb-Sn、Al-Ag_2Al 等，两相界面存在共格关系[7,37]，可以互相作为异质基底，所需要的界面能也低。

共晶开始后，通常一个相首先结晶。另一个相在其表面结晶，形成共同生长界面。与液相相比较，两个结晶相所含的溶质量相反，一高一低（图 3.52），它们开始**共同生长**（coupled growth）。α 结晶排出 B 元素，提供 β 结晶的需要，两结晶相前方的液相存在溶质的运动。这就造成两个结晶相紧密混合。

先形核或生长快的相被称为**领先相**，它的形核或生长，导致另一相形核生长。领先相是可以转化的，领先相的改变会导致组织形貌的变化。共晶成分附近的 Al-Si 合金就是很好的例子。在低速率和低温度梯度凝固时，小平面生长的 Si 相，领先富 Al 相生长，在高生长速率和高温度梯度时，会形成富 Al 相领先 Si 相生长(案例 3.30)[44~46]。Fe-C 系的铸铁是另一个例子。在缓慢冷却时，石墨领先生长，在加快凝固速率后，γ(奥氏体)将领先结晶，以致出现 γ 相枝状晶，形成亚共晶组织[7]。

领先生长的相突出在生长界面上[图 3.53(a)]，容易产生侧向分支，它们将构成骨架。另一相则分布在此骨架之间，构成一个**共晶团**(eutectic cell)。因此，共晶团内同一相是相连的，各相不必重新形核(案例 3.30 和案例 3.31)，这种现象称为**搭桥**(bridging)[7]。领先相骨架的形状决定共晶团的形状。通常的形状有球状、柱状或枝状。共晶团的数目取决于领先相的形核数目。

当合金成分远离共晶点时，初生相长得很大。共晶转变时残留的液相很少，与初生相相同的相就可能在初生相枝晶上结晶析出，初生相枝晶间留下另一相。例如，在案例 3.22 的 Al-Cu 合金中，就容易出现这种情况，晶界上只存在 θ 相，α 相在初生相枝晶上结晶析出。这种共晶成分而两相各自独立生长，形成非共晶组织的情况称为**离异生长**(divorced growth)，组织称为**离异共晶**[7]。

如果先析出相能作为另一相形核的良好基底，会被另一相完全包住，使其不再和液相接触。这是产生离异生长的另一种原因。球墨铸铁共晶就是典型的例子(案例 3.32)。共晶时，球状石墨先结晶，γ(奥氏体)直接从液相结晶，把石墨相包围起来。先析出的球墨生长所需要的 C 原子只能通过扩散从 γ 获得，因而，生长被通过固相层的扩散抑制。

案例 3.30　Al-Si 合金共晶体凝固

合金中 Si 相以孪晶缺陷方式长成板片状，并在生长界面前不断分支，形成 Si 片状无规则分布，组织是比较不规则的。除长大的尖端外，为 Al 相包围[44]。

在低速率和低温度梯度凝固时，Al-Si 共晶生长过程中，Si 相突出在凝固前沿界面上[图 3.53(a)]，领先富 Al 相生长。小平面生长的 Si 的各向异性决定了共晶组织层片状的生长习性，形成层片状形貌。将 Al-Si 共晶合金试样中的 Al 很好地清除后，共晶 Si 的形貌见图 3.54[44]。

接近共晶成分的 Al-Si 合金与金属-金属共晶相比，由于 α 相与 Si 相在成分过冷和动力学过冷两方面存在很大差异，凝固参数对界面形貌影响较大。在高生长速率和高温度梯度时，共晶和亚共晶合金会产生富 Al 相领先 Si 相生长，导致 Si

的生长前沿凹下[图3.53(b)中1]，凝固变为不稳定过程。这时，扩散成为控制因素，组织变为棒状。合金含过量Si时，足够的溶质富集，导致α相凝固前沿推进被抑制，允许Si相形成液-固小平面界面[图3.53(b)中3]。加入少量元素(如Na，6.5.2节)，也会抑制生长台阶，减少孪晶面的有效性，引起Si相生长滞后于富Al相，导致发生片状-棒状组织转变[44~46]。

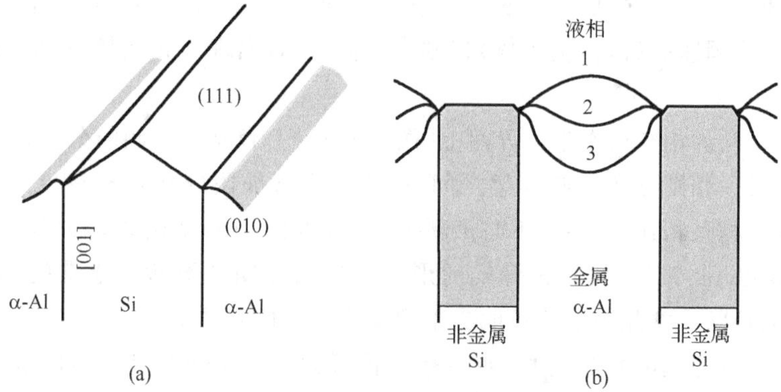

图3.53 非小平面-小平面共晶，双固相-液相凝固前沿形貌示意图(Day和Hellawell，1968年)

(a)低速率凝固，稳态，层片状板边具有{111}惯析面；(b) 1、2、3为共晶成分附近，含Si量逐渐增加时金属相前沿可能的位置

图3.54 Al-Si共晶合金中Si的形貌(深腐蚀，Al被除去)

(a)Al-12.7%Si(徐昭华，1984年)(b)Al-12.6%Si，0.1mm厚薄膜试样[47]

案例3.31 灰铸铁共晶团形貌

灰铸铁是Fe-C系，按稳定系凝固。它的共晶转变是液相析出片状石墨和γ(奥氏体)两个结晶相，石墨通常是领先相，共晶中石墨片从侧面分支，并弯曲生长(案例6.1，图6.5)。深腐蚀后在扫描电镜下观察，石墨表面是比较光滑的曲面，在

同一共晶团内，石墨片是连在一起的，从一个中心向各个方向生长(图3.55)。γ-C共晶团的结构、形状和尺寸都取决于液相的过热和冷却条件。

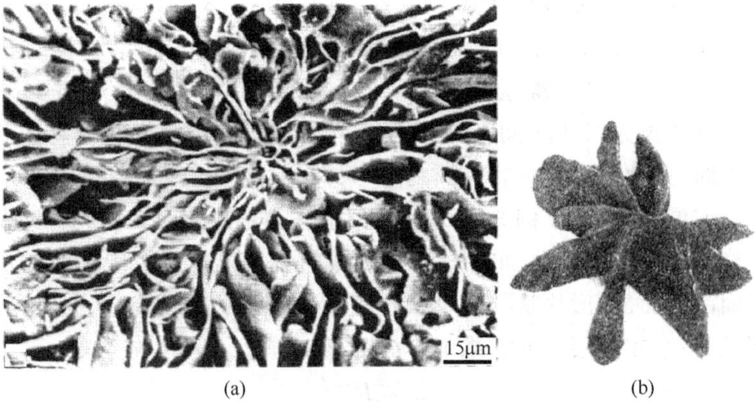

图3.55 Fe-C系一个γ-Fe-C共晶团中C(石墨)的形貌
(a)灰铸铁，A型石墨，20%HCl乙醇溶液浸蚀，SEM[27]；(b)石墨的立体形状(用连续磨片法得到的立体图[48])

案例3.32 球墨铸铁的共晶团形貌

在Fe-C系中，在高温液相时加入少量的Mg或稀土元素处理，石墨不像通常那样呈片状分支的菊花状，而成为紧密的球状。与灰铸铁不同，球墨铸铁共晶时，共晶γ(奥氏体)完全包住球状石墨，使它不再和液相接触(图3.56，案例7.10)。γ直接从液相结晶，石墨则在γ与石墨的界面，通过γ获得生长所需要的C原子。此案例因原料铁中存在干扰元素，引起石墨球化不良，在共晶团晶界处形成了细片状石墨，显示出共晶团晶界。

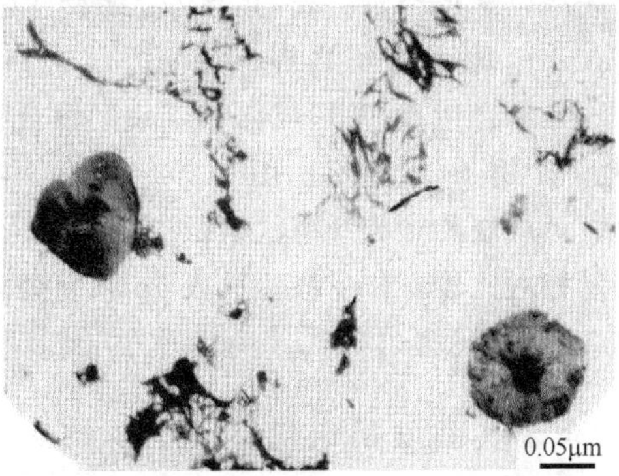

图3.56 稀土镁合金处理的球墨铸铁(铸态，未浸蚀)[27]、球状石墨和分布于共晶团晶界处的细片状石墨

3.6.1.2 组织形貌

共晶体的形貌与成分、相的结晶学特性、领先相的生长方式和凝固条件有关。这里,按两相的固-液界面结构(Hunt 和 Jackson,1966 年),将共晶组织分成三类[3]。

1)粗糙-粗糙界面(金属-金属共晶)

这种共晶体长大时两相间存在耦合关系,相互影响,紧密相连。两相体积比相差不很大时,通常是为层片状。反之,如果两相体积相差很大,小的相可能长成纤维(棒)状或混合结构(案例 3.33),或者只能在高倍放大时观察到零碎的层片组织。层片形态可能与某个晶面取向具有较低的表面能有关。组织形貌的控制因素是相界面的表面能,层片状与纤维状转变使截面能量达到最低[43]。理论分析和实验证明,同一个相的层片或纤维中心的距离 λ 与长大速率 R 有关

$$\lambda \propto R^{-n} \tag{3.35}$$

式中,n 的取值为 0.35～0.5[43]。

单向凝固时,会形成胞状共晶组织(案例 3.29,图 3.51)。

2)粗糙-光滑界面(金属-非金属共晶)

这类共晶体也是耦合长大。金属相的生长由扩散控制,而非金属相的生长受生长台阶控制。光滑界面的非金属相的生长特征对共晶体产生影响,它们的生长通常占领先地位,共晶体的显微组织显示出属于非金属相的许多特性。广泛使用的铸铁和 Al-Si 合金(案例 3.31 和案例 3.30),它们局部或全部由共晶体组成,是典型的例子[44]。在 Fe-C 系中,Fe 是粗糙界面,C 是光滑界面,组成粗糙-光滑界面共晶体。铸铁按亚稳系凝固时,γ(奥氏体)与 Fe_3C 共晶后,γ 发生共析反应,在室温形成基体 Fe_3C 和粒状或条状珠光体组织(案例 6.1,图 6.4)。按稳定系凝固时见案例 3.31。在 Al-Si 系中,Al 是粗糙界面,Si 通常是光滑界面。

当光滑界面的领先相以螺形台阶生长,共晶体呈螺旋状(案例 3.34)。

3)光滑-光滑界面(非金属-非金属共晶)

有关文献较少。不是耦合生长,常形成两相不规则混合物[3]。单向生长透辉石-钙长石共晶组织是一个例子(案例 8.3,图 8.6)。但是,一些无机盐共晶体单向凝固,也可能类似金属,形成层片状和纤维状组织(案例 3.35)。

三元共晶研究文献相对比较少。一些研究表明,它们具有复杂的片状-棒(纤维)状复合形貌(案例 3.36 和案例 3.37)。

案例 3.33 Ag-Cu 合金共晶凝固组织

在水平单向凝固条件下,制备了 Ag-Cu 共晶合金试样,杂质含量为 50～100ppm。从中部切开进行观察[43]。共晶的两相体积比相差较大。除一些晶粒具

有规则的层片状组织外，很多并非层片状。图 3.57 试样表明横断面相邻两晶粒具有不同形貌，分别为规则的层片状和类似碎带状组织。在纵断面两相分别是连续的。

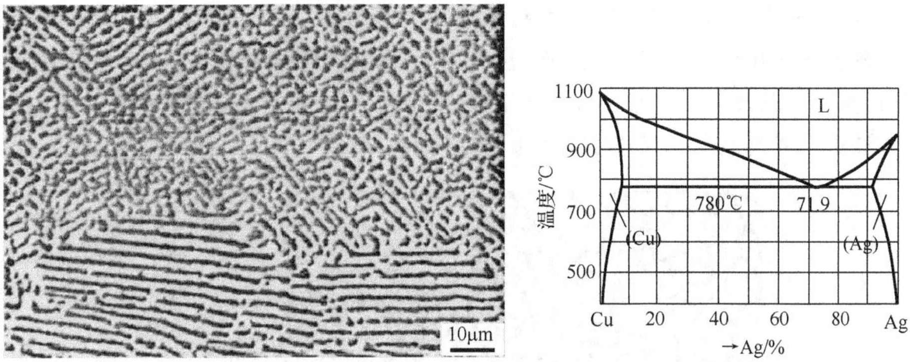

图 3.57　Ag-Cu 共晶合金（Cooksey、Munson、Wilkinson 和 Hellawell，1964 年；相图根据文献[18]绘制）

单向凝固，横断面组织，凝固速率 2.7×10^{-4} cm/s

案例 3.34　Zn-Mg 合金共晶凝固组织[43]

Zn-3%Mg 合金，砂型铸造，形成 Zu-$MgZn_2$ 共晶体。领先相 $MgZn_2$ 以螺形台阶生长成螺旋状共晶体，组织如图 3.58 所示。

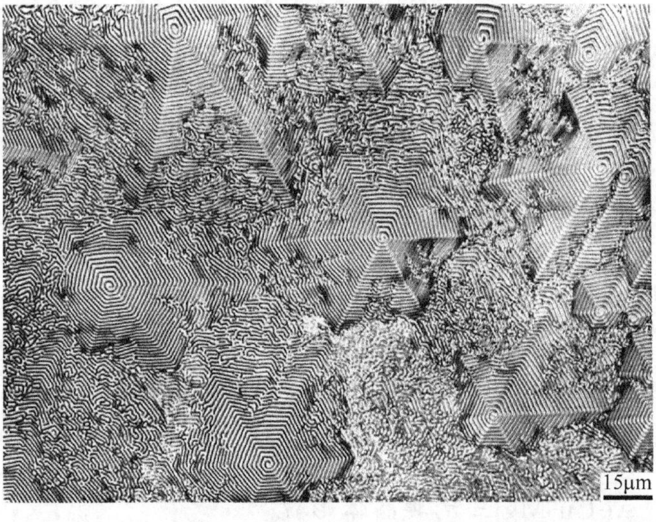

图 3.58　Zn-3%Mg，砂型铸造，螺旋状共晶体，化学抛光[20]

案例 3.35　LiF-NaF 和 NaF-NaCl 的共晶组织[43]

这是无机化合物的例子。使用的材料纯度估计超过 99.95%。盐混合物在石墨坩埚、大气气氛下熔化，浇注入刚玉管中。通过从垂直炉中拉出，实现单向凝固。与金属相比较，由于导热性低，盐实验的温度梯度 G 很大。横断面组织见图 3.59，类似金属共晶体。LiF-NaF 共晶两相体积比相差不大，组织为层片状，在某些晶粒出现纤维组织。NaF-NaCl 为纤维(板条)状。

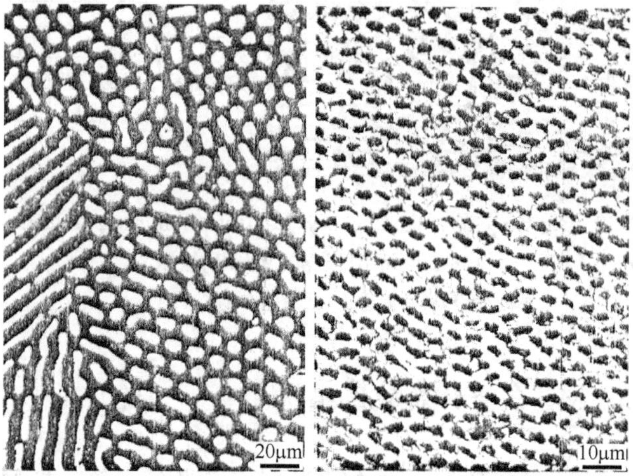

(a)　(b)

图 3.59　单向凝固无机盐共晶体横断面，乙醇-水溶液浸蚀(Cooksey、Munson、Wilkinson 和 Hellawell，1964 年)

(a)LiF-NaF，凝固速率 $R=3.0\times10^{-5}$ cm/s；(b)NaF-NaCl，未变质处理，$R=1\times10^{-4}$ cm/s

案例 3.36　灰铸铁中三元 P 共晶形貌

在高 P 灰铸铁中，形成 Fe_3P-Fe_3C-γ(奥氏体)三元 P 共晶，熔点 953℃。三相比例为 30∶41∶29。在室温时，由于渗碳体石墨化等，其比例稍有出入。冷却过程 γ 分解产物呈点状或小条状，在白色 Fe_3P 基体上规则排列。针状渗碳体在明场下呈白色，不易与白色 Fe_3P 基体区别(图 3.60)[27]。

三元 P 共晶最后凝固，通常分布于铸铁二元共晶团晶界处。根据其量的不同，呈连续或断续网状分布。

案例 3.37　Al-Cu-Mg 三元共晶体形貌[49]

Al-Cu-Mg 三元共晶体具有复杂的片状-棒(纤维)状复合形貌(图 3.61)。

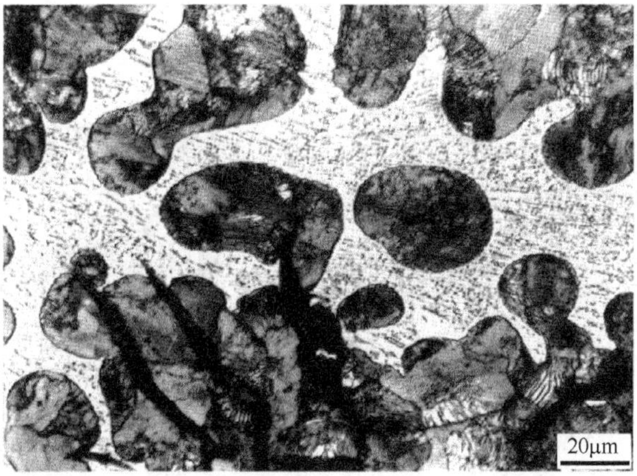

图 3.60　高 P 灰铸铁中三元 P 共晶体形貌[27]

铸态，白色、分布在共晶团晶界处，网链状相为 Fe_3P-Fe_3C-(γ-Fe)三元共晶体，黑色条状为石墨，基体为细片状珠光体，4%HNO_3乙醇溶液浸蚀

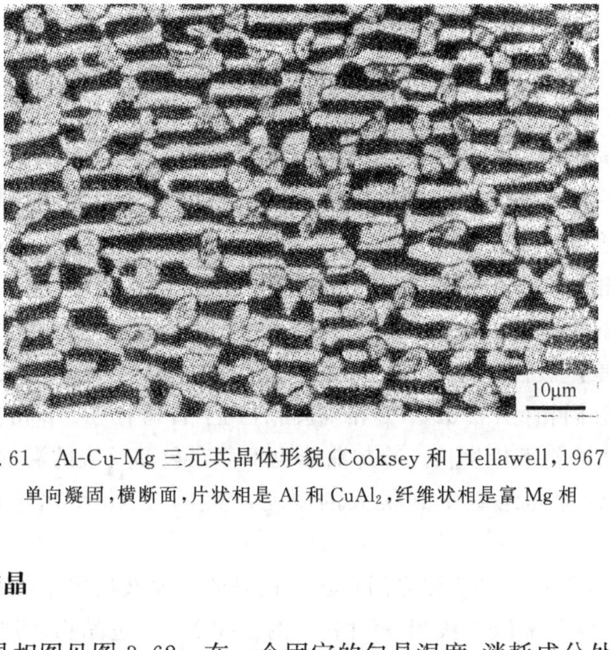

图 3.61　Al-Cu-Mg 三元共晶体形貌(Cooksey 和 Hellawell，1967 年)

单向凝固，横断面，片状相是 Al 和 $CuAl_2$，纤维状相是富 Mg 相

3.6.2　包晶结晶

典型的包晶相图见图 3.62。在一个固定的包晶温度，消耗成分处于包晶反应水平线两端的两个相：液相 L 和固相 β，同时形成成分为 *P*(包晶点)的一个新固相 α，L＋β→α。这个情景刚好和共晶反应相反，称为**包晶反应**(peritectic reaction)。

以成分为 C_0 的包晶合金说明包晶的凝固过程(图 3.62)。在液相线与包晶点 *P* 的温度区间，系统由液相＋β 相组成。在理想的平衡状态下，在 *P* 点温度恒温下

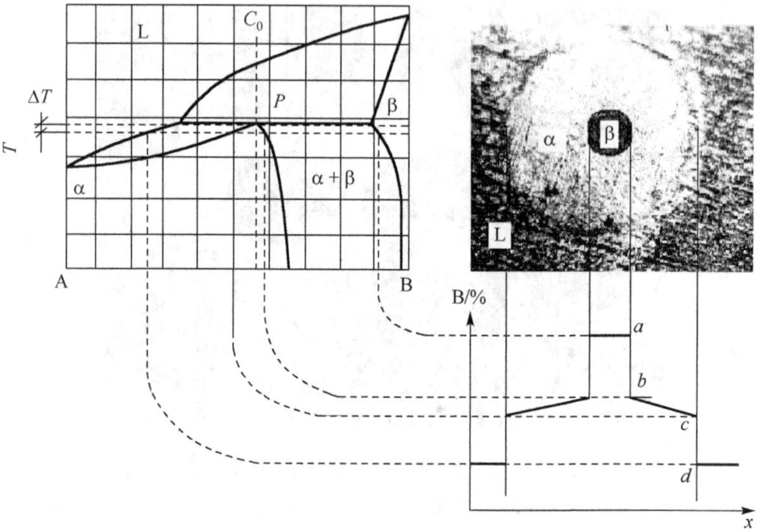

图 3.62 包晶转变时系统的溶质分布示意图

发生包晶反应。α 相必须在与液相接触的 β 晶体的表面开始生成[23]。α 相的浓度为C_0。依靠 B 原子从 β 相和 A 原子从液相向 α 相扩散，平衡的 α 相才能长大。α 相形成后，存在 α-β 和 α-液相两个界面。当界面前方浓度达到 P 点时，α 将向液相和 β 相两个方向推进。扩散的驱动力是液相、β 相与 α 相(包晶点 P 成分)的浓度差 ab 与 cd。考虑包晶转变要求的过冷度 ΔT，实际包晶反应温度略低于 P 点，α 相内也存在浓度差 bc。如果在包晶温度停留时间足够长，包晶反应进行完全，将获得单一的 α 相组织。包晶反应水平线范围内的所有合金，在包晶温度下剩余的液相都进行包晶反应。

包晶反应是扩散控制相变，其转变速率很慢，平衡凝固过程难以实现。参与包晶反应的初凝固相(图 3.62 中 β 相)凝固后几乎普遍存在。β 相被 α 相包围后，α 相主要依靠从液相直接生长。冷却曲线也不存在包晶反应的温度平台。利用包晶相图来确定合金的组织受到很大的限制。案例 3.38 给出包晶反应过程的例子。

在许多包晶系中，α 和 β 相之间存在着良好的界面共格关系，如 Fe-C 系中 δ+液相→γ，Cu 合金中 γ-Fe+液相→β 相(案例 3.38)等。包晶相(图 3.62 中 α)在初生相(图 3.62 中 β)表面多处部位形核，起到细化组织作用，有文献称此现象为**粒化**[7]。

在单向凝固时，先凝固相枝晶与散热方向反方向生长，一次臂相互平行，非平衡凝固后残留下来，可以获得规则的层片状组织，类似共晶体(案例 3.39)。

非金属包晶系的资料极少。

案例 3.38　铝黄铜 ZCuZn24Al5Fe2Mn2 的凝固过程[50]

实验材料为 69%～69.55%Cu，5%～5.5%Al，2.1%～2.64%Mn，2%～2.8%Fe，Zn 余量，平均 Zn 当量 44.6%。使用热分析法确定凝固温度范围为 939～966℃，这是一个参考值，每个试样微小的成分波动均使固、液相线波动。使用气枪法研究凝固过程，将重约 10mg 的微粒试样，悬浮熔炼，Ar 气保护。所有试样加热至 1210℃，随炉降温到指定温度，压力下喷入冰盐水中激冷。

图 3.63 所示为实验结果。在 1200℃附近，富铁相(Fe)在液相(L)中开始形核长大，初始形态为粒状[图 3.63(a)]。随着温度下降，Fe 迅速长大成发达枝状[图 3.63(b)、(c)]。在凝固温度范围内，发生包晶反应，Fe+L→β，在包晶过程中，Fe 枝晶提供 β 相结晶基底，β 相在多处形核，Fe 枝晶被消耗，失去棱角[图 3.63(d)]。由于没有条件充分扩散，凝固结束后，Fe 枝晶残留在 β 相中[图 3.63(e)、(f)、(g)]，并成为 α 相从 β 相析出的固态相变的形核基底。

图 3.63 给出了 Cu-Fe 系部分相图供参考。

案例 3.39　Zn-Cu 包晶合金的凝固组织

研究 Zn-2.98%Cu 合金，它具有液相 L+ε→(Zn)包晶过程(图 3.64)[51]。采用 99.99%纯度的 Zn 和 Cu 原料，表面化学方法清洁后，在氮气保护下熔炼。柱形试样，从顶部敞口浇注，浇注温度为 480℃。在试样距底部 30mm 区域中部取样研究，光谱分析化学成分。

Zn-2.98%Cu 包晶反应后的平衡组织为 ε+(Zn)。非平衡凝固的金属型铸造试样中，在(Zn)基体上有大量的初生 ε 相[图 3.64(a)]。

通过在底部设置 1mm 厚 Cu 板水冷和铸型四周保温，获得从下向上的单向凝固。在单向凝固试样中[图 3.64(b)]，初生 ε 相定向生长。这种**包晶共生生长**(peritectic coupled growth)形成规则层片状组织。一种分析意见是在远离平衡的条件下，导致平衡包晶反应向亚稳共生生长转变(由 Perepekzo 和 Boettinger 提出)。

3.6.3　偏晶结晶

偏晶(monotectic)指液相 L_1 在一定的温度分解为固相 α 和另一种液相 L_2，即 $L_1 \rightarrow \alpha + L_2$。与共晶和包晶类似，在相图中存在一个偏晶点和一条偏晶反应温度水平线。在二元相图中的特点是存在一个两液相不混溶区(miscibility gap)，区内两种不同成分液相平衡共存，称为难混溶(immiscible)合金。

案例 3.40～案例 3.42 讨论的 Al-Bi、Al-In 和 Al-Pb 三个合金系，都具有典

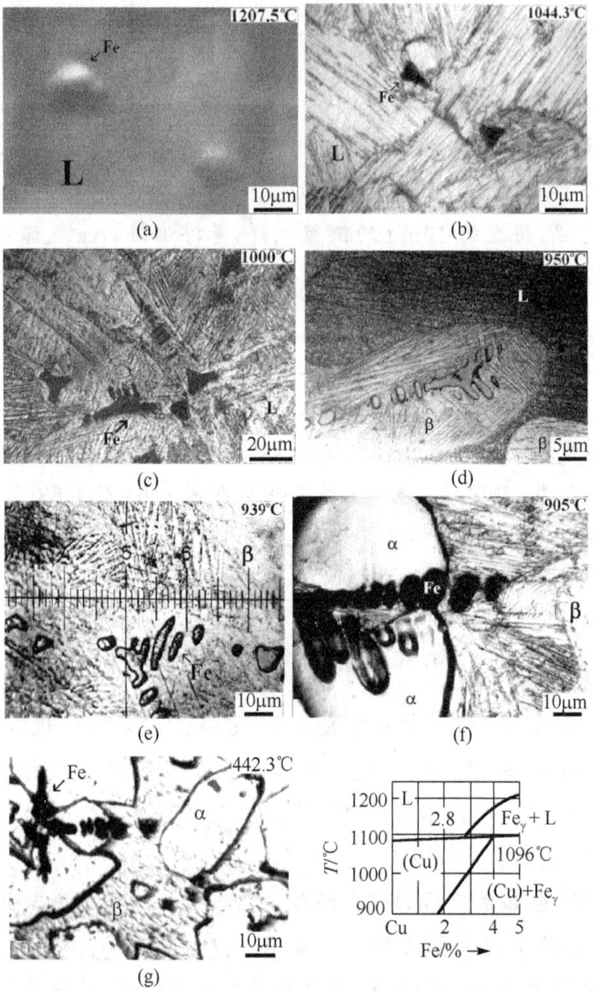

图 3.63　铝黄铜 ZCuZn24Al5Fe2Mn2 的凝固过程(方大成和程骥,1984 年)

保温 1min,冰盐水淬火,图右上角为淬火温度,$FeCl_3$ 盐酸水溶液浸蚀。(a) 二次电子像(SEM),富铁相(Fe)尺寸 $l=1\sim3\mu m$,粒状;(b) Fe(黑三角形)+液相淬火组织(L),冷却速率 $R=12.5℃/min$,$l=3\sim27\mu m$;(c) Fe 枝晶+L,$R=21\sim23℃/min$;$l=35\sim80\mu m$;(d) 包晶反应,Fe 枝晶+β+L,$R=21\sim24℃/min$,$l=11\sim84\mu m$;(e) 凝固结束,β+Fe,$R=21.2℃/min$,$l=3\sim80\mu m$;(f) 析出 α,$R=21.2℃/min$,α+β+Fe;(g) 冷却至低温,α+β+Fe;Cu-Fe 系相图根据文献[18]资料绘制

型的偏晶相图特征(图 3.65～图 3.67),以 Al-In 和 Al-Pb 为例,说明偏晶的特点。在超过一定的温度后,Al-In 合金超过 945℃,两组元在液态无限互溶。在一定的成分和温度范围内,出现两个互不溶解的液相 L_1 和 L_2 的混合区。在偏晶水平线的两端,是固相(Al)和液相 L_2。液相 L_1 在偏晶温度分解,$L_1 \rightarrow (Al) +$

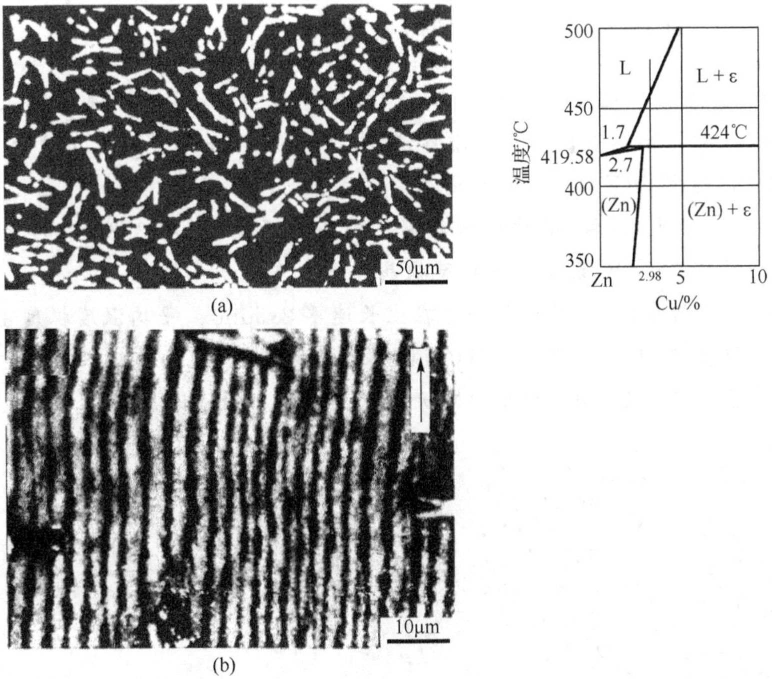

图 3.64　Zn-2.98%Cu 合金的凝固组织，氧化铬-硫酸钠- HCl 水溶液浸蚀（吴建春和董寅生等，2005 年，相图根据文献[18]绘制）

(a)金属型铸造试样，初生 ε 相＋黑色(Zn)基体；(b)单向凝固试样，箭头表示凝固方向，ε＋黑色(Zn)规则层片状组织＋初生 ε 相（枝晶）

L_2。在通常凝固条件下，各向散热，(Al)相以枝状方式生长。(Al)结晶造成液相中溶质(Pb 或 In)含量增高，促使 L_1 转变为 L_2。L_2 随后共晶，$L_2 \rightarrow$(Al)＋(Pb)或(In)。Al-Pb 系平衡凝固的偏晶点为 1.52%Pb，932K。Al-In 系为 17.5%In，639℃。

偏晶的研究论文不多，有时还相互矛盾[53]。已经查明，凝固条件对组织形貌有明显的影响。另外，冷却速率是一个重要因素。单向凝固下，在足够高的温度梯度和足够低的凝固速率下，单向凝固可以形成规则的类似棒状组织（案例 3.41）。

L_1 和 L_2 相对第三相（固相或气相）的湿润状况是另一个重要因素。那一相优先湿润，将产生两种不同状态。如果湿润性很好，液相将完全包围晶体，阻碍晶体生长[7]。

如果系统内各相的密度差很大，凝固过程重力偏析倾向将很严重。轴套材料 Al-Pb（案例 3.42）和 Cu-Pb 两个偏晶系是典型的例子。

案例 3.40　Al-Bi 偏晶合金的单向凝固[52]

Al 和 Bi 原材料纯度大于 99.95%。熔炼过程 Ar 气保护。通过吸入直径为 3mm 的刚玉管内单向凝固的方法准备试样，试样长 150mm。然后在炉中重熔，向下垂直拉出，达到由下向上单向凝固。

使用液相淬火(液淬)的方法观察凝固前沿界面结构(图 3.65)。淬火时为胞状界面，处于液态的 Bi 聚集在一些胞状晶晶界。

Al-3.4%(质量分数)Bi 偏晶合金在生长速率 2.5μm/s，平均温度梯度 15K/mm 条件下，获得在 Al 基体上规则分布的 Bi 细棒，类似图 3.66(b)的组织。与案例 3.41 相同，提高生长速率后，均匀分布的棒状 Bi 将变为散布的细球状。

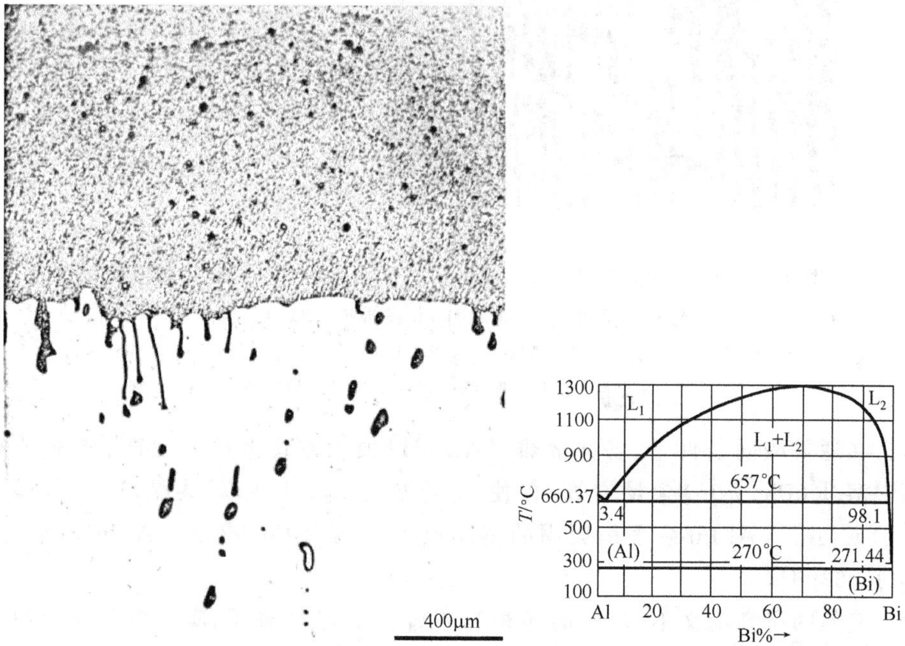

图 3.65　单向凝固 Al-3.4Bi-0.2Fe 试样时，凝固前沿轴向断面形貌(Grugel 和 Hellawell，1982 年，相图根据文献[18]绘制)

生长速率 2.5μm/s，平均温度梯度 15K/mm，液态淬火，光学显微镜，未浸蚀，界面上方黑点区域淬火时是液相 L_1，界面下方固相内的黑色条状和液滴是 Bi，淬火时是液相 L_2，基体是(Al)

案例 3.41　Al-In 偏晶合金的单向凝固组织[53]

Al-In 合金试样制备和实验方法与案例 3.40 相同。用吸入直径为 3mm 的刚玉管内激冷凝固的方法准备试样，重熔后由下向上单向凝固。生长速率对凝固组织的影响见图3.66。在生长速率R低于5μm/s的条件下，形成规则的复合结构，在Al基体上平行排列In纤维，这些In细线是液相In管凝固后形成的。R超过10μm/s，复合结构完全被随机散布的In液滴形成的小球组织取代[图3.66(a)]。R越大，球越细。

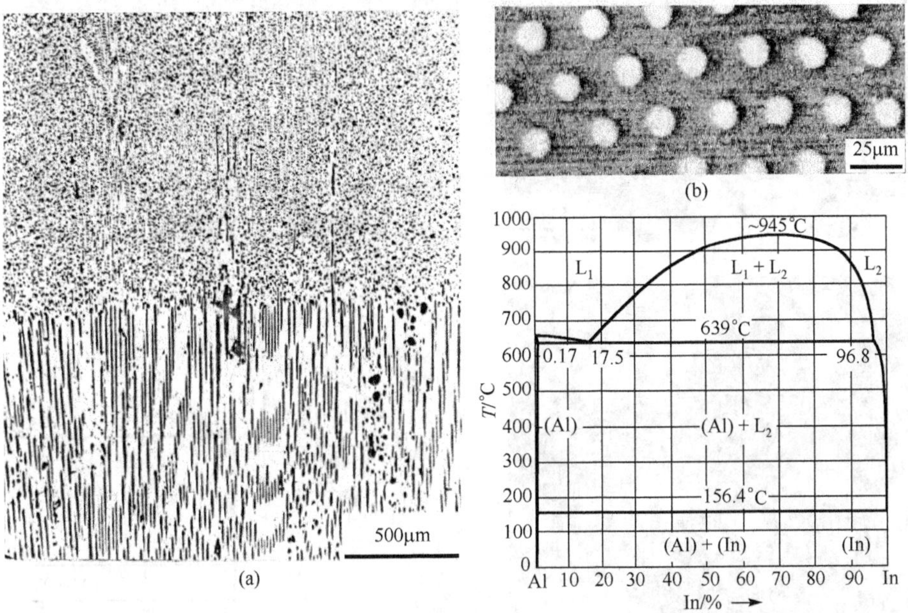

图3.66　Al-17.5%In从下向上单向凝固组织(Grugel和Hellawell,1981年)
(a)试样轴向断面，凝固速率从2.5μm/s加速到25μm/s，组织明显细化，未浸蚀，(Al)基体(白色)+(In)(黑色)；(b)生长速率2.5μm/s，温度梯度19K/mm，横断面，试样厚0.5mm，使用稀HNO_3水溶液清除In(白色圆点)，光学显微镜，透视光

案例3.42　Al-Pb偏晶合金的微观结构[54]

Al-Pb系偏晶点为1.52%(图3.67)。Pb的质量分数不大于1.52%时，不出现液相分离。超过1.52%后，在一定温度以下，出现两个互不溶解的富Al液相L_1和富Pb液相L_2。在密度差驱动下液相分为两层，L_2下沉。即使使用冷却较快的金属型铸造，也会产生严重的Pb重力偏析。

研究试样为Al-8Pb-3Si-2Sn-Cu轴套材料。使用液滴在离心力作用下甩入水中冷却方法，制备颗粒试样，研究冷却速率的影响。浇注温度为1000℃，此时体系处于单液相区。

实验结果见图3.67。富Pb相含有Al、Sn、Si、Cu等元素。对冷却速率的分析表明，颗粒直径d=1.1mm的试样的冷却速率比4.1mm的大10倍以上。随冷却速率加大，组织细化，没有明显的Pb重力偏析。

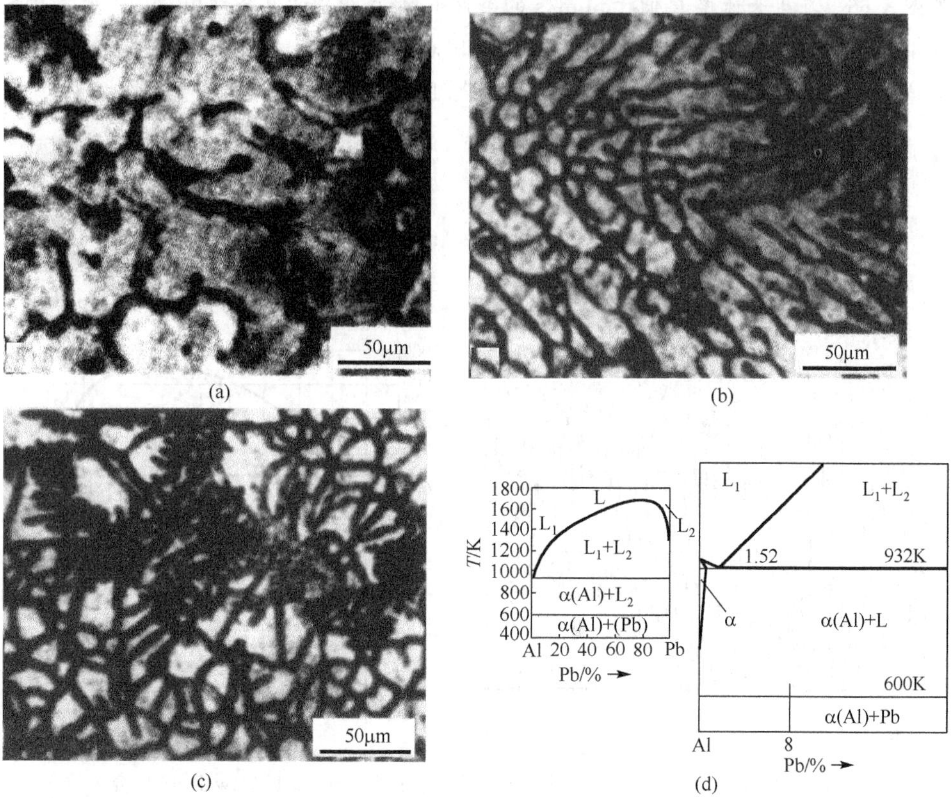

图 3.67　Al-8Pb-3Si-2Sn-Cu 合金凝固组织(陈健美、邓运来等，2003 年)

基体为白色的 α(Al)相，黑色区域为富 Pb 区，黑色条形是富 Pb 的 L_2 相凝固组织，富 Pb 区中的白色亮点是被 Pb 包裹的 L_2 析出的次生 α 相。(a)颗粒直径为 4.1mm，(Al)基体＋L_2 相凝固组织＋富 Pb 粒子；(b)颗粒直径为 2.5mm，板条状(Al)基体＋L_2 相凝固组织；(c)颗粒直径为 1.1mm，颗粒状(Al)基体＋L_2 相凝固组织

参 考 文 献

[1] Уманский Я С, Финкельштйн В Н, Блантер М Е, идр. 金属学物理基础. 中国科学院金属研究所，译. 北京：科学出版社，1958:198,217-223.

[2] Verhoeven J D. 物理冶金学基础. 卢光熙，赵子伟，译. 上海：上海科学技术出版社，1980：109,113-116,135-138,142-146,292-293.

[3] Davies G J. 凝固与铸造. 陈邦迪，舒震，译. 北京：机械工业出版社，1981:14-16,20,27,29,31-34,39-41,58,63.

[4] 森永卓一. 铜及铜合金. 金宪真，译. 北京：国防工业出版社，1963:90.

[5] 725 研究所. 电子探针相成分分析记录，1975,5.

[6] Hellawell A. 在 Mchigan Technological University. 冶金系为研究生"相变 II"讲课，1986.
[7] 李庆春. 铸件形成理论基础. 北京:机械工业出版社,1982:106,129-130,143-145,150,152.
[8] Arnberg L, Bäckerud L, Klang H. Grain refinement of aluminium by addition of master alloys of the Al-Ti-B type. The Metals Society. Solidification Technology in the Foundry and Casthouse, 1983:89-92.
[9] 梁工英，曲银亮，李嘉荣，等. 铸造非铁合金及其熔炼//柳百成，黄天佑. 中国材料工程大典. 北京:化学工业出版社,2006:266.
[10] Christian J W. The Theory of Transformations in Metals and Alloys. Oxford: Pergamon Press,1965:395-399,407,574.
[11] Howe J M, Saka H. In situ transmission electron microscopy studies of the solid-liquid interface. MRS Bulletin, 2004:951-957.
[12] Flemings M C. Solidification Processing. New York: McGraw-Hill, 1974:34-35,279,301.
[13] Hoyt J J, Asta M, Haxhimali T, et al. Crystal-melt interfaces and solidification morphologies in metals and alloys. MRS Bulletin, 2004:935-939.
[14] Jackson K A. Liquid Metals and Solidification. Cleveland: ASM, 1958:174.
[15] Poter D A, Easterling K E. Phase Transformations in Metals and Alloys. New York: Van Nostrand Reinhold,1984:121,171-172.
[16] Wagner R S, Ellis W C. Vapor-liquid solid mechanism of single crystal growth. Applied Physics Letters, 1964,4:89.
[17] Yang P. The chemistry and physics of semiconductor nanowires. MRS Bulletin, 2005, 30: 85-91.
[18] American Society for Metals. Metals Handbook. Metallography and Phase Diagrams. 8th ed. ,1973,8:253, 257,268,293, 301.
[19] Minkoff I. 41st International Foundry Congress, Belgium, 1974.
[20] 中国金属学会. 金相图片选集. 北京:科学出版社,1964:1,29.
[21] 余宗森，田中卓. 金属物理. 北京:冶金工业出版社，1982:106,128-129,132-133.
[22]《半导体器件制造技术丛书》编写组. 硅材料制备. 北京:国防工业出版社,1972:330, 334-335.
[23] Guy A G, Hren J J. 物理冶金学原理. 徐纪楠，译. 北京:机械工业出版社,1984: 204,264.
[24] Kuhlmann-Wilsdorf D. Dislocation//Cahn R W. Physical Metallurgy. 北京:科学出版社, 1986:973-978,990.
[25] Haasen P. Physikalische Metallkunde. Mordike J translated. Cambridge: Cambridge University Press,1978:60-61.
[26] McLean D. 金属中的晶粒间界. 杨顺华，译. 北京:科学出版社,1965:34-35,179-180
[27] 李炯辉. 金属材料金相图谱. 北京:机械工业出版社,2006:59,82,144,603,635.
[28] 曲英. 炼钢学原理. 北京:冶金工业出版社,1980:197.
[29] 罗谷风. 结晶学导论. 北京:地质出版社，1985:11.

[30] ASM. ASM Metal Reference Book. 2nd ed. Metals Park，1983:253,255,294,478.

[31] 高强. 最新有色金属金相图谱大全. 北京:冶金工业出版社,2005:186.

[32] Колобнев И Ф，Крымов В В，Полянский А П. Фасонное литъе из алюминиевых и магниевых сплавов// Справочник литейщика. Под общей редакцией Рубцова Н Н. Москва:МАШГИЗ，1957:49.

[33] Tiller W A，Jackson K A，Rutter J W，et al. The redistribution of solute atoms during the solidification of metals. Acta Metallurgica，1953，1:428-437.

[34] Pfann W G. Zone Melting. New York:John Wiley & Sons，1958:7-8,24,27,30,40.

[35] 北京电子管厂编写组. 硅锗单晶的制备. 北京:燃料化学工业出版社，1970:98.

[36] Gaskell D R. Introduction to Metallurgical Thermodynamics. New York:Hemisphere Publishing Corporation，1981:398.

[37] Elliott R. Eutectic Solidification Processing. Crystalline and Glassy Alloys. London:Butterworths,1983:29,69.

[38] Boswell P G，Chadwick G A. The structure of the γ' extended solid solution in a splat-cooled Ag-50at. %Cu alloy. Journal of Materials Science，1977,12:1879.

[39] Hellawell A，Herbert P M. The development of preferred orientations during the freezing of metals and alloys//Proceedings of the Royal Society，London，1962，A269:560-573.

[40] Munson D，Hellawell A，Phil D. The microscopy of decanted interfaces in eutectic alloys. Journal of the Institute of Metals，1963,64(92):27-29.

[41] Sharp R M，Hellawell A. Solute distributions at nonplanar,solid-liquid growth fronts:I. Steady-state conditions. Journal of Crystal Growth，1970,6(4):253.

[42] Sharp R M，Hellawell A. Solute distributions at nonplanar,solid-liquid growth fronts:II. Steady-state and transient conditions：No liquid stirring. Journal of Crystal Growth，1970，6(4):334.

[43] Cooksey D J S，Munson D，Wilkinson M P，et al. The freezing of some continuous binary eutectic mixtures. Philosophical Magazine，1964,10(107):745-769.

[44] Day M G，Hellawell A. The microstructure and crystallography of aluminium-silicon entectic alloys//Proceedings of the Royal Society，London，1968，A 305:473-491.

[45] Day M G，Hellawell A. Proceedings of the Royal Society，London，1968，A 305:431.

[46] Steen H A，Hellawell A. Structure and properties of aluminium-silicon eutectic. Acta Metallurgica，1972，20:363-370.

[47] Lu S Z，Hellawell A. Growth mechanisms of silicon in Al-Si alloys. Journal of Crystal Growth，1985，73:316-328.

[48] Бунин К Н，Таран Ю Н，Черновол А В. Чугун с шаровидным графитом. Киев:Издателъство Академии Наук，1955：Рис. 5.

[49] Cooksey D J S，Hellawell A. Journal of the Institute of Metals,1967,95:183.

[50] 方大成，程骥. 高强度黄铜中的富铁相的研究. 特种铸造及有色合金,1984，3:26-30.

[51] 吴建春，董寅生，林萍华，等. 冷却方式对 Zn-Cu 包晶合金微观组织的影响. 特种铸造及有色合金，2005,25:326-327.

[52] Grugel R N，Hellawell A. The occurrence of aligned microstructures in directionally solidified aluminum-bismuth alloys. Metallurgical Transactions，1982，13A：492-495.

[53] Grugel R N，Hellawell A. Alloy solidification in systems containing a liquid miscibility gap. Metallurgical Transactions A，1981，12A:669-681.

[54] 陈健美，邓运来，张新明，等. Al-Pb 偏晶合金颗粒的微观结构. 特种铸造及有色合金，2003，1:7-9.

第 4 章　凝固过程的传热问题

在前面几章中，讨论了凝固相变的本质和基本规律，并不涉及熔体的体积和形状。实际的凝固过程，发生在具有一定的体积和形状的液相中。铸件生产的铸造过程就是典型例子。文献中把具有一定的体积和形状的液相凝固称为**铸件的凝固**(solidification of castings)。

凝固是受热流控制的过程。从宏观的角度看，熔体内部的温度分布不均匀，温度梯度决定其凝固进程。熔体内部的**温度场**和凝固速率都受热流控制。传热是控制凝固过程，获得高质量铸件的重要因素。凝固传热具有发生相变、释放凝固潜热、形成固-热两相共存区域和铸件-铸型界面层等特点，它是凝固理论的一个组成部分。

4.1　凝固区域

合金存在一个结晶温度区间，而铸件内部存在温度梯度，除纯金属和共晶合金外，凝固过程铸件内部都存在固相、液相和固-液两相三个区域。固-液两相区又被称为**糊状区**(mushy zone)。存在糊状区是铸件凝固的一个重要特点。

糊状区宽度由熔体的结晶温度范围和铸件内部温度梯度两个量决定(图 4.1)。结晶温度范围越宽，温度梯度越小，糊状区越宽。

4.1.1　确定凝固区域位置的实验方法

确定凝固区域的位置及其变化，对研究铸件结晶的规律和保证铸件质量(第 7 章)有重要意义。为此，需要掌握铸件的温度场 $t=f(x,y,z,\tau)$ 和熔体的液相点和固相点温度。通过实测和计算，可以相当精确地确定铸件凝固过程的温度场(4.3 节)。然而，由于缺少多元合金相变点的资料，加上非平衡凝固导致相变点偏移，确定具体铸件凝固过程的固、液相点的准确值常遇到困难。对钢的凝固温度范围已经进行过比较深入的研究[1]，一些企业有相应的工业规范资料。在缺少资料时，通常利用相图或已有资料近似确定。

在研究工作中，可以利用放射性同位素技术确定凝固前沿(固相区)位置(案例 4.1 和案例 5.4)。

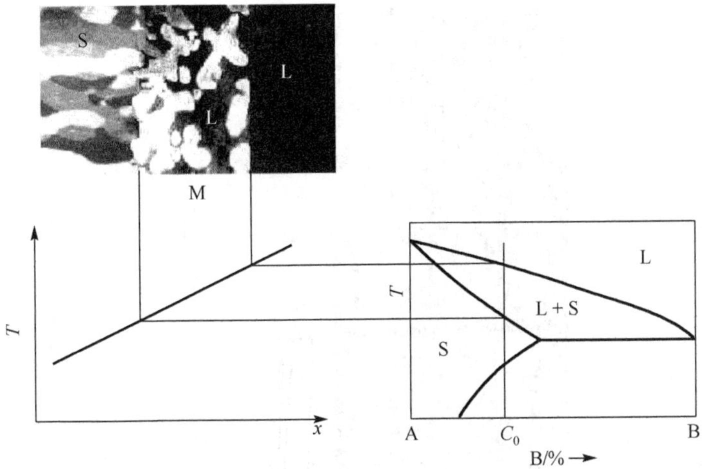

图 4.1　糊状区形成的示意图

L 为液相;M 为糊状区,固相+液相;S 为固相

案例 4.1　用自射线照相显示铸锭的凝固边界

将微量的放射性同位素加入到浇注后的铸锭中,凝固终结后,它在铸件内的分布主要由对流和结晶两个因素决定。由于对流作用,它将迅速地分散到整个液相内[2]。然后,通过结晶过程,放射性同位素作为溶质或杂质在晶界富集。在铸锭冷却后,将照相底片放在切开的铸件表面,摄取自射线照片。通过确定放射性物质区域的边界,就可以确定加入同位素瞬间(或稍后)已经凝固的固相边界(凝固前沿)。分批加入同位素,就可以确定不同时期的凝固前沿的位置[2,3]。分析同位素分布的信息,可以帮助显示结晶晶体的形貌,确定柱状晶、分支柱状晶和等轴晶区域[3]。

这里研究了质量为 1200～1700kg 的钢锭的凝固过程[3]。在浇注前,浇注结束后隔 0、8min 和 30min,把放射性同位素 ^{32}P 分四次引入尚未凝固的钢锭的各个部位。^{32}P 在钢锭中的分布清楚地显示每引入一份同位素以前的凝固边界(图 4.2)。在自射线照片中,颜色越暗,^{32}P 含量越少。

4.1.2　铸件的凝固方式

文献中用**凝固方式**来描述凝固过程糊状区的宽度,并作为铸件凝固过程的一个特征。糊状区很窄的称为**逐层凝固**(marked skin formation),很宽的称为**糊状凝固**(extensive pasty zone)[4]。在区别这两种凝固方式时,宽窄没有严格的定义值。这两种凝固方式只是给出铸件凝固的一种倾向。

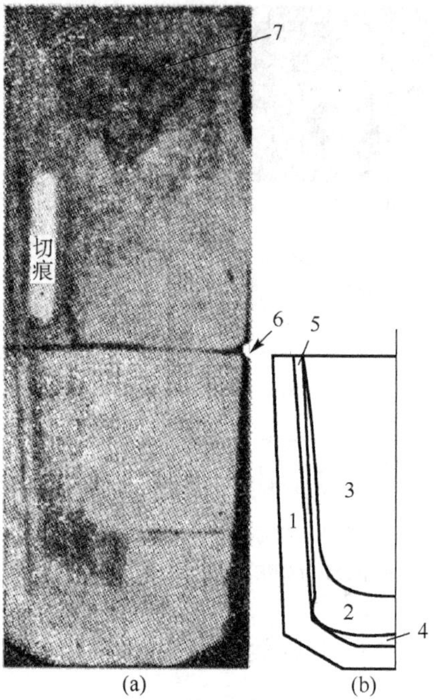

图 4.2　钢锭的纵向断面[3]

(a)自射线照片；(b)断面左下半部自射线照片各区域的示意图。1. 柱状晶带；2. ^{32}P 分布的第一区域；3. ^{32}P 分布的第二区域；4. ^{32}P 分布的边界区域；5. 柱状晶带的边沿区域；6. 钢锭分成两段的切口；7. 上部缩孔

低碳钢、黄铜、铝青铜、高强度黄铜和纯金属具有窄的结晶温度范围，倾向逐层凝固。中碳钢、高碳钢、镍基合金、磷青铜、锡青铜、镁合金和复杂铝合金结晶温度范围宽，倾向糊状凝固[4,5]。可以通过控制铸件内部温度梯度，使结晶温度范围宽的合金的糊状区缩小，甚至转变为倾向逐层凝固（案例 4.2 和 7.2.2.2 节）。

利用测温方法，通过数据处理作铸件内部的距离-时间曲线图，用以方便地表示凝固的发展，这种图称为**凝固动态曲线**（distance-time curves showing progress of solidification，案例 4.2）。图中分别以熔体液相和固相点温度作为凝固的开始和终结温度，由温度场确定它们的位置。由于液相和固相点温度数据常不精确，所得到的曲线常是近似的。

案例 4.2　锡青铜 Cu88Sn10Zn2 的凝固动态曲线[6]

根据测温数据和相图资料，作出凝固动态曲线（图 4.3）。可以得出任一时刻凝固区域(凝固开始-终结区)宽度，也可以得出铸件任一位置的凝固速率，和从凝固开始到凝固终结所需要的时间。由图可见，锡青铜砂型铸件凝固速率缓慢，倾向糊状凝固方式，凝固过程整个铸件几乎都处于固-液两相状态。在金属型的激冷作用下，冷却速率大大提高，糊状区也变窄。

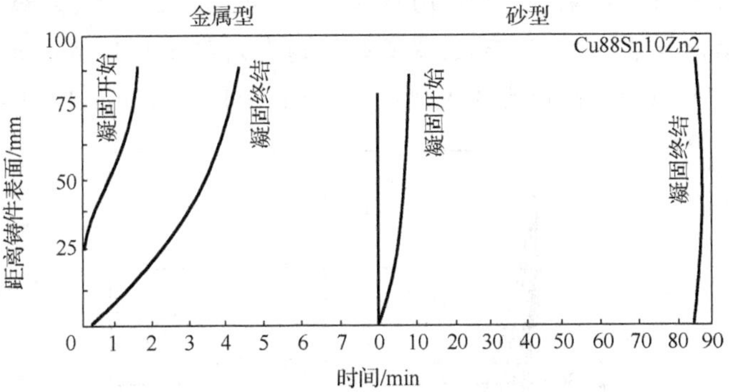

图 4.3　锡青铜 Cu88Sn10Zn2 的凝固动态曲线(Brandt、Bishop、Pellini、1954 年)

4.2　铸件-铸型界面

在熔体充满铸型后，由于铸件的凝固和冷却收缩，铸型受热后发生膨胀，熔体和铸型之间可能会出现间隙(gap，也称气隙)，其厚度通常是几个毫米以下[7]。间隙使分界面情况复杂化，对热传导产生不可忽视的影响。铸型涂料(保护渣)也被作为分界面组成部分考虑。气隙和涂料(渣)组成分界面。形成界面层是铸件凝固的另一个特点。影响气隙形成的因素是复杂的，它的形成时间、量和均匀程度都难以准确确定。涂料层使界面层变成多个界面，其厚度也难以准确确定。

热阻最大的组元是传热过程中的控制环节。铸件的冷却速率主要取决于控制环节的热物理参数。砂型铸造时，系统中铸型的热阻最大，界面层的影响相对不突出，铸型性质决定整个系统的热交换(案例 4.3)。在金属型条件下，使用的涂料的导热系数与铸型差异很大。由气隙和涂料(保护渣)组成的界面层是控制环节(案例 4.4)。通过调节涂层厚度，可以有效地控制金属型铸件的冷却速率。在连续铸钢条件下，由于铸坯和结晶器存在相对运动和使用保护渣，结晶器-铸坯的界面比较复杂(案例 4.5)。

案例 4.3　砂型-铸件的界面

与金属相比较，砂型的导热系数和导温系数都很小。在凝固过程中，金属中的温度差比较小，温度梯度平缓，而铸型中是很陡的（图 4.4）[4]。分界面层热阻大，产生的影响不明显。实验证明，对于凝固范围窄的合金的砂型铸件，其分界面温度大体上恒定在凝固点下不多几度。凝固范围宽的合金的砂型铸件，分界面温度在整个凝固过程内逐步下降。

由于水分迁移的结果，水分在 100℃等温线蒸发。湿砂型（潮模）内部的热量向铸型外部转移比在干砂型（干模）中更快。通过对铸钢件铸型温升的研究[4]，认为湿砂型与干砂型的导热能力的差别很小（Briggs 和 Gezelius，1935 年）。

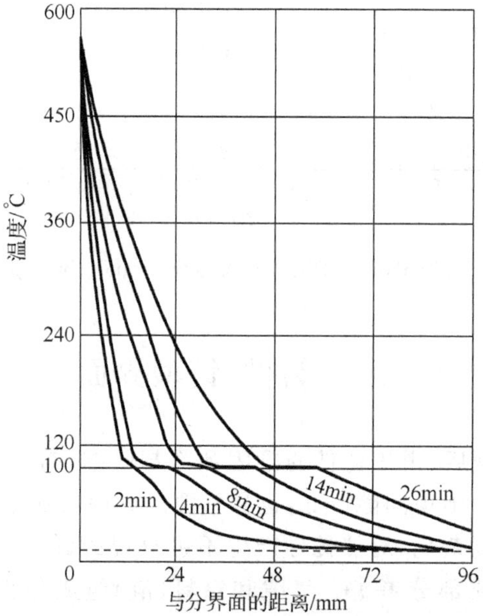

图 4.4　浇注后不同时间湿砂型中温度分布的测定结果（Ruddle 和 Mincher，1949 年）
分界面温度为 548℃

案例 4.4　金属型-铸件的界面[4]

金属铸件和金属铸型热性能类似，从而使它们有同阶的温度梯度。由涂料和气隙组成的界面层是传热的控制环节。铸型的高导热性能使界面温度下降。界面温度比熔体凝固温度低很多，大致在凝固温度和铸型的初始温度之间。而且，凝固过程界面温度是变动的（图 4.5），很多研究都证实这点。

图 4.5 的实验中，铸型并未使用涂料。分界面主要是气隙，可能还有氧化物和熔渣薄膜。气隙的形成可能是从某些部位开始，然后逐渐扩大合并。

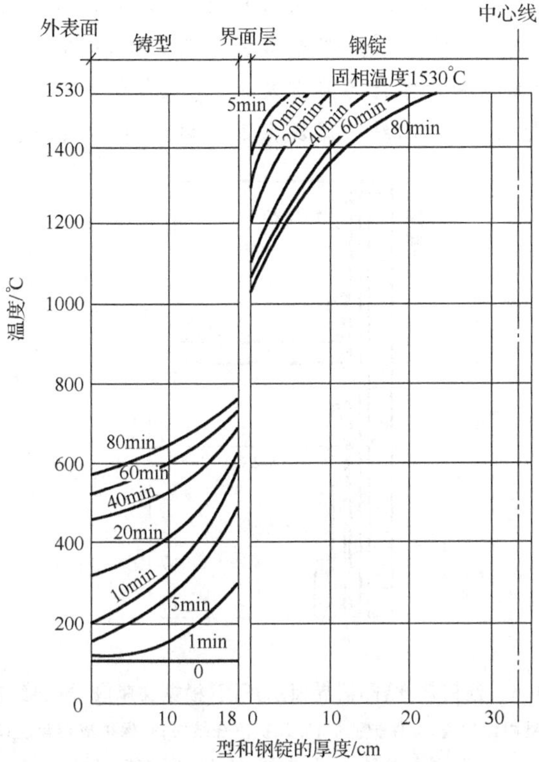

图 4.5　质量为 3t 的钢锭凝固时铸铁铸型一半高度的温度分布(从开始浇注计时的测定值,Savage 和 Fowler,1953 年)

案例 4.5　连铸坯-结晶器的界面

对连铸结晶器界面结构已经进行过相当充分的研究。综合文献资料,界面的物理模型见图 4.6。在凝壳形成以前,存在一个熔体接触区;形成凝壳后,首先形成断续接触区。随着拉坯的进行,经过高热流区后,初生坯壳进一步形成、加厚并收缩,铸坯和结晶器间隙增大,气隙区形成。热流沿结晶器高度急剧下降,在距弯月面 180～200mm 处达到稳定[8]。气隙内保护渣的分布情况比较复杂,已经提出的各模型的描述不尽相同。

另外,坯壳和结晶器之间的相对运动形成摩擦力,坯壳受摩擦力的影响而发生力的变化。结晶器内热和力学行为互相影响。结晶器传热能力和特征决定铸坯温度场、凝壳厚度及其分布,从而影响坯壳发生收缩和结晶器变形等力学行为;反之,铸坯的收缩和结晶器的变形影响两者之间的传热。因此,对结晶器内非理想情况进行准确的描述,还必须考虑结晶器摩擦力(案例 4.9)。

在实际生产过程中，存在非理想、复杂的因数，如保护渣不均匀地流入凝壳和结晶器之间的间隙，冷却水产生局部沸腾和结晶器在铸机上的安装状态等，使结晶器和铸坯发生的热学和力学行为非常复杂，并且常偏离理想状态（如温度、热流分布不对称、坯壳厚度不均匀，结晶器发生不对称变形，坯壳发生黏结等）。

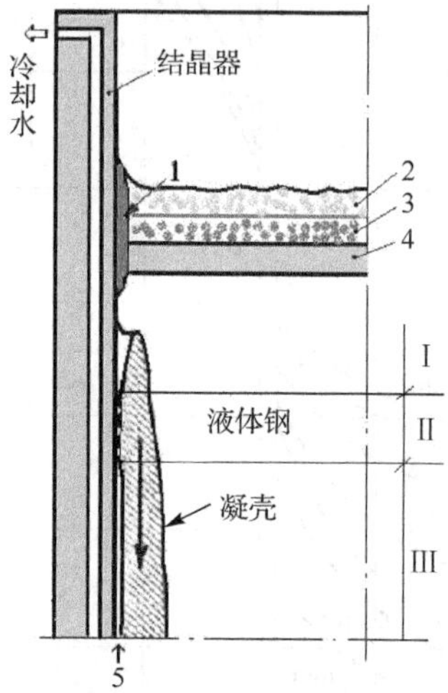

图 4.6　连铸坯-结晶器界面示意图（根据文献[8]资料绘制）

1. 边缘凝固保护渣；2. 保护渣层；3. 保护渣烧结层；4. 保护渣熔化层；5. 气隙

Ⅰ. 熔体接触区；Ⅱ. 断续接触区；Ⅲ. 气隙形成

4.3　基于热传导确定温度场的方法

熔体-铸件、铸型和环境构成一个系统。铸件的形状是各种各样的，是一个三维的传热过程。铸件和铸型的温度场随时间而变化，是一个不稳定温度场。铸件在凝固过程中，又不断地释放出凝固潜热。凝固潜热、热量散失速率和金属内部的温度场，决定了凝固速率和凝固进程。对大型和重要铸件，要了解其凝固进程，就要掌握凝固过程温度场。

铸件凝固是熔体通过铸型向环境散热的过程，以导热、对流和辐射三种方式传热。辐射传热主要发生在边界上，导热和对流是主要方式。确定铸件温度场的基本方法是用数学求解。基本途径是在实测边界条件的基础上，使用数值计算法求解温度场。已经开发的方法有两种，一是假定熔体充满铸型后即停止流动（固体化假设），基于不稳定热传导的偏微分方程求解。通过人为地加大导热系数，来补偿由于对流所增强的传热性能。二是考虑凝固过程流动求解（5.3 节和案例 5.14）。本节主要讨论前者。

4.3.1　热传导的偏微分方程

热流通过均质的各向同性的**固体**，当物理性质恒定，即密度 $\rho(\mathrm{kg/m^3})$，比热容 $c[\mathrm{kJ/(kg\cdot K)}]$和导热系数 $k[\mathrm{W/(m\cdot K)}]$为常数，不受温度影响时，其长、宽和高分别为 dx、dy 和 dz 的微元立方体的温度 T 随时间 τ 的变化为[9]

$$\frac{\partial T}{\partial \tau}=\frac{k}{\rho c}\left(\frac{\partial^2 T}{\partial x^2}+\frac{\partial^2 T}{\partial y^2}+\frac{\partial^2 T}{\partial z^2}\right)+\frac{Q'}{\rho c}=\frac{k}{\rho c}\nabla^2 T+\frac{Q'}{\rho c} \tag{4.1}$$

式中，$k/\rho c=\alpha$ 称为导温系数或热扩散系数、温度扩散系数(thermal diffusivity)，$\mathrm{m^2/s}$，被视为固体的物理性能；Q' 为单位时间内微元立方体内发生的热量。式(4.1)是根据热力学第一定律推导的。即在 $d\tau$ 时间内，进入微元体的热量和在该时间内由微元体出去的热量之差，连同微元体内发生的热量一起，用来增加微元体的内能，等于该微元体在该时间内焓的变化。式(4.1)表述一种体积热平衡，是热传导通式，用以求解给定固体内任何时刻、任一点的温度，其值受初始条件和边界条件支配。式(4.1)被称为导热微分方程或 Fourier 方程。

式(4.1)是不考虑凝固过程流动，基于热传导计算温度场的理论基础。当物体中没有热源($Q'=0$)时，Fourier 方程为

$$\frac{\partial T}{\partial \tau}=\frac{k}{\rho c}\left(\frac{\partial^2 T}{\partial x^2}+\frac{\partial^2 T}{\partial y^2}+\frac{\partial^2 T}{\partial z^2}\right)=\frac{k}{\rho c}\nabla^2 T=\alpha\nabla^2 T \tag{4.2}$$

基于不稳定热传导的偏微分方程求解凝固过程传热时，通常使用式(4.2)。在计算时对几个问题需要作出特殊处理，包括：凝固时释出潜热，物理性质恒定的假设与实际不符合，比热容 c 和导热系数 k 都是温度的函数。需要对由此带来的误差作出修正(4.3.3 节)。

4.3.2　数学分析方法求解

用数学分析方法求解温度场十分困难。由于影响因数众多，分析法求解方程(4.2)极其复杂。对形状复杂的铸件，即使可以解，也不实用。案例 4.6 就是一个求解的典型例子。这个例子与通常的实际铸件的条件相差甚远。现有的解法只能处理平壁、圆柱和球等一些形状简单的物体或理想问题。

案例 4.6　一维导热问题的数学分析解

对单方向的热传导，设 x 坐标与界面垂直，界面处为原点，$x=0$，系统内任一点温度 T 与 y、z 轴向无关，为一维导热问题(图 4.7)。式(4.2)简化为

$$\frac{\partial T}{\partial \tau} = \alpha \frac{\partial^2 T}{\partial x^2} \tag{4.3}$$

此微分方程的通解为

$$T = C + D\mathrm{erf}\left(\frac{x}{2\sqrt{\alpha\tau}}\right) \tag{4.4}$$

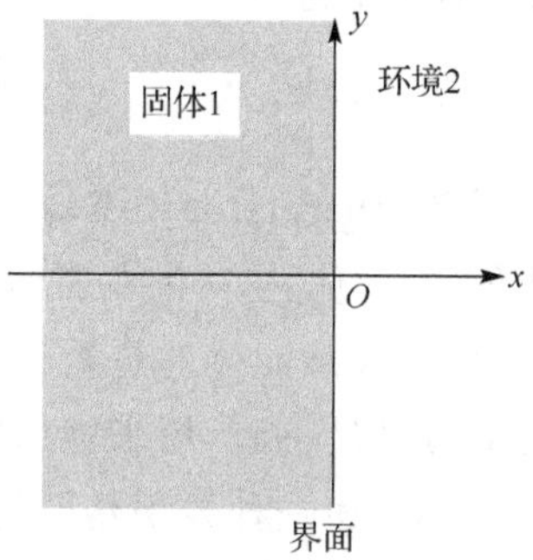

图 4.7 一维导热

式中，T 为时间为 τ 时固体内距界面为 x 处的温度；C、D 为常数，$\mathrm{erf}\left(\frac{x}{2\sqrt{\alpha\tau}}\right)$ 称为(高斯)误差函数，其值可以查函数表

$$\mathrm{erf}\left(\frac{x}{2\sqrt{\alpha\tau}}\right) = \frac{2}{\sqrt{\pi}}\int_0^{\frac{x}{2\sqrt{\alpha\tau}}} \mathrm{e}^{-\beta^2}\,\mathrm{d}\beta \tag{4.5}$$

$\mathrm{erf}(0)=0, \mathrm{erf}\ \infty=1, \mathrm{erf}\left(-\frac{x}{2\sqrt{\alpha\tau}}\right)=-\mathrm{erf}\left(\frac{x}{2\sqrt{\alpha\tau}}\right)$。

由文献[4]，计算一个具有半无限大界面的固体的温度(Carslaw 和 Jaeger，1947 年)[4]。设固体与环境的材料都是均质，α 为常数。这样的固体与外部的界面可以视为平面，或者说，所考虑的传热部分离任何棱角都足够远。界面起始的均匀温度为 T_0，在凝固开始瞬间，界面温度提高到 T_f。在时间为 τ 时，根据单值条件，与界面垂直距离为 x 的一点的温度 T 可以由式(4.6)求出

$$T = T_0 + (T_f - T_0)\left[1 - \mathrm{erf}\left(\frac{x}{2\sqrt{\alpha\tau}}\right)\right] \tag{4.6}$$

如果式(4.6)用以计算一个半无限大铸件在半无限大的铸型中冷却，命题就变得十分复杂。包括处理流体流动，铸型与铸件的分界面等问题。需要引入简化假设。假定[4,10]

(1)熔体充满铸型后即停止流动(固体化假设)，并且各处温度均匀；

(2)铸型的材料都是均质，α 为常数；

(3)铸型与铸件在分界面理想接触，在 $x=0$ 处铸件流出的热量等于铸型流入的热量，而且，界面温度在整个凝固期间保持恒定。

根据式(4.6)，以脚标 1、2 分别代表铸件和铸型，求出

$$T_1 = T_f + (T_f - T_{10})\mathrm{erf}\left(\frac{x}{2\sqrt{\alpha_1\tau}}\right) \tag{4.7}$$

$$T_2 = T_f + (T_{20} - T_f)\mathrm{erf}\left(\frac{x}{2\sqrt{\alpha_2\tau}}\right) \tag{4.8}$$

$$\frac{\partial Q}{\partial \tau} = -k_1\left(\frac{\partial T_1}{\partial x}\right)_{x=0} = -k_2\left(\frac{\partial T_2}{\partial x}\right)_{x=0} \tag{4.9}$$

$$k_1 \frac{T_f - T_{10}}{\sqrt{\pi \alpha_1 \tau}} = k_2 \frac{T_{20} - T_f}{\sqrt{\pi \alpha_2 \tau}} \tag{4.10}$$

式中，T_0为初始温度；T_f为铸型与铸件的界面温度。根据式(4.10)可以求出 T_f，再代入式(4.7)和式(4.8)，可以求出 T_1、T_2。

浇注后任一时间 τ，铸件向单位面积铸型表面传热的速率可表达为[4]

$$\frac{\partial Q}{\partial \tau} = -k_2 \left(\frac{\partial T_2}{\partial x}\right)_{x=0} \tag{4.11}$$

式中，Q 为铸型表面单位面积在时间 τ 内所吸收的总热量(等于铸件散出的热量)，取式(4.6)的微商

$$\frac{\partial Q}{\partial \tau} = \frac{k_2 (T_f - T_0)}{\sqrt{\pi \alpha_2 \tau}} = 0.564 \frac{k_2 (T_f - T_0)}{\sqrt{\alpha_2 \tau}} \tag{4.12}$$

将式(4.12)积分，时间 τ 内铸型的表面单位面积所吸收的总热量

$$Q = \sqrt{k_2 c_2 \rho_2} (T_f - T_0) \int_0^\tau \frac{0.564}{\sqrt{\tau}} d\tau = 1.128 \sqrt{k_2 c_2 \rho_2} (T_f - T_0) \sqrt{\tau} = \xi \sqrt{\tau} \tag{4.13}$$

式中，$\xi = 1.128 \sqrt{k_2 c_2 \rho_2} (T_f - T_0)$，称为**铸型常数**，是铸型激冷能力的尺度。

如果铸件以逐层方式凝固，而且在时间 τ 内凝固的厚度 D 和与铸型接触面导出的热量成比例，可以导出

$$D = K \sqrt{\tau} \tag{4.14}$$

式中，K 称为**凝固常数**，由式(4.13)和式(4.14)可以求出

$$K = \frac{2k_2 (T_f - T_0)}{[L_m + c_1 (T_p - T_L)]\rho_1 \sqrt{\pi \alpha_2}} = \frac{1.128 \sqrt{k_2 c_2 \rho_2} (T_f - T_0)}{[L_m + c_1 (T_p - T_L)]\rho_1} \tag{4.15}$$

式中，T_p为浇注温度；T_L为液相点温度。式(4.14)很重要，它表明以逐层方式凝固的平面型壁铸件，其凝固层厚度与时间呈抛物线关系。

式(4.14)在连续铸钢的凝固过程简易计算中获得了实际应用(案例 4.7)。

案例 4.7　连续铸钢机的凝固常数

连续铸钢是工艺条件稳定的大量生产过程。形状简单的铸坯在水冷金属型(结晶器)内形成足以支撑形状的凝壳后，经过直接喷水冷却，直至完全凝固。可以用数学计算法给出冷却条件和热流与坯壳厚度的函数关系。使用式(4.14)和凝固常数 K 表示的抛物线函数关系是比较简便的方法。图 4.8 是一个大方坯的例子。由图可见，除凝固开始和终结时间外，K 值在整个凝固过程可以视为常数。每一台连铸机在一定工艺条件下都有稳定的 K 值，可以方便地使用式(4.14)计算不同时间的凝固坯壳厚度 D。

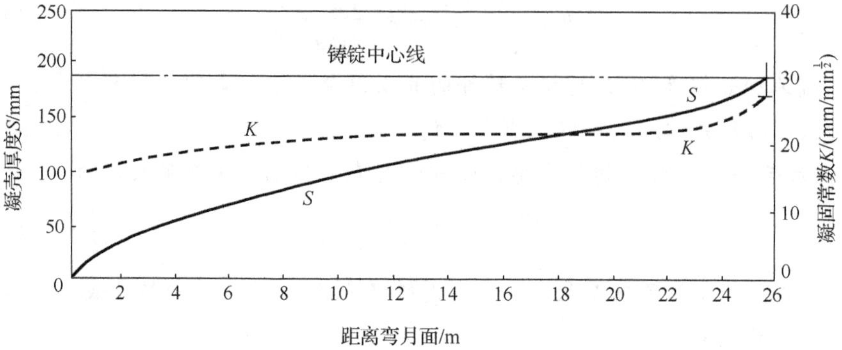

图 4.8 连续铸钢过程凝壳分布和用数学计算法导出的凝固常数 K[11]

0.45%C,铸坯断面 370mm×600mm,拉坯速率 0.5m/min

4.3.3 数值计算法求解

数值计算法是将不稳定导热过程所涉及的区域,在空间和时间上进行离散化处理,建立内节点或单元和边界节点的数值方程,然后求解线性代数方程组。根据建立数值方程的方法,可以分为有限差分法、有限元法和边界元法。边界条件由实测方法确定,并以它为根据,修正误差。

4.3.3.1 潜热的处理方法

常用的方法是等价(有效)比热容法,在凝固温度范围内,把潜热的作用附加在比热容上。因潜热释放发生的热量 $Q' = \rho L_m \dfrac{\partial g_S}{\partial \tau}$。式中,$g_S$为凝固的固相体积分数;$L_m$为凝固潜热,J/kg;$\partial g_S/\partial \tau$ 为单位时间内固相分数的增加率。由式(4.1)

$$\rho c \frac{\partial T}{\partial \tau} = k \nabla^2 T + \rho L_m \frac{\partial g_S}{\partial T} \frac{\partial T}{\partial \tau}$$

$$\rho\left(c - L_m \frac{\partial g_S}{\partial T}\right)\frac{\partial T}{\partial \tau} = k \nabla^2 T \tag{4.16}$$

取 $c_{eff} = c - L_m \dfrac{\partial g_S}{\partial T}$,式(4.16)与物体中没有热源的式(4.2)相同。c_{eff}称为等价比热容。

如果近似地认为固相的体积分数等于质量分数,就很容易对式(4.16)求数值解。但是,对凝固温度区间很小的合金,按此法处理,当通过液相线和固相线温度时,会产生显著的误差。已经开发的热焓法,即使是等温凝固的材料,也可以不出现显著误差。另一种方法是温度回升法,利用潜热的释出对产生温度的回升进行处理[7]。

4.3.3.2　分界面层的处理方法

铸型与铸件的界面层内同时存在导热、辐射和对流换热现象。准确地计算分界面层的传热十分困难，甚至是不现实的，还没有满意的方法确定界面层的热交换系数值。

通常的处理方法是依赖实测温度数据。通过对比矫正选定的传热系数(Sully，1976 年)；或通过界面两边温度梯度，确定通过界面的实际热流量(Tillman 和 Berry，1972 年)；或求解界面的热阻(Nishida 和 Matsubara，1976 年)或利用反算法(Ho 和 Pelhke，1983 年)，通过测定的铸型和铸件内部温度，来确定界面的温度、热流和传热系数[7]。

案例 4.8 提供砂型铸件温度场监测的例子。案例 4.9 提供使用数值计算法确定连续铸造钢圆坯热与力学行为的例子。

案例 4.8　大型船用螺旋桨铸件温度场的测定[12]

螺旋桨的材质为铝黄铜 ZCuZn24Al5Fe2Mn2，凝固温度范围为 939～966℃。水玻璃砂型铸造。铸件连冒口质量约 24t，轮毂高约 1700mm，四个桨叶对称分布。在轮毂上方设置圆柱形冒口，在轮毂底部浇入。充满型腔后，浇包内剩余铜液温度为 1055℃，从冒口上方补浇入熔体。

在生产条件下测定凝固和冷却过程温度场。测定数据为数值计算提供边界条件。使用直径 2mm 的铬铝-铬镍热电偶，在绝缘子外缠绕玻璃丝布。测点插入铸件表层，深度不超过加工余量[图 4.9(a)]。考虑到桨叶的对称特点，测点主要集中在一个叶片和冒口上[图 4.9(b)]，在其他叶片适当设点对比。图 4.9(c)给出 10 个测点测定的冷却曲线。

案例 4.9　圆坯连续铸钢结晶器内热与力学行为的研究

为了正确描述结晶器热状态和坯壳的真实分布，对结晶器热流进行在线检测，以此作为研究的基础。为此，在结晶器的 6 个水平面和夹角为 60°的 6 个垂直平面的交线上，设 36 个监测点，安装热流传感器(图 4.10 和图 4.11)。热流传感器的原理是在沿结晶器径向、距热面不同距离位置上安置两只热电偶，由 Fourier 热传导公式得出该位置的局部热流[13]。

监测结果显示[14,15]，在液面下 70～110mm 区域内存在热流峰值，并且对操作工艺相对敏感，包括浇注温度、拉速、碳含量等因数。当结晶器-铸坯间形成间隙后，界面显著降低结晶器的热流量(图 4.12 和图 4.13)。

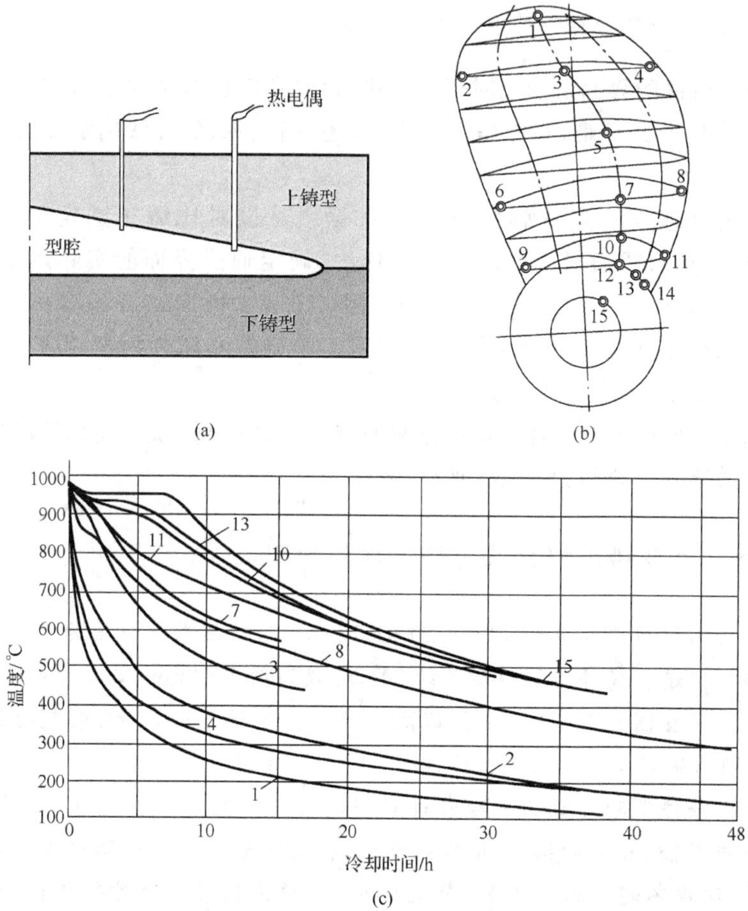

图 4.9　大型船用螺旋桨凝固过程温度场的测定(方大成、程骥、邓兆豪等,1979 年)

(a)测点插入型腔示意图;(b)在一个叶片和冒口上 15 个测点位置;(c)10 个测点测定的冷却曲线

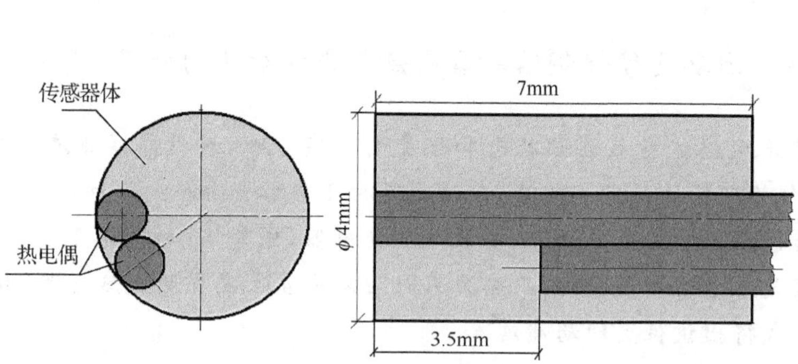

图 4.10　热流传感器(方大成、姚曼、王金成和魏勇,2005 年)

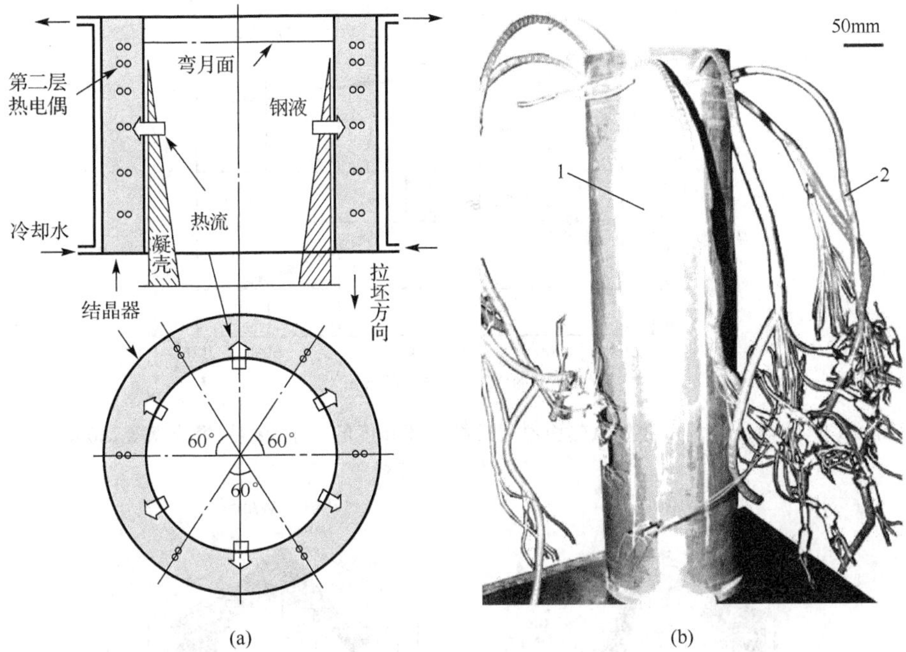

图 4.11　安装热流传感器的结晶器

(a)测点位置(“○”)示意图[14]；(b)实物照片(高 700mm)。1. 结晶器铜管；2. 热电偶组

热流沿结晶器径向分布处于频繁变化中，但根据统计观点，同一安装其分布相似，不同安装分布规律不同，表明结晶器径向的热流分布与其安装密切相关(图 4.14)。

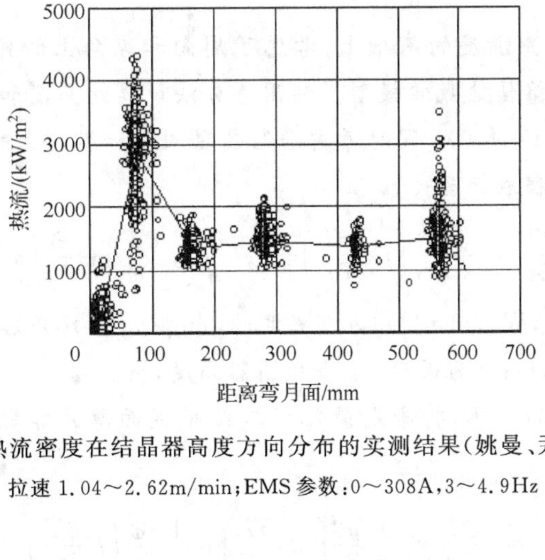

图 4.12　内弧处热流密度在结晶器高度方向分布的实测结果(姚曼、尹合壁等，2005 年)

拉速 1.04～2.62m/min；EMS 参数：0～308A，3～4.9Hz

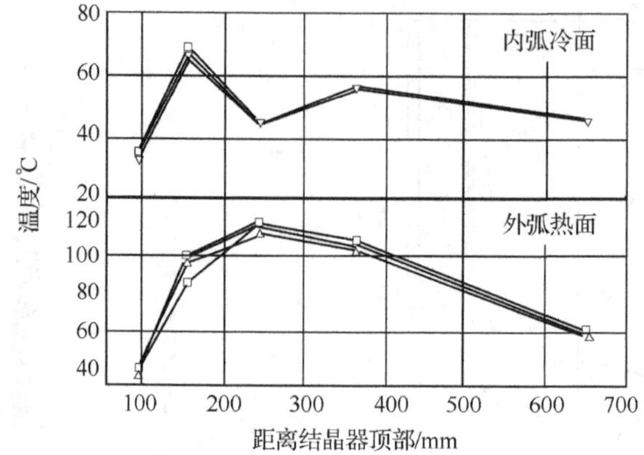

图 4.13　内弧冷面温度和外弧热面温度沿结晶器高度的分布(姚曼、尹合壁等,2005 年)

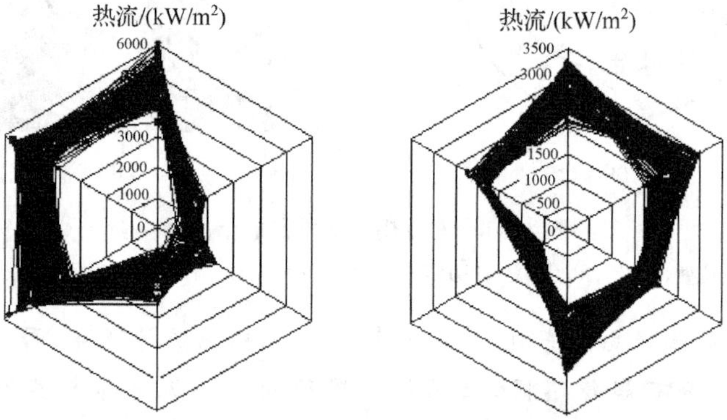

图 4.14　不同安装结晶器第二层测点处(图 4.11)热流沿径向分布(姚曼、尹合壁等,2005 年)

在生产现场检测温度的基础上,考虑了周向和纵向上的传热,分别建立二维传热数学模型和三维传热数学模型。利用差分法计算结晶器和铸坯的传热。

在圆柱坐标系 $(r,\phi,0)$,同时考虑沿结晶器周向和纵向上的传热,三维非稳态热传导的偏微分方程表示为[16]

$$\rho c_p \frac{\partial T}{\partial \tau}=\frac{1}{r}\frac{\partial}{\partial r}\left(rk\frac{\partial T}{\partial r}\right)+\frac{1}{r^2}\frac{\partial}{\partial \phi}\left(k\frac{\partial T}{\partial \phi}\right)+\frac{\partial}{\partial z}\left(k\frac{\partial T}{\partial z}\right) \tag{4.17}$$

式中,k 为导热系数,W/(m·℃);ρ 为密度,kg/m^3;c_p 为比热容,kJ/(kg·℃);t 为温度,℃;r 为半径,m;ϕ 为弧度;z 为结晶器高度,m。

忽略拉坯方向的传热,将命题简化成二维横截面薄片非稳态传热模型,导热控制方程表示为

$$\rho c_p \frac{\partial T}{\partial \tau}=\frac{1}{r}\frac{\partial}{\partial r}\left(rk\frac{\partial T}{\partial r}\right)+\frac{1}{r^2}\frac{\partial}{\partial \phi}\left(k\frac{\partial T}{\partial \phi}\right) \tag{4.18}$$

当二维薄片模型沿轴线向下移动时，通过令结晶器温度计算值和实测值之差最小化，来准确地获得结晶器温度的分布。

计算基于如下假设：

(1)结晶器的物性参数为常数；

(2)结晶器顶部和底部视为绝热，不计弯月面上部保护渣的熔化吸热；

(3)结晶器热面镀层的热阻用等效结晶器厚度来代替，用等效热阻代替结晶器内壁和铸坯表面之间复杂的热交换；

(4)结晶器冷面冷却水中无局部核沸腾出现。

结晶器传热计算时某些边界条件未知，因此为热传导反问题和传热反问题的解提供了边界热流和界面结晶器温度。通过结晶器传热计算能获得钢水传热的边界条件(界面热流)，因而钢水传热和凝固计算是一个正问题。通过调整铸坯和结晶器之间的传热系数，可以使结晶器所有监测点处，温度计算值和实测值高度吻合。由此可以认为，选用的热阻与实际值是一致的，计算获得的未监测区域的温度是可信的。这种反问题模型避免了处理铸坯和结晶器之间复杂的传热过程，降低了以热流经验公式作为边界条件计算带来的误差[17]。

使用有效比热容 c_{eff} [J/(kg·℃)]来处理潜热，模拟凝固过程。其方法就是在糊状区温度范围($T_S \leqslant T \leqslant T_L$)内，把潜热的作用施加在比热容上。糊状区有效比热容为[18]

$$c_{\mathrm{eff}} = c_p + \frac{L_m}{T_L - T_S} \tag{4.19}$$

式中，c_p 为钢的比热容，J/(kg·℃)；T_L 和 T_S 分别为液相线和固相线温度，℃；L_m 为凝固潜热，J/kg。

在处理完全液态区和糊状区钢水的时候，通过加大导热系数，可以补偿由于对流所增强的传热性能。钢水液相线温度以上的整个温度区域内($T \geqslant T_L$)，有效导热系数 k_{eff1} 取[16]

$$k_{\mathrm{eff1}} = k_c k \tag{4.20}$$

式中，k_c 为对流放大因子，常取为 5～10；k 为固体导热系数，W/(m·℃)；T 为温度，℃。在糊状区内($T_S < T < T_L$)，对流增强的导热系数 k_{eff2} 主要取决于树枝状晶体的形成率。一个二次逼近可以通过下式描述[19]

$$k_{\mathrm{eff2}} = k\left[1 + (k_c - 1)\left(\frac{T - T_S}{T_L - T_S}\right)^2\right] \tag{4.21}$$

计算获得系统的温度场，用以处理圆坯的凝固问题。例如，某一工艺条件下的坯壳厚度(图 4.15)等[17]。

全面了解结晶器过程必须建立热力学耦合数学模型，已经研究并进一步建立了力学模型，该模型考虑了结晶器锥度、钢水静压力和摩擦力的影响，并完全耦合

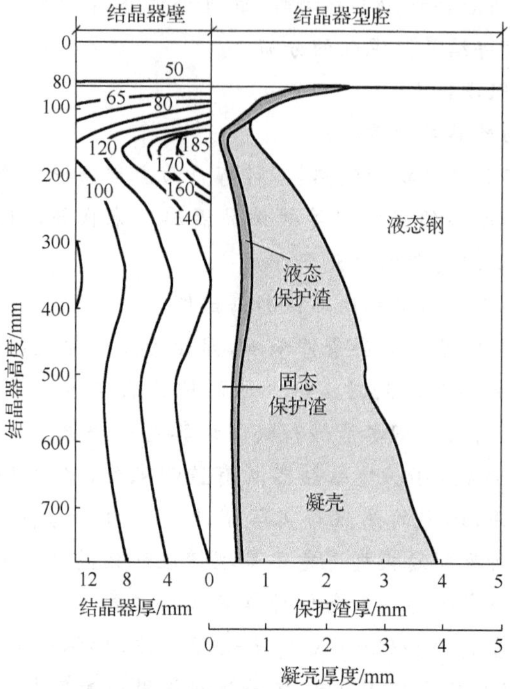

图 4.15 计算预测结晶器内等温线和沿高度坯壳与渣厚度分布图(尹合壁、姚曼、方大成,2006 年)
拉坯速率 2.0m/min,浇注温度 1528℃,弯月面高 80mm,凝固温度范围使用工业规范数据

结晶器(铸坯之间的接触状态和结晶器)铸坯的应力、变形。计算结果获得摩擦力场、铸坯的实际应力状态,以及铸坯-结晶器之间所存在的物质状态。把温度场输入力学模型,进行力及结晶器传热和坯壳厚度的分布及其影响因素等相关计算[20]。

4.4 Chvorinov 法则

这是一项著名的研究工作[21]。使用类似一维散热条件下的推导方法[式(4.14)],提出铸件的凝固时间 θ(从液态金属充满型腔后至凝固完毕需要的时间),可以用下式计算(Chvorinov,1940 年)

$$\theta = \frac{1}{K^2}\left(\frac{V}{A}\right)^2 \tag{4.22}$$

式中,K 为凝固常数;V 为铸件体积;A 为铸件表面积。式(4.22)被称为 Chvorinov 法则。

支持这一结论的基础是实验,其中包括一些文献数据。研究了从厚 10mm 的板到质量为 65t 简单形状的铸件的中心处冷却曲线，作出了 τ-V/A 的对数图(图 4.16)，证明式(4.22)是正确的[22]。

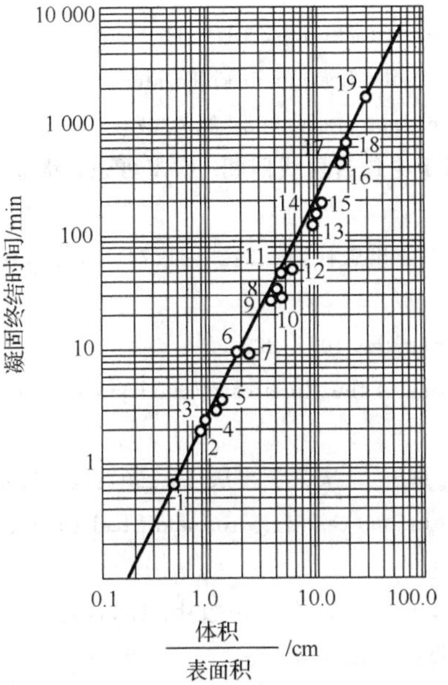

序　号	形状尺寸
1	10mm×400mm×400mm 板
2	30mm×400mm×400mm 板中 20mm×150mm×150mm 肋条，距离内浇口 50mm
3	同上铸件，距离内浇口 100mm
4	ϕ50mm 圆棒中部
5	30mm×400mm×400mm 带肋条的板
6	50mm×400mm×400mm 板
7	ϕ153mm 球
8	ϕ150mm×800mm 圆柱
9	80mm×400mm×600mm 板
10	ϕ229mm 球
11	100mm×800mm×800mm 板
12	ϕ250mm×800mm 圆柱
13	ϕ400mm×800mm 圆柱
14	200mm×1500mm×1800mm 板
15	200mm×1800mm×2400mm 板
16	350mm×1800mm×2400mm 板
17	环形铸件
18	环形铸件的环形冒口
19	重 65t 床板

图 4.16　铸钢件形状和凝固时间的关系(Chvorinov，1940 年)

对式(4.22)的正确性进行过验证(表 4.1)，表明对简单形体的铸件，式(4.22)是近似正确的。凝固常数 K 可以使用式(4.15)计算，Pellini 认为有±15%的精确度[4]。在不需要很精确时，它是很有用的方法。

表 4.1　几种合金铸件测定的凝固终结时间

材　质	铸件形状	铸件体积/铸件表面积	凝固终结时间/min	凝固常数 $K/(\mathrm{cm/min^{1/2}})$	研究作者
白口铸铁 2.50%C 1.10%Si	厚 19～51mm 板	0.7～1.3	4～11.4	0.33～0.38	Schwartz 和 Beck，1951 年(源自文献[4])
Al-4%Cu	ϕ50～120mm 圆柱	1～2.5	9～51	0.31～0.36	Ruddle，1950 年(源自文献[4])
Al-30%Cu		1～2.5	10～68	0.31～0.32	
铸钢 干砂型	ϕ132mm 球	2.85	7.2	1.06	Briggs，1946 年(源自文献[22])
	ϕ108mm 高 204mm 圆柱	2.38	4.7	1.1	
	193mm×193mm×219mm 立方体	2.11	3.6	1.11	
	57mm×160mm×200mm 板	1.78	2.7	1.08	
	35.5mm×258mm×200mm 板	1.3	1.5	1.06	

参 考 文 献

[1] Jernkontorel. A Guide to the Solidification of Steels. Stockholm, 1977:11.

[2] Kohn A. Autoradiographic study of the process of solidification in killed steel ingots: The solidification of metals. London:The Iron and Steel Institute, 1968: 356-362.

[3] Дриц M E, Свидерская З A, Каданер Э C. 金属学中的自射线照相. 欧阳可强, 路宝华, 译. 北京:中国工业出版社. 1965:27.

[4] Ruddle R W. 铸件的凝固. 党刚, 译. 北京:中国工业出版社, 1963:23, 61, 74-75, 125, 161, 203-205.

[5] Beeley P R. Foundry Technology. London:Butterworths, 1972:82.

[6] Brandt F A, Bishop H F, Pellini W S. Transactions of the American Foundrymen's Society, 1954, 62:646.

[7] 陈海清, 李华基, 曹阳. 铸件凝固过程数值模拟. 重庆:重庆大学出版社, 1991:76-77, 92.

[8] Szekeres E S. Overview of mold oscillation in continuous casting. Iron and Steel Engineer, 1996, 6:29-37.

[9] Eckert E R G, Drake R M. 传热与传质. 徐明德, 译. 北京:科学出版社, 1965:31.

[10] 李庆春. 铸件形成理论基础. 北京:机械工业出版社, 1982:55-57.

[11] Wolf M. 现代连铸理论与实践. 北京:中国金属学会连续铸钢学会, 1986:13-14.

[12] 方大成, 刘广飞, 李福全, 等. 大型螺旋桨凝固过程温度场的测定及分析. 铸造, 1979, 2:39-41.

[13] 方大成, 姚曼, 王金成, 等. 一种多点热电偶传感器及其安装方法: 中国, ZL 03143933.0. 2005-01-26.

[14] Yao M, Yin H, Wang J C, et al. Development of experimental system studying the effects of electromagnetic stirring on the mold heat transfer. Metallurgical and Materials Transactions B, 2005, 36B:475-478.

[15] Yao M, Yin H, Wang J C, et al. Monitoring and analysis of local mould thermal behavior in the continuous casting of round billet. Ironmaking and Steelmaking, 2005, 32(4): 359-368.

[16] Lally B, Biegler L, Henein H. Finite difference heat transfer modeling for continuous casting. Metallurgical Transactions, 1990, 21B:761-770.

[17] Yin H, Yao M, Fang D C. 3-D Inverse problem continuous mold for thermal behavior of mould process based on the temperature measurements in plant trial. ISIJ International, 2006, 46:539-545.

[18] ThomasB G, Samarasekera I V, Brimacombe J K. Comparison of numerical modeling techniques for complex, two-dimensional, transient heat conduction problems. Metallurgical Transactions B, 1984, 15B:307-318.

[19] Thomas B G, Samarasekera I V, Brimacombe J K. Mathematical model of the thermal processing of steel ingot. Metallurgical Transactions, 1987, 18B:119.

[20] Yin H, Yao M, Zhan H Y, et al. 3D Stress model with friction in and of mould for round billet continuous casting. ISIJ International, 2006, 46:546-552.

[21] Chvorinov N. Theorie der erstarrung von gusstücken. Die Giesserei, 1940, 27:177, 201,222.

[22] Нехедзи Ю. Стальное Литье. Москва:Металлугиздат,1948:37.

第5章 凝固过程液相的流动现象

本章讨论与凝固过程有关的三类流动现象，包括颗粒在熔体中的沉浮、充型过程和凝固过程液相流动。

熔体的流动，是在多维空间中发生的非稳态输送过程。凝固过程流动是一种具有糊状区液固相变的、非线性、多变量对流传输问题，它的数学模型和求解方法十分复杂。因此，它的研究方法一直分为实验和数值计算两个分支，它们之间是相辅相成的。

本章包括流动现象和数学描述两个方面。重点放在帮助读者建立物理概念和说明用数学阐明熔体流动的方法。具体的方程式请参考列出的有关文献与著作。

5.1 熔体中的颗粒、气泡和液滴

5.1.1 单个颗粒在液相中的运动

在重力场中，在密度差的驱动下，熔体中的颗粒、气泡、液滴和先凝固小晶体将会沉降或上浮。利用这一过程，可以排除气泡和杂质。但组分或异质核的运动，将导致凝固后组织和成分不均匀，这种因为密度差异引起的现象称为**重力偏析**(gravity segregation)。为了控制这种现象，需要计算其运动速率。

在一定条件下，形状规则的固体颗粒在流体中的稳定运动，可以通过求解Navier-Stokes方程，计算颗粒周围的速率分布。讨论的物理现象比较复杂，影响因素众多，比较简单的方法是采取基于实验的关系式，来估算作用于运动颗粒上的力。Rayleigh建议用**阻力系数**(drag coefficient)和**雷诺数**(Reynolds number)的函数关系表达颗粒的稳定运动。目前已经进行过大量的实验，确定了各种形状颗粒运动的这种函数关系(图5.1)[1]。

在这里，无因次量阻力系数C和雷诺数Re的定义分别为

$$C=\frac{2F}{\rho AV^2} \tag{5.1}$$

式中，F为作用在颗粒上的阻力(摩擦力)，N；A为颗粒在垂直于运动方向的平面上的投影面积，m^2；V为颗粒对流体的相对速率，m/s，即颗粒在流体中的速率；ρ为熔体密度，kg/m^3。

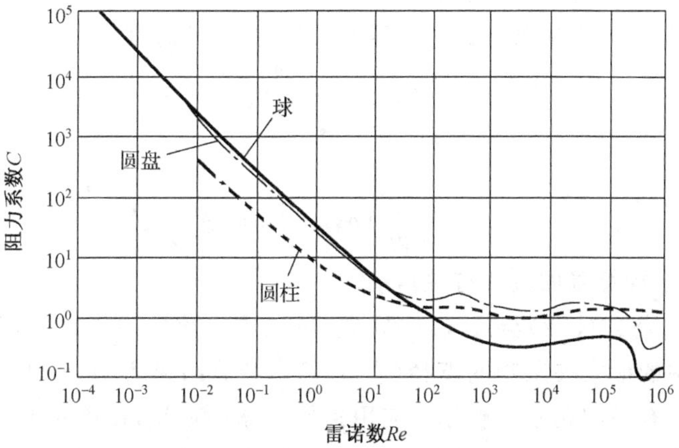

图 5.1　球、圆盘和圆柱形颗粒的阻力系数与雷诺数的实验关系(Lapple 和 Shepherd,1940 年)

$$Re = \frac{dV\rho}{\mu} \tag{5.2}$$

式中,d 为颗粒的直径,通常定义为相当于面积 A 的直径,m;μ 为熔体的黏度系数,$N \cdot s/m^2$。由于影响流动模式的重要线尺寸 d 是颗粒直径,有文献将这种雷诺数称为颗粒雷诺数[2]。对于一定的研究对象,ρ、d、μ 为常数,雷诺数和流体与颗粒的相对速率成正比。

根据图 5.1,在悬浮物体周围流体的流动可以划分为三个区域:**层流**(streamline)、过渡状态(intermediate)和**紊流**(turbulent)。在低雷诺数区域,悬浮物体周围存在层流或黏性流(viscous flow),对于球状和圆盘状颗粒,阻力系数可以近似表达为

$$C = \frac{k}{Re} \tag{5.3}$$

对球状颗粒,$k=24$。设 r 为颗粒半径,颗粒的投影面积为 $A=\pi r^2$,将 A 值和式(5.3)代入式(5.1),可得球形颗粒阻力

$$F = 6\pi r V\mu \tag{5.4}$$

这就是著名的**斯托克斯**(Stokes)**公式**,Stokes 于 1851 年通过解 Navier-Stokes 方程得到这一结果。

根据图 5.1 可以确定,流动缓慢的层流区的范围是 $10^{-3}<Re<2$,这个区域被称为**缓慢流动区**或**斯托克斯定律区**[2]。

Stokes 公式的一个重要应用就是计算沉降(上浮)速率。

一个颗粒在流体中开始沉降(上浮),它会逐渐加速,直到引起运动的体积力(通常为重力)与阻碍运动的阻力达到平衡时为止。对静止流体,从达到平衡时

起，沉浮速率就为常数，这一速率称为**沉降(上浮)终速**。令作用于颗粒上的重力与阻力相等，就可以求出其值。对于球形颗粒达到稳态，有

$$F=\frac{4}{3}\pi r^3(\rho_{颗粒}-\rho_{熔体})g=6\pi rV\mu$$

即

$$V=\frac{2r^2}{9\mu}(\rho_{颗粒}-\rho_{熔体})g \tag{5.5}$$

式(5.5)被用于计算凝固过程有关运动。

令 $Re=2$，将式(5.2)与式(5.5)联立，可以求出熔体内可以使用 Stokes 公式计算运动速率的最大夹杂物的直径(表 5.1)。结算结果表明，Stokes 公式对处理凝固过程中的有关问题基本够用。应用条件为球形颗粒，在静止或无紊流的均匀速度场的流体内稳定运动。其限制条件常未被严格遵守，得到的精确度一般可以满足要求(案例 5.1)。

表 5.1 熔体内可以使用 Stokes 公式计算运动速率的最大夹杂物的尺寸

材　料	颗粒密度 $\rho_{颗粒}/(kg/m^3)$	熔体密度 $\rho_{熔体}/(kg/m^3)$[3]	熔体黏度 $\mu/(N\cdot s/m^2)$[3]	最大夹杂物的直径/μm
钢	2700[2]	7100[1]	0.0055[1]	152
	5400 (MnO，1550℃)[3]	7000(1550℃)	0.0049 (1550℃)	198
纯铝	3970 (Al_2O_3，20℃)[4]	2315 (900℃)	0.0014 (800℃)	123
	4000 (Al_2O_3，780℃)[3]	2400 (780℃)	0.00106(780℃)	103
纯铜	6000 (Cu_2O，20℃)[4]	7930 (1080℃)	0.00341(1145℃)	140
纯锌	5470 (ZnO，20℃)[4]	6920 (419.5℃)	0.00224 (600℃)	122

应用 Stokes 公式计算运动速率后，应当核算 Re 数。如果 $Re>2$，表明 Stokes 公式不能应用，应当改用图 5.1 其他区域计算运动速率。对球状颗粒，从图 5.1 有[1,2]

过渡区：$2\leqslant Re\leqslant 500$

$$C\approx\frac{18.5}{Re^{0.6}} \tag{5.6}$$

当 $500\leqslant Re\leqslant 2\times10^5$ 时，阻力近似为常数，$C\approx0.44$，称为**牛顿定律区**。

案例 5.1　钢液内夹杂物上浮速率计算

钢液脱氧时，取 $\rho_{颗粒}=2.7\times10^3 kg/m^3$，$\rho_{熔体}=7.1\times10^3 kg/m^3$，$\mu=0.0055Pa\cdot s$，用硅脱氧的产物平均半径为 2.2～12.35$\mu m$，假定为球形，使用式(5.5)计算的平均上浮速率为 0.5 ～15.6mm/min。再用式(5.2)求雷诺数，其最大值为 3.4×10^{-2}，流动处于缓慢流动区，式(5.5)适用。根据上浮速率和钢水包深度，可以算出钢液需要的静置时间。

计算结果与实测结果相当符合(图 5.2)[5]。

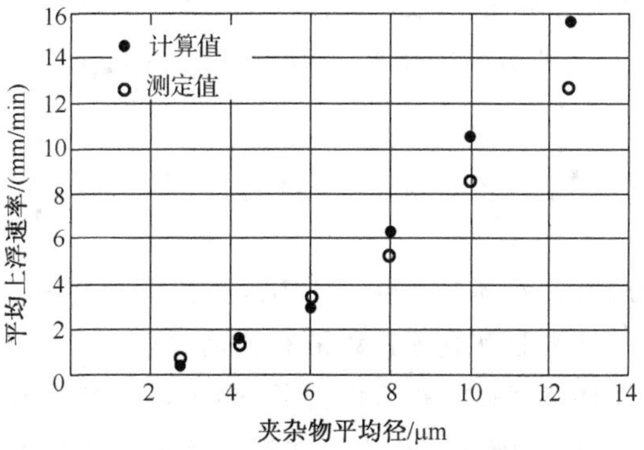

图 5.2　用硅脱氧的钢液内脱氧产物的上浮速率(包沃劳茨基)

5.1.2　气泡和液滴在液相中的运动[2]

上浮过程中,气泡在力的作用下,由于静压头不断下降,气泡将逐渐膨胀。金属密度大,即使上升距离不大,膨胀也很明显。例如,在自由表面为 1atm,气泡从深度为 1.4m 的铁水上升到表面,其体积将增大一倍,如果熔体处于真空系统中,则气泡的膨胀更显著。

计算雷诺数 Re 时,相应式(5.2)中 d 为气泡直径(m)。研究确认,很小的气泡,$Re<2$,气泡呈球形,其行为与刚性球相似。单个颗粒在液相中的沉降(上浮)终速的计算方法也适用于分析尺寸不变的气泡和液滴在液相中的运动。将颗粒直径和密度改为气泡值,式(5.5)适用于计算其上浮终速。

液滴的行为与气泡类似,相应式中 d 为液滴直径(m)。当尺寸很小,$Re\ll 1$ 时,可以视为刚性颗粒,其上升速率可以用 Stokes 公式[式(5.5)]计算。当液滴尺寸较大时,液滴内部会产生环流,液滴行为偏离刚性球行为,其上升速率将比用 Stokes 公式计算值大。

与讨论颗粒运动时相同,相应的雷诺数也被称为气泡或液滴雷诺数。

5.2　凝固过程液相流动现象

从开始将熔体浇注入铸型到凝固结束,存在充型过程流动、凝固过程对流和补缩流动三种流动现象。

流动问题的研究从开始就与实用问题紧密相连系。充型和补缩问题(7.2 节)都有悠久的历史,已经积累了丰富的实践经验。从 20 世纪中叶开始,已经确认流动在两个方面对凝固组织产生重要的影响。一是微观组织的形貌，这个问题将在6.3.4节讨论。二是成分分布，导致凝固组织内部产生宏观的化学成分不均匀现象（称为**宏观偏析**）。这种**冶金缺陷**常导致凝固产品报废，或者成为事故的隐患，因而备受关注。

5.2.1 驱动力

液体流动称为**对流**。液体受力引起流动，其他部位将补充流体，因而过程是连续不断的。存在三种力驱动凝固过程液相流动。

(1)**重力**：熔体与环境间存在很大的温差，熔体内必然存在温度梯度。除纯金属外，凝固过程的溶质再分配使液相内存在浓度梯度。温度和浓度两种梯度联合作用，在液相内部形成**密度梯度**。在重力场条件下，它将驱使流体产生称为**自然对流**(natural convection)的流动，这是难以避免的。对先凝固区域产生空间进行补缩流动时，重力起重要作用。

(2)**外力**：熔体被外力驱动流动称为**强迫对流**(forced convection)。普遍存在的驱动力是固相收缩产生的作用力，它是补缩流动的驱动力之一。电场和磁场产生的电磁力也是最常见的例子。它们有时是伴随工艺方法形成的，如**电渣重熔**(electroslag remelting)工艺的密集电流会产生磁场引起搅动，这种附加作用是有益的，它改进了铸锭组织[6]。电磁搅拌已经成为一种先进工艺，安装专用装置以强迫液相在凝固过程流动(6.5.3.2节)。

(3)**界面张力**：当熔体内气、液、固相界面存在界面张力梯度，液体界面上的切应力将引起称为**界面张力流**或**热毛细对流**的流动[7]。当界面张力梯度是非稳定时，在界面会产生局部的旋涡，通常称为**界面紊流**，由于极大地增强两相间的传质，它在实际应用上十分重要。对黏性流体的**层流**流动与界面紊流都进行过实验与数学模型研究[2]。界面张力是温度和成分的函数，温度和成分梯度是产生界面张力梯度的主要原因。任何界面张力的变化，都将影响液体的流动。在一定条件下，如当液体表面相对其体积足够大时，界面张力差引起的力可能超过密度差引起的力，界面张力可能严重地影响液体运动的状态[7]。

5.2.2 凝固过程液相对流现象

本节通过10个有代表性的案例，帮助读者理解凝固过程液相流动现象的表现、形成与本质，以及流动对形成宏观偏析的决定性影响。

5.2.2.1 垂直单向凝固过程糊状区的局部对流流动

在凝固过程形成的两相共存的**糊状区**(mushy zone)内，在一定的条件下，会形成局部的对流流动。这是凝固过程流动的一种重要形态。凝固后，富集溶质的局部流道形成偏析条带，因此被称为**通道偏析**(channel segregates)。这是一种宏观偏析缺陷。

首先采用实验方法对运动状态比较简单的垂直单向凝固进行深入探讨[8,9]，获得的成果对部分凝固系(糊状区)内液相流动的研究起了推动作用。在盐-水系实验中直接观察糊状区内局部流动的形成，探讨其形成条件(案例 5.2)，以此作为金属铸件的模拟，证实通道偏析条带是局部流动通道凝固后的产物。

在垂直单向凝固铸件和真空自耗电极铸锭垂直的断面内，通道偏析形态为一些小直径的、近似平行于重力方向、断面近似圆形的条带(案例 5.3)。它们的直径约为枝晶间距的 10 倍，长度可达 1m，如图 5.4 和图 5.5 所示，由于在横断面上的形状而被称为称为**斑点**(freckle)缺陷。将未凝固的液相倾出，可以看到在凝固前沿(固-液界面)存在小洞，如图 5.5(c)所示，说明条带内液相熔点比较低，富集溶质元素。例如，在 Ni 基合金锭中，富集了 C、Al、Ti、Nb、B、Zr 和 Si 等[10]。

案例 5.2　垂直单向凝固过程糊状区局部对流形成机制的研究[11]

在有机玻璃铸型内，利用液氮激冷纯铜铸型底部，用 30% NH_4Cl-H_2O 溶液模拟熔体[图 5.3(a)]，形成垂直单向凝固铸锭。NH_4Cl-H_2O 系相图见图 5.3(b)。氯化铵首先凝固，水被排出。凝固过程温度场被热电偶组监测。用 $KMnO_4$ 染色显示流动。使用摄像机和光纤深孔投影仪观察并记录流动和斑点的形成过程，研究它的形成条件。

浇注后，系统由液相区、两相(糊状)区和固相区三个区域组成。沿凝固方向温度 T、密度 ρ 和浓度 C 的分布见图 5.3(c)，形成向上生长的氯化铵柱状晶组织，如图 5.3(d)所示。由于底部激冷，温度由上向下逐渐降低，在液相区，由温度梯度产生的密度梯度由上向下逐渐加大，重力不会驱动液相流动。在糊状区，水富集造成浓度梯度。温度和浓度梯度的联合作用在糊状区内形成了密度倒置现象。在浮力驱动下，糊状区密度较小的液体将上升，产生自然对流运动。在一定的条件下，将形成从枝晶间上升的局部对流流动，其表现是在液相区形成称为**烟雨**(plume)的局部上升流和糊状区内的局部流道(channel)，流动方向大体与向上生长的枝状晶一次臂平行。由于流动冲刷减少凝固前沿的溶质富集，有利的生长条件在凝固前沿形成像火山口的环形峰状氯化铵枝状晶，如图 5.3(d)所示。凝固后的流道形成如案例 5.3 所示斑点缺陷，因它是流道，并且富集溶质而被称为通道偏析。

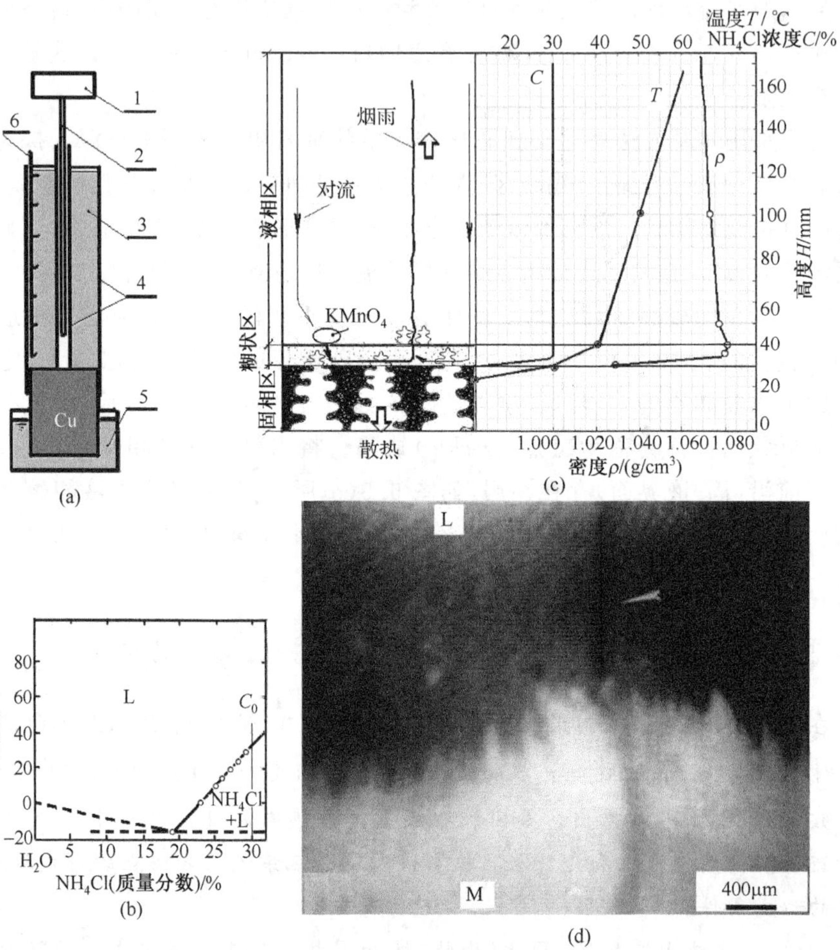

图 5.3　研究斑点形成的盐-水系模拟实验(方大成,1985 年)

(a)装置示意图(1. 摄像机,2. 光纤深孔投影仪,3. 30%NH_4Cl-H_2O 溶液,4. 有机玻璃铸型,5. 液氮,6. 热电偶组);(b)NH_4Cl-H_2O 平衡图[8];(c)斑点形成时沿凝固方向温度 T、密度 ρ 和浓度 C 的分布;(d)用 $KMnO_4$ 染色显示的液相区内的烟雨(箭头示)和糊状区内的局部流道

案例 5.3　垂直单向凝固铸件的斑点缺陷

图 5.4 所示为镍基 Mar-M200 超级合金单晶铸锭外表面的斑点缺陷,斑点缺陷的条带通常出现在铸件表面[12]。图 5.5 所示为由下向上垂直单向凝固 Pb-10Sn 合金铸锭内的斑点缺陷,条纹内富集溶质元素 Sn[11,13]。铅锡合金锭是作为高温合金的模拟材料进行研究的。

图 5.4　镍基 Mar-M200 超级合金斑点缺陷(浸蚀后,VerSnyder 和 Shank,1970 年)
(a)直径 100mm 单晶铸锭外表面;(b)缺陷条纹纵向放大

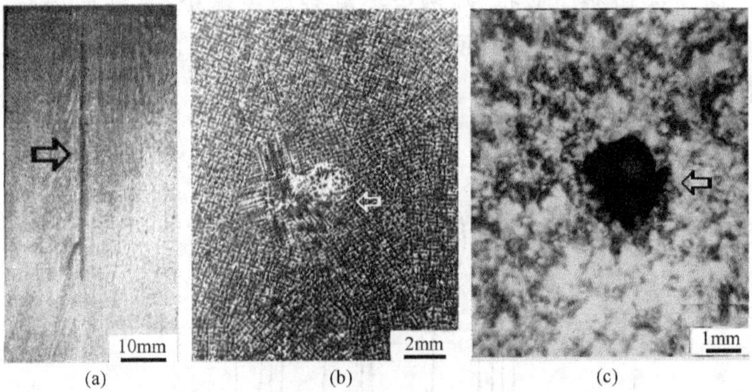

图 5.5　由下向上垂直单向凝固铅锡合金铸锭内的斑点缺陷(箭头示)
(a)铸造位置的纵剖面(Pb-10Sn),条纹内富集溶质元素 Sn(Sarazin 和 Hellawell,1988 年);(b)横剖面(Pb-20Sn),十字形为富 Pb 相的初次枝状晶,基体是共晶相(Sarazin 和 Hellawell,1988 年);(c)倾出未凝固液相后的凝固前沿,箭头示斑点的条形空洞(Pb-5Sn,沈厚发和方大成,1991 年)

5.2.2.2　三维散热凝固过程糊状区的局部对流流动

在三维散热条件下,液相对流形态比单向凝固复杂。使用放射性同位素自射线照相技术进行实测,研究结果见案例 5.4。

与单向凝固研究方法(案例 5.2)相同,在盐-水系和 Pb-Sn 系凝固实验中,直接观察三维散热条件下糊状区内局部流动的形成,探讨其形成条件,以此模拟大型钢锭。研究证实两相共存的糊状区内,同样形成局部对流,实验观察到局部流道的出口和局部流动通道凝固后的 A 形偏析条带(案例 5.5)。

通道偏析条带的形态特征与图 5.4 和图 5.5 所示斑点缺陷相同,纵向断面为近似圆形的条带内部富集密度较小的溶质元素(案例 5.5 和案例 6.2),但流道向中部倾斜。凝固后的通道呈 A 形，因而称为 A(型)偏析(A-segregates)。它们存在于大型钢锭的柱状晶区中，条带内富集 S、P、C 等。这种**宏观偏析**是凝固过程形成的缺陷。条带的力学性能极差，其影响在锻造过程中难以消除，成为材料中的隐患。长期以来，一直是困扰冶金学界的难题。

案例 5.4　钢锭凝固过程液相对流模式测定[14]

充填过程的扰动终结以后，凝固时液相区存在对流。图 5.6(b)是利用放射性同位素示踪剂技术，显示钢锭凝固 1min、7min、20min 和 80min 时的环流流动方向，图 5.6(a)显示测定的相应的固-液界面。在凝固的不同时期，有一个主环流，液相沿着固-液界面向下运动，然后转向中心，再沿中心上升。在这个主环流的下部，存在一个小量液体、与主环流方向相反、相对缓慢的环流倾向[图 5.6(b)中用虚线表示]。随着凝固界面的推移，两个环流都逐渐缩小，下部的小环流逐渐形成一个倾角。图 5.6 显示的是断面图，设想旋转此断面 360°，能够获得扭曲的、闭合的环流和固-液界面的立体形态。

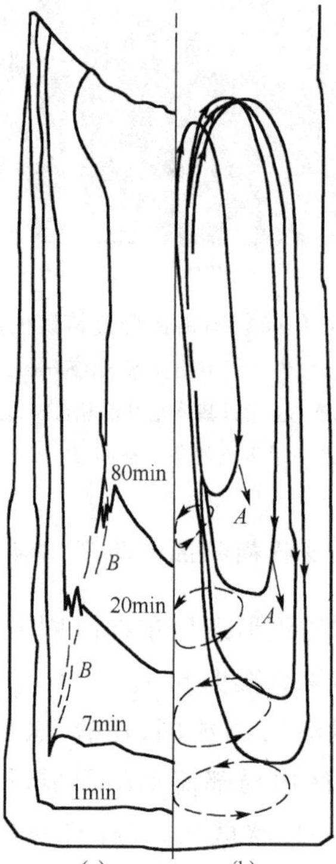

图 5.6　使用放射性同位素自射线照相技术显示钢锭凝固进程与对流(Andrews 和 Gomer，1968 年)
(a)凝固四个时期固-液界面；(b)相应的液相对流流动模式

图 5.6(b)中，箭头 *A* 表示磷化物从主环流脱落沉积的方向。下部小环流也倾向把杂质推向固-液界面。两个作用叠加，在钢锭下部形成杂质富集的圆锥形环带[图 5.6(a)中 *B* 处]。凝固 80min 起，下部固-液界面形成倒圆锥形，界面上的杂质在断面上将形成 V 形带状分布，与称为 V 偏析的钢锭缺陷形式相符合。

案例 5.5　三维散热凝固过程糊状区局部对流的实验观察[15]

在 30%NH_4Cl-H_2O 溶液圆柱形铸锭中，观察了三维散热糊状区内局部对流的形成机制。实验方法与案例 5.2 相同。凝固过程热流方向与大钢锭相似，糊状区的固相是柱状晶，向中部液相区推进(图 5.7)。

在糊状区，水富集形成浓度梯度。在温度和浓度梯度的联合作用下，糊状区内形成了**密度倒置现象**。密度差驱动流动，在糊状区形成局部流道，方向与柱状晶一次臂近似垂直。在糊状区顶部，观察到局部流道出口。与单向凝固相同，在流道出口晶体生长相对比较快。但流动速率比较缓慢，没有明显形成像火山口的环形峰状氯化铵枝状晶，也观察不到明显的烟雨。铸锭凝固后，局部流道形成偏析条带。

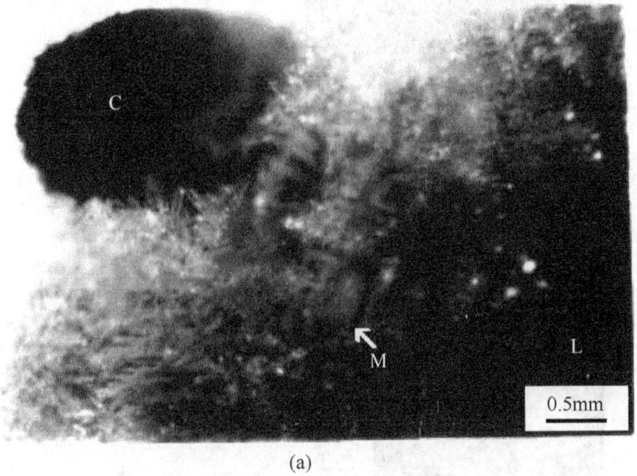

(a)

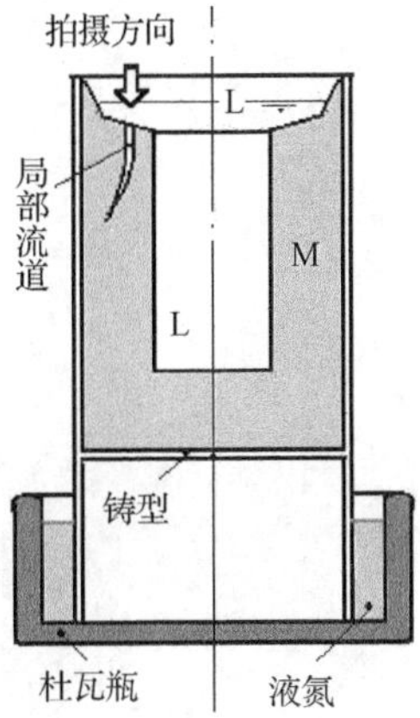

(b)

图 5.7　三维散热 30%NH_4Cl-H_2O 铸锭上部，从液相(L)顶部俯视糊状区(M)
(a)局部流道出口(C)照片；(b)实验装置示意图和拍摄方向(方大成，1985 年)

案例 5.6　三维散热铸锭的 A 型偏析

在大型钢锭中，A 型偏析是常见缺陷(图 5.8)[16]。

研究 Pb-5%Sn 圆柱形铸锭，在铸锭中部尚未凝固时，使用整个铸型急冷的方法保留 Pb-Sn 锭的凝固过程。观察到在柱状晶区流道形成的 A 偏析条带，它的出口与液相区是相连的(图 5.9)[15],流道中心轴线向中心液相区倾斜。铅锡系是作为钢的模拟材料进行研究的。

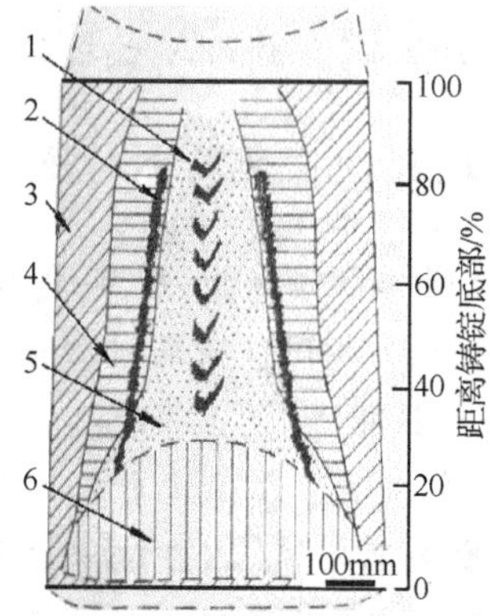

图 5.8　质量为 15t 的 1.5%Mn 钢锭的组织与 A(2)、V(1)型偏析示意图(Moore 和 Shah,1983 年)

3. 柱状晶;4. 分支柱状晶;5. 中心等轴晶;6. 底部混合晶区

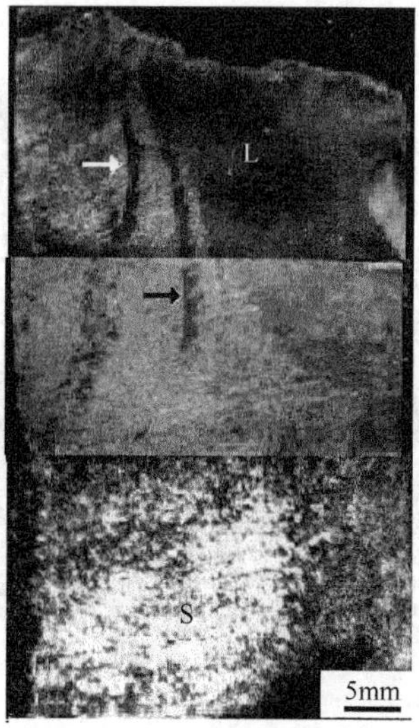

图 5.9　Pb-5%Sn 圆柱锭 A 偏析缺陷(箭头示),1/2 纵剖面(张涛和方大成,1987 年)

5.2.2.3　固相收缩驱动的液相流动

当表层金属凝固或枝晶相连构成连续的骨架时,铸件就开始线收缩。线收缩对中部最后凝固的液相产生压力,驱动液相流动并渗入先凝固枝状晶间的自由空间。如果熔体溶解有气体,析出气体的压力起同样作用。铸铁凝固时,共晶石墨化的膨胀也会产生这种挤压力。

这种流动有利于补缩作用。但是,如果表层有空隙或薄弱部位,内部溶质富集的液相可能被迫渗出表面,使表面出现与溶质再分配规律相反的局部成分分布不均匀现象,形成被称为**逆偏析**(inverse segregation)的缺陷(案例 5.7)。这种挤压机制已经被实验验证[17]。

结晶温度范围越宽,枝状晶越发达,两相区越宽,在压力下,富集低熔点溶质的液相越容易沿枝晶间隙向外移动。相反,形成逆偏析的倾向越小。这已经成为减少逆偏析的基本准则。

图 5.10 所示为这种流动的机制,液相在固相收缩力(如箭头示)驱动下,进入枝晶间空隙,并且渗入表面气孔,形成固相小颗粒,这种缺陷被称为**渗豆**,或被挤出已凝固的表面(图 5.11)。凝固后组织具有等轴晶形态。

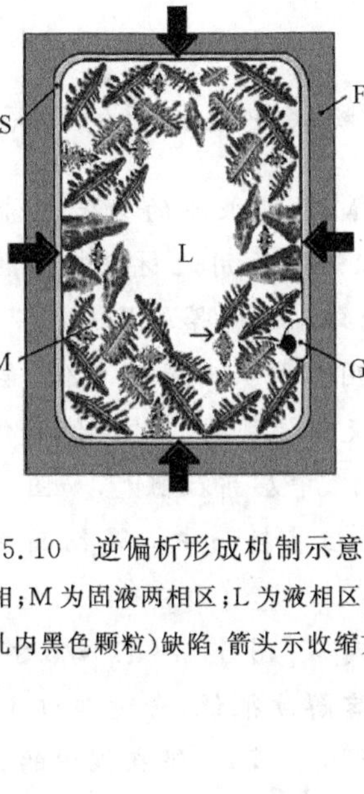

图 5.10　逆偏析形成机制示意图

F 为铸型;S 为固相;M 为固液两相区;L 为液相区;G 为气孔与渗豆(气孔内黑色颗粒)缺陷,箭头示收缩方向

案例 5.7　逆偏析举例

逆偏析通常以渗出物形式出现在不与铸型接触的自由表面,包括裸露的上表面、离心铸管的内壁和内部或外部气孔等孔洞壁。在早期凝固区域形成的缩孔中,也会出现此种现象。按糊状方式凝固的合金,如锡青铜,容易形成这种缺陷。

渗出物外形近似球面的金属凸起(图 5.11)或类似小豆(图 5.10),称为**外渗物**或**渗豆**。渗出物的特征是化学成分与铸件本体不一致,如 14%Sn 锡青铜渗豆富锡(含 23%Sn),称为**锡汗**,含 1.59%P 的铸铁渗豆富磷(含 2.51%P,磷化物渗豆)[18]。锡和磷在合金中的溶质分配系数 $k<1$,表面金属先凝固,本应该锡或磷的浓度较低,因此都是逆偏析,是后凝固的液相从后凝固区域被压出表面。

图 5.11 在铸件表面上的外渗物缺陷[19]

5.2.2.4 特殊案例

案例 5.8 大型铝黄铜螺旋桨中铁偏析的研究[20,21]

铝黄铜 ZCuZn24Al5Fe2Mn2 有很高的力学性能，铸造性能良好，在空气、淡水和海水中耐蚀性较好，可以焊接。用此材料制造的小型船用螺旋桨表现良好，在砂型铸造条件下，组织为均匀细小的等轴晶。

此材料用于制造大型船用螺旋桨时表现欠佳，船舶运行时出现过断桨事故。大型桨是在铸态组织条件下交付使用的。对铸件本体解剖后，发现在桨叶比较厚的断面的表层与中心晶粒细小，中层晶粒粗大，如图 5.12(a)所示。加工切除表层后，形成工作表面是低性能的粗晶粒而中心是细晶粒的反常结构，如图 5.12(b)所示。

晶粒直径与含铁量相互对应[图 5.12(d)]，低于 1.74%Fe 时，晶粒尺寸开始明显地变粗大。铁在铜中的溶解度很低，含量超过 1%即在液相中率先析出富铁相，通过包晶反应细化晶粒(3.6.2 节)。铁在铜中的分布，不仅受溶质再分配规律控制，富铁相在液相中的运动也对其有重要的影响。

对大型螺旋桨的凝固与偏析进行过大量的解剖分析和实验室研究[20,21]，确定铁的分布特点是上浮和在后凝固区域富集。以图 5.12(a)、(b)为例，凝固前富铁相的上浮导致最上部富铁，表层凝固后，固-液界面从中层向中心推进，铁向后凝固区域富集导致中层缺铁，中心富铁。分析表明，铁在后凝区富集的程度远大于上浮。

凝固前富铁相的尺寸为 1～80μm(案例 3.38)。铁的上浮量受上浮时间和富铁相的形貌与尺寸两个因素控制。上浮时间与凝固速率有关，富集量与上浮时间呈非线性关系。液态下长期保温，富铁相枝晶发达将阻碍流动，铁的上浮量反而减少。

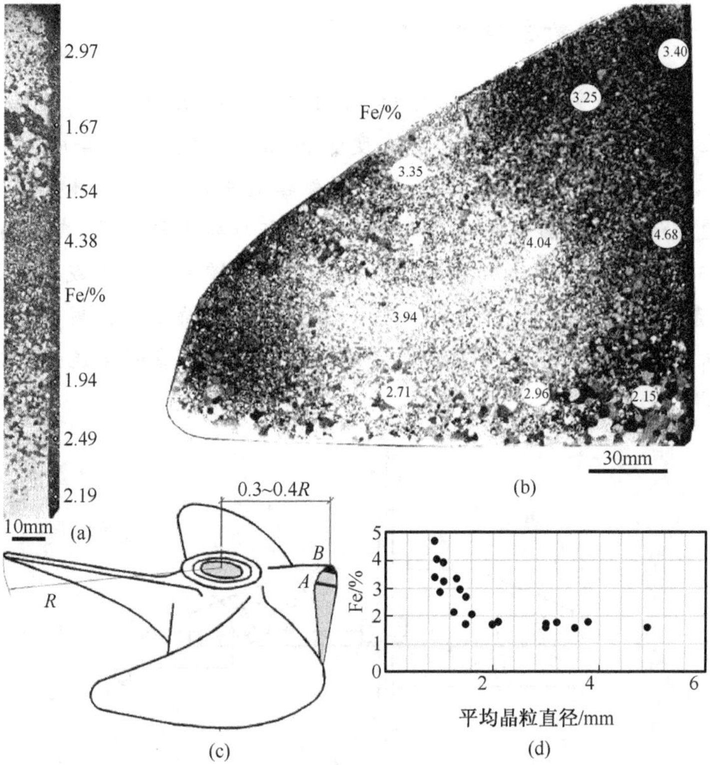

图 5.12　铝黄铜 ZCuZn24Al5Fe2Mn2 大型船用螺旋桨内铁的分布与晶粒形貌(方大成、程骥等,1980 年)

(a)铸态(加工前);(b)铸态(加工后,表明取样分析点含铁量);(c) 螺旋桨铸造时的位置与图(a)、图(b)取样位置(对应图中 A、B);(d) 含铁量与平均晶粒直径间关系(测定值)

另外,液相内部的密度差和已经凝固的固相的收缩将驱动糊状区和液相区内的液相流动,富铁相将随液体流动移动。

合金元素的密度(ρ)都小于铜,其分配系数小于 1。凝固导致液相浓度 C 增大,而 $d\rho/dC<0$,糊状区内液相有上升流动的驱动力。固相的收缩会驱使液相流出糊状区。糊状区内液相的流动使富铁相进入温度较高的液相区,形成铁在后凝固区域富集。基于对两个试样的电子探针相成分半定量分析结果[22],计算出富铁相的密度为 7.638g/cm^3,β 相为 8.112 g/cm^3。由于富铁相与母液密度差比较小,对流作用将超过上浮作用,这就导致铁在后凝固区域富集的倾向大于上浮。

在实验室测试了几种成分的含铁铝黄铜和铝青铜,发现铁都有不同程度的偏析倾向。ZCuZn24Al5Fe2Mn2 表现最差,含镍铝青铜表现最好。

案例 5.9 In-Sb 合金在超重力条件下凝固[23]

研究了 In-Sb 合金熔体的区域重熔，熔池高 3～5mm，长 9～11mm。将铸型置于离心机上(图 5.13)，熔体在重力加速度 g 和离心加速度 a_c 的合成加速度 a 作用下凝固，离心机附加强制对流。调整离心机旋转速率，可以使熔体获得不同的、超过重力加速度的**超重力凝固**条件。这些合金在重力场中凝固时，自然对流导致形成条纹状偏析缺陷。研究确定，对流随重力增加而增加。在合成加速度 $a=16g$ 时，不存在条纹状偏析缺陷；在 $a=27g$ 时，条纹状偏析缺陷又出现；在 $a=29g$ 时，条纹状偏析缺陷又消失。表明在超重力条件下，会出现重新层流化的准稳态，浮力对流由紊流转为层流。

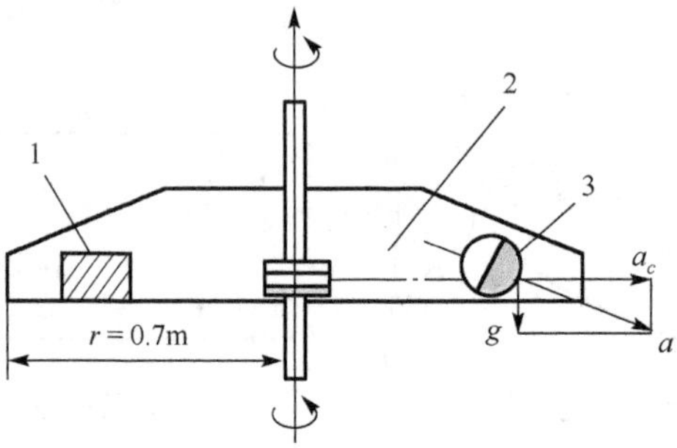

图 5.13 获得超重力加速度的离心机示意图(Muller 和 Neumann，1982 年)

1. 平衡重；2. 离心机体；3. 熔体；a_c 为离心加速度；g 为重力加速度；a 为合成加速度

案例 5.10 Zn-Bi 合金在微重力条件下凝固[24]

利用火箭、飞机、落管、空间站，研究微重力条件下的凝固。在微重力条件下，受重力影响的浮力作用、热对流现象都减弱或者消失。在重力场内凝固的合金，自然对流导致形成偏析。在微重力条件下，不存在静压力，界面张力流占主导地位，凝固过程溶质再分配由扩散控制。有理由期待，可以避免在地面凝固过程产生的熔体内沉浮和偏析现象，从而可以获得第二相分布均匀的材料。

最早研究项目之一是存在一个互不相溶的液相区的偏晶系材料。在金属中，Zn-Pb，Zn-Bi 都是偏晶系，首先被研究。

研究的 Zn-Bi 系成分处于偏晶点(689K，Bi 的摩尔分数为 0.005 或 1.9%Bi)和互不溶区最高点(873K，Bi 的摩尔分数为 0.17 或 38%Bi)之间[图 5.14(a)]。在空间微重力和地面重力对比条件下，研究了含 8%Bi 和 24%Bi 的两种不同合金。实验用圆柱形试样直径为 6mm，高为 5mm。试样被熔化，过热到超过互不溶区，然后以不同速率冷却。

图 5.14(b)所示为在空间微重力条件下，Zn-8%Bi 合金凝固组织。富 Bi 颗粒不均匀地分布在 Zn 基体上，一些区域几乎没有颗粒，在左角，大颗粒则很多。相对于地面条件[图 5.14(c)]，富 Bi 颗粒相的尺寸有些粗化[图 5.14(d)]，颗粒分布比较均匀，但未达到预期的效果。另外，部分试样表面被含 24%Bi 的富 Bi 相层包围，这可能是由在残留的重力影响下，Bi 的沉积形成的。

图 5.14(c)所示为在地面条件下，Zn-8%Bi 合金凝固组织。合金加热与冷却规范与图 5.14(b)完全相同。由于冷却过程富 Bi 液滴的沉降，观察到 Bi 严重偏析。

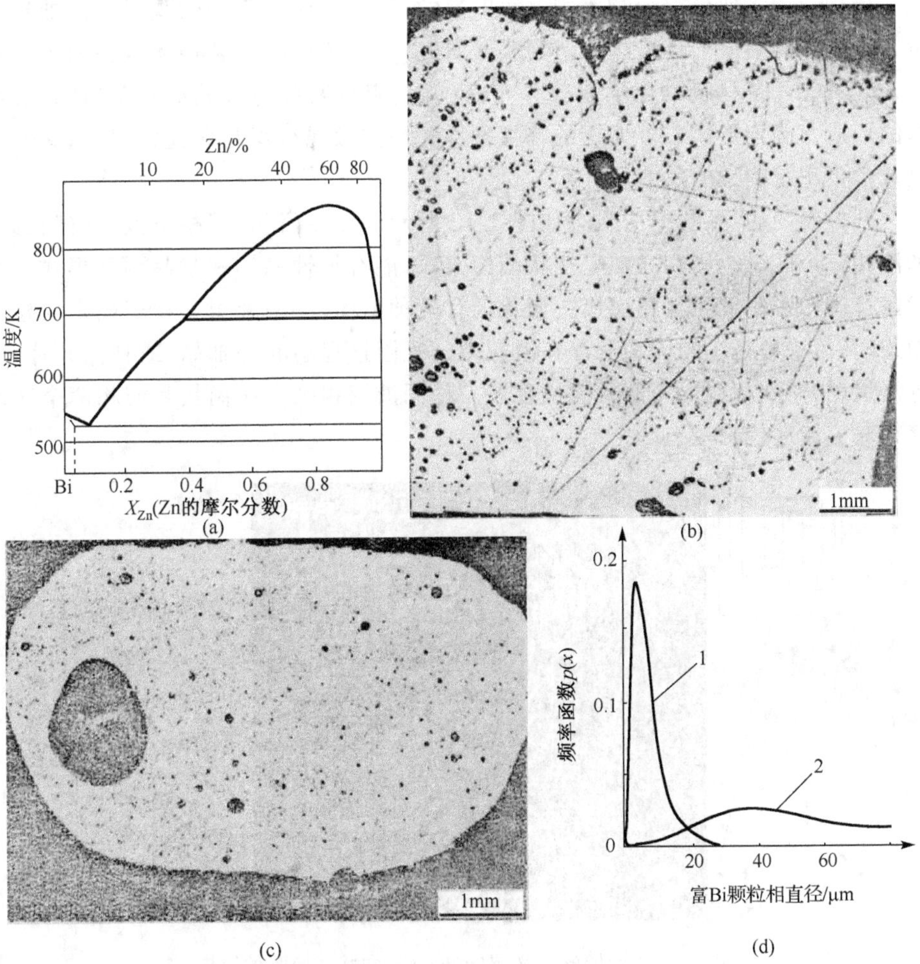

图 5.14　Zn-8%Bi 合金，凝固组织为富 Bi 颗粒不均匀分布在 Zn 基体上(Carlberg 和 Fredriksson，1980 年)

试样横断面，通过互不相溶液相区的冷却速率约为 3.6K/s。(a)Zn-Bi 相图；(b)空间微重力条件下；(c)地球重力场条件下；(d)富 Bi 相的尺寸分布。1.地球重力场条件下，2.空间微重力条件下对 Zn-Pb 系的研究得到类似结果，两个液相分布比较均匀，颗粒相粗化。这种现象被试图用表面张力引起的界面紊流(Marangoni convection)或其他的界面现象解释。

微重力条件对结晶组织的影响参看案例 6.5。

5.3 用数学描述凝固过程流体流动的方法

描述一个多成分混合物凝固过程的数学模型，需要在一个微观尺度内处理质量、动量、热和溶质的传输现象。与实验研究一样，流动的数学描述也在两个方面深入开展。一是材料的化学成分分布，也就是宏观偏析的形成机制，二是微观组织的形成。确定形成宏观偏析的临界条件和预测微观组织是研究的目的，又是检验数学模型正确性的尺度。

开始凝固后，系统内的状态如图 5.15 所示。存在固相、固相＋液相(糊状区)和液相三个区域。固相通常呈枝状晶构架，可能有等轴晶和柱状晶两种形式。糊状区与固相区和液相区相连接。糊状区有两种结构，一是液相存在于固定的枝晶构架间，另一种是小的固相悬浮在液相中。凝固过程小的等轴晶(或枝晶碎片)的沉浮运动，使液相区内局部可能出现后一种固液两相区。在糊状和液相两个区内存在对流流动(箭头示)。

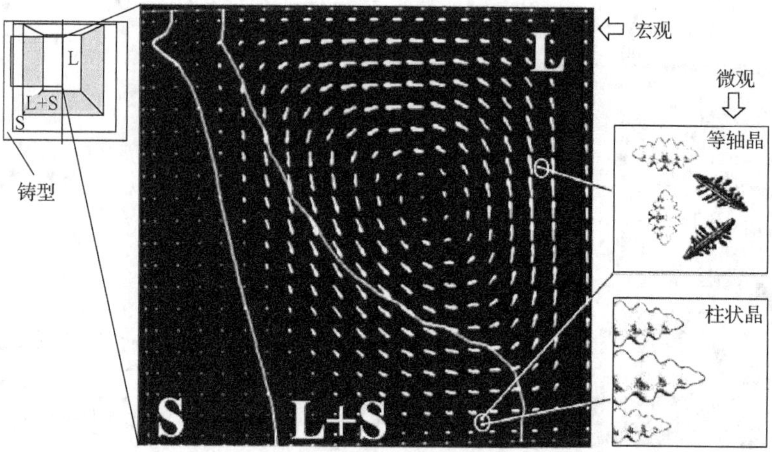

图 5.15　问题的定义域(domain)，糊状区的两种结构

S 为固相；L 为液相

凝固进程中，溶质在系统内重新再分配。扩散传输使溶质从枝晶生长前沿的微观区域排入糊状区，热溶质对流携带被排出的溶质在糊状区和液相区内再分配。

数学描述方法的两个紧密相连的基本问题是如何描述糊状区和如何建立守恒方程。

5.3.1　糊状区的处理

糊状区内枝晶间液体成分、两相的质量分数和界面形状是热流、成分和时间的函数，并且受随机因数的影响。为推导动量守恒方程，在处理相间相互作用力（驱动力）和糊状区的流动速率关系时，须要考虑多相区的形貌，对此已经提出多种处理方法。

5.3.1.1　达西定律

由于极其复杂的界面几何形状和不稳定的界面结构，数学描述十分困难。求解的一个方法是把糊状区的物理模型视为**多孔介质**[25]。采用滤流理论的达西定律，即用于处理液体在不变形多孔介质内流动问题的滤流阻力定律。达西定律确定，滤流中流速 V 与压力梯度 P 成直线关系。

$$V = KP \tag{5.7}$$

K 称为**滤流系数**，或**渗透率**（permeability），它反映介质对流动的阻力[26]。假设通过微元的枝晶间流动符合达西定律，这样就确立了糊状区内的力与速度的数学关系。

但是，与滤流不同，糊状区孔隙的体积分数随着固相的体积分数连续地变化，每个孔的尺寸取决于固相的体积分数与结构（如枝晶臂间距），是温度和成分梯度的函数。研究表明[26]，达西定律只能表示一些限定条件下的流动情况，因此有局限性。它在下列条件下是正确的：

(1)缓慢流动，也就是枝晶间液体的平均质量流速（枝晶间液体的宏观流速）趋近于零；

(2)稳定流；

(3)液相体积分数是均匀的，并且是常数；

(4)液-液间相互作用力是可忽略的。

5.3.1.2　采用体积平均方法（volume-averaging technique）

物理模型是把糊状区视为由相互穿插的固-液两相组成的系统[27]。基于微观的守恒方程求得体积平均方程。此法比基于实验的达西定律更具普遍意义，适用于任意的固液体积分数，为建立适用于各个区域的单区（single region）模型的方程奠定基础[27,28]。在实际应用时，假定上述（5.3.1.1 节）简化条件成立，应用达西定律求解动量方程仍然是基本途径。

5.3.1.3 渗透率 K

宏观动量守恒方程将渗透率 K 直接和枝晶微观形貌联系起来[29]，是现在使用的基本方法。渗透率张量是枝晶间隙的尺寸（局部凝固速率，液相体积分数和一、二次枝晶臂间距）、形状和方向的函数，其方向是未知的，单位是 m^2，取值是需要研究的问题。为了求得 K 值，需要简化，根据枝晶结构引入新的假设。经验数据仍然是主要方法（案例 5.11）。已经查明，糊状区内液体流动的计算值强烈依赖于柱状晶结构渗透率的选取[30]，因此 K 是必须妥善处理的因素。

对等轴晶（细晶粒），可以假定是各向同性，单独使用渗透率的倒数（也就是一级传导系数）就足以度量阻力。对柱状晶，需要用两个系数，即渗透率的倒数和一个二级阻力系数来度量。例如，在图 5.15 所示简化条件下，需要与一次轴平行和垂直两个渗透率。这两个系数都是经验值[27]。一个称为 Blake-Kozeny 方程[31]的经验式经常被使用。

案例 5.11 渗透率经验值的选取

1）Blake-Kozeny 方程[31]

Blake-Kozeny 方程是文献中渗透率常用的经验式：

$$K = K_0 \frac{g_L^3}{(1-g_L)^2} \tag{5.8}$$

式中，K_0 为常数，取决于糊状区结构；g_L 为液相体积分数，当枝晶臂间距为 100μm 时，$K_0=5.556\times10^{-11}\,m^2$。在计算 NH_4Cl-H_2O 凝固时，根据实验数据[13]，枝晶臂间距为 32μm，取 $K_0=5.556\times10^{-12}$。

2）实验数据回归分析[30]

讨论底部激冷单向凝固过程中，形成柱状晶时渗透率 K 的选择。合金为 Pb-10%Sn。K 为各向异性。在二维条件下，有垂直和平行柱状枝晶两个分量 K_x 和 K_z。

K_x：垂直流过柱状晶。实验测定其一次枝晶臂间距 $d=300\mu m$[13]

$$K_x = 7.08\times10^{-16} d^{2.08} g_L^{3.32} \tag{5.9}$$

这是对 $144\leqslant d\leqslant 420$ 和 $0.19\leqslant g_L\leqslant 0.66$ 范围的实验进行数据回归分析后获得的经验式，g_L 为液相体积分数。

当 $g_L>0.66$ 时，取

$$K_x = d^2\left[a_0 + a_1\left(\frac{g_L}{1-g_L}\right)^{\frac{1}{4}}\right] \tag{5.10}$$

式中，$a_0 = -5.955\ 449 \times 10^{-2}$，$a_1 = 5.652\ 925 \times 10^{-2}$。这式和系数是根据缓慢流过圆柱体的正方形和三角形阵列，在 $0.6 \leqslant g_L < 0.95$ 和 $0.95 \leqslant g_L < 0.99$ 条件下，对有关数据进行线性回归后折中的结果。

K_z：平行流过柱状晶，取

$$K_z = 3.75 \times 10^{-4} d^2 g_L^2 \tag{5.11}$$

这是对 $28 \leqslant d \leqslant 420$ 和 $0.17 \leqslant g_L \leqslant 0.61$ 范围的实验进行分析后获得的经验式。$g_L > 0.61$ 没有实验数据，使用平行流过一次晶的 K 值实验式

$$K_z = ad^2\left[\ln(1-g_L)^{-1} - b + 2(1-g_L) - \frac{(1-g_L)^2}{2}\right] \tag{5.12}$$

式中，a、b 为常数，取决于圆柱体的阵列。当取正方形和三角形阵列的平均值时，$a = 0.074\ 25$，$b = 1.487$。

5.3.2　守恒方程

自然对流和界面张力流的共同点是流动直接与流体中发生的化学和物理过程，如传热和传质有关，即流动的作用力既与流动本身有关，又与其他传输过程有关，从而使其数学表达十分复杂。

流体流动问题必须满足质量和动量守恒。凝固过程流动同时发生传热、传质和相变，还必须满足能量和溶质守恒。数学描述的基本方法就是使用守恒原理建立的微分方程组描述流体流动。通过求解这些方程预测凝固过程流动与宏观偏析的形成。

流体通过 $\Delta x \Delta y \Delta z$ 微元流动。在 x、y、z 轴的方向，截面积×流速×流体密度＝质量流量。描述质量守恒的方程称为连续方程。压力对熔体的密度影响较小，可以将密度简化为只是温度和成分的函数。微元上的质量守恒，用文字可以表达为

在单位时间内

$$\text{流进的质量} - \text{流出的质量} = \text{质量的积累} \tag{5.13}$$

同样原理，建立溶质守恒方程和基于焓(enthalpy)的能量守恒方程[28]。

流体在整体运动时可以传递动量，称为动量的对流传递。动量还可以由作用在微元上的应力张量分量(正应力和剪应力)来传递。描述微分形式的动量守恒，用文字可以表达为矢量关系式[2]：

在单位时间内

$$\text{流进微元的动量} - \text{流出微元的动量} + \text{作用在微元上的合力} = \text{微元动量的累积} \tag{5.14}$$

可以在微观尺度内建立精确的守恒方程。

5.3.3　数学模型的建立

由于系统内极其复杂的界面几何形状和不稳定的界面结构(图 5.15)，求解一个微观尺度内的精确的守恒方程是不现实的。必须经过适当的处理和简化，基于

精确的微观方程,建立传输现象的宏观方程(数学模型)。到1990年,已提出8种不同的动量守恒方程的表达形式[27],我们需要研究其中最优的方程式。本节介绍其中有代表性的几种数学模型。

5.3.3.1 多区模型(multiple domain model)

早期的工作使用这类模型。它们对每一相应用独立的守恒方程,然后通过适当的边界条件把它们联系起来。这种方法的主要困难是求解过程中需要不断跟踪区域边界的变化。在一般情况下,相界面与时间和空间的函数关系并不清楚,这就要求必须引入界面形状的简化假设和增加数值计算的困难[29]。案例5.12是早期著名的一项研究。

案例5.12 计算枝晶间流动速率[32]

目的是提出计算糊状区的流动速率 V 的方法。考虑的驱动力包括凝固时固-液两相的收缩和密度差(体积变化和重力)。为了简化,假定:

(1)是平衡凝固过程,液体成分和温度关系符合相图的液相线;

(2)忽略扩散,质量和溶质进出微元只受流动影响,固相内也无扩散;

(3)在任何时间内,微元内固相分数都正好是该处的平均值;微元两侧液体成分和温度只有微分地变化;

(4)固相致密,无空洞,密度为常数;

(5)把固-液区视为多孔介质,通过微元的枝晶间流动符合达西定律。

当流动通过糊状区微元时,应当满足总质量守恒方程、溶质守恒方程和达西定律,从而得到凝固时糊状区内压力分布的表达式

$$\left[\nabla\cdot\frac{\rho_L K}{\mu}(\nabla P+\rho_L \boldsymbol{g}_r)\right]\cdot\frac{\nabla T}{\varepsilon}=(\rho_L-\rho_S)\frac{\partial g_L}{\partial\tau}\frac{\nabla T}{\varepsilon}+g_L\nabla p_L \tag{5.15}$$

在糊状区,达西定律表达式为

$$\boldsymbol{V}=-\frac{K}{\mu g_L}(\nabla P-\rho_L\boldsymbol{g}_r) \tag{5.16}$$

式中,μ 为枝晶间液体黏度;K 为渗透率;P 为压力;$\boldsymbol{g}_r$ 为由于重力产生的加速度;ρ_L 为液体密度;ρ_S 为固体密度;g_L 为液体体积分数;T 为温度;ε 为温度变化速率。由此,可以计算流动速度 $\boldsymbol{V}$。

5.3.3.2 单区一相模型(single domain one-phase model)

1. 连续模型(continuum model)[29]

根据传统的混合物理论(classical mixture theory),基于下列原理建立连续模型:

(1)如果各混合物组成部分(component)的相互关系得到适当处理,可以把它们视为彼此独立的次系统(subsystem);

(2)混合物的所有性质都是各组成部分性质的数学后承(mathematical consequences);

(3)控制混合物性质的方程同控制各组成部分性质的方程相似;

(4)把固-液区视为多孔介质,使用达西定律。

基于以上假设,相被假定为连续体内性质或种类不同的、可分离的、独立的组成部分。一个相代表一个物理结构均匀、由一个或多个组元(constituent)组成的物质。一个组元代表一个基本化学元素或者化合物。相内各组元常是不能分离的,因为它们相互间只存在一个原子层次的紧密边界(不存在界面层)。使用术语**相元素**(phase element)代表宏观的相的聚集块,如液体夹杂物或晶粒。

由 α 组元和 k 相组成的系统被视为**连续统一体**(continuum)。在连续体内任何位置能够同时被所有组元和所有相占据(图 5.16)。这时将糊状区视为一个重叠的连续体[27]。k 相速度 $\boldsymbol{v}_k$ 为组成 k 相的各组元 α 的绝对速度 $\boldsymbol{v}_k^\alpha$ 的平均值。组元 α 的扩散速度

$$\text{扩散速度} = \boldsymbol{v}_k^\alpha - \boldsymbol{v}_k \tag{5.17}$$

在多相混合物任意的确定的控制体内,对相 k 建立质量、动量、能量和溶质守恒方程,使积累、由于流动和扩散导致的净输出和相应量的增量(volumetric source term)保持平衡。控制体体积要大于一个相元素的尺寸。通过相的守恒方程求和,导出连续体的守恒方程。

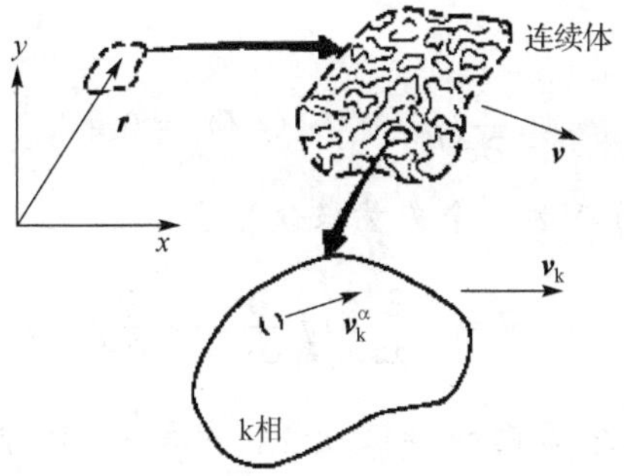

图 5.16　图形表示一个多相多组元连续体(Bennon 和 Incropera,1987 年)

$\boldsymbol{v}$ 为平均质量混合物速度;$\boldsymbol{v}_k$ 为 k 相速度;$\boldsymbol{v}_k^\alpha$为 k 相内 α 组元速度

连续模型的优点是:

(1)允许使用一套方程和同样的**计算框架**(framework),去处理凝固系统内所有区域,包括固液两相区(多相、多组元相变系统)和固相区、液相区(单相)问题;

(2)不必跟踪相界；

(3)能很好地适应伴随凝固出现的潜热的释放和吸收等连续现象。

此模型是基于经典的混合物理论，将微观描述传输行为与半经验定律(达西定律)相结合的方法。在求解方程组时，根据问题的性质和要求的精度，可以进一步引入简化假设，包括固相是静止的($V_s=0$)、层流、充分混合条件、局部热力学平衡和局部成分平衡等。案例 5.13 和案例 5.14 给出两个应用实例。

案例 5.13　应用连续模型预测二元合金单向凝固[31]

此项研究对象型腔为轴对称圆柱，底部激冷。圆柱高为 102mm，直径为 128mm。

假设条件：

(1)二维，此假设不能完全地与实验条件一致，但可以期望能够揭示凝固过程；

(2)固相是静止的；

(3)应用平均混合物理论，密度、速度、焓和溶质质量分数是连续的；

(4)平衡凝固过程；

(5)渗透率采用 Blake-Kozeny 方程的经验式[式(5.8)]，计算出渗透率系数 $K_0=5.556\times10^{-11}\text{m}^2$(枝晶臂间距为 100μm)和 $5.556\times10^{-12}\text{m}^2$(枝晶臂间距为 32μm)两个方案。

控制方程

总质量守恒

$$\frac{\partial}{\partial\tau}(\rho)+\nabla\cdot(\rho V)=0 \tag{5.18}$$

式中，ρ 是密度；τ 为时间；∇为一个矢量微分算子

$$\nabla=\boldsymbol{i}\frac{\partial}{\partial x}+\boldsymbol{j}\frac{\partial}{\partial y}+\boldsymbol{k}\frac{\partial}{\partial z} \tag{5.19}$$

式中，$\boldsymbol{i}$、$\boldsymbol{j}$、$\boldsymbol{k}$ 分别是 x、y、z 方向的单位矢量。对本例，只有径向 r 和轴向 z 二维。∇和质量平均流速 $\boldsymbol{V}$ 都是矢量，两个矢量的点积$\nabla\cdot(\rho\boldsymbol{V})$是标量，其物理意义为由微元流出的净质量。因此守恒方程式的物理意义是由微元流出的净质量的负值必须等于密度的变化率[2]。

轴向动量守恒

$$\frac{\partial}{\partial\tau}(\rho u)+\nabla\cdot(\rho\boldsymbol{V}u)=\nabla\cdot(\mu\nabla u)-\frac{\mu}{K}u-\frac{\partial P}{\partial z}+\rho g[\beta_T(T-T_0)+\beta_S(f_L^\alpha-f_{L0}^\alpha)] \tag{5.20}$$

径向动量守恒

$$\frac{\partial}{\partial \tau}(\rho v) + \nabla\cdot(\rho \boldsymbol{V} v) = \nabla\cdot(\mu\,\nabla v) - \frac{\mu}{K}v - \frac{\partial P}{\partial r} - \frac{\mu}{r^2}v \tag{5.21}$$

式中，u、v 为 r、z 向速度分量；μ 为枝晶间液体黏度；K 为渗透率；P 为压力；β_S、β_T 分别为溶质和热膨胀系数；f 为质量分数；T 为温度；g 为重力加速度；α 为二元合金两组分之一(假定固相成分固定)；L 表示液体；0 表示初始状态。

能量守恒

$$\frac{\partial}{\partial \tau}(\rho H) + \nabla\cdot(\rho \boldsymbol{V} H) = \nabla\cdot\left(\frac{k}{c_S}\nabla H\right) + \nabla\cdot\left[\frac{k}{c_S}(H_S - H)\right] - \nabla\cdot[\rho f_S(H_L - H_S)\boldsymbol{V}] \tag{5.22}$$

式中，H 为焓；c 为比热容；k 为导热系数；S 表示固体。

溶质守恒

$$\frac{\partial}{\partial \tau}(\rho f^{\alpha}) + \nabla\cdot(\rho \boldsymbol{V} f^{\alpha}) = \nabla\cdot(\rho D\,\nabla f^{\alpha}) + \nabla\cdot[\rho D\,\nabla(f_L^{\alpha} - f^{\alpha})] - \nabla\cdot[\rho f_S(f_L^{\alpha} - f_S^{\alpha})\boldsymbol{V}] \tag{5.23}$$

式中，D 为二元质量扩散系数。

使用有限差分法求解。对 NH_4Cl-H_2O 系单向凝固，凝固开始 $\tau=19$min 时流动状况进行预测，见图 5.17。将此图与案例 5.2 对比，可以看出，数学描述已经能够相当好地描述和预测固液两相区内的斑点缺陷和液相区烟雨的形成[图 5.17(b)水平粗箭头示]。

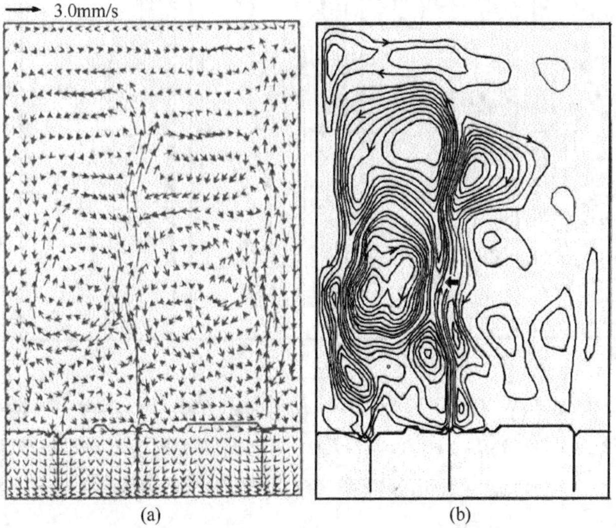

图 5.17　NH_4Cl-H_2O 系单向凝固，凝固开始 $\tau=19$min 时流动状况预测(Neilson 和 Incropera，1991 年)

(a)速度矢量；(b)流线。渗透率系数 $K_0=5.556\times10^{-11}\,m^2$，水平粗箭头示烟雨

案例 5.14 应用连续模型预测二元合金凝固[33]

数字模拟 Pb-19%Sn 合金的凝固过程。计算条件有以下几点。

铸型：高 $H=150\text{mm}$ 的圆柱体，轴对称。计算的模拟系统是圆环状，$H/(r_o-r_i)=3$，$r_o/r_i=4$，r_o、r_i 分别是圆环外、内径。

导热条件：外表面侧向散热，其他方向是绝热的。

边界移动条件：上部是自由表面，其他表面都是不移动的固定边界。

渗透率 K：假定各向同性，即 $K_r=K_z=K$，应用 Blake-Kozeny 方程[式(5.8)]，根据有代表性的枝晶臂间距实验数据和设定的全部冷却速率，取渗透率系数 $K_0=2.8\times10^{-11}\text{m}^2$。当冷却速率可能影响枝晶臂间距，从而影响渗透率时，考虑其影响比液体体积分数的影响高一个数量级。

控制方程与假设：与案例 5.13 相同，使用连续模型。

冷却速率为 $35\text{W}/(\text{m}^2\cdot\text{K})$ 时，240s 后的凝固进程见图 5.18，将此图与案例 5.6 对比，可以看出，数学描述已经能够相当好地描述和预测固-液两相区内的局部流道(channel)[图 5.18(d)水平粗箭头示]。

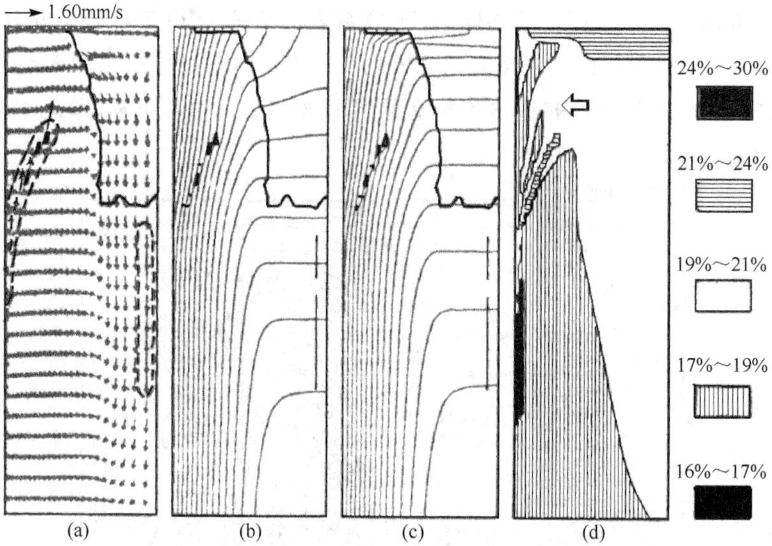

图 5.18 冷却速率为 $35\text{W}/(\text{m}^2\cdot\text{K})$ 时，240s 后的计算结果(Prescott 和 Incropera，1991 年)

(a)速度矢量；(b)等温线，$T_{\max}=279.2℃$，$T_{\min}=269.9℃$；(c)液相等成分线，$f_{\text{L,max}}^{\text{Sn}}=0.234$，$f_{\text{L,min}}^{\text{Sn}}=0.190$；(d)宏观偏析，水平粗箭头示局部流道

2. 体积平均模型(volume-averaging model)

体积平均方法基于下列原理求平均数[27,34]：

在宏观场内，每一个糊状区单元在平均体积 dV 内有一个质心和一个包围它的平均面积 dA。基于连续体的假设，平均量应该是时间和空间的连续函数，并且应当与平均体积的尺寸无关。液体的平均质量密度被定义为平均体积内液体质量除以整个平均体积的体积。图 5.19(a)给出某一时间内液体的平均质量密度和平均体积特征尺寸的函数关系[27]。当 dV 很小时，枝晶间液体平均质量密度的变化是不连续的，取决于质心的位置是在液体或固体中。这个区域在图 5.19(a)用虚线表示。随着 dV 加大，部分固相或液相可能被包括在 dV 内，平均密度值开始连续地波动，然后，波动值逐渐减小，在 dV 某一个特征尺寸，平均密度或任意其他平均量就与 dV 尺寸无关，图 5.19(a)中关系曲线变成水平。当 dV 尺寸过大，特征长度越过图中 d 点，平均密度将随着 dV 尺寸变化。因此，dV 或 dA 应满足下列条件

$$l \leqslant d \leqslant L \tag{5.24}$$

式中，d 为平均体积(averaging volume)的特征长度(如若干个枝晶臂间距)；l 为微观特征长度；L 为糊状区的特征长度，如糊状区宽度。

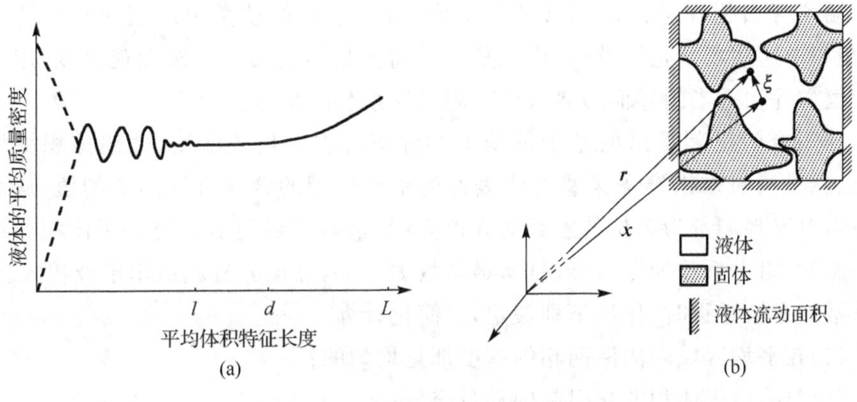

图 5.19　平均体积及其特征长度(Ganesan 和 Poirier，1990 年)

(a)计算密度作为平均体积特征长度的函数；(b)糊状区的平均体积

在典型的凝固条件下，系统和界面结构分别是 $1\sim10^{-1}$ m 和 $10^{-4}\sim10^{-5}$ m 数量级，平均体积尺寸在 $10^{-2}\sim10^{-3}$ m 变动。dV 尺寸满足此条件后，dV 代表糊状区宏观场的一个物理点。有时把 dV 称为代表单元体积。同样，dA 称为代表单元面积。

一个平均体积 dV 的质心相对于固定的网格的位置为 $\boldsymbol{x}$，如果 dV 内一个点的矢量相对于固定的网格的位置是 $\boldsymbol{r}$，而相对于 dV 的质心的位置是 $\boldsymbol{\xi}$ [图 5.19(b)]，则其矢量和为

$$\boldsymbol{r} = \boldsymbol{x} + \boldsymbol{\xi} \tag{5.25}$$

液相体积分数 g_L 就是 dV 内被液相占据的分数，因此

$$g_L(\boldsymbol{x},\tau)=\frac{dV_L}{dV}(\boldsymbol{x},\tau)=\frac{1}{dV}\int_{dV}\gamma d\nu \tag{5.26}$$

式中，τ 为时间；$dV_L(\boldsymbol{x},\tau)$ 为 dV 内被液相占据的部分；$d\nu$ 为 $\boldsymbol{\xi}$ 坐标的微观单位单元；$\gamma(\boldsymbol{r},\tau)$ 是液体体积分配函数，点在液体中时其值为 1，在固体中时为 0。

同理，液相的面积函数定义为

$$S_L(\boldsymbol{x},\tau)=\frac{dA_L}{dA}(\boldsymbol{x},\tau)=\frac{1}{dA}\int_{dA}\gamma(\boldsymbol{r},\tau)da \tag{5.27}$$

式中，dA_L 为 dA 被液相占据的部分；da 为微观单元面积。已经经过论证，$S_L=g_L$。

任何一个微观量 Ψ 都具有宏观值，也就是它的平均值。将上述关系进一步推广，枝晶间液体有关的微观量 Ψ 的宏观值为 Ψ_L，都可以表达为此形式：

$$\Psi_L(\boldsymbol{x},\tau)=\frac{1}{dV}\int_{dV}\Psi_L(\boldsymbol{r},\tau)\gamma(\boldsymbol{r},\tau)d\nu \tag{5.28}$$

这就是体积平均方法的基本式，通过求出覆盖有限尺寸的平均体积的准确微观方程的平均值，可以分别推导出宏观对流输送方程。

糊状区由相互穿插的固液两相组成，每一个相都被微观地用通常的场量描述，在相中这些场量是连续的，而在整个空间内是不连续的。按微观尺度，用通常的守恒方程和适当的界面边界条件一起描述系统的状态。

利用专门论著提出的基于体积平均方法的求平均数法则，使用体积平均方法，也就是通过求出覆盖某些有代表性的单元体积的微观方程的平均值，从而获得一组以宏观场量为单位的宏观的守恒方程，求解实际问题。当液相体积分数趋近于 1 时，阻力系数为零，也就是渗透系数 $K\to\infty$，守恒方程就适用于液相区。

推导守恒方程时，作出下列假定，以简化计算。

(1)在平均区域内固液两相的密度都是均匀的；

(2)忽略由于体积变化引起的动量交换；

(3)忽略动量传播；

(4)固相是静止的，即计算在一个静止的糊状区内的流动；

(5)液相是牛顿流体(冶金工艺过程的流体都是牛顿流体[2])，即是在微小剪应力作用下会发生连续变形；

(6)可以增加假设固、液相密度相等且为常数，黏度为常数。

案例 5.15 给出一个应用实例。

案例 5.15　应用体积平均模型预测二元合金单向凝固[30]

数字模拟 Pb-10%Sn(质量分数)合金的凝固过程。计算条件有以下几点。

铸型：二维矩形铸型，底部散热，以一定速率冷却，单向凝固。

导热条件:底部激冷,其他方向是绝热的。

边界移动条件:上部是自由表面,其他表面都是不移动的固定边界。

控制方程与假设:基于下列假定,在二维定义域[图 5.20(c)所示 x、z 轴]求解质量、动量、能量和溶质守恒方程:

(1)糊状区描述是具有不同空隙度、各向异性的多孔介质,它的形状和尺寸由热力学制约自由发展,没有先决条件限制,只有固液两相,也就是说,不存在孔洞。

(2)流动是层流。

(3)固液两相的密度相等,都是常数。只有在动量方程的浮力项除外,被假定为温度 T 和液体溶质浓度 C_L 的线性函数。

(4)忽略溶质在固相内的扩散。

(5)固相没有对流。

(6)固液两相的热参数都是常数,并且相等。

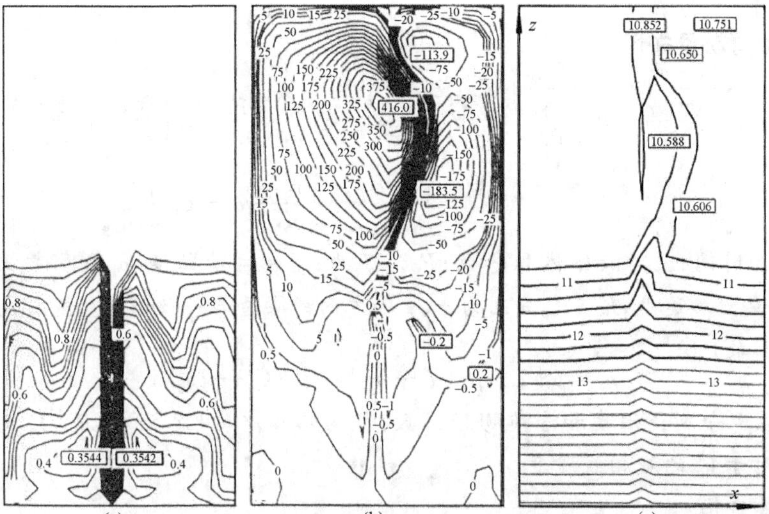

(a)　　(b)　　(c)

图 5.20　凝固 3min 以后,**斑点**(freckle)缺陷

在铸件中心部位形成(Felicelli、Heinrich 和 Poirier, 1991 年)

(a)液体分数;(b)流线;(c)液体等浓度线(%,质量分数)

渗透率 K:一次枝晶臂间距实测值 $d=300\mu m$[13],g_L 为液体体积分数。根据式(5.9)~式(5.12)。

垂直流过柱状枝晶 K_x:

$0.19 \leqslant g_L \leqslant 0.66$,取 $K_x = 7.08 \times 10^{-16} d^{2.08} g_L{}^{3.32}$。

$g_L > 0.66$,取 $K_x = d^2 \times \{a_0 + a_1[g_L/(1-g_L)]^{1/4}\}$,式中 $a_0 = -5.955\,449 \times 10^{-2}$,$a_1 = 5.652\,925 \times 10^{-2}$。

平行流过柱状枝晶 K_z：

$0.17 \leqslant g_L \leqslant 0.61$，取 $K_z = 3.75 \times 10^{-4} d^2 g_L{}^2$。

$g_L > 0.61$，取 $K_z = ad^2[\ln(1-g_L)^{-1} - b + 2(1-g_L) - (1-g_L)^2/2]$，式中 $a = 0.07425$，$b = 1.487$。

控制方程

质量守恒：

$$\frac{\partial u}{\partial x} + \frac{\partial w}{\partial z} = 0 \tag{5.29}$$

式中，u、w 是表面(superficial)速度(=液体体积分数×枝晶间液体流速)在 x、z 轴向的分量。

x 轴向动量守恒：

$$g_L \frac{\partial\left(\frac{u}{g_L}\right)}{\partial \tau} + u \frac{\partial\left(\frac{u}{g_L}\right)}{\partial x} + w \frac{\partial\left(\frac{u}{g_L}\right)}{\partial z} = -\frac{g_L}{\rho_0}\frac{\partial P}{\partial x} + \nu_0\left(\frac{\partial^2 u}{\partial x^2} + \frac{\partial^2 u}{\partial z^2}\right) - \frac{\nu_0 g_L}{K_x} u \tag{5.30}$$

y 轴向动量守恒：

$$g_L \frac{\partial\left(\frac{w}{g_L}\right)}{\partial \tau} + u \frac{\partial\left(\frac{w}{g_L}\right)}{\partial x} + w \frac{\partial\left(\frac{w}{g_L}\right)}{\partial z} = -\frac{g_L}{\rho_0}\frac{\partial P}{\partial z} + \nu_0\left(\frac{\partial^2 w}{\partial x^2} + \frac{\partial^2 w}{\partial z^2}\right) - \frac{\nu_0 g_L}{K_z} w - g_L \frac{\rho}{\rho_0} g \tag{5.31}$$

式中，τ 为时间；g_L 为液体体积分数；P 为压力；ν_0 为运动黏度；ρ_0 为参考状态时密度；g 为重力加速度；K_x、K_z 分别为 x、y 轴方向的渗透率；ρ 为密度(假定是温度 T 的线性函数)

$$\rho = \rho_0[1 - \beta_T(T - T_0) - \beta_C(C_L - C_0)] \tag{5.32}$$

式中，β_T、β_C 分别是温度和溶质膨胀系数；C_0 为熔体平均(名义)浓度；T_0 是平衡相图中相对于 C_0 的液相线温度。

能量守恒：

$$\frac{\partial T}{\partial \tau} + u\frac{\partial T}{\partial x} + w\frac{\partial T}{\partial z} = \alpha\left(\frac{\partial^2 T}{\partial x^2} + \frac{\partial^2 T}{\partial z^2}\right) - \frac{L_m}{c}\frac{\partial g_L}{\partial \tau} \tag{5.33}$$

式中，α 为热扩散系数；c 为固相比热容；L_m 为熔化潜热，是常数。

溶质守恒：

$$\frac{\partial \bar{C}}{\partial \tau} + u\frac{\partial C_L}{\partial x} + w\frac{\partial C_L}{\partial z} = D\left[\frac{\partial}{\partial x}\left(g_L\frac{\partial C_L}{\partial x}\right) + \frac{\partial}{\partial z}\left(g_L\frac{\partial C_L}{\partial z}\right)\right] \tag{5.34}$$

式中，C_L 为液体溶质浓度；D 为溶质扩散系数，假定是均匀的；$\bar{C}$ 为固体和液体局部平均成分

$$\bar{C} = g_L C_L + (1 - g_L)\bar{C}_S \tag{5.35}$$

式中，$\bar{C}_S$ 为固体的平均局部成分。

凝固开始 $t=3\text{min}$ 后，数值计算的流动状况预测见图 5.20。将此图与图 5.5 对比可以看出，数学描述已经能够相当好地描述和预测固液两相区内的斑点缺陷和液相区烟雨的形成。

5.3.3.3　两相模型[34]

两相模型(two-phase model)有两点局限性：

(1)假定**固相速度为零**或固液相之间有某种特定的关系，只求解一个动量方程。这不能很好地反映实际情况。例如，在凝固初期，考虑在液相区中小的等轴晶(或枝晶碎片)的沉浮运动，对等轴晶的形成有重要影响(6.3.4 节)；一些施加外力的凝固过程，像雾化法快速凝固(6.5.6.1 节)、流变铸造(rheocasting，5.5 节)等，都需要考虑两个动量方程。建立固体运动的数学模型的困难在于固相碎片的形状(几何参数)随凝固进程而改变，缺少建模的相关理论基础。

(2)假定在平均体积内全部固液相保持完全的热和热力学**平衡状态**。没有建立真实的双温度(或焓)和双溶质凝固模型。一般来说，对于多元合金凝固过程，平衡假设并不是很合理，液相中的微观温度和溶质浓度梯度对预测微观结构的形成是极端重要的。因为在微观尺度下，通常存在很强的溶质梯度(即微观偏析)。在对溶质守恒方程修正后，连续模型也能够说明固相速率为零的微观偏析问题。在引入专门的固体碎片的模型后，可以包括形核和不同的过冷度来预测微观结构的形成。但平衡的条件忽略了微观现象对宏观现象的影响，只估计了潜热，不能说明靠近凝固前沿的液相过冷现象。而过冷关系到枝晶或共晶前沿的生长速率、枝晶前端的半径、枝晶臂或共晶层片间距。这就使得在建立与过冷熔体和非平衡过程有关的形核、微观结构的形成、等轴晶的生长等现象的模型时遇到困难。

为了消除以上局限性，需要建立一个**两相**模型或**多相**(multi-phase)模型。这是一个双速度、双焓、双溶质凝固传输现象模型。提出此模型的目的，是将描述流动与固态结构的形成结合起来。

基本方法仍然是用平均体积方法(5.3.3.2 节)。通过积分平均体积 V_0 内每一相(固、液)k 的某一微观量 Ψ(质量、动量、能量和溶质)的精确的微分守恒方程，获得相 k 相应的宏观方程和界面平衡方程。这些方程式适用于系统内每一个区(包括纯固相和纯液相区)。

在导出固、液两相对流传输方程时，考虑了热力学关系，在相和变动的过冷条件间直接加入非平衡凝固的影响。平均过程积分覆盖整个界面面积，因此反映了 k 相和其他相的相互作用，可以将它们与微观结构、界面应力和界面热与质量传输等微观现象联系起来。

已经建立了描述有固相也运动的、等轴晶凝固的多尺度、多相模型。由于凝固过程存在复杂的微观现象，这是一个需要继续深入研究的课题。到目前为止，数学描述离实用化还有一段距离，单区一相模型是目前研究凝固传输与宏观偏析较为实用的方法。正在努力模拟在流动条件下的形核和生长、枝晶碎片的产生和传输及微观组织与宏观偏析的形成，即将微观组织与宏观偏析二者统一在一个模型中[35]。

5.4 充型过程流动

对于大多数凝固工程过程，熔体由浇包经过称为浇注系统的通道进入型腔。因此，充型流动是凝固工程问题中的一个重要环节。

5.4.1 充型过程的流动现象

当熔体流入限制空间，型壁的限制作用导致建立了环流区[图 5.21(a)]，液流落下的液面区域形成一个锥形坑，在附近形成湍流[图 5.21(b)]。

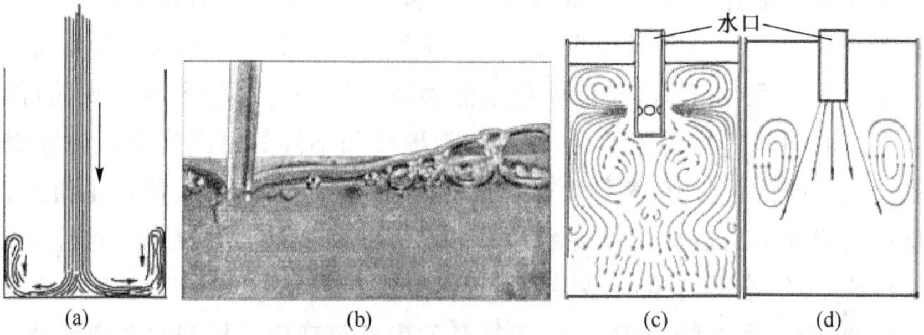

图 5.21 充型过程流动现象

(a)自由流示意图；(b)熔体落下的液面锥形坑区域的气泡(水模拟)[19]；(c)连铸机结晶器内水平出口的速度场示意图(Szekely 和 Yadaya，1972 年)；(d)连铸机结晶器内直出口简单限制射流的流线谱(Szekely 和 Yadaya，1972 年)

在连续铸造条件下，连接中间包和结晶器的通道(水口)是埋入液面以下的，射流射入限制空间建立环流区。忽略凝固过程的影响，从数学描述的角度看，这是一个经典的流体流动问题。通过求解运动方程，可以求出结晶器速度场，如图 5.21(c)、(d)所示[2]。计算表明，结晶器的上半部有很强的环流流动，水平出口的紊流能比直出口大得多。计算的正确性已经被证明，使用的方法是用放射性示踪剂实验和水模拟模型的速度测量，两种都是半定量方法[2]。为了促使形核或晶体增殖，需要增加液相流动(6.3.4 节)。

充填流动过程熔体存在的熔渣和卷入的气泡会在流动的表层聚集[图 5.21(b)]。

在一定的条件下，形成旋涡和吸入气体。例如，连铸中间包内液面高度过低时，液面会形成漏斗状旋涡，卷入熔渣和空气，严重地影响铸坯的质量。水模拟研究观察到这种现象(图 5.22)[36]。

充型过程另一个吸气渠道是透气的砂型型壁(图 5.23)。

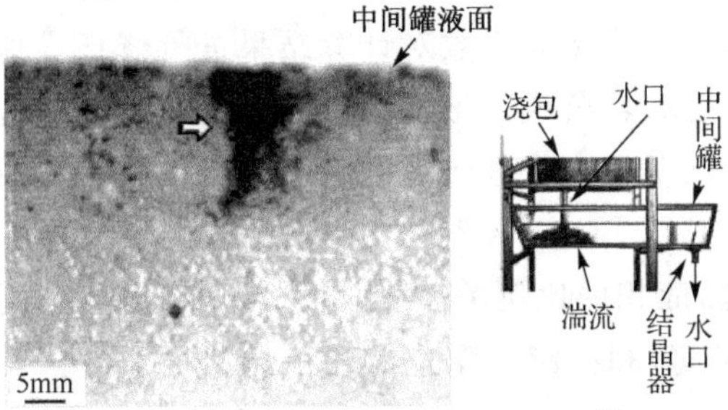

图 5.22　在连续铸造中间罐液面形成漏斗状旋涡(箭头示)，卷入熔渣和空气(a)和实验装置(b)(水模拟；方大成、姚曼等，1991 年)

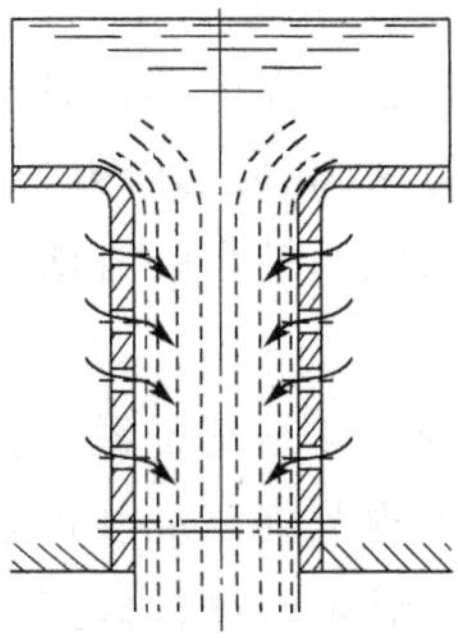

图 5.23　通过透气的型壁吸气示意图[37]

5.4.2　浇注系统设计原理

浇注系统要保证熔体按设计的速度和位置进入型腔，同时具有阻渣、防止卷入气体功能。历史悠久的铸造生产，积累了丰富的浇注系统设计经验数据。铸件的浇注系统有许多结构类型，通常由浇口杯、直浇道、横浇道和内浇道组成。图 5.24给出一种常用浇注系统的示意图，为了表达清楚，只画出型腔，没有画出铸型。

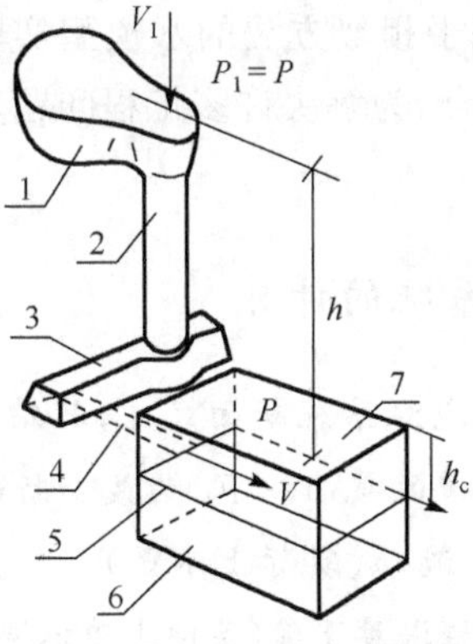

图 5.24　铸件浇注系统结构

1. 浇口杯；2. 直浇道；3. 横浇道；4. 内浇道；5. 分型面；6. 下半型铸件；7. 上半型铸件

熔体充型流动受铸件结构和尺寸、铸型材质等众多因数影响。用数学描述浇注过程内渣和气体的运动是相当复杂的命题。现在还没有实用的浇注系统理论计算方法。

可以使用流体力学的连续方程和能量方程(**伯努利方程**,Bernoulli's Theorem)计算浇注过程流动。但是必须作出简化的假设,由此引入误差。流动过程的阻力损耗也难以准确计算。为此,使用经验或实验系数对计算结果进行修正。基于这种方法,相应已经开发了各种软件(图表、公式)。通过案例 5.16 可以了解这种计算与经验结合的方法。案例 5.17 证明了这种方法的正确性并能说明经验系数的形成。

工程设计是基于经验决定各部分断面积的比例关系(表 5.2)和内浇口位置。使用经验规范确定浇注的速度(浇注时间)和控制充型速度的最小断面尺寸。设计后通过试生产进行修正。

表 5.2　浇注系统各部分断面积的比例关系(参阅图 5.24)

类　型	断面比例	特　点	应用举例
封闭式	$\sum F_{内}<\sum F_{横}<F_{直}$	充型压力为 h,系统保持充满,横浇道阻渣较好,内浇道流速快	中、小型铸铁件
开放式	$F_{直}<\sum F_{横}<\sum F_{内}$	阻渣不好,充型平稳	易氧化的非铁合金件,铸钢件(通过浇包阻渣)
半封闭式	$\sum F_{横}\geqslant F_{直}\geqslant\sum F_{内}$	横浇道充满较慢,内浇道流速开始时低,阻渣较好	铸钢件,各类铸铁件,特别球墨铸铁件

开发新型浇注系统或少量生产重要或重型铸件,无规范可遵循或不允许试生产。这时,模型实验是重要手段。由于熔体温度很高,直接用金属熔体(案例 5.17)进行实验很复杂,基于相似方法的水模型实验是主要实验方法。流体力学计算与物理模型实验相结合,为解决许多工程问题奠定了理论基础。案例 5.18 提供了模型实验的例子。

案例 5.16　封闭式浇注系统的计算

计算图 5.25 所示封闭式浇注系统断面尺寸,其结构见图 5.24。浇口杯液面可以认为是处于稳定高度,内浇道的截面积 $F_{内}$ 为最小断面。计算需要满足下列条件:

(1)假定充型过程是稳定流动(实际上不是);

(2)假定忽略熔体流动过程温度下降(实际上难以避免)和可能局部发生凝固;

(3)假定熔体的物理参数(特别黏度、密度)不随流动过程变化(黏度是温度的函数);

(4)中间没有支流。

计算浇口杯液面(脚注 1)和内浇道出口(脚注 2)两个断面,流动应当满足

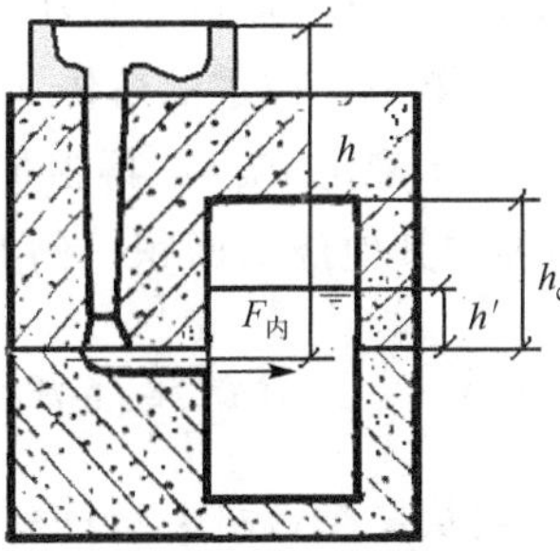

图 5.25　封闭式浇注系统计算

连续方程　$Q=V_1A_1=V_2A_2$　(5.36)

能量方程(伯努利方程)

$$\frac{V_1^2}{2g}+h_1+\frac{P_1}{\rho g}=\frac{V_2^2}{2g}+h_2+\frac{P_2}{\rho g}+h_\xi \quad (5.37)$$

式中,Q 为流体的体积速度,流量 m^3/s;V 为流体的线速度,m/s;A 为流体的横截面积,m^2;g 为重力加速度,m/s^2;h 为距离基准面的高度,m;P 为压力,Pa;ρ 为密度,kg/m^3;h_ξ 为阻力损耗,m,取决于沿程摩擦力和流动断面、形状和方向的突然变化产生的局部阻力。研究表明,损耗值不是很高,常可以忽略[38]。

式(5.37)的物理意义为单位质量流体的位能(h)、动能$\left(\frac{V^2}{2g}\right)$、压力能$\left(\frac{P}{\rho g}\right)$和阻力损耗($h_\xi$)的和为恒值。

在图 5.25 条件下,充填上下两半部型腔的情况是不同的[39]。

以内浇道轴线水平面为基准平面,此平面以下是顶注法,是压头不变的稳定流动。条件可以简化为:$h_1=h=$常数,$h_2=0$,$P_1=P_2=$大气压 P,$V_1=0$,$V_2=V_内$,从式(5.36)和式(5.37)可以得出

$$V_内=\sqrt{2g(h-h_\xi)}=\mu\sqrt{2gh} \quad (5.38)$$

$$Q=F_内 V_内=F_内\sqrt{2g(h-h_\xi)}=\mu F_内\sqrt{2gh} \quad (5.39)$$

式中,μ 为流量系数,反映阻力损耗和简化条件引入的误差。

内浇口出口被淹没后,上半型是底注法。静压头$=h-h'$,在 h 与 $h-h_c$之间变动,充填速率逐渐减小。

在压头变动条件下引入平均压头 h_p 计算平均流速 $V_内$,式(5.39)改为[40]

$$Q=\mu F_内\sqrt{2gh_p} \quad (5.40)$$

平均压头 h_p近似按下式计算:

$$h_p=h-\frac{h_c^2}{2C} \quad (5.41)$$

以内浇道轴线水平面为基准平面。式(5.41)中,h 为压头高度;C 为铸件高度;h_c 为内浇道以上铸件高度。

式(5.40)和式(5.41)是处理封闭式浇注系统的一般式。顶注时(下半型),

$h_c=0, h_p=h$；底注时(上半型)，$h_c=C, h_p=h-h_c/2$。假定铸件沿高度方向断面积不变，通过求熔体流经浇注系统所做的功可以求出式(5.41)。

充填一定质量的熔体，Q 值取决于浇注时间 τ，μ 和 τ 根据经验或经验规范确定。计算确定 $F_{内}$ 后，再根据浇注系统的结构和工艺要求，按经验规范规定的比例，确定其他浇道面积。例如，$F_{内}:F_{横}:F_{直}=1:1.1:1.5$。

案例 5.17　铸铁熔体流动速率和阻力系数的测定[37]

测试装置由耐火材料制造的水平流道与稳定压头容器两部分组成，后者是分段组装的，以便改变压头 h 高度[图 5.26(b)]。熔体材质为铸铁，成分为：3.2%～3.4%C，1.9%～2.2%Si，0.5%～0.6%Mn，<0.12%S，<0.3%P，浇注温度不低于 1280℃。圆形断面水平流道 5 的直径为 12.5mm，长 L 为 250mm、500mm 和 1140mm，中心线距离地面 480mm。压头 h 为 50mm、200mm 和 500mm。使用浇包 1 浇注时，通过溢流槽流出多余熔体，维持压头 h 的稳定。在规定压头条件下，使用操纵杠杆拔去出口塞 6 将熔体浇注入水平流道。浇注时间为 120～180s。水平流道 L 长 1140mm 时，压头 h 为 50mm 过低，开始浇注几秒后，金属在出口附近凝固。

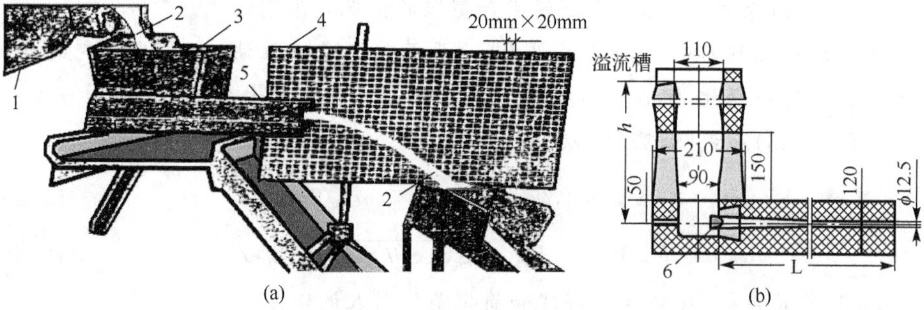

图 5.26　铸铁熔体流动特性的测试(Рабинович，1958 年)

(a)在坐标衬板上摄影记录的流动轨迹，(b)测试装置 3 内水平流道与稳定压头容器断面图。

1. 500kg 浇包；2. 熔体流，3. 测试装置；4. 坐标衬板；5. 直径 12.5mm 圆形水平流道；6. 熔体出口塞

按流出金属的质量和摄影记录流动轨迹两种方法计算流动速率。根据摄影记录的轨迹计算的流速和压头的关系示于图 5.27，有关数值取实验数据平均值。研究确定流动速率 V 和静压头 h 的函数关系为

$$h=(1+\xi)\frac{V^2}{2g} \tag{5.42}$$

式中，ξ 为实验测定的与阻力有关的系数。当以 $h_\xi=\xi\dfrac{V^2}{2g}$ 表示阻力损耗，式(5.42)与式(5.38)两式是完全一致的。实验证明理论计算是可行的。

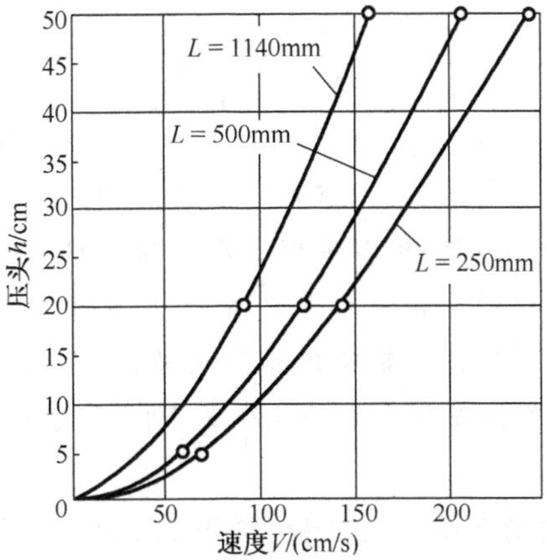

图 5.27　铸铁在水平流道内流速和压头的关系(Рабинович,1958 年)

在相同流速情况下,长的水平流道比短流道所需要的压头大,从图 5.27 可以确定不同速率下的压头损失值,导出沿程阻力系数的实验值。局部阻力系数影响因数较多,不易测定。通常结合要研究的浇注系统结构,直接测定流量系数 μ。在相同流速情况下,长的水平流道比短流道所需要的压头大。

测试了四种结构内浇道,包括带过滤网的复杂结构[图 5.28 中的 C 结构],铸铁熔体都是从内浇道自由流出的。当流动达到稳定时开始计时。已知静压头、熔体密度和运动黏性系数 ν、内浇道出口面积、测定流动时间和流出的质量,就可求出流量系数 μ 和雷诺数 Re,如图 5.28 所示(d 为水力学半径)。除铸铁外,还采用了水和不同含水量的甘油丙三醇溶液,以改变液体的运动黏性系数,用以确定改变流体雷诺数的影响。

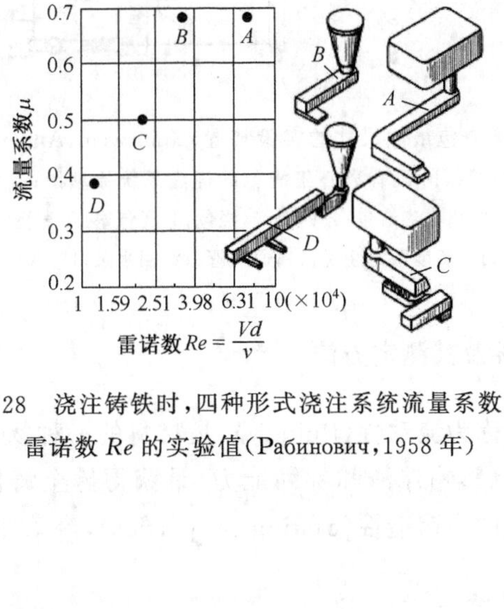

图 5.28　浇注铸铁时,四种形式浇注系统流量系数 μ 与雷诺数 Re 的实验值(Рабинович,1958 年)

案例 5.18 使用水模拟方法优化集渣包尺寸

在浇注系统中设置离心集渣包[图 5.29(a)],是一种常用的阻渣方法。液体金属从切线方向进入断面大很多的、被称为集渣包的空间后,产生旋转运动,在离心力作用下,密度较小的杂质向中心集中上浮。集渣包出口的设计要保证杂质不能流入型腔。方法为出口断面积小于进口面积,出口方向与旋转方向相反。

为了阻隔生产大型铸钢件用钢液内非金属夹杂物,使用硬陶瓷预制的离心集渣包[图 5.29(b)]。通过集渣包的流动速率为 50~350kg/s。使用水模拟方法优化设计方案[41]。

使用 1:1 的有机玻璃离心集渣包模型[图 5.29(c)],模拟浇包的水箱容量是 1.5m^3,相当约 10t 钢液。用直径为 8.4mm 和 2mm 的染色软木屑模拟非金属渣。按确定的时间间隔从直浇口上方加入。用被分离在模拟集渣包内的软木屑量表示分离效率。关于水/软木屑和金属/渣的相似性已被论证[42]。

此研究结果已被生产证明是成功的。

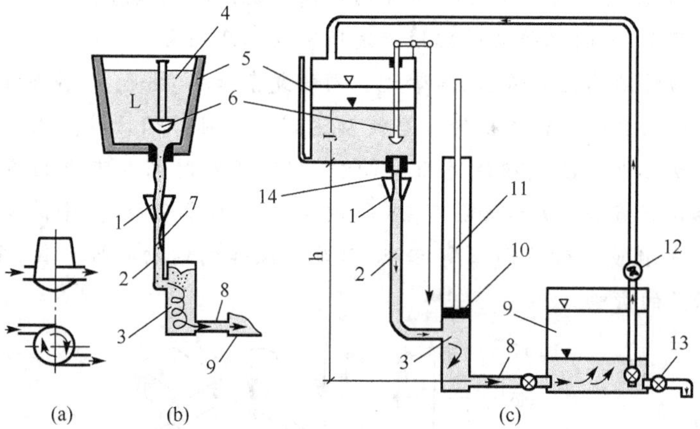

图 5.29 确定离心集渣包最优尺寸的实验装置(Trautwein、Anderes 和 Helg,1976 年)
(a)离心集渣包原理图;(b)设有离心集渣包的浇注系统原理图;(c)水模拟实验装置。
1. 浇口杯;2. 直浇口;3. 离心集渣包;4. 钢液;5. 浇包;6. 浇包塞;7. 直浇口未充满;8. 内浇口;
9. 铸件型腔;10. 高度限定装置;11. 通气管;12. 回水泵;13. 阀门;14. 加渣处

5.4.3 熔体的流动性及其测定方法

熔体流动的能力称为**流动性**(fluidity),是材料的一种物理性能。它除了影响充满铸型的能力外,也影响浮渣和补缩能力,是获得健全铸件的条件之一。判定材料对铸造的适宜性称为**铸造性**(casting properties),流动性是其中之一。

流动能力主要表现在充填铸型的能力。充型过程通常由两个流动阶段组成。开始是纯液态，然后部分凝固，存在部分结晶体，但未丧失流动能力。现有测定方法都是用充型能力表征流动性，它反映工程的实际需要。主要方法有以下两种。

(1)螺旋试样：用流动长度表示流动性[图 5.30(a)]。这是一种有悠久历史的方法，最接近生产条件，但测试条件很难精确控制。

(2)真空试样：在一定真空条件下测定金属在石英或金属管内的流动长度[图 5.30(b)]。这方法铸型与浇注条件较容易控制。

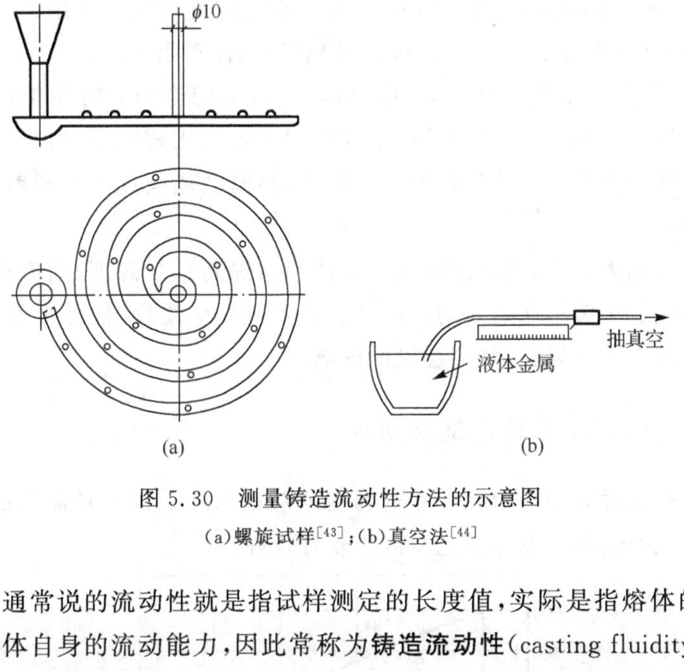

图 5.30　测量铸造流动性方法的示意图

(a)螺旋试样[43]；(b)真空法[44]

习惯上通常说的流动性就是指试样测定的长度值，实际是指熔体的充型能力而不是指熔体自身的流动能力，因此常称为**铸造流动性**(casting fluidity)。测定值不是一个严格的物理学常数，是给定铸型与浇注条件下的相对值，必须在相同铸型与充填条件下才有对比性。

文献中还介绍其他测定流动性的方法，如用充填楔形尖端能力表征流动性的楔形试样等[19]，但实用很少。

铸造工程主要关心熔体充填铸型的能力。因此，使用最广泛的是螺旋试样，已经建立了各种螺旋试样规范，给定了浇注系统结构。除开发新型铸造合金或研究需要外，对于已经广泛使用的工业合金，通常不需要测定流动性。

5.4.4　熔体成分对充型能力的影响

熔体成分是一个基本因素。主要包括结晶温度范围、合金熔点、结晶潜热。

黏度是影响熔体流动性的主要因数。流动性与黏度成反比。在浇注温度范围内，黏度对液态金属的流动性影响不大。

结晶温度范围的影响见案例 5.19。结晶温度范围越宽，流动距离越短。纯金属和共晶合金充型能力相对较好。这是金属充型能力的一般规律，如 Pb-Sn、Mg-Al、Fe-C、Sb-Cd 等二元系都表现出类似规律[3,19,38]。Al-Si 系（案例 5.20）是例外，Si 初生相结晶潜热大，不是枝状晶，在一定范围内，过共晶区充型能力继续增大。

结晶温度范围的影响可以从两方面理解。温度范围窄的合金有利于形成柱状晶，而凝固时固液共存区域宽的合金，倾向形成等轴晶（6.3.1 节）。研究表明，凝固形成等轴晶时，大部分释放的结晶潜热不能被流动过程利用，熔体的充型能力比柱状晶差（案例 5.21）。另外，枝状晶越发达，流动阻力越大。

熔点越高，过热温度相对较低，散热速率大，维持流动的时间越短，充型能力比低熔点熔体差。例如，铸钢的结晶温度范围一般都比铸铁窄，但是，铸钢的熔点高，因此，铸铁的充型能力比铸钢好。同理，结晶温度范围宽的高碳钢的充型能力不比低碳钢差。

在所有影响因素中，浇注温度是决定性的。提高过热温度，则流动时间延长，就能得到填满各种铸型所需要的流动性。只要不发生凝固，液体金属就有良好的流动性。案例 5.22 提供了浇注温度的影响。

案例 5.19　Pb-Sb 系的铸造流动性

使用螺旋试样测定的 Pb-Sb 系的铸造流动性见图 5.31。结晶范围越宽，流动距离越短。纯金属和共晶合金充型能力相对较好。

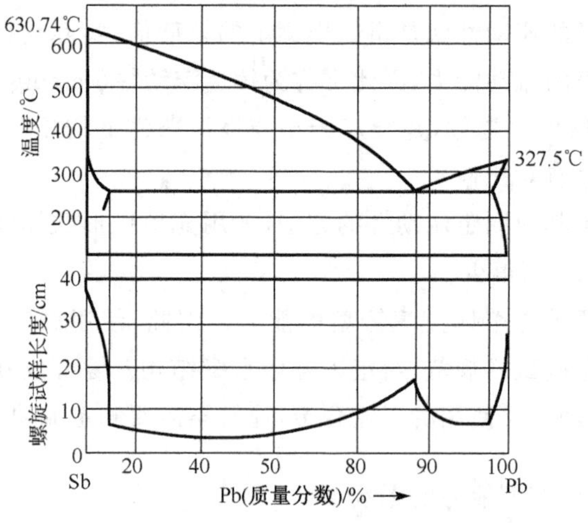

图 5.31　Pb-Sb 系合金的铸造流动性，上图为相图[19]

案例 5.20　Al-Si 系的流动性

Al-Si 系的铸造流动性见图 5.32。含 Si 量不超过共晶点时，成分对充型能力的影响符合一般规律(案例 5.19)。过共晶区结晶温度范围逐渐扩大，在一定范围内充型能力继续增大。其原因有二：一是 Si 相的结晶潜热大(141×10^4 J/kg，约为 α 相的 3 倍)[3]；二是初生相为非金属 Si，它不是枝状晶，而是比较规整的块状晶体，而且机械强度较低，不形成阻碍流动的网络，有利于潜热作用的发挥。

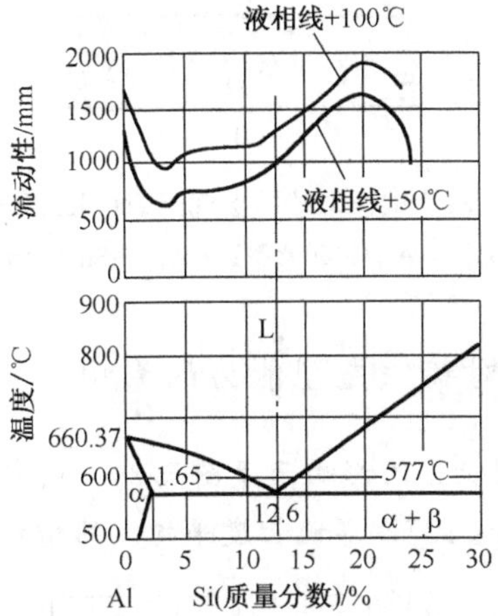

图 5.32　Al-Si 系的铸造流动性，下图为相图[3]

案例 5.21　液态金属停止流动机理的研究[44]

研究了 99.99%Al 和 Al-5%Sn 两种液体金属的流动性，试样纵剖面的宏观组织见图 5.33。纯铝是柱状晶。开始结晶后，熔体在柱状晶构成的热流槽内流动，加上释放的结晶潜热，使冷却速率下降。流动性试样末端有缩孔，表明停止流动时，末端仍有熔体。说明停止流动的原因是末端前的某处被堵塞，其原因是从型壁向中心生长的柱状晶相互接触。纯金属、结晶温度范围窄的合金和共晶合金停止流动都是这种机制。

Al-5%Sn 是等轴晶，沿流动方向晶粒逐渐变细小，流动性试样末端向外突出，表明熔体温度是沿程下降的。液流前端冷却最快，先于内部开始结晶，当枝晶达到一定数量(固相占 15%～20%)时，前端被阻塞，导致停止流动。大部分释放的结晶潜热不能利用。熔体的充型能力比柱状晶差。结晶温度范围宽的合金停止流动都是这种机制。

此项研究有助于理解合金成分对充型能力的影响(案例 5.19)。

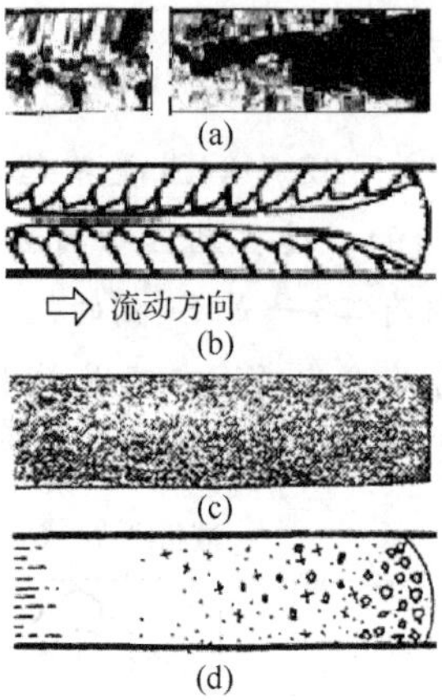

图 5.33　流动性试样末端的宏观组织(Flemings,1964 年)

(a)99.99%Al;(b)示意图;(c)Al-5%Sn;(d)示意图

案例 5.22　浇注温度对铸铁充型能力的影响

浇注温度对铸铁充型能力的影响示于图 5.34。研究表明,对断面为 $50mm^2$ 的螺旋试样,浇注温度每提高 10℃,螺旋长度平均大约增加 4cm[43]。

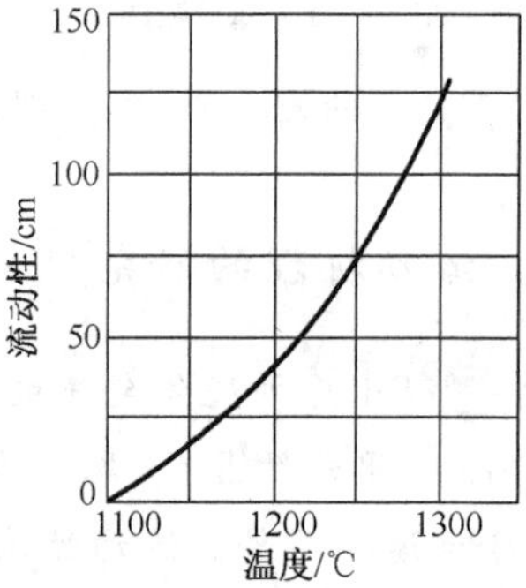

图 5.34　浇注温度对铸铁充型能力的影响(螺旋试样;Гиршович,1949 年)

5.4.5　铸型条件对充型能力的影响

熔体充满铸型能力受熔体的流动性、铸型条件和浇注条件三个因数影响。所有减小降温速率与流动阻力,加大压头的因素都有利。这些因素主要取决于浇注条件和铸型条件。浇注条件包括浇注温度(熔体过热程度)、速度和压头高度。铸型条件影响流动阻力和散热条件,包括铸件结构、导热能力、预热温度、透气性、与熔体的湿润角和铸型表面性质(光洁度)。

薄壁铸件，如壁厚小于 10mm 的铸钢件和小于 5mm 的铸铁件就要考虑其充型能力问题。壁厚 2～3mm 的薄壁铸件，充型能力可能成为主要矛盾。充型能力不足，可能导致两股熔流接合不足或型腔未被充满，铸件会产生**冷隔**与**浇不足**缺陷(图 5.35)。

图 5.35　精密铸造铸件的浇不足缺陷(箭头示)[45]

汽轮机叶片，ZG2Cr 13，未清理，未切除内浇道

在砂型的型砂颗粒间隙、狭窄型腔和棱边处，表面张力是影响流动能力的重要因素。流道尺寸大于 3mm 后，表面张力的作用就显著减小[46]。铸型和熔体之间构成的接触角 θ 是反映界面张力影响的一个参数。

金属铸造选用造型材料的条件之一是与液体金属相互不湿润，防止液体渗入砂粒间孔隙，形成铸件表面**黏砂**缺陷(称为**机械黏砂**)。如果液体金属与造型材料还发生化学反应，情况将更加复杂(称为**化学黏砂**。)图 5.36 为表面黏砂例子，与不黏砂的同一铸件(改变造型材料)对比(图 7.29)，可以更清楚地看到黏砂对铸件表面光洁度的影响。

图 5.36　铁道车辆侧架(铸钢件，未切除浇注系统)，水玻璃砂型铸造，

在整个铸件表面熔体都渗入铸型

另外，由于液体金属与铸型材料互不湿润，表面张力将阻碍充填狭窄型腔和棱边时的流动，必要时需要提高压头(案例 5.23)。同理，对于砂型，当压头超过临界值，液体金属将深入铸型形成黏砂。在处理易氧化金属液体的流动问题时，表面氧化膜的作用相当于大量增大表面张力，氧化膜越厚，强度越大，增大量可达

2～3倍以上。例如,铝的氧化膜具有约 20MPa 的抗拉强度,相当于 1.96N/m 的表面张力。在用铝脱氧的钢和高铬钢液中,都能观察到氧化膜的影响[39,47]。

一个相反的例子是粉末冶金中的液态烧结过程,该工艺要求液相深入颗粒间隙,液相与颗粒相互湿润(8.3.2 节)。

案例 5.23 充填狭窄型腔临界压头计算[40]

在充填极薄壁铸件和防止熔体渗入砂型孔隙形成黏砂时,要考虑的主要因素是表面张力产生的压力(图 5.37)。设熔体与铸型润湿角为 θ,熔体表面张力为 γ,密度为 ρ,狭窄型腔(孔隙)半径为 r,表面张力产生的压力与熔体的静压力平衡,得

$$2\pi r\gamma\cos\theta = \pi r^2\rho g(H-h)$$

$$h = H - \frac{2\gamma\cos\theta}{r\rho g} \tag{5.43}$$

式中,$\frac{2\gamma\cos\theta}{r\rho g}$ 就是临界压力。当压头超过它时,熔体开始进入狭窄型腔(孔隙)。

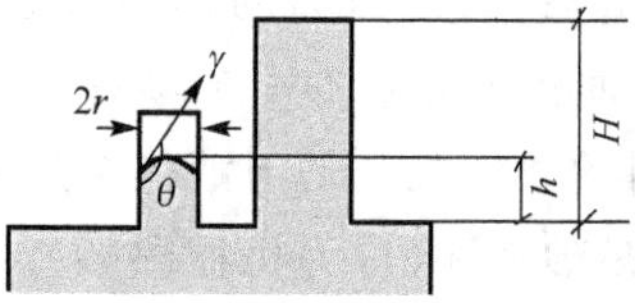

图 5.37 充填狭窄型腔临界压头计算(Рыжиков,1961 年)

5.5 半固态熔体的流变行为

通常的充型过程都是在液态下进行。当熔体内枝晶达一定数量时,固相占 15%～20%,熔体就丧失流动能力(案例 5.21)。如果控制合金的初生相生长形态,获得近似球形的非枝晶组织,这种部分凝固的金属直至含 50%固体仍保持低黏度,其流动特点类似泥浆,具有流变性质,流动性较好[48]。这种半固态熔体的凝固组织示于图 5.38,图中白色球块是制备半固态熔体时先凝固的非枝状晶体[49]。

这种状态的金属被称为**半固态浆料**(semisolid slurry[49],stir-cast slurry[50])或**糊状金属**[51]。获得这种组织的常用方法是对熔体进行强力搅拌,施加切应力。

反映流变性质的参数是变形过程中的动力黏度(案例 5.24),其值主要受固相比例和尺寸的影响。测定熔体**表观黏度**(apparent viscosity),是研究流变性质的主要方法。浆料中晶体的球化程度越高,表观动力黏度越小[48]。

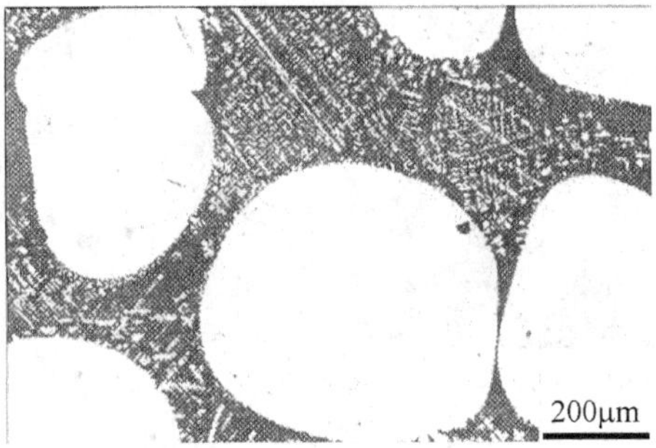

图 5.38　Al-6.5%(质量分数)Si 合金半固态浆料的金相组织(Moon,1990 年)

在速度 $180s^{-1}$ 和固相分数 0.4 条件下恒温剪切 2h,剪切后保温 24h,白色球块是浆料中固态物质

案例 5.24　半固态 Al-4.5%Cu-1.5%Mg 合金的流动性

实验测定了 Al-4.5%Cu-1.5%Mg 合金的表观动力黏度,其值取决于冷却速率和剪切速率(图 5.39)。减小冷却速率或增大剪切速率,都加速枝晶生长球化,表观动力黏度都减小[见图 5.40(c)]。控制这两个参数,可以在 50% 固体状态仍保持低黏度,具有较好的流动性。[49]

已经对 Sn-15%Pb、Al-Cu、Al-Si、Al-Pb、Al-Ni、Bi-Sn、Al-Zn、Zn-Al、铜合金、铸铁、镍基高温合金、不锈钢和低合金钢等材料进行过研究,它们均表现出相同的流变学特性[51]。

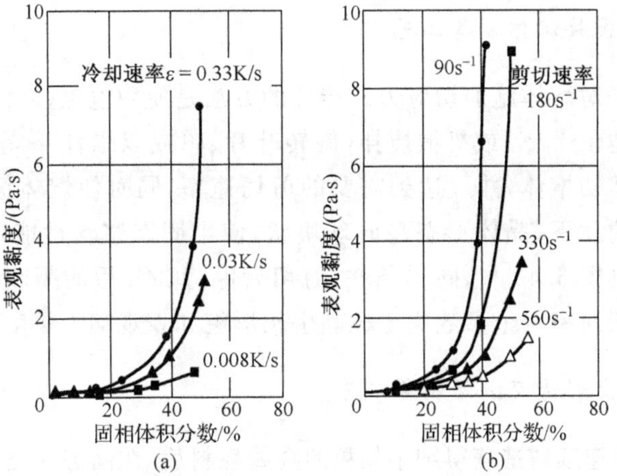

图 5.39　半固态 Al-4.5%Cu-1.5%Mg 合金表观动力黏度(Flemings,1991 年)

(a)剪切速率 = $330s^{-1}$;(b)冷却速率 = 0.03K/s

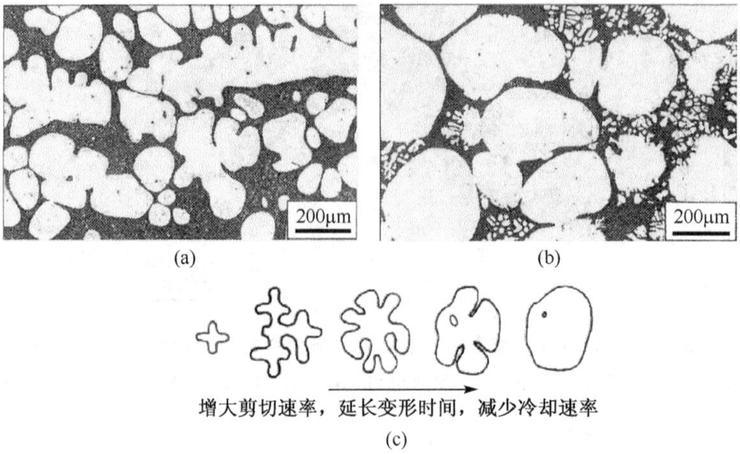

图 5.40　凝固过程存在强烈搅拌时枝晶形态变化(白色球块是浆料中固态物质)
(a)Al-6.5%Si 合金，以 0.075K/s 冷速连续冷却，固相分数达到 0.52 时停止搅拌；(b)在速度 $180s^{-1}$ 和固相分数 0.4 条件下恒温剪切 2h(Moon，1990 年)；(c)在凝固过程中进行强烈搅拌时晶体形貌变化示意图(Flemings，1991 年)

5.5.1　半固态金属浆料的制备

可通过综合控制冷却速率、晶粒细化与液相流动等，获得含有理想的非枝状先凝固晶体的半固态浆料，还开发出搅拌熔体、变形诱变等工艺方法。

5.5.1.1　搅拌熔体制备工艺

常用方法是对熔体施加切应力。传统的方法是使用电磁(6.5.3.2 节，在实际应用中占主导地位[52,53])或机械搅拌(旋转叶片、单或双螺杆[54]等)。从凝固开始就施加切应力剪切熔体，并且达到需要的剪切速率，同时使熔体缓慢冷却[48]。在凝固初期强力搅动下，晶体形态趋向球块状，使半固态浆料性能符合要求。搅拌过程结构变化见图 5.40[49]，同样条件，剪切后保持 24h 后的凝固组织见图 5.38。冷却速率和剪切速率两个参数决定枝晶生长形貌和表观动力黏度(案例 5.24)。

5.5.1.2　变形诱变激活制备工艺

使用常规的连续铸造获得细小晶粒的金属坯料后，在固态回复再结晶温度范围进行大变形量的热态挤压，通过变形破碎铸态组织，然后再施加少量冷变形，在坯料内储存部分变形能量。坯料被迅速加热到固液两相区并适当保温，其凝固晶体具有球状形貌，成为具有触变性的半固态坯料，这种工艺被称为变形诱变激活制备工艺(strain-induced melt activation process，**SIMA**)[52,53]。案例 5.25 是一个实例。

5.5.1.3　不使用搅拌直接获得半固态浆料或坯料

基本原理是在接近液相线附近的温度进行浇注，并且控制低的凝固速率，获得初生相为球状的半固态浆料，因而被称为**低过热度浇注法**或**控制形核法**等[52,53]。一种途径是让浇注的熔体流过倾斜板后再进入铸型，可以获得半固态浆料，称为**倾斜板冷却体法**，或用斜(转、直)管代替斜板[55]。基本原理是流槽的激冷有利于形核，流动枝晶与液体的冲刷、碰撞与剪切有利于初生相的细化与球化。

此外，还开发了超声振动等其他方法[52]。

5.5.2　半固态浆料成型技术

半固态成型(semi-solid forming)也被称为**半固态冶金**(semi-solid metallurgy)[53]。半固态浆料在压力下成型(压力铸造或液体冲压)，称为**流变铸造**(rheocasting，stir-cast)。这种方法的主要优点是降低浇注温度，由此显著减少热冲击和凝固时间，从而降低金属铸型的磨损，提高生产率和减少铸件缺陷，导致减少铸件的缩孔、偏析和热裂，提高力学性能。这对利用金属型铸造高熔点的铜基和铁合金特别有意义[56]。

改进的工艺方法是用流变铸造预制原料，如棒料。当它再次被加热至设定的半固体状态(如 50%固体分数)，在受到剪切力时，将具有流动能力，在压力下可以成型。材料这种性能称为具有**触变性**(thixotropic)。相应工艺有**触变铸造**(thixocasting)[56]和**触变锻造**[52]。这种工艺为流变铸造工业化创造了条件。案例 5.25 就是一个应用举例。

案例 5.25　半固态触变成型角框件[57]

使用半固态触变成型工艺，制造 Mg-9Al-0.15Mn-Zn 镁合金角框件(图 5.41)。使用铸坯经过**等径道角挤压工艺**(equal channel angular pressing)细化晶粒后，加工成直径为 56mm、高为 50mm 的坯料。合金的液相线和固相线温度分别为 595℃和 470℃。

使用的工艺参数：模具预热温度为 400℃，坯料的二次加热温度为坯料达到预定固相分数的温度，取 560℃，保温 20min，压力 2000kN，保压 40s。制件充型与表面质量均良好。

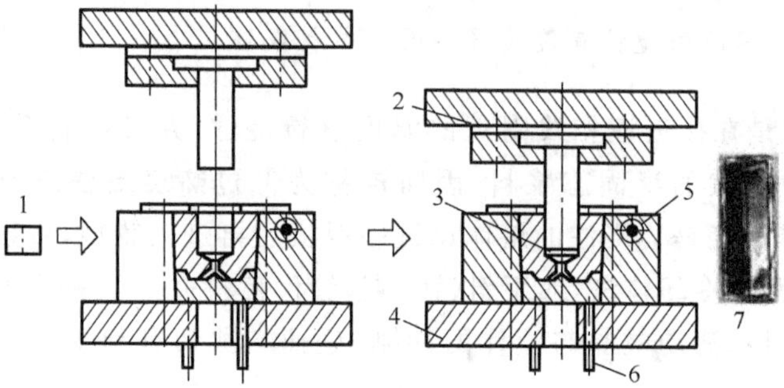

图 5.41　半固态触变铸造过程示意图

1. 半固态铸造坯料；2. 冲头；3. 制件；4. 热冲压模；5. 电加热器；6. 顶杆；7. 触变成型的角框件

参考文献

[1] Lapple C E, Shepherd C B. Calculation of particle trajectories. Industrial and Engineering Chemistry, 1940, 32:605-617.

[2] Szekely J. 冶金中的流体流动现象. 彭一川，译. 北京：冶金工业出版社，1985:2，4，65-67，259-261，324，348，366.

[3] 李庆春. 铸件形成理论基础. 北京：机械工业出版社，1982:12，19，41-43.

[4] Hodgman C D, Weast R C, Selby S M, Handbook of Chemistry and Physics. 37th ed. Cleveland: Chemical Rubber Publishing Co., 1955:466，512，624.

[5] 曲英. 炼钢学原理. 北京：冶金工业出版社，1980:225.

[6] Peoyer M E. Electroslag remelting: A review of electrical and electrochemical aspects. Journal of The Institute of Metals, 1972, 100:97-106.

[7] Левич В Г. 物理-化学流体力学. 戴干策，陈敏恒，译. 上海：上海科学技术出版社，1965:382.

[8] McDonald R J, Hunt J D. Fluid motion through the partly solidified zone of a casting and its importance in understanding A type segregation. Transactions of the Metallurgical Society of AIME, 1969, 245:1993-1997.

[9] Copley S M, Giamei A F, Johnson S M, et al. The origin of freckles in unidirectionally solidified castings. Metallurgical Transactions, 1970, 1:2193-2204.

[10] Sarazin J R. Buoyancy driven convection and channel segregation during solidification in metallic, aqueous and organic systems[Ph. D. Dissertation], 1990:1.

[11] 方大成. 糊状区内浮力驱动对流与流道形成机构的研究. 大连理工大学学报，1991，31:411-417.

[12] VerSnyder F L, Shank M E. The development of columnar grain and single crystal high temperature materials through directional solidification. Materials Science and Engineering, 1970, 6:213-247.

[13] Sarazin J R, Hellawell A. Channel formation in Pb-Sn, Pb-Sb, and Pb-Sn-Sb alloy ingots and comparison with the system NH_4Cl-H_2O. Metallurgical Transactions, 1988, 19A: 1861-1871.
[14] Andrews K W, Gomer C R. Use of radioactive isotopes in solidification studies of steel. The solidification of metals. London: The Iron and Steel Institute, 1968: 365.
[15] 沈厚发,张涛,方大成. 大钢锭A型偏析的模拟研究. 铸造, 1993, 12: 9-13.
[16] Moore J J, Shah N A. Mechanisms of formation of A- and V-segregation in cast steel. International Metals Reviews, 1983, 28: 338-355.
[17] Winegard W C. Transactions of the American Foundrymen's Society, 1953, 61: 352.
[18] Rowley M T. International atlas of casting defects. Schaumburg: American Foundrymen's Society (Incorporated), 1974: A311, Fig. 32, G113, Fig. 227.
[19] Спасский А Г. Основы литейного производства. Москва: Метллургиздат, 1950: 37, 41, 59, 69, 272.
[20] 方大成,程骥,黄其瑞,等. 铝锰黄铜中铁的偏析及其对铸件结晶组织的影响. 大连工学院学报, 1980, 19: 99-104.
[21] 方大成. 铝锰黄铜中铁的宏观偏析的形成与防止. 特种铸造及有色合金, 1989, 3: 2-6, 30.
[22] 725研究所. 电子探针相成分分析记录, 1975, 5.
[23] Muller G, Neumann G. Suppression of doping striations in zone melting of InSb by forced convection on a centrifuge. Journal of Crystal Growth, 1982, 59: 548-556.
[24] Carlberg T, Fredriksson H. The influence of microgravity on the solidification of Zn-Bi immiscible alloys. Metallurgical Transactions, 1980, 11A: 1665-1676.
[25] Flemings M C, Nereo G E. Macrosegregation, part I. Transactions of the Metallurgical Society of AIME, 1967, 239: 1449.
[26] Аравин В И, Нумеров С Н. 滤流理论. 王仁东, 译. 北京: 高等教育出版社, 1958: 39.
[27] Ganesan S, Poirier D R. Conservation of mass and momentum for the flow of interdendritic liquid during solidification. Metallurgical Transactions B, 1990, 21B: 173-181.
[28] Beckermann C, Viskanta R. Natural convection solid/liquid phase change in porous media. International Journal of Heat and Mass Transfer, 1988, 31: 35-46.
[29] Bennon W D, Incropera F P. A continuum model for momentum, heat and species transport in binary solid-liquid phase change systems-1. Model formulation. International Journal of Heat and Mass Transfer, 1987, 30: 2161-2170.
[30] Felicelli S D, Heinrich J C, Poirier D R. Simulation of freckles during vertical solidification of binary alloys. Metallurgical Transactions B, 1991, 22B: 847-859.
[31] Neilson D G, Incropera F P. Unidirectional solidification of a binary alloy and the effects of induced fluid motion. International Journal of Heat and Mass Transfer, 1991, 34: 1717-1732.
[32] Mehrabian R, Keane M, Flemings M C. Interdendritic fluid flow and macrosegregation; Influence gravity. Metallurgical Transactions, 1970, 1: 1209-1220.

[33] Prescott P J, Incropera F P. Numerical simulation of a solidifying Pb-Sn alloy: The effects of cooling rate on thermosolutal convection and macrosegregation. Metallurgical Transactions B, 1991, 22B:529-540.

[34] Ni J, Beckermann C. A volume-averaged two-phase model for transport phenomena during solidification. Metallurgical Transactions B, 1991, 22B:349-361.

[35] 柳百成,沈厚发,许庆彦. 凝固过程宏观偏析与微观组织数值模拟进展//香山科学会议第211次学术讨论会论文集，北京,2005:55-67.

[36] 方大成,姚曼,沈厚发,等. 薄板坯连铸中间罐工艺参数的水模拟研究,1991.

[37] Рабинович Б В. Предмет и задачи гидравлики расплавов//Академии Наук СССР. Гидродинамика расплавленных металлов. Москва: Издательство Академии Наук СССР, 1958:19,25,37,39.

[38] Beeley P R. Foundry Technology. London: Butterworths,1972:17,25.

[39] Briggs C W. The Metallurgy of Steel Castings. New York: McGraw-Hill, 1946: 265-267,173.

[40] Рыжиков А А. Технологические основы литейного производства. Москва: Машгиз, 1961: 12,394.

[41] Trautwein A, Anderes G, Helg H R. Whirl runners for the pouring of large steel castings. Transactions of the American Foundrymen's Society, 1976, 84:141-146.

[42] Jeancolas M, Devaux H, Graham G P. British Foundryman, 1971, 64:141-154.

[43] Гиршович Н Г. Чугунное литье. Москва. Металлургиздат, 1949:139,144.

[44] Flemings M C. Fluidity of metals-techniques for producing ultra-thin section castings. The British Foundryman, 1964, 57:312-325.

[45]《特种铸造手册》编写组. 特种铸造手册(上册). 北京:机械工业出版社, 1983:281.

[46] Flemings M C. Solidification Processing. New York: McGraw-Hill, 1974:220-221.

[47] 陶令恒,荣科,孙凯南,等. 有色金属铸造原理. 北京:机械工业出版社,1960:49.

[48] Spencer D B, Mehrabian R, Flemings M C. Rheological behavior of Sn-15 pct Pb in the crystallization range. Metallugical Transactions,1972, 3:1925-1932.

[49] Flemings M C. Behavior of metal alloys in the semisolid state. Metallurgical Transactions, 1991, 22B:269-293.

[50] Lee H L, Doherty R D, Feest E A, et al. Structure and segregation of stir-cast aluminium alloys//Solidification Technology in the Foundry and Casthouse. London: The Metals Society,1983:119-125.

[51] 周尧和,胡壮麒,介万奇. 凝固技术. 北京:机械工业出版社,1998:138.

[52] 毛卫民. 半固态金属铸造//柳百成，黄天佑. 中国材料工程大典. 北京:化学工业出版社, 2005:341-345,351.

[53] Lukasson M, Apelian D, DasGupta R. Alloy characterization for the new UBE rheocasting process. Transactions of the American Foundrymen's Society, 2002, 110:271-284.

[54] 李东南，范新风，罗吉荣．螺杆结构和类型对半固态镁合金浆料质量的影响．特种铸造及有色合金，2006，26:487.
[55] 杨小容，毛卫民，裴胜．直管浇注法制备半固态坯料的研究．特种铸造及有色合金，2008，28:186-188.
[56] Flemings M C. Structure control in cast metals// Burke J J, Flemings M C. Solidification Technology. Chestnut Hill: Brook Hill Publishing Company, 1974:4-14.
[57] 姜巨福，罗守靖．半固态触变成形 AZ91D 镁合金卫星角框件．特种铸造及有色合金，2004，4:34-37.

第6章　凝固组织及其控制

凝固组织指凝固后冷却到室温，不经后续热加工或热处理的组织，通常又称为**铸态组织**。凝固条件不同，其组织可能差异很大，从晶态到纳米晶、微晶、准晶或非晶。

结晶材料的组织的主要特征通常包括两方面。一是**晶粒**(grain)组织，包括其尺寸、形状和取向，二是**亚结构**(substructure)，包括合金元素的分布与状态、枝晶结构，它们都取决于凝固条件。

材料成分确定以后，性能取决于它的组织。金属铸锭可以通过后继压力加工改变组织和位错密度，而铸件的凝固组织很难改变，特别是对不进行后继热处理的铸件更是如此。研究通过控制凝固过程取得优异的材料性能，是一个十分活跃的领域。本章将阐明如何应用前面讨论过的有关理论，去理解、分析和控制凝固组织，提高铸态组织和性能。

金属、Al_2O_3这类材料凝固组织通常是晶态的。本章重点放在金属，陶瓷材料的凝固问题见第8章。

6.1　晶粒组织

除Cu、Ag 、Au、矿物的天然单晶体和用特种工艺获得的非晶态与单晶外，凝固组织通常是多晶体，它由尺寸不同的小晶体组成。这些小晶体从不同的晶核长大，它们的形状、尺寸和取向都不相同。这些小晶体称为**晶粒**。凝固金属晶粒的直径尺度从大约0.25mm到几个毫米。晶粒的概念是了解凝固组织及其控制的基础，是金属组织结构最重要的概念之一。

对于单相合金，凝固时形成的晶粒在冷却过程中不再发生相变。

常见的多相合金有两种类型。其一是以一个相的晶粒形成基体，这个相通常是固溶体，其他相是在凝固或随后冷却过程时形成的，它们以分散的小晶体形态散布在基体上。图6.1所示高强度铝黄铜是一个典型例子，它的凝固过程见案例3.38。图6.1(a)所示为凝固后的微观组织，在β初次晶晶粒内，散布有固态析出的白色针状α相和黑点状或枝状富铁相。富铁相是非平衡凝固，包晶反应进行不完全的残留物。β晶粒的立体形态见图6.1(b)，这是把试样加热到固相线附近进行冲击后的状态，以便清楚地看见晶粒颗粒。由于高温时晶界是薄弱环节，晶粒沿晶界开裂松散，图中可见晶粒间黑色裂缝。图 6.1(c)显示凝固结束前晶粒的形貌，这是微粒试样在接近固相线温度时的液淬组织，在以枝状方式生长的晶粒之间是液相的淬火组织。

图 6.1　铝黄铜 Cu67Zn24Al5Mn2Fe2 晶粒组织，$FeCl_3$ 盐酸水溶液浸蚀

(a)微观组织(铸态)；(b)晶粒立体形态(未浸蚀)；(c)凝固终结前状态(L 为液相)

另一种类型是两相混合共同生长的共晶晶粒(共晶团)或共析晶粒。对亚共晶和过共晶合金，在先凝固相剩余的空间进行共晶，共晶晶粒构成基体或围绕初生相生长。由于有较好的生长空间，初生相可以呈现其结晶特性的形貌，固溶体是枝状晶，**中间相**(intermediate phase)有针状、板条状和羽毛状等。铁碳系晶粒组织是典型例子(案例 6.1)。

由于冷却过程固态相变的影响，凝固时形成的某些相在室温不复存在，但是，固态相变经常在初生相晶体内进行，初次晶晶粒周界微观偏析与杂质的影响通常很难消除，从而使初生相外形得以保持，通过蚀显技术，常可以观察到这些周界。

案例 6.1　铁碳系平衡凝固时晶粒的形成

1)Fe-0.77%C 合金(图 6.2 中合金①)，$L\rightarrow\gamma\rightarrow\alpha+Fe_3C$

这是一个单相凝固的共析合金。由于固态相变，最终形成多相合金。在低于液相线温度下，形成单一的 γ 相，它通常以枝状晶方式长大。γ 在 727℃ 共析转变，通常在 γ 晶粒周界成核，形成层片状 $\alpha+Fe_3C$，称为珠光体。珠光体仍然以晶粒形式存在，称为**珠光体团**或**珠光体晶粒**。每个珠光体团内层片的取向基本相同。图 6.3(a)为蚀显后的共析钢的平衡组织，图 6.3(b)给出 1.15%～1.24%C

过共析钢的高温退火组织。沿奥氏体晶粒周界析出的网状分布碳化物，清楚地勾画出共析前 γ 晶粒。从图中可以看到在一个原 γ 晶粒内，可以形成几个珠光体团。

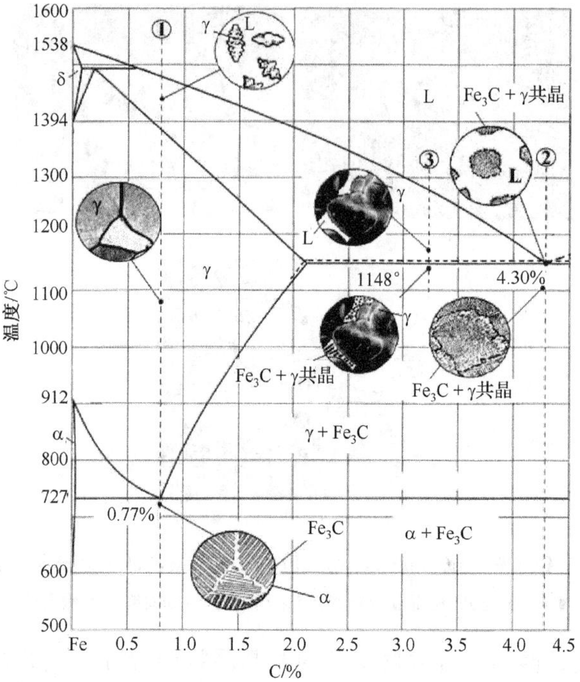

图 6.2　铁碳合金凝固过程示意图

实线为 Fe-Fe_3C 系(亚稳定)，虚线为 Fe-石墨系(稳定)

图 6.3　钢的退火组织[1]

(a)T8A 共析钢，完全退火处理，4%硝酸乙醇溶液浸蚀，片状珠光体；(b)T12 钢，4%苦味酸乙醇溶液浸蚀，800℃加热保温后随炉冷却，共析珠光体＋网状碳化物

2) Fe-4.30%C 合金(图 6.2 中合金②), L→γ+Fe_3C 共晶(莱氏体)→α+Fe_3C

在 Fe-Fe_3C 系,这个材料称为共晶白口铸铁。γ与 Fe_3C 在 1148℃共晶凝固,形成共晶晶粒。冷却时,二次 Fe_3C 依附于共晶 Fe_3C 析出,在 727℃时,γ发生共析反应,在室温形成由白色基体 Fe_3C 和黑色的粒状或条状分布的珠光体构成的机械混合组织。共晶团形态不变。从图 6.4 可见明显的共晶晶粒界面。

3) 亚共晶铁碳合金(图 6.2 中合金③), L→γ+L→γ+莱氏体(γ与 Fe_3C 共晶)→α+Fe_3C

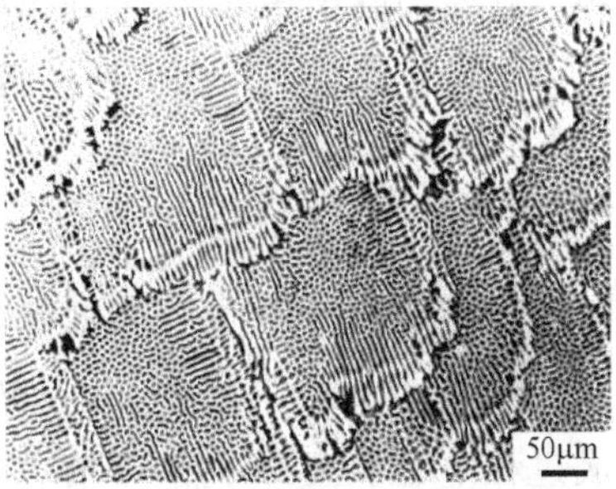

图 6.4　莱氏体共晶晶粒组织[1]

铸态,4%硝酸乙醇溶液浸蚀

在 Fe-Fe_3C 系,这种材料称为亚共晶白口铸铁。在液相线以下,γ先结晶,以枝状方式长大。在 1148℃,γ与 Fe_3C 共晶凝固,共晶晶粒包围着初生γ相生长。随后的固态相变与上述 Fe-4.30%C 合金相似,二次 Fe_3C 依附于共晶 Fe_3C 析出。室温下组织为黑色珠光体分布在共晶莱氏体晶粒组成的基体上,由γ转变的珠光体保持γ的枝状晶形态[图 6.5(a)]。通过蚀显技术,可以观察到基体共晶团。

在 Fe-石墨系,这个材料称为亚共晶灰口铸铁。图 6.5(b)更清楚地显示 C 与γ共晶晶粒在初生γ的空间包围着γ枝状晶生长的机制。灰铸铁共晶团内的石墨分支,可以越过共晶团的边界,伸展至相邻的共晶团内[2]。图中箭头所示为金相观察面,石墨为片状。

过共晶合金有类似的凝固机制。对于 Fe-Fe_3C 系,初生 Fe_3C 相一般呈板状析出。

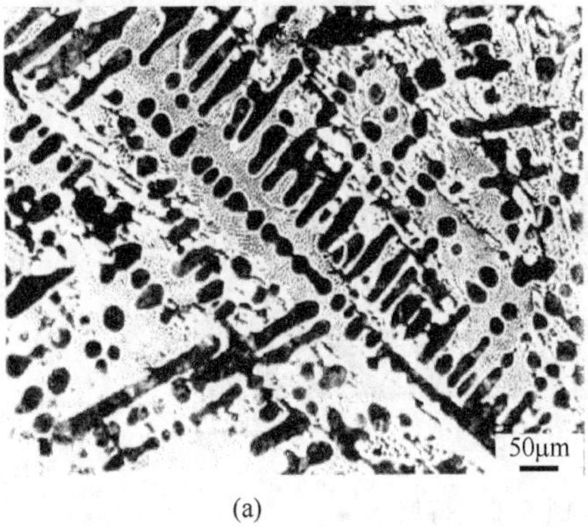

(a)

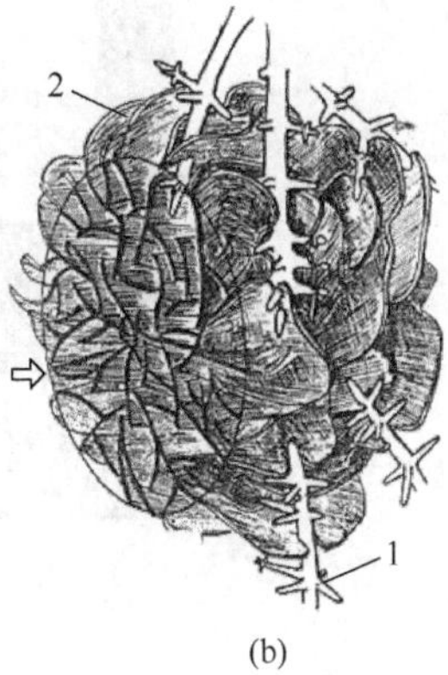

(b)

图 6.5　亚共晶铁碳合金组织(Morrogh,1960 年)

(a) Fe-Fe_3C 系,铸态,4%硝酸乙醇溶液浸蚀[1];(b) Fe-C 系,一个 C(石墨)与γ共晶晶粒示意图。1. γ一次晶;2. 共晶团示意图

6.2 铸态宏观组织

铸态晶粒有**柱状晶**和**等轴晶**两种形态，通常比较粗大。在加工后，经蚀显或不经蚀显，一般可以用肉眼或在低倍下观察，因此晶粒组织称为**宏观组织**或**低倍组织**。从组织结构角度看，宏观组织的两个重要参数是晶粒形状和尺寸。

本节讨论用常规铸造方法获得的铸件和铸锭的宏观组织。

6.2.1 表面激冷层

铸件表层常由很细的等轴晶组成，称为**激冷层**。在铸锭内表现最明显，如图 6.6(b)、(c)所示。它的厚度随铸锭大小而异，最厚可达十几毫米。对流在它的形成过程中起了主要作用，不存在对流就不存在这一区域[3]。基于对 Sn-10%Bi 合金凝固的直接观察，对它的形成机制作出形象的描述：浇注后型壁的激冷导致形成细胞状晶体，液相的流动使它们脱落，游离的晶体在密度差驱动下沿型壁运动，部分小晶体受到冷却而被型壁“捕捉”，形成等轴的激冷层[4]。激冷层壳的收缩导致形成与模壁间的气隙，结晶释放的潜热阻止了液体进一步冷却，激冷层的形成即被终止。激冷层可能很薄，如图 6.6(a)所示。薄壁件不明显以至观察不到。

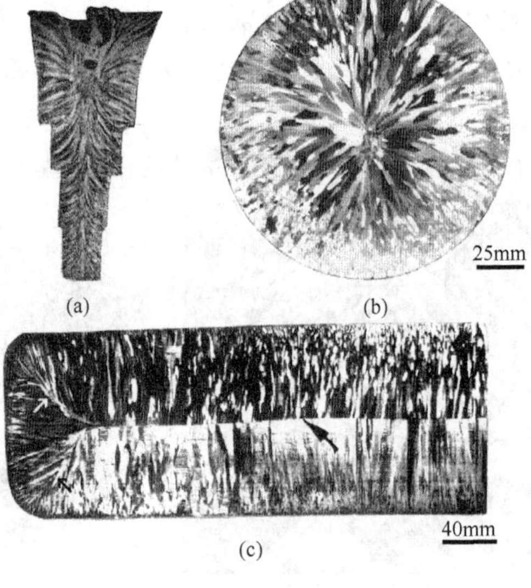

图 6.6 铸锭

(a)18%Cr-8%Ni 不锈钢，无明显激冷层[5]；(b)Cu-7%Al 铝青铜半连续铸锭，40%硝酸水溶液浸蚀[1]；(c)二号铜(T2，Cu+Ag≥99.95%)，金属型浇注扁锭剖面，140mm×740mm，40%硝酸水溶液浸蚀，有激冷层[1]

6.2.2　柱状晶

柱状晶由带方向性的柱状晶粒组成(图 6.6)。由于向与散热方向相反的方向生长,因此常近似与型壁垂直,通常与激冷层相连[图 6.6(b)、(c)]。柱状晶是以枝状晶方式长大(图 6.7)[6],枝晶以柱状晶主轴为一次臂,按分支确定二次、三次臂,依次类推。

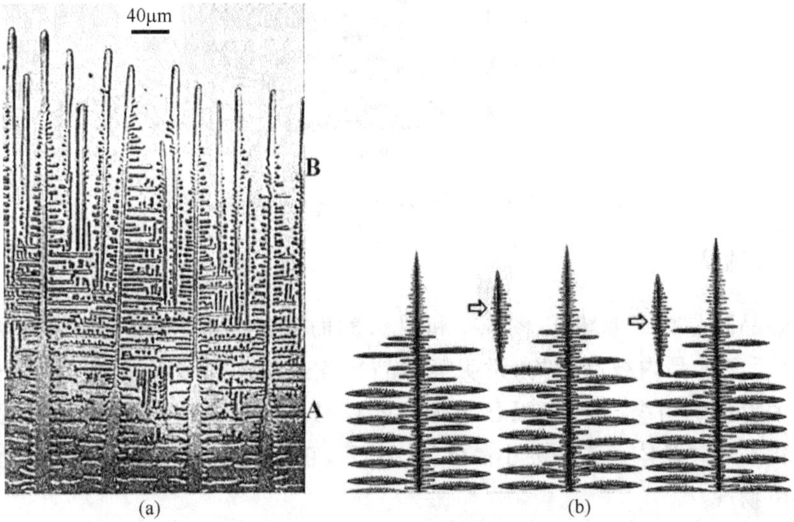

图 6.7　从二次枝晶臂形成新的一次臂

(a)加入水杨酸苯酯(salol)的四溴化碳(carbon tetrabromide)的枝晶,从 A 到 B 区间生长速率加快(Jackson、Hunt、Uhlmann 和 Seward,1966 年);(b)示意图,箭头示三次晶臂快速生长而转变为一次晶臂

用**择优生长**(preferred growth direction)解析柱状晶生长的机制[7]。激冷层形成的微晶具有杂乱的方向。晶体在不同方向的生长速率是不同的。有利的生长方向垂直型壁时与热流方向相同,这种微晶能迅速成长,它们领先占据了生长空间,结合起来构成凝固前沿,如图 6.8 所示。柱状晶成集束地向液相区生长,直至前方形成独立长大的晶体,足以阻止它的生长为止,结果构成接触区域。此接触区最易有低熔点的杂质富集,是性能薄弱部位,如图 6.6(c)箭头所示。柱状晶区晶体性能呈现方向性,它的枝晶的分支少,凝固后的显微缩松与杂质较少,组织致密。

柱状枝能够在生长过程中调整一次臂间距[8]。距离很近时,生长慢的将被淘汰(图 6.8)。距离过大时,由于前方浓度更适宜生长,某三次晶臂将快速生长而转变为一次晶臂。在对透明物质的研究中观察到这种现象,图 6.7(a)显示 4 个柱状晶一次臂发展为超过 10 个一次臂。

受热流方向和流动的影响，柱状晶取向不一定垂直于型壁[图 6.6(a)]，形态各异。对大型钢锭也细分成柱状晶(columnar dendrites)和分支柱状晶(branched columnar dendrites)两种形态(图 5.8)，但通常统称为柱状晶区。

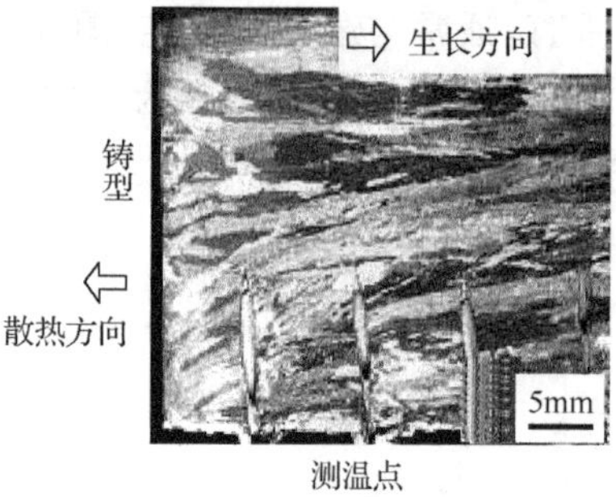

图 6.8　择优生长机制(Al-4.5%Cu 单向凝固铸锭)

6.2.3　等轴晶

等轴晶因晶粒近似球形(图 6.1 和图 6.3)而得名。图 6.9 是利用晶内成分差异，蚀显后显示晶内枝晶结构，说明等轴晶是各个晶体同时以无方向性的枝状晶方式长大形成的组织。图中 Al 固溶体 α 晶粒晶界上有 $Al_{12}CuMn_2$ 相和白亮色的 Al_2Cu 和 α 的共晶体。镶嵌的小晶体是 Al_3Ti，它是 $L+Al_3Ti \rightarrow \alpha$ 包晶转变不完全的残留物[1]。

等轴晶晶体性能不呈现方向性，在晶粒周界形成微观偏析和微观缩松，相对柱状晶来说，其组织不够致密。

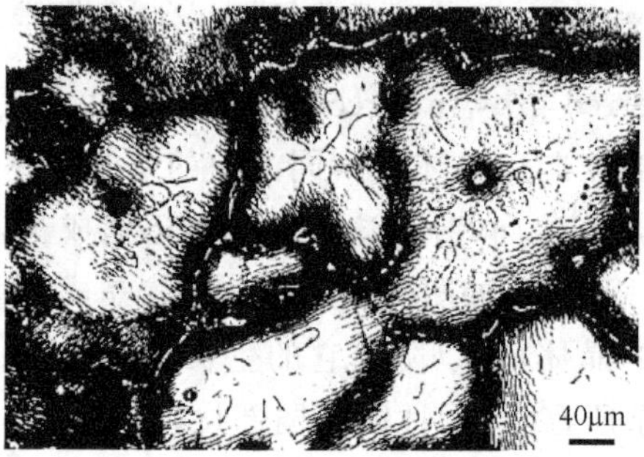

图 6.9　AlCu5Mn 铝合金铸态组织[9]

合金含 0.35%Ti，电解抛光

6.2.4　混合组织

晶粒组织可能是单一柱状晶或等轴晶，同一铸件不同壁厚会导致晶粒形态差异和粗细不等。铸锭和厚壁铸件常是它们的混合组织(案例 6.2)。

案例 6.2　大型钢锭的铸态组织与宏观偏析

大型钢锭的宏观偏析与铸态结构密切相关，它是大型锻件宏观偏析的根源。为了掌握其溶质元素的分布、组织不均匀性和凝固缺陷，对一个质量为 55t 的 34CrMo1A 合金钢锭进行解剖分析[10]。炉前分析钢液化学成分为：0.33%C、0.52%Mn、0.27%Si、0.015%P、0.008%S、0.96%Cr、0.45%Mo。沿钢锭轴线纵向剖开，对剖面作硫印检查。从外表面至中轴取样化学分析，用冷酸蚀法显示低倍组织。如同前面讨论的螺旋桨解剖案例，这是一项费用很高的研究。

图 6.10 给出检验结果。对位于锭身上部（冒口端）的Ⅰ区，距边缘 40～50mm 范围为细等轴晶带，向内 230～285mm 为柱状晶带，柱状晶有向上倾斜的趋势。芯部为等轴晶带，中心严重缩松。

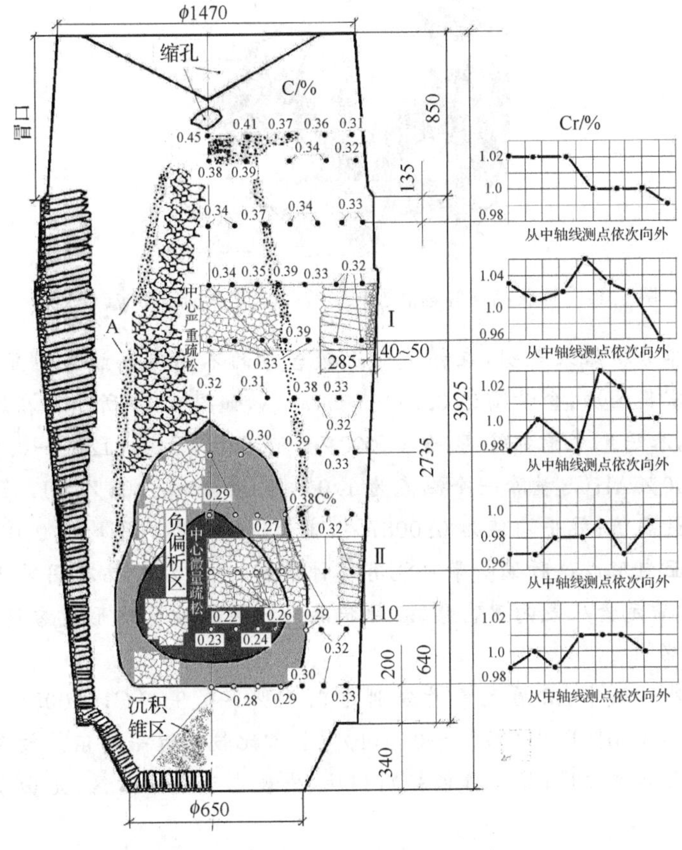

图 6.10　钢锭轴线纵剖面宏观组织与碳的分布

铸锭左半部为示意图，铸锭右半部为分析结果[10]

位于锭身下部(水口端)的Ⅱ区,边缘细等轴晶带较薄,约为 20mm。柱状晶带也较薄,为 90～110mm。芯部为等轴晶带,中心微量缩松。

柱状晶和等轴晶的宏观形貌见图 6.11。这是 20Mn2SiMo 钢 87t 锭锻裂时显露的组织。

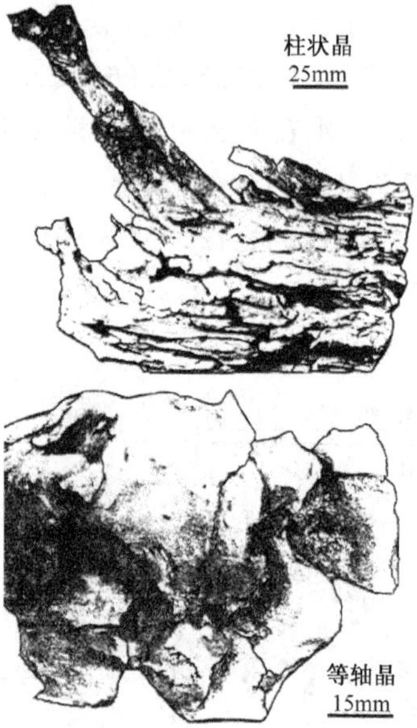

图 6.11 柱状晶与等轴晶宏观形貌(20Mn2SiMo 钢 87t 锭)[10]

取样化学分析结果表明,在横截面上碳含量的不均匀性最为明显,沿铸锭高度出现带状富集区域,含量高达 0.37%～0.39%,如图 6.10 所示。在纵断面这条碳偏析带上,溶质元素量都较高,含 0.008%～0.026%S、0.012%～0.014%P、0.038%～0.050%Al;Cr 量除一个测点为 1.0%外,其余为 1.03%～1.05%,都是同一断面内的最高值;氧平均值为 0.0087%,高于钢锭芯部的平均值 0.0058%。

在纵断面内形成这种偏析带可能有两种机制,一是柱状晶凝固前沿的溶质再分配,造成溶质元素从表向里富集,在柱状晶区的终结处区域形成溶质富集区;二是 A 型偏析带[10]。

偏析带外区域中,溶质元素量分别为 0.31%～0.34%C,0.005%～0.018%S,0.012%～0.020%P,0.037%～0.044%Al,都比较接近平均值。锭身的最大正偏析出现在上部中心区;最大负偏析则相反,出现在下部中心区,是由于晶体的沉积形成的。

硫印检查也出现与化学分析类似的偏析带。硫印照片见图 6.12。从冒口到锭身中部,硫偏析呈断续细带状分布,具有 A 型偏析特征。在中心轴区,自缩孔下方延伸至锭身中部,硫的偏聚很明显,具有 V 型偏析特征。

图 6.12　沿钢锭轴线纵向剖面的硫印照片(A,V-A、V 型偏析)[10]

钢锭中非金属夹杂物主要是氧化物、硫化物、氮化物和硅酸盐夹杂物。氧化物主要分布在钢锭上部(冒口端)和下部(水口端)。硫化物主要分布在冒口下方和上述偏析带附近。硅酸盐主要分布在下部沉锥积区域。氮化物主要是氮化钛。

讨论

(1)大型钢锭内部的偏析还不能避免,在实际生产中,钢锭和锻件的化学成分,以炼钢时炉前分析的结果为准。

(2)大型钢锭模壁厚度与铸锭直径之比较小,钢液量大,降温慢,自然对流剧烈,因此激冷层随钢锭大小不同,激冷层厚常只有几毫米到十几毫米[11]。

(3)大型钢锭冷却缓慢,有利于柱状晶生长。柱状晶向上倾斜,柱状晶区宽度通常为钢锭厚度的 1/6～1/4[11]。

(4)中心等轴晶粒尺寸为 1～10mm[11]。V 型偏析位于轴心区,在本案例中散布在缩孔下方至锭身中部。

(5)大型钢锭底部端由于有夹杂物沉积,不能作为锻件,需切除。对于一般大型碳钢锻件,推荐切除率为 3%～5%,合金钢为 5%～10%[12]。

(6)在此案例中,没有讨论分支柱状晶问题(案例 5.6)。

6.2.5 亚结构

合金元素的分布与状态是一种重要的亚结构。它首先指材料内部成分分布，与此直接相关的是**偏析**问题。晶间的第二相网状物、颗粒相和共晶晶粒内两相的分布和状态也在此范畴。

在前面章节中，已经反复讨论过偏析，在这里，对它做一个小结。金属内部化学成分分布偏离正常的现象称为偏析，这是一种凝固缺陷，包括**微观偏析**(microsegregation)和**宏观偏析**(macrosegregation)两种类型。在凝固组织中，**偏析**(segregation)难以避免。偏析问题与晶粒形态密切相关。晶粒粗大和存在偏析是铸件性能低于锻件的主要原因。

微观偏析指**晶内偏析**和**晶界偏析**，起因于凝固过程溶质再分配。非平衡凝固导致溶质含量在枝晶内形成连续的变化，偏离正常值。同时，低熔点杂质在晶界富集，高熔点杂质在凝固时若被推向液相，也可能在晶界富集。

溶质再分配和液相流动的联合作用，导致形成宏观偏析。在前一章中，已经讨论过重力驱动液相流动引起的**重力偏析**和**通道偏析**都是宏观偏析。

偏析又可以分为**正偏析**(normal segregation)和**负偏析**(inverse segregation)，前者指符合溶质再分配规律的溶质分布，后者则相反，不能用溶质再分配规律解释。

晶周上第二相**网状物是**一个被重视的亚结构问题，它通常使材料变脆，如铸铁内磷共晶(图 6.13)。图中黑色条纹状为石墨，基体为片状珠光体，白色三元磷共晶是后凝相，在一次晶的晶粒周界呈断续网状分布。

图 6.13 中磷铸铁(0.3%～0.5%P)，铸态，4%硝酸乙醇溶液浸蚀[1]

枝状晶形貌是重要的亚结构之一。枝晶臂间溶质富集，构成晶内偏析，并且，由于补缩困难而存在微观缩孔。**枝晶臂间距**(dendrite arm spacing)是一个关于枝晶形貌的指标。间距越小,溶质与微观缩孔分布越均匀,机械性能越高,它对性能的影响比晶粒尺寸更大[13]。

在一个晶粒内主要测量二次枝晶臂间距。通常的方法是随机测定平行其一次臂的分支间的垂直距离。基本原则是反映真实状况,每个枝晶尽可能地测定多个枝晶间距,取它们的平均值。图 6.14 给出例子[14]。

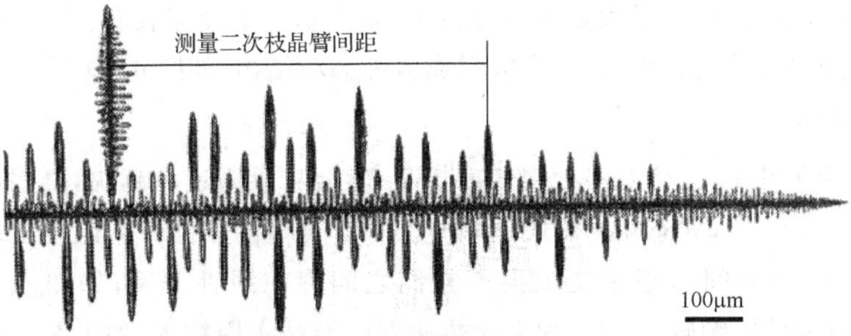

图 6.14　NH_4Cl 枝晶臂从其水溶液中生长(Pilling 和 Hellawell,1996 年)

6.3　影响晶粒组织的因素

在前面章节中已经讨论过,除非极纯的熔体,均质形核是不大可能发生的。在已有界面上,包括异质微粒、壁或晶界,要求低自由能的异质形核是最寻常的方式[15]。核数量是指异质核数量,不论是杂质或故意附加的。工业金属的凝固总是异质形核。

晶粒的形状、尺寸和取向受熔体成分、热流、熔体状况和流动四个因素控制。

6.3.1　成分

成分决定结晶的基本模式,决定相的组成和分布系数 k,决定成分过冷趋势的基本参数 $(T_L-T_S)/D$ 值。成分也是决定凝固发生时过冷程度的重要因素。结晶温度范围窄的合金一般为逐层凝固方式,有利于形成柱状晶,如纯金属、Cu-7%Al 铝青铜通常形成单一的柱状晶(图 6.6)。导热性能比较差的材料,容易保持较高的温度梯度,如不锈钢、硅钢和高碳钢,柱状晶都比较发达。不锈钢锭常是以枝状晶方式长大的单一 γ 相柱状晶组织,无或很少有激冷区(图 6.6)。而凝固时固液共存区域宽的合金,倾向形成等轴晶。

一些微量元素的影响是一个需要注意的因素。孕育(变质)处理就是一个好的例子(6.5.2 节)。

6.3.2　热流

晶粒的形态决定于界面的稳定性。晶粒的尺寸决定于结晶中心(异质形核和枝晶断臂)数目和晶体长大速率的比值。它们都取决于冷却速率(K/s)、凝固速率(m/s)和温度梯度(K/m),都受热流控制。热流是决定成分过冷趋势的另一个基本参数。柱状晶的长大基本上受热传导状态控制,取向决定于热流方向,晶体最大生长速率轴的方向与最大热流方向相同,通常垂直于冷却表面。一个铸件凝固时可能出现多种热流条件,因此可能形成多种晶粒结构,如图 6.10 所示。

1. 冷却速率

在常规条件下,一个基本趋向是冷却速率越快,凝固速率越快,凝固组织越细化[图 6.15(a)][16],固态相变阶段也如此。一个合金的枝晶臂间距主要取决于其冷却速率(凝固时间),很多文献报道它们之间存在线性关系,如图 6.15(b)所示[17],而成分的影响较小[13]。加大导热速率已经是实用技术,如工艺允许时在砂型内使用厚冷铁。相反,在所有结晶过程中,缓慢冷却时,形核速率总是低于长大速率[18],晶体有比较充分的生长条件,也有利于柱状晶生长。

冷却速率是影响过冷程度的重要因素。一般地说,随冷却速率增加过冷度将加大[18],但是,增加值是有限的。已经进行了大量的实验,确认除具有复杂晶体结构的金属 Sn、Bi、Ga 等外,大块试样(0.45kg 左右)只能过冷几摄氏度温度[19],这与异质形核有关。

冷却速率取决于浇注温度、铸型材料、铸型温度、铸件尺寸和结构。浇注温度是容易控制的因素。低温浇注有利于增加结晶中心(异质形核和枝晶断臂),形成等轴晶和细化晶粒。例如,通过提高浇注温度可使青铜和锡青铜铸件形成柱状晶组织[20]。但是,浇注温度要考虑流动性与阻渣问题,操作余度不大。

2. G/R 比值

G 和 R 随冷却速率提高而增大,对组织的影响取决于其比值 G/R。足够高的 G/R 值和激冷都有利于形成柱状晶。难以简单地根据凝固条件对 G/R 比值作出预测,要准确计算或通过实验确定。碳钢、铸铁、铜和铝合金等常用材料的砂型铸件通常壁厚比较薄,一般得到全部等轴晶。而在一个薄壁金属型中制造锌铸件,浇注后铸型立即浸入冷水中,凝固速率很大,但温度梯度也很大,得到的几乎全部是柱状晶组织[21]。当存在柱状晶区时,中心区溶质富集,温度梯度减小,有利于形成**中心等轴晶区**(图 6.10)。连续铸钢的凝固条件有利于形成柱状晶。

案例 6.3 给出凝固速率对凝固组织影响的例子。

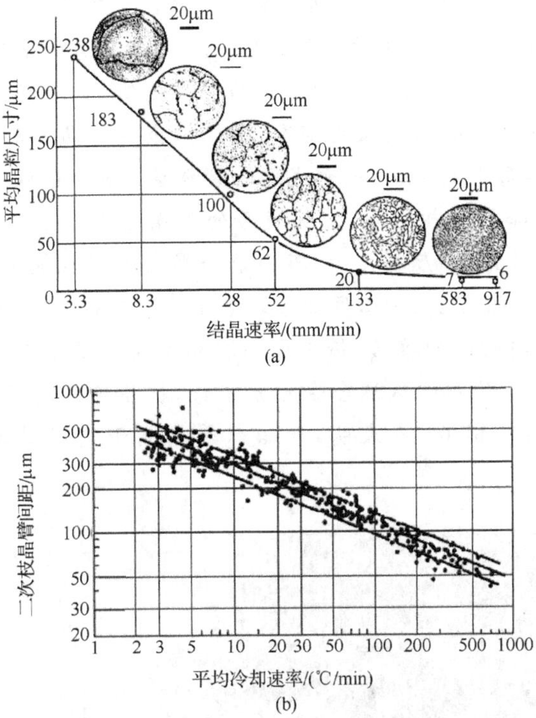

图 6.15　结晶速率对凝固组织的影响

(a)晶粒尺寸(连续铸造硬铝合金锭;Добаткин,1948 年);(b)二次枝晶臂间距
(0.1～0.9碳钢;Suzuki 等,1968 年)

案例 6.3　连续铸钢方坯晶粒组织与凝固速率的关系

研究的技术路线:连续铸钢的工艺参数被严格控制,在稳定生产条件下,随机抽取试样有代表性。可以通过截取铸坯断面后观察低倍组织,确定方坯的晶粒组织[22]。要确定断面内不同深度区域的凝固速率,必须确定不同时间凝固前沿的位置。由于受过冷度和凝固过程溶质再分配的影响,固、液相线温度与冷却速率有关。使用数值模拟计算截面内的温度场后难以确定凝固前沿。本案例根据低碳钢连铸坯按逐层方式凝固的特性,利用鞍山钢铁公司提供的漏钢事故形成的坯壳解剖试样[23],测量确定凝固前沿。以单位时间坯壳增加的平均厚度定义平均凝固速率,相当于传统的用倾出法实验确定凝固速率。此法比基于放射性同位素技术的示踪原子法简单,虽然后者准确度更高。

对于断面内不同深度区域的冷却速率。没有可以利用的实验资料。使用文献[24]提供的计算数据,供分析时参考。

研究结果:136mm×136mm 方坯四个边冷却条件不完全相同,结构也略有差异,但大体上是对称的。为了表达方便,图 6.16 下部两边分别列出冷却速率和凝固速率,它们与断面深度的关系有相同的趋势。显然,晶粒形态对凝固速率和冷却速率存在依赖关系。刚刚浇入的钢液,由于水冷铜结晶器的激冷作用,外沿薄层区域 1 凝固速率高达 1.5mm/s,形成表面激冷层。凝壳的收缩形成铸坯与结晶器间的气隙,严重降低冷却速率,使区域 2 的凝固速率迅速下降到 0.8mm/s 以下,这时的内外温差大,温度梯度大,凝固前沿界面稳定性提高,在择优生长机制的控制下,形成柱状晶区 2。中心区域 3 是略粗的等轴晶区,它的形成受到两个因数的影响,随着凝固时间的推移,铸坯中部液相温度梯度减小,凝固区域加宽;另外,柱状晶区的推进,使中心区域合金元素富集,枝晶碎片增多。这些因素,为等轴晶生长提供条件。图 6.16 表明,开始以等轴晶形态结晶时,凝固速率明显加大。

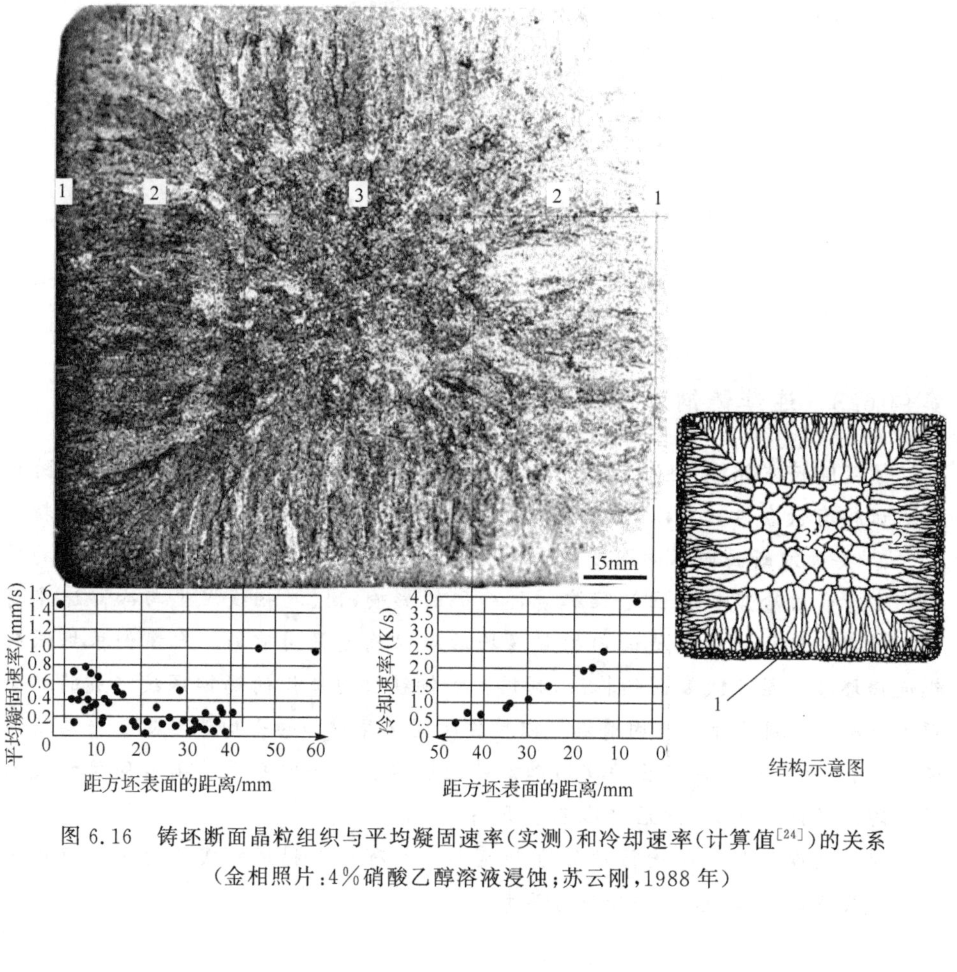

图 6.16　铸坯断面晶粒组织与平均凝固速率(实测)和冷却速率(计算值[24])的关系

(金相照片:4%硝酸乙醇溶液浸蚀;苏云刚,1988 年)

6.3.3　熔体状况

熔体状况主要包括异质核的数量和熔体结构两个方面，它们直接对凝固组织和晶体生长产生影响。

铸件断面内三个区域的存在与宽度取决于核的数量和**晶体增殖**(crystals multiplication)，即结晶中心的数量[8]。熔化后**过热**(superheat)对异质核数量有重要影响。在固体杂质质点的毛细孔和裂缝中原已形成的晶体具有凹形表面，已经证明它们的熔点要比正常的熔点要高些。因此，它们在过热不多时是不熔化的。这些未熔化的金属晶体在结晶时就成为最活泼的结晶中心。当过热到使这些位于孔隙中的金属也熔化时，这些质点的晶核作用将被钝化[25]。过热将熔化或钝化可以成为晶核的微粒，除非采取特殊的措施，晶粒尺寸将随熔体过热度增高而增加，并有利于柱状晶生长。

熔体的结构，包括短程序状况的影响，是一个有待深化的课题。一个案例是偏铌酸锂($LiNbO_3$)，它的单晶产品(生产工艺见 6.5.5.1 节)中出现亚晶粒周界问题，这可能与熔体中存在一些分子团(cluster)有关(案例 1.7)。

6.3.4　流动

所有促使晶体脱落和保全的因素，都有利于获得等轴晶。流动是强烈的影响因素。流动撕裂凝固前沿的枝晶臂，带来的热冲击加速凝固界面枝晶臂的熔断，又移动断臂至内部，同时消除过热，使断臂能在新的部位继续生长而不被熔化。

大型铸锭内等轴晶的形成是一个好例子。枝晶断臂移动引起的晶体增殖是结晶中心的一个重要来源，是形成等轴晶的重要机制[6]。浇注时在型壁形成后又沉落或被液流分散的大量微晶，是结晶中心的另一个可能的来源[26]，有利于增加和细化等轴晶，减少疏松。大型钢锭中下部的球形等轴晶区就是由沉积的晶体形成的，如图 6.10 所示，它导致形成负偏析(案例 6.2)，这是钢锭凝固中公认的现象。

流动减少液相内部温差，加速热流的导出。流动的冲刷作用，有利于清除凝固前沿的溶质富集，有利于晶体生长，使晶体迎着流动方向生长，柱状晶向流动方向的逆向倾斜。这是凝固组织的一种常见现象。例如，大型钢锭柱状晶是向上倾斜的(图 6.10)，因为生长时液相是向下运动的(案例 5.4，图 5.6)。案例 6.4 和图 5.33 是另外两个例子。

施加一个磁场抑制对流，如固定或单向旋转磁场更容易形成柱状晶[11,27]。重力是影响凝固组织的一个因素。在微重力条件下，自然对流被抑制，二次枝晶臂间距变小，晶粒变粗大(案例 6.5)。

案例 6.4 ZG4Cr25Ni40(HK-40)钢离心铸管铸态宏观组织

材质是奥氏体耐热钢,使用离心铸造工艺,铸管的横断面宏观组织见图 6.17。铸造时,铸型旋转导致铸型内的液体金属沿径向存在速度梯度。液体金属的相对速度差使柱状晶晶粒向同一方向倾斜,迎着流动方向生长。

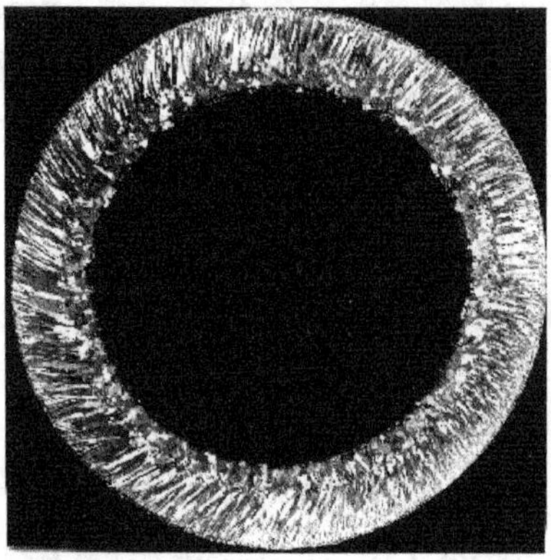

图 6.17 ZG4Cr25Ni40(HK-40)钢离心铸管铸态宏观组织
盐酸-硝酸-重铬酸钾-水溶液浸蚀[28]

案例 6.5 微重力对二次枝晶臂间距的影响

微重力条件下,自然对流被抑制(案例 5.10),导致结晶组织发生变化。研究发现,微重力条件下凝固晶体的二次枝晶臂间距变小(图 6.18)。另有研究报告,单向凝固垂直生长的 Pb-25%Tl(摩尔分数)合金,在空间微重力下生长时,低倍组织比较粗大和规则[29]。

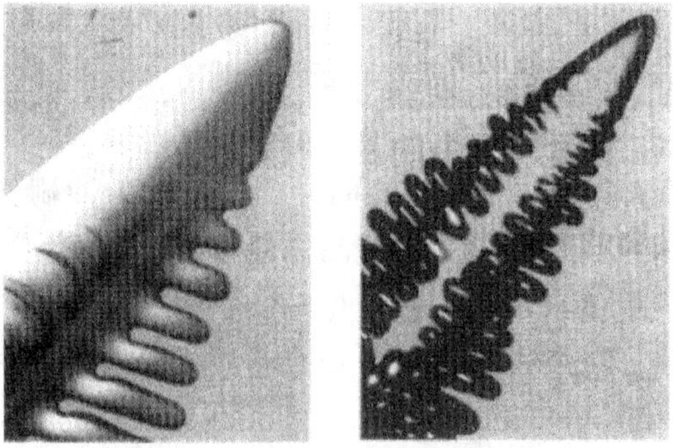

(a) (b)

图 6.18 重力对二次枝晶臂间距的影响[30]
(a)正常条件下;(b)微重力条件下,超高真空,无容器

6.4　非晶态固体、准晶、纳米晶、微晶

随着凝固速率加快，结晶组织变细，进而形成微晶、纳米晶、准晶和非晶态组织。这是一个正在发展中的、受重视的研究领域。

6.4.1　非晶态相

当凝固过程不发生结晶行为，就形成**非晶态**(amorphous)固态材料。这种材料统称为**玻璃**(glass)。玻璃可以分为无机玻璃(通常简称为玻璃)、有机玻璃和金属玻璃(非晶态金属)。通常的无机玻璃是由不同硅酸盐混合而成的。普通玻璃(硅酸盐玻璃)是最常见的非晶态材料。非晶态固体的磁、电、力学和化学性能与晶态都有差别，呈现出一些独特的现象。凝固组织和相应需要的冷却速率因材料而异，形成非晶态合金的能力与材料成分密切相关。

6.4.1.1　非晶态相的形成

非晶态材料是由过冷液体获得的。在产生非晶态固体的凝固过程中，阻碍结晶的动力学因素起重要作用，它阻止系统达到低能位的结晶态。转变的控制因素是冷却速率。快速冷却产生**快冷无序**(quenched disorder)效应[31]，液相转变为玻璃态固体。

与结晶过程不同，从液相向玻璃态转变的过程中，在任何温度下都不出现不连续的变化。一般地讲，当液体冷却导致其黏度系数等于 10^{12} N · s/m^2，就成为玻璃，以此定义玻璃转变温度 T_g(也称玻璃化温度)和液态与玻璃态之间的界限。这个转变不是一个热力学的相变过程，仅是一个实用目的(practical purposes)的转变。[32]

液体、晶体和非晶态固相转变的体积和温度的关系见图 6.19(a)。当液相冷却到熔点不结晶时，液相的体积将按熔体原有的速率继续收缩。液相转变为非晶态固相后，非晶态固相和液体的收缩率发生变化，出现明显的转折。非晶态固体和晶态固体的收缩系数近似。图 6.19(a)中非晶态固相曲线和过冷液体曲线相交点的温度就是 T_g。在这个温度，发生固液相变。

存在一个称为**非晶态转变区**的温度范围，在该温度范围，转变温度随着冷却速率的增加而升高。非晶态转变温度越低，过冷液体的温度越低，非晶态固相的密度就越高[图 6.19(b)]。冷却速率导致的比体积差最大可达几百分点。如果将非晶态固相退火，使其结构达到平衡状态，其密度就相当于该温度下过冷液相的密度[33]。

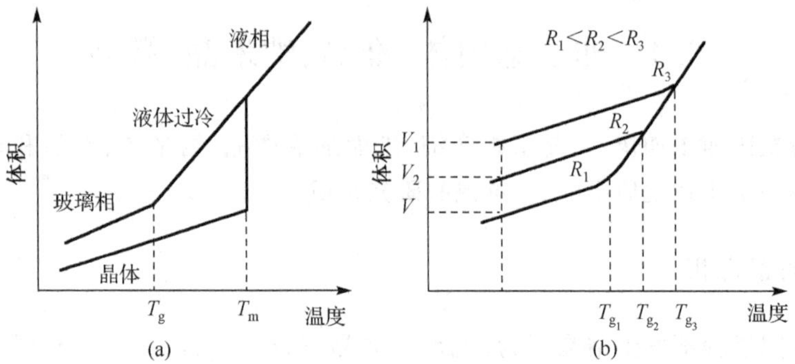

图 6.19　玻璃态转变温度 T_g(T_m为熔点)

(a)根据文献[34]绘制;(b)不同冷速 R 形成的非晶态转变温度区域 $T_{g_1}\sim T_{g_3}$[33]

黏度是另一个重要因素。在熔点时具有高黏度,并且当温度降低到熔点以下时,黏度剧烈增高的材料,最易形成非晶态。在黏度-温度关系相似时,低熔点或低液相线温度,如共晶成分,有利于形成非晶态[33]。

氧化物和硅酸盐等陶瓷材料熔体扩散速率低,导致结晶缓慢,液相容易过冷,在温度接近凝固点时,如果冷却速率比较高,容易玻璃化[35]。非晶态固相常是陶瓷的晶界相,是常见结构(8.1 节)。

像金属、Al_2O_3、H_2O 和 $Na_2O\cdot SiO_2$ 这类材料,在熔点以下一段温度范围内,仍然保持较好的流动状态,难以形成非晶态相[33]。极高的冷却速率是获取非晶态金属的途径之一(6.5.6.2 节)。

6.4.1.2　非晶态相的结构

可以用 X 射线、中子、电子的衍射和扩展 X 射线吸收精细结构谱(EXAFS)获取非晶态材料结构的信息。衍射图谱(案例 6.6)为研究材料的结构提供依据。根据衍射图得出的径向分布函数(案例 6.7),可以确定近邻原子的角平均径向概率分布。这些测量不能唯一地确定三维结构,但提供了结构模型必须满足的严格条件。

案例 6.6　非晶态 Pd-20%(原子分数)Si 合金电子衍射图[36]

非晶态固相的电子衍射花样由较宽的晕和弥散的环组成,没有表征结晶态的任何斑点和条纹(明锐的环)。Pd-20%(原子分数)Si 合金透视电子衍射图可以作为一个典型的例子(图 6.20)。

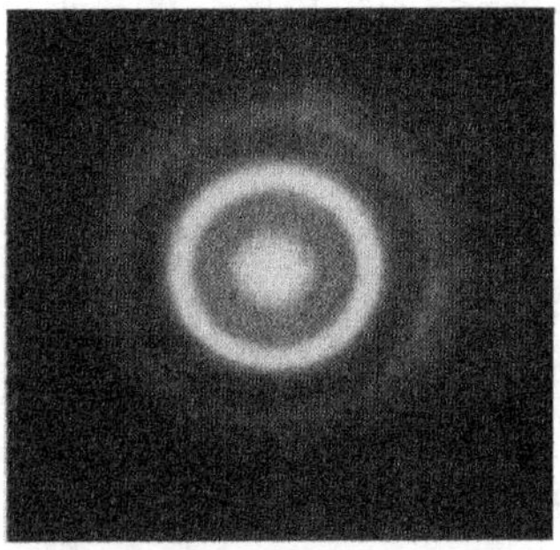

图 6.20　非晶态 Pd-20%(原子分数)Si 合金透视电子衍射花样
(100kV;Duwez、Willens 和 Crewdson,1965 年)

案例 6.7　非晶态 Se 的径向分布函数[33]

使用 X 射线衍射获得非晶态 Se 的径向分布函数(图 6.21)。任何一个原子的间距在 0.2～0.4nm 的范围内,存在两个峰值,表明在这个尺度范围内,原子的分布存在短程序。大于 0.4nm 以后,在半径为 r 的球壳上,原子的密度逐渐趋向平均密度 ρ_0,表明在这个尺度范围内不再存在有序结构。

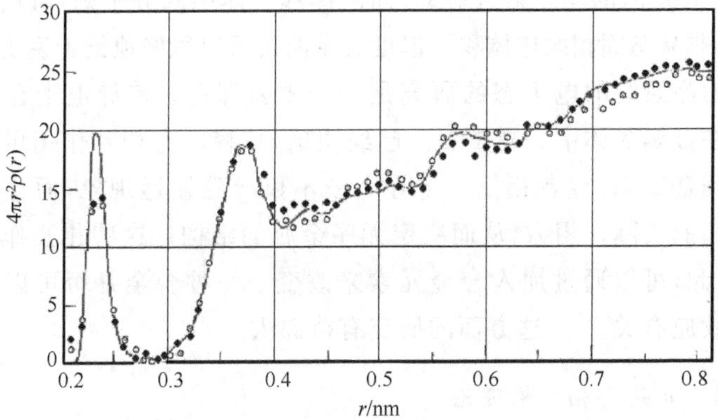

图 6.21　非晶态 Se 的径向分布函数(Kaplow、Rowe 和 Averbach,1968 年)

非晶态固相的衍射图谱和径向分布函数没有表征结晶态的任何特征,表明非晶态或玻璃态固体是一种无序材料,它们没有长程序(图 6.20 和图 6.21)。在电子显微镜下看不到晶界和晶格缺陷等形成的衍射反差,表明它是质点无规则的、无周期性重复排列的固体。也就是说,原子在空间排列无长程序,不存在晶格结构、晶粒、晶界和各向异性。

和在熔点附近的液体一样,在一个原子间距数量级的范围内,非晶态存在短程序。任何一个原子的近邻原子之间的距离、种类、数目和方位,在化学组分和局域结构上存在某种序，某种特征性的短程序。最邻近的原子存在从优的配位数和角排列，但无平移对称性[33,37,38]。例如，石英玻璃中氧原子有二度(twofold)配位，硅原子有四面体形的四度(fourfold)配位(案例 6.8)，非晶态金属中配位数为 8～12[31] (表 1.1 给出的液态金属的配位数为 8～11)。具有短程序的原子团如何连接在一起填满空间，构成没有长程序的刚性结构，在不同系统中各不相同，还不能精确地作出描述，是一个研究课题。

案例 6.8　非晶态硅的无规网络模型[38]

硅晶体中每个硅原子与周围 4 个硅原子以共价键结合形成正四面体结构。非晶态硅中每个硅原子周围也有 4 个硅原子，但构成的四面体发生了畸变，相邻硅原子之间的键长和键角存在无规则起伏。非晶态硅就是由这些畸变的四面体构成的、不太规则的网络组成的。

非晶态材料具有与晶态物质可相比拟的高硬度、高黏滞系数，最近邻原子间距和配位数都与相应的晶态材料差异不大，反映了原子之间相互作用的特点与晶体相近，但次近邻原子有明显差别[37]。只有短程序而无长程序，说明非晶态和液态的结构较为相近，但又与液相有质的差别。两种状态的原子运动存在差别。固体中分子只能在点阵的阵点附近振动，而液体和气体中的分子则可以自由移动(案例 1.17)。从非晶态固相的比体积和温度关系曲线可以很好地给予说明(图 6.19)。

对长程无序系统的电子态的研究是一个重要课题。传导电子在无序金属中的作用就像在金属晶体中一样重要。已经明确，长程库仑相互作用可以使系统从绝缘态过渡到金属态，或者相反。传导电子不仅导致输运现象，而且还通过屏蔽影响离子之间的实际作用力，从而决定无序金属的结构。这些相互作用势随电子密度而变，因此，可以通过加入合金元素来改变。一种合金是否可以形成非晶态可能与这种效应有关[31]。这方面的研究有待深入。

6.4.1.3　非晶态相结构理论

非晶态固相结构模型是一个需要深入研究的课题。研究非晶态固体的结构比研究晶体结构要困难得多。直到 20 世纪 80 年代，玻璃的结构还不明确，还未能编出一种计算机程序，以得出一个有效的玻璃结构模型。至今已经提出过多个模型来描述非晶态材料结构，被普遍接受的是晶子模型、无规网络模型和硬球无规密堆模型。

晶子模型(crystallite theory)认为非晶态相由一些称为晶子的很小的晶体的集合体组成。晶子(crystallite)不同于微晶，定义为带有变形晶格的、有序排列的小区域，它们分散在无定形的介质中[39]。当粒子尺寸小于 0.1μm 时，衍射线将产生展宽效应，这被用于解析非晶态的衍射线变宽现象。此模型应用到多组分玻璃时，系统的化合物成分就是晶子的成分[33]。

无规网络(random network)**模型**认为非晶态材料由没有规则重复性的多面体网络构成。无规网络模型用这些畸变的四面体构成的不太规则网络描述非晶态硅结构(案例 6.8)。例如，氧化物玻璃被认为是由氧的多面体组成的网络构成(案例 6.9)。

硬球无规密堆模型是目前公认较好的非晶态金属模型，如 Bernal 模型(1.6.1.2 节)。非晶态金属结构特征之一是金属键，但原子间距离和成键的键角均与晶态合金有差异。由于金属键无方向性，原子具有密堆倾向，对金属-类金属型非晶态合金，这种模型的计算结果与实验结果相当一致[37,38]。

结合具体的陶瓷材料，已经提出了很多结构方面的研究成果。建立确切的模型还需要大量的工作。几十年来，一直把玻璃视为均质材料，但已经发现在几种玻璃材料中，如碱土金属硅酸盐系统相图中有不相混溶区存在。已测得 $BaO\text{-}SiO_2$ 系的不相混溶区是亚稳定的。在直接透射电子显微镜中，观察到亚微结构由两相组成，各相是相连的。经电子衍射测定，两相都是无定形的[33]。

案例 6.9　氧化硅玻璃的结构

固体玻璃的结构通常比形成它的液体结构更复杂，其结构与温度无关。粗略结构已经相当清楚。图 6.22(b)为氧化硅玻璃的二维无规网络模拟示意图[32]，它与 X 射线衍射的结果相一致。在网络中，Si-O 的半径比是 0.29，相应于一定距离的四面体的配位，以 Si 为中心，在其四周排布 4 个氧原子，每一个氧连接两个硅。Si-O-Si 连接的相邻四面体的取向是无规则的。在三维空间，没有结构单元周期性重复排列。

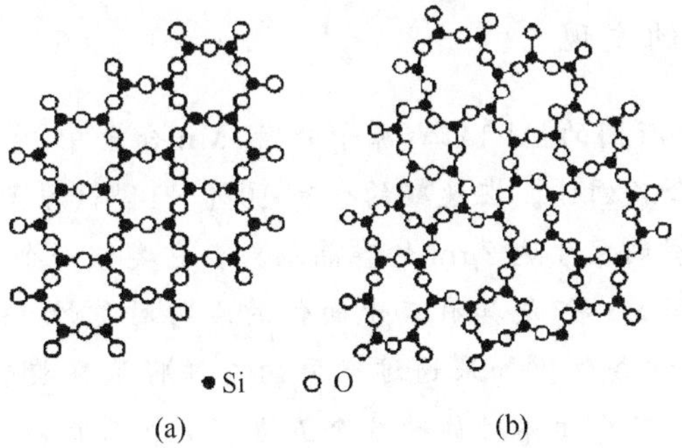

图 6.22　氧化硅的二维网络模拟示意图(Zachariasen，1932 年)

(a)晶体的规则重复结构；(b)相同成分的玻璃的无规网络

6.4.1.4 非晶态相的稳定性

非晶态在热力学上属于亚稳态，体系的自由能比对应的晶态材料高，但是，要它转变为晶态，需克服一定的能量势垒。如果在低于熔点的温度范围，高于晶化温度下保持足够长的时间，任何玻璃体都能够结晶。

6.4.2 准晶

准晶(quasicrystal)也称为**准晶态**(quasicrystalline state)，是一种新的原子聚集状态的固体。它类似于晶态，衍射斑点与晶体一样明锐，呈长范围取向有序(long-range orientational order)排列，但无平移周期性，不符合晶体的对称条件。它不属于任何一种 Bravais **点阵**(Bravais lattice)，这是与传统周期结构不同的，介于晶体和液体间的新有序相(案例 6.10)。

准晶结构有多种形式，电子衍射图中除了五重对称外，还有十重等其他对称轴的斑点分布(案例 6.11)。

准晶不能像晶体那样取一个晶胞来描述，它的结构可以用 Penrose 模型解释(案例 6.12)。较常用的是以拼砌花砖方式的模型，采用某些基本拼块无空隙地布满空间，形成复杂的镶嵌体来表征准晶结构。

大多数准晶相均属亚稳态，主要通过快冷获得，要求的冷却速率介于形成晶态与非晶态之间，也可能从非晶态转化形成。形成条件与合金成分、晶体结构类型等多种因素有关，并非所有的合金都能形成准晶。

已经进行过大量的工作去发现新的准晶和研究其结构和性质。例如，铝基合金中的二十面体和十面体的准晶具有极高的硬度[40]。在某些钢材中发现了准晶体，它起到类似装甲的强化作用[41]。

案例 6.10 准晶的发现[42]

1984 年，在快速凝固的 Al-14%(原子分数)Mn 合金中，首先观察到准晶这种从熔体直接形成的金属固体。在速凝的含有 10%～14%(原子分数)Mn、Fe 或 Cr 的 Al 合金中，都观察到尺寸达 2μm 的准晶颗粒。它类似一个单晶体衍射电子，衍射斑点与晶体一样明锐。但是具有二十面体的点群对称性 ($m\overline{35}$)，无平移周期性，不符合晶体的对称条件。如果通过点群的角度将试样旋转，选择区域的电子衍射花样清晰地显示二十面体对称的 6 个五重、10 个三重和 15 个二重轴的特性(图 6.23)，它不属于任何一种 Bravais 点阵。衍射数据与无规不重叠堆集、边沿接触的平行二十面体模型很好地符合。每个较小的 Mn 原子被排列在二十面体的顶角上的 12 个 Al 原子包围，相同的二十面体边缘相互连在一起构成准晶组织。

分析这种准晶界面的生长速率为 10^{-2}m/s 数量级，形成时间为 10^{-4}s。

这种准晶是亚稳相。在 300℃加热 6h 和 350℃加热 1h 未发现晶体化转变。400℃加热 1h 转变为稳定的 Al_6Mn 晶体。

Shechtman 因为这项研究获得 2011 年诺贝尔化学奖。

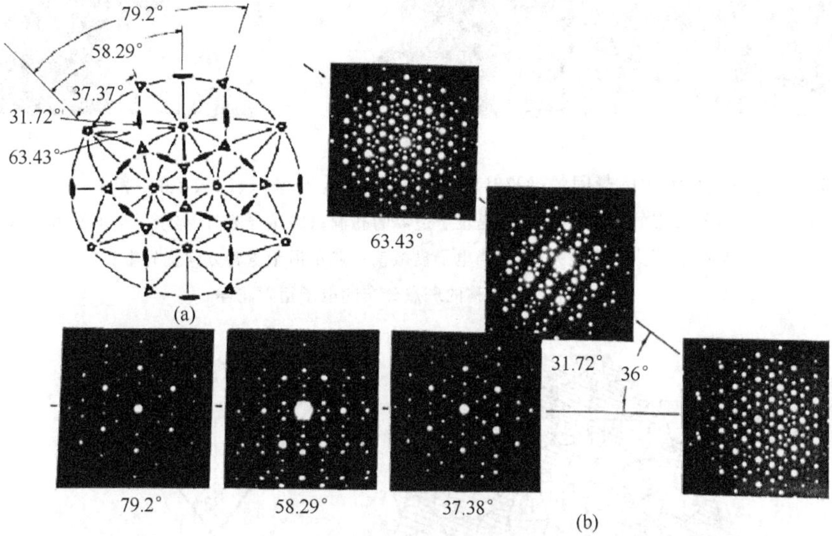

图 6.23 取自一个二十面体相单晶粒的选择区域电子衍射花样

[旋转角度与图(a)匹配；Shechtman、Blech、Gratias 和 Cahn，1984 年]

(a)二十面体群 m $\overline{35}$ 的对称单元的立体平画法的投影图

案例 6.11 深过冷 Al72Ni12Co16 合金凝固形成的准晶[43,44]

使用表面清理干净的高纯度的 Al、Ni 和 Co(纯度高于 99.98%)，在真空电弧炉中，在高纯度 Ar 气保护下，熔炼直径约 3cm 的纽扣型锭。重复熔炼三次，用以准备成分均匀的 Al72Ni12Co16 合金。

在纯度超过 99.999%的 Ar 气保护下，采用电磁悬浮熔炼制备试样。试样被反复地过热 300K5min 以清除异质核。凝固时达到 70～150K 过冷度。图 6.24 所示为过冷度为 90K 时形成的单相十面体准晶微观组织和电子衍射花样。

案例 6.12 Penrose 模型[38]

无平移周期性、不符合晶体对称条件的点阵，可以采用某些基本拼块无空隙地布满空间。“风筝”和“箭”模型(Penrose，1974 年)是一个例子。图 6.25 是用“风筝”和“箭”拼出的多种具有五重对称性的图案之一，它不具有平移周期性。

将 Penrose 拼砌推广到三维具有二十面体对称性。按照这种模型计算出来的 Al-Mn 合金衍射花样，包括斑点的位置和强度，都与实验结果吻合。

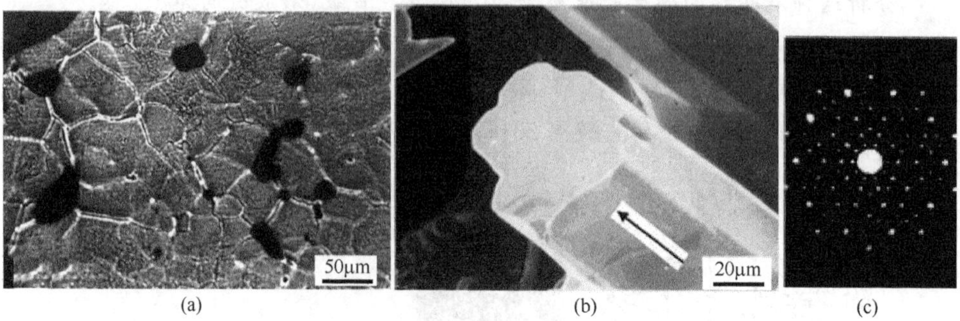

图 6.24 过冷度为 90K 凝固的 Al72Ni12Co16 合金微观组织(Liu、Yang 和 Fan,2003 年)

(a)组织由等轴形态的准晶组成,黑斑是位于边界的孔洞;(b)试样断口,显示一个十面体准晶单晶粒,箭头示生长方向(扫描电子显微镜),显示沿十重轴方向优先生长;(c)具有十重对称的斑点分布的电子衍射花样

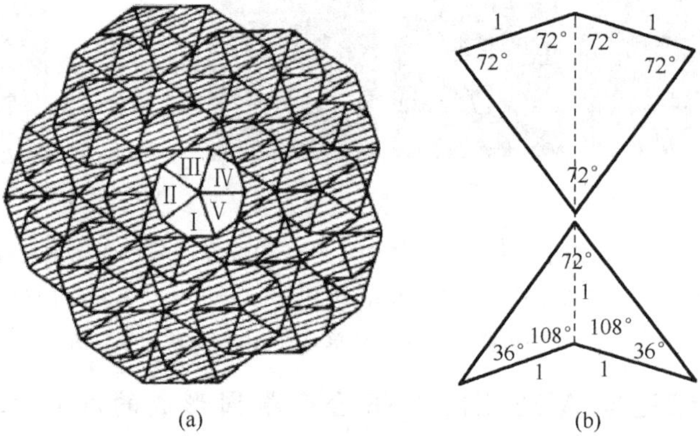

图 6.25 二维 Penrose 拼砌[38]

(a)一种 Penrose 拼砌图案;(b)完成拼砌的两种拼块(“风筝”和“箭”)的几何特征

6.4.3 微晶、纳米晶

平均晶粒直径为 5～10μm 的晶粒称为**微晶**(microcrystalline)。晶粒尺寸小于 100nm 的晶粒称为**纳米晶**或超微晶,其结构性能与一般合金有很大差别。它们与非晶态合金统称为非晶微晶金属。可以通过快速冷却获得,也可以从非晶态退火转化形成(案例 6.13)[37]。

案例 6.13 $Fe_{73.5}Cu_1Nb_3Si_{13.5}B_9$ 纳米晶结构的形成[37]

$Fe_{73.5}Cu_1Nb_3Si_{13.5}B_9$ 是晶粒尺寸小于 100nm 的软磁合金。通常用熔体快淬急冷法先制成非晶薄带,然后在高于晶化温度下退火,在非晶基体上析出纳米尺度的晶化相而获得。为了获得纳米晶或超微晶组织，成分 B、Si 起促使形成非晶态的作用，Cu 能增加晶化相，Nb 能阻止晶化相长大(保持纳米尺度)。

在退火初期由于 Cu 不溶于 Fe，铜铁分离，Cu 原子富集逐步形成原子**团簇**(cluster)，其周围铁原子富集而成 α-Fe(Si)的晶核。与此同时非晶基体中 Nb、B 含量也增高，使其晶化温度提高，同时阻止了 α-Fe(Si)晶核的长大。加入 Cu 使 α-Fe(Si)晶化温度降低，Cu、Nb 同时加入使 α-Fe(Si)的晶化温度和析出 Fe-B 化合物的晶化温度间隔扩大。晶粒间的非晶晶界由于 Fe-B 含量的提高，更为稳定，从而阻止了晶粒长大。这样就形成了单一的具有纳米尺度体心立方 α-Fe(Si)晶粒的均匀组织。

6.5　凝固组织控制

6.5.1　柱状晶与等轴晶的选择

一般地说，细晶粒具有较好的力学性能，包括拉力强度、耐疲劳强度和弹性模量，改善可锻性和耐磨性能，分散晶界上的杂质微观缺陷的分布，材料相对均匀，并且有利于降低凝固过程的热裂倾向，对合金的后续加工也有好的影响。细化晶粒对轻合金的效果更明显。

柱状晶区的凝固前沿构成一个宏观偏析区域。当铸型向各个方向散热时，形成的柱状晶生长方向不同，它们的相交处[图 6.6(c)箭头示]溶质元素和杂质富集，是两者的叠加。这个区域材料性能差，是裂纹源，锻压后常难以消除。因此，这种组织是不好的，需要防止。一个特殊的例子是要求水压实验的青铜和锡青铜铸件，它们容易形成缩松，柱状晶的凝固前沿光滑，组织致密，因而比细等轴晶更优越，强度也更高[20]。

具有柱状晶和等轴晶的混合组织具有同样缺点，断面内柱状晶与等轴晶的比例是铸坯的重要质量指标。比较高的等轴晶比例能够减轻中心区的溶质富集和内部枝状晶的裂纹。例如，连铸不锈钢坯，柱状晶交接区使轧制后形成碳化物富集的多波纹形沟槽条带。含 17%Cr 的连铸不锈钢坯要求柱状晶不多于断面积的 70%[45]，越低越好。

控制热流是细化等轴晶的方法之一。但是，选择造型材料和确定浇注温度时，晶粒尺寸和冷却速率常不是优先考虑的因素，加上铸件断面尺寸的差异，使冷却速率常难以控制，很难达到消除形成柱状晶的冷却条件。已经开发了很多方法来达到抑制柱状晶和细化等轴晶，但没有一个简单的法则可以保证获得单一的等轴晶。这是一个被大量研究的课题，至今不衰。案例 6.14 是细化晶粒的一个例子。

案例 6.14　超级合金燃气轮机整体铸造径向导风轮轮毂晶粒细化

使用常规铸造方法的铸件，轮毂部分是粗大的柱状和不规则晶体，导致其耐疲劳寿命降低，曾经限制燃气轮机整体精密铸造导风轮的应用。一个解决方法是形成细小等轴晶。图 6.26(b)的生产工艺是在真空条件下，在凝固过程施加搅拌以达到晶粒细化和通过热等静压(HIP)工艺提高致密度[46]。

图 6.26　超级合金燃气轮机整体铸造径向导风轮宏观组织(沿轴线截面，已浸蚀)[46]
(a)常规方法铸造，中心部分是粗大的柱状和不规则晶体；(b)改进工艺后，
中心部分是细等轴晶，改善了耐疲劳寿命

6.5.2　熔体处理：孕育(变质)剂

熔体的处理是细化晶粒的常用方法。将少量物质加入到熔体中，以**细化**凝固金属的组织，在一定程度上改变其物理和机械性质，这种改变不能用因其加入而引起的成分改变来解析。这种物质称为孕育(变质)剂(inoculant)。

人们已经对熔体处理工艺进行了大量的研究工作，主要针对铝和铝合金与钢铁。它已经成为铝合金与铸铁广泛应用的工艺。历史悠久并且很成功的例子是孕育铸铁和细化共晶铝硅合金，它们都是共晶凝固过程(案例 6.15 和案例 6.16)。

存在两种晶粒细化机制。一是孕育剂能产生分散的、高于基体熔点的、能够成为晶核的颗粒，它们符合界面共格对应准则，尺寸为 0.1～1μm[18]，它们将降低结晶所需要的过冷度。这种方法称为**孕育处理**(inoculation)(案例 6.15)。加入量要考虑不会改变要求的合金成分。加入的孕育剂又称为**晶粒细化剂**(grain refiner)。对这种机制研究最多，核的形成也有不同机制。另一种机制是通过阻碍晶体长大起细化晶粒作用(案例 6.16)。

铝液中应用最多的晶粒细化剂是加入 Al-Ti 中间合金，最优添加量为 0.2%～0.3%Ti。Al-Ti 系的铝端是包晶相图，首先析出 $TiAl_3$，然后通过包晶反应形成 α 相，$TiAl_3$ 起晶核作用[47]，其相图、机制与铁在铜中起晶核作用相似(案例 3.38)。Zr、V 在 Al 中有类似机制，Al-Ti-B 效果更好[48]。

钢液中加入 Al、Mg、Ca、Zr、Ti、V、Ce、W、Mo 以形成氧化物、碳化物和氮化物等，它们都能增加结晶核心[11]。铜合金有关的文献较少。镍基高温合金因熔点高，很难找到合适的晶粒细化剂，选用碳化物可以有一定效果[29]。

孕育处理应用到厚壁件有困难，外来晶核在较长的时间间隔中因凝聚而上浮或下沉。

根据形核原理，20 世纪 60 年代初曾经开发过一种称为悬浮铸造(suspension casting process)的工艺，方法是在浇注系统内向液流加入与熔体同类的固体金属微粒。例如，向高锰钢中加入锰铁，向高铬钢中加入铬铁等[47]，选取的尺寸保证在被熔化前成为晶核。颗粒同时起内冷铁作用，用以提高冷却速率。由于难以防止加入颗粒的氧化带入的夹渣，这种工艺未得到广泛应用。

案例 6.15　孕育铸铁

加入以硅为基础的石墨化元素作为孕育剂，处理片状石墨铸铁熔体，称为**孕育铸铁**。原铁水成分需要低 C、Si 含量，使其全部或部分按 Fe-Fe_3C 系(亚稳定)进行凝固，表现在组织上出现很大的白口倾向。向熔体加入孕育剂后，Si 含量提高，使其转变为按 Fe-石墨系(稳定)凝固。大量的结晶核、较大的过冷度，使共晶团细化(图 6.27)，因而石墨也明显细化，分布均匀[49]。抗拉强度比不处理的一般灰铸铁可以提高约一倍。如果原铁水碳硅含量比较高，不加孕育处理就按 Fe-石墨系凝固，加入的孕育剂可能引起石墨变粗大，反而使强度降低。

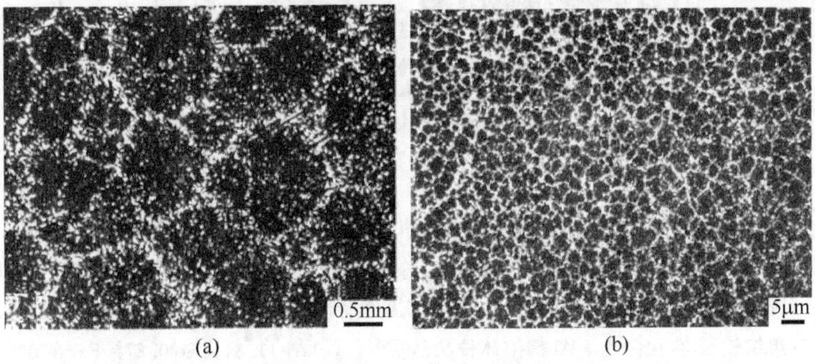

图 6.27　灰铸铁共晶团组织[1]

铸态，硫酸铜-盐酸水溶液浸蚀，白色为共晶团界面。(a)不加孕育处理，实际共晶团数量约为 130 个/cm^2；(b)加孕育处理，实际共晶团数量约为 1040 个/cm^2

孕育剂常用含75%Si的硅铁(含一定量铝和钙的工业合金),加入量为0.2%～0.7%。引入其他一些元素到孕育剂中,能提高孕育效果,以作用效果排序,它们是Sr、Ce、Ba、Ca、Al、Ti、Zr[49],C也有孕育作用。

案例6.16　Al-Si合金变质处理

二元共晶型铝硅合金ZAlSi12(10%～13%Si)铸态组织基体为α(Al)固溶体,共晶硅呈针状和条片状(案例3.30),由于冷却缓慢和成分不均匀等造成局部出现粗大块状初晶硅或初生α-Al固溶体枝状晶。可以利用金属型铸造和压力铸造铸型的激冷作用,得到细化组织,但效果不理想[图6.28(a)、(b)]。工业上通常采用在熔体中加入少量的第三种元素,使粗大的共晶硅变细,组织从片状改变为棒(纤维)状,称为**变质处理**(modification)。

钠是最有效的变质剂,并且在比较高的熔体温度下处理最有效。处理后共晶温度向下和向右移动,共晶成分的铝硅合金获得亚共晶组织,共晶硅呈细小的点状和针状。金属型铸件组织比砂型细[图6.28(c)、(d)]。例如,在696～899℃加入0.075%Na,可以用金属钠直接熔入熔体,也可以用钠盐,如NaF,它与铝反应后,钠被还原并进入合金,AlF_3为气相排出[50]。这已经成为常用的工艺方法。在砂型铸造条件下,处理后可以提高合金的强度50%,延伸率提高约5倍[1]。

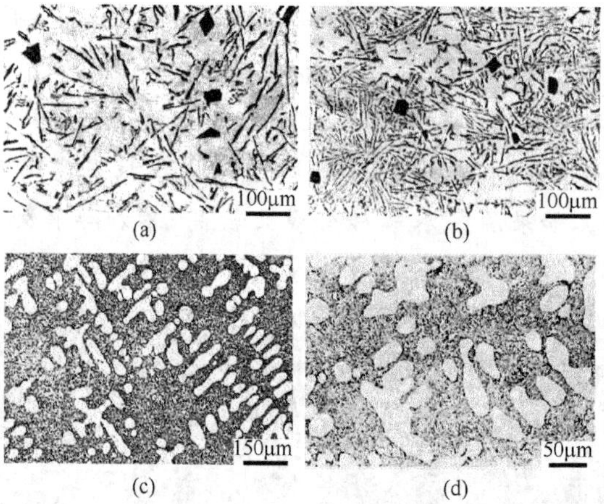

(a)　(b)　(c)　(d)

图6.28　ZAlSi12(ZL102)铝硅合金,0.5%HF水溶液浸蚀

(a)、(b)Al-11.8%Si,0.25%Fe,未经变质处理,铸态;白色基体为α(Al)固溶体,灰黑色针状和片状相是共晶硅条片,灰黑色多面体块是初晶硅,浅灰色骨骼状相是$Al_{12}Fe_3Si$。(a)砂型铸造;(b)金属型(组织较细,存在白色α-Al固溶体枝状晶)[51]。(c)Al-11.81%Si,0.27%Fe,在800℃加入0.07%Na变质处理后,砂型铸造,铸态;共晶体中硅呈细小的点状和针状,多面体初晶硅块消失;白色枝状晶为初生α-Al固溶体[52]。(d)Al-11.8%Si,0.35%Fe,钠盐变质处理后,金属型铸造,铸态;共晶体中硅呈细小的点状和针状,白色枝状为初生α-Al固溶体[51]

微量的 Sr、K、Ca、Cs、Rb 等元素也有变质作用[52,53]。

关于铝硅合金的变质机制已经进行过大量的研究。主流的观点是变质剂影响界面张力和相间边界能量，变质剂的原子尺寸适合在硅的生长台阶上吸附，降低硅最快生长面的生长速率，阻碍硅的生长，促进硅的分支和孪晶的形成，影响界面形貌[53,54]。

在 Al-12.5%Si 合金中，加入 0.1%P，可以使 Si 提前析出并长大成许多颗粒状的初生 Si[47]。在过共晶 Al-Si 合金中，常采用 P 作为变质剂使粗大的初生硅细化(案例 3.5)。实验确定为了使初生硅达到最小，需加入 0.03%P，而使合金达到最高强度应加入 0.015%～0.020%P。S 也有细化作用[50]。

6.5.3　扰动：振动与电磁搅拌

在凝固过程中附加扰动，包括振动、电磁搅拌等方法，能够促使形核或晶体增殖，达到细化晶粒和消除柱状晶的目的。

6.5.3.1　振动

振动细化晶粒的研究工作始于 19 世纪中叶[27]，将振幅为 10^{-7}～10^{-3}m、频率为 10～10^5 Hz 的振动引入熔体中，在振动下凝固可以细化晶粒。当熔体内有强度超过该液体的空化阀值的振动传播时，在凝固前沿将形成空化(cavitation)现象，已经确认它在细化机制中起主要作用。在空化过程中，在液体内部或液-固界面上气泡的产生—扩张—溃灭过程产生的冲击，导致枝晶变形、断裂增殖[55]。另外，声流有搅拌作用，空化泡的增大和内部液体的蒸发要吸取热量，导致泡表面液相降温，造成局部过冷，为增大形核率提供条件[56]。但是，气泡的溃灭过程将瞬时产生高压和高温，损害附近的活性晶核[55]。

有大量文献提出了多种工艺方法，研究了振幅与频率的选择、细化效果与机制，以及超过空化阈值后，在一定的共振频率下液体喷出与气孔形成的可能性等各种问题[55]。振动细化晶粒工艺在工业生产并未得到广泛应用。

案例 6.17～案例 6.19 提供有关例子。

案例 6.17　超声波振动 Sn-Sb 合金组织

锡锑轴承合金含锑量超过 9%时即出现白色的硬的第二相方形晶体——β化合物(SnSb)。由于锑比锡轻，若不采取适当措施，β相会浮到铸件上部，形成宏观(重力)偏析，如图 6.29(a)所示。使用超声发生器将超声波引入熔体中，能够显著细化组织，白色的β相被分散且均匀分布[图 6.29(b)][56]。

(a)　(b)

图 6.29　超声波对 Sn-Sb 合金凝固组织的影响(翟启杰等,2005 年)

(a)未处理;(b) 处理后

案例 6.18　脉冲强磁场处理铝熔体[56]

脉冲强磁场在熔体内产生强迫对流和强烈脉冲涡流,涡流与磁场间相互作用产生洛伦兹力和磁压强,使熔体产生强烈振动。磁场强度越大,细化效果越好(图 6.30)。

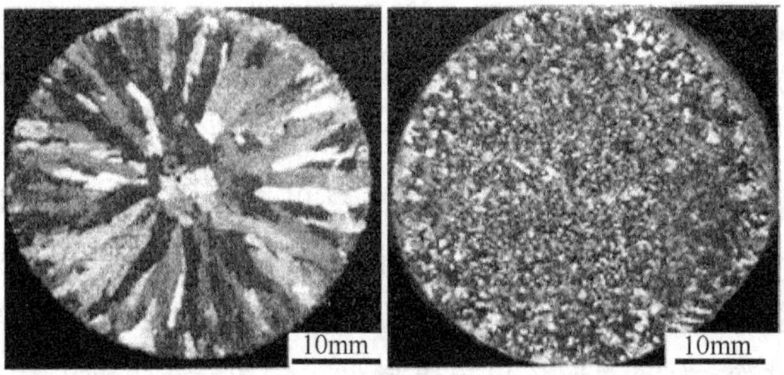

(a)　(b)

图 6.30　脉冲强磁场对铝凝固组织的影响

(a)未处理;(b) 处理后 (翟启杰等,2005 年)

案例 6.19　高压脉冲强电流处理铝熔体

在脉冲电流作用下凝固有细化晶粒效果。脉冲电流的充放电过程可以在金属液中造成收缩力,在不同部位大小不同,导致内部流速存在差异。速度差异产生剪切应力,促使晶体增殖。脉冲电流还可以减少形核势垒而增大形核率[56]。

图 6.31 为采用电压 1～10kV、频率 1～10kHz 的高频脉冲电源处理铝熔体的实验结果。

另有报道,当一个直流电场加到固-液界面的两端时,电流会降低或增加界面上溶质的浓度。另外,还有细化晶粒效果[27]。

图 6.31　高压脉冲强电流对铝凝固组织的影响(翟启杰等,2005 年)
(a)未处理;(b) 处理后

6.5.3.2　电磁搅拌

电磁搅拌(EMS)的基本原理是利用搅拌用线圈产生**交变的电磁感应**,对凝固过程实施适当搅拌,可以使液相产生交变的、强有力的旋转等各种形式的强制对流运动。例如,可以使直径为 300mm 的连续铸钢圆坯液芯产生 200r/min 的旋转运动[57]。

EMS 技术在连续铸造钢坯生产中获得广泛应用(案例 6.20),有大量的研究论文。最简单的 EMS 装置与同步电机定子相类似。由于 EMS 的工作频率越低磁场渗透深度越大,常用 4～16Hz 低频装置[58]。实行搅拌的目的是改善凝固材料内部致密度,减少中心偏析、疏松、缩孔和内部裂纹敏感性,明显地扩大等轴晶区(图 6.32),使凝固坯壳厚度均匀,改善宏观纯洁度,减少合金钢内大型碳化物出现频率。这些特点使它在特殊钢和厚钢板生产中更为重要[57,58]。但是,强烈搅拌会使合金和杂质元素重新分配,形成宏观偏析线带。

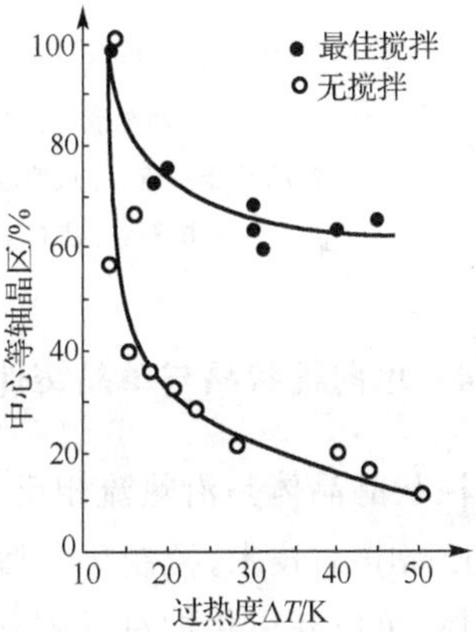

图 6.32　EMS 对连铸奥氏体不锈钢方坯宏观组织的影响[57]

EMS 技术在连续或半连续生产半固态金属浆料和坯料中占有重要地位,所获得材料的组织符合半固态成型的要求。由于不存在叶片或搅拌棒等机械装置,EMS 装置维修相对比较简单,不污染合金。

也曾有人研究 EMS 技术在厚壁铸钢件中应用,由于难以克服带来的偏析问题而受阻。

案例 6.20 电磁搅拌在连续铸钢中应用

已使用不同系统与不同设计方案,分别在结晶器和二冷区设置 EMS。不同安装位置有不同效果。在结晶器安装 EMS[图 6.33(a)]可以使针孔和夹杂物减少[58],明显改善铸坯表面质量,但观察到铸锭表层区域溶质成分的减少[57]。在二冷区设置 EMS,会出现白亮带形状的宏观偏析,亮带中含 S、C 量低,是一种负偏析。设计时需要使它减少到可以接受的程度。板坯连铸机一般安装在二冷区,可以安装在板坯的一面或两面,后者效果更好,但投资更大[58],图 6.33(b)是一个例子。

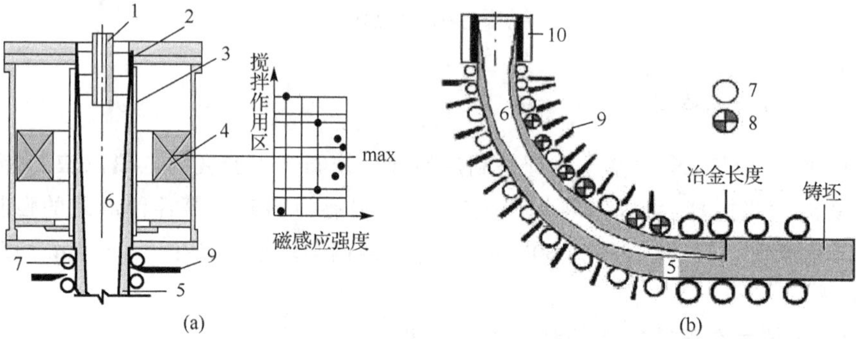

图 6.33 装有 EMS 的连续铸钢机示意图

(a)结晶器电磁搅拌;(b)二冷区板坯电磁搅拌。1.浇注管;2.结晶器铜管;3.水冷套;4. 结晶器 EMS 装置;5.凝固坯壳;6.未凝液芯;7.支撑辊;8.装有 EMS 装置的支撑辊;9.二冷水喷嘴;10.结晶器

6.5.4 单向柱状晶与单晶铸件:单向凝固

柱状晶晶体是沿热流相反方向定向生长的产物,利用**单向凝固**(unidirectional solidification)技术,控制单向散热和保持液相内正温度梯度,阻止液相区形成新的晶体,可以获得单向柱状晶铸件。经过多次的择优生长后,可以获得只有一个以枝状方式生长的单晶粒组织,称为**单晶铸件**。

消除晶界可以使铸件获得某些优良的性能。最成功的例子包括以下几个:

(1)燃气轮机精密铸造叶片,它在高温条件下工作,晶界是薄弱环节,单晶和在受力方向不存在晶界的单向柱状晶组织在高温下有优异性能(案例 6.21);

(2)优良物理性能的材料,晶体具有强各向异性,制备具有特定取向的多晶或单晶材料,可以获得优良磁学(案例 6.22)和电学(案例 6.23 和案例 6.24)性能;

(3)共晶合金采用单向凝固使两相都单向生长,可以构成一种类似复合材料的结构(案例 6.25)。

案例 6.21　燃气轮机精密铸造叶片

用常规铸造方法生产的钴基和镍基超级合金燃气轮机精密铸造叶片，要求工作表面为晶粒直径不大于 6.35mm 的等轴晶，不得有柱状晶。由于高温时晶界是薄弱环节，这种叶片的失效通常是沿垂直于受力方向的晶粒横向周界发生的。单向柱状晶叶片的晶界近似平行于主应力方向，消除横向晶界，可以提高材料的高温性能[59]。图 6.34(a)显示镍基超级合金燃气轮机精密铸造叶片的柱状晶结构，图 6.34(b)是利用水激冷底板、保温炉获得近似垂直底版的单向柱状晶的一个装置示意图。有两种工作原理。一是通过分段通电和控制感应线圈功率，在铸型内建立所要求的温度场和轴向温度梯度。热量通过底部由冷却水导出。也可以设置铸型拉出机构，使铸型以要求的速度向下移动，准确控制 G/R。前者称为功率降低法，后者称为 HRS 法(high-rate solidification process)。

对图 6.34(b)所示装置略加修改，在叶片铸型的底部与水冷底座之间，设置一个称为选晶器的多次转向的缩颈通道，经过多次的择优生长后，只有一个晶粒能够进入型腔，获得以枝状方式生长的单晶铸件。它完全消除了晶界，材料具有更好的高温性能。选晶器示意图见图 6.35[59]，它有多种结构，如螺旋选晶器的螺旋直径为 0.3～0.5cm[60]。单晶叶片也可以制成带内冷通道的叶片。

单晶镍基合金是当代高性能先进发动机叶片的主要材料，高温发动机叶片是目前单向凝固技术应用最成功的领域。单向柱状晶叶片和单晶叶片已经进入工业生产[60]。

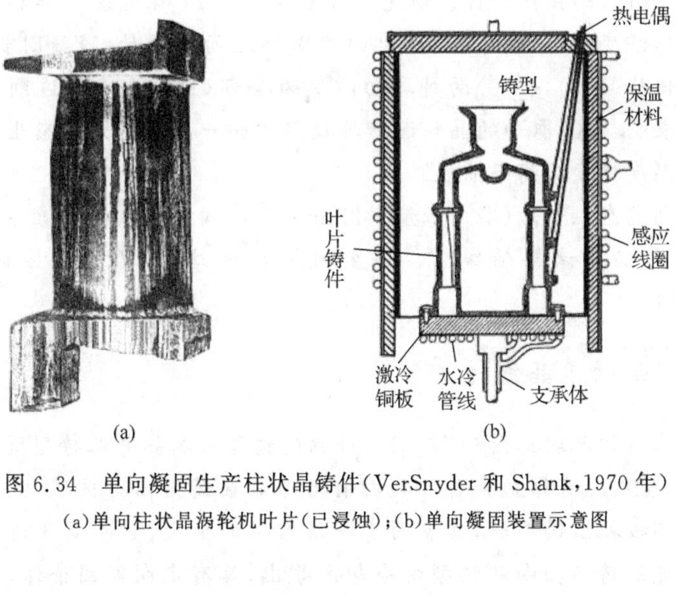

图 6.34　单向凝固生产柱状晶铸件(VerSnyder 和 Shank，1970 年)

(a)单向柱状晶涡轮机叶片(已浸蚀)；(b)单向凝固装置示意图

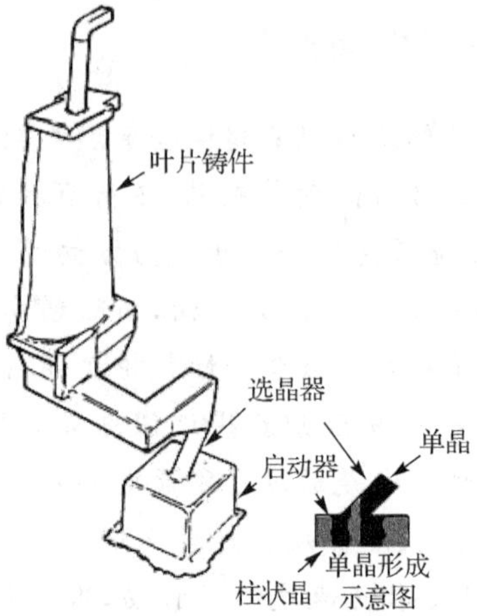

图 6.35 制备单晶的选晶器示意图(VerSnyder 和 Shank,1970 年)

案例 6.22 制备具有特定取向的 TbDyFe 合金[61]

稀土巨磁致伸缩合金 TbDyFe 是磁性功能材料,在铸态下它是多晶组织,有〈111〉、〈110〉、〈112〉和〈113〉方向的晶粒,无明显的晶体学择优取向,一般〈113〉方向稍强。一个研究方向是采用单向凝固方法,制备具有特定取向的多晶或单晶材料,以最大限度地发挥其可能的最优性能。

单向凝固实验装置见图 6.36(a)。获得 $G=500\sim900\text{K/cm}$ 超高温度梯度,生长速率 $R=3\mu\text{m/s}$ 的凝固条件。研究了 $Tb_{0.27}Dy_{0.73}Fe_{1.95}$ 合金从非稳态至稳态生长阶段的组织演变和取向。发现从单向凝固棒起始端开始,随凝固长度增加,试样横截面晶体从〈113〉,〈110〉两种取向演变为全部〈110〉取向。达到稳态生长时均为〈110〉,表明〈110〉取向的晶粒逐渐与凝固方向一致。达到稳态生长所需要的凝固长度随温度梯度提高而缩短。

合金达到稳态生长后(凝固长度≥35mm 处),试样的纵向组织为单一取向晶体,〈110〉取向偏离试样轴线 3°。合金为板层状结构,沿生长方向排列整齐[图 6.36(b)]。

案例 6.23 连铸单晶线材

连铸单晶线材原理见图 6.37(a)。纤细的铸型被加热并维持型壁温度超过熔体凝固温度,型内没有形核条件。凝固前沿形成在铸型出口区域,就是铸坯的假末端。当铸坯被拉出铸型时,其表面有一层熔融的金属,它刚离开铸型出口便立即凝固。热量沿铸坯轴向从铸型向冷却区导出,具有定向凝固条件,只有择优生

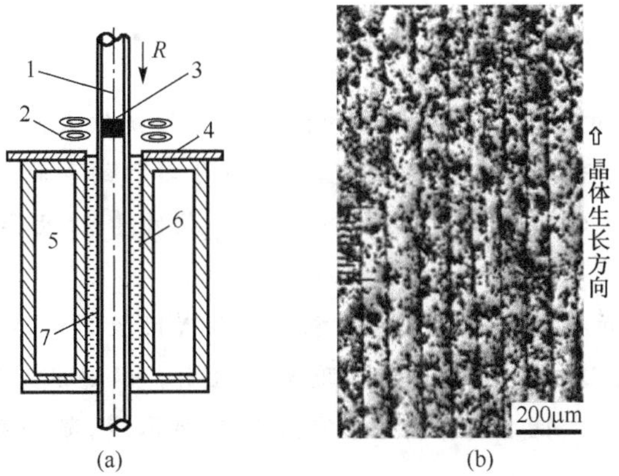

图 6.36　$Tb_{0.27}Dy_{0.73}Fe_{1.95}$合金的单向凝固(李建国等,2005 年)

(a)制备装置示意图;(b) 纵向微观组织

1. 试样;2. 感应线圈;3. 熔化区;4. 绝热层;5. 冷却水;6. 冷却用低熔点液态金属;7. 坩埚(Al_2O_3管)

长取向和铸坯方向最接近的晶体能够长大延伸。经过柱状多晶的引导段后(如长 300～500mm),便获得消除晶界的单晶线材。如果开始时应用一个籽晶引导生长,可以控制单晶的生长取向。从这个意义讲,有点类似 Czochralski 方法原理(6.5.5.1 节)。此法以发明者命名为 **OCC 法**(Ohno continuous casting process)。可以设计成水平或垂直的连铸装置,铸型与坩埚连接,连续拉引。形状也可以是窄薄条带。材料可以是 Cu、Au、Ag、Fe、Ni 、Sn、Sn- Pb、Sn-Zn 和 Al[62]。国内可以拉出直径为 1～6mm 的单晶铜线[图 6.37(b)][63]。

实验表明,晶界电阻率大于晶界两侧晶粒电阻率[62]。单晶导线为高清晰、高保真信号传输提供关键技术[64]。

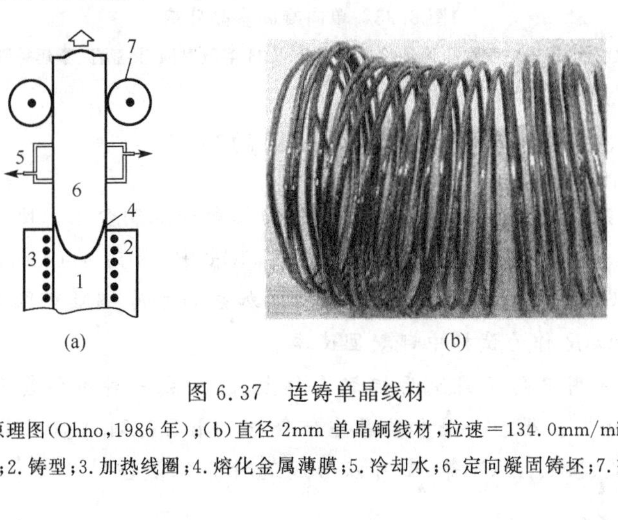

图 6.37　连铸单晶线材

(a)OCC 法原理图(Ohno,1986 年);(b)直径 2mm 单晶铜线材,拉速=134.0mm/min(严文等)。

1. 熔体;2. 铸型;3. 加热线圈;4. 熔化金属薄膜;5. 冷却水;6. 定向凝固铸坯;7. 拉夹辊

案例 6.24 多晶硅单向凝固铸锭

这是生产大尺寸单向柱状晶铸锭的例子。产品是供太阳能光伏技术(photovoltaic)使用的多晶硅。柱状晶可以使晶界垂直于器件的表面[图 6.38(b)][65],减小晶界对材料的电学性能的影响。多晶体制成的电池效率与单晶硅片相差不多[66]。

图 6.38(a)所示为单向凝固装置示意图。装置比较简易,熔体在坩埚内,利用加热器保温以抑制侧向散热,冷却块实现单向凝固。以通水强制冷却铜板作为冷却块,当硅锭的尺寸比较大时,即使晶体生长速率很慢,凝固界面也可能不完全平坦。

当熔炼、浇注与单向凝固均在真空环境中进行时,凝固后硅中的金属杂质有所减少,Fe、Al、Ca、Ti 和 Cu 的除杂效率分别为 66.9%、79.3%、42.6%、68.2%和73.6%[65]。

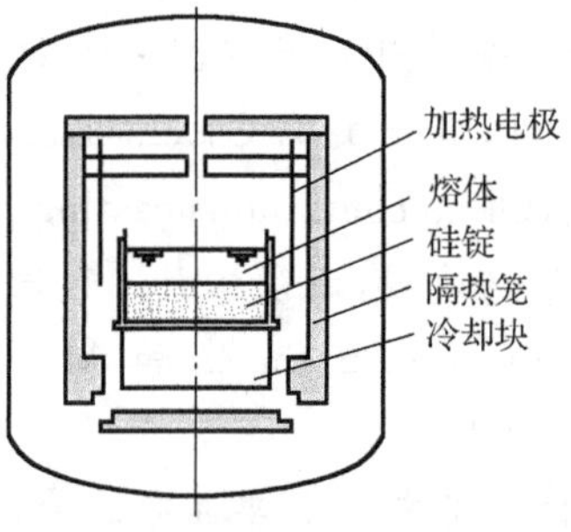

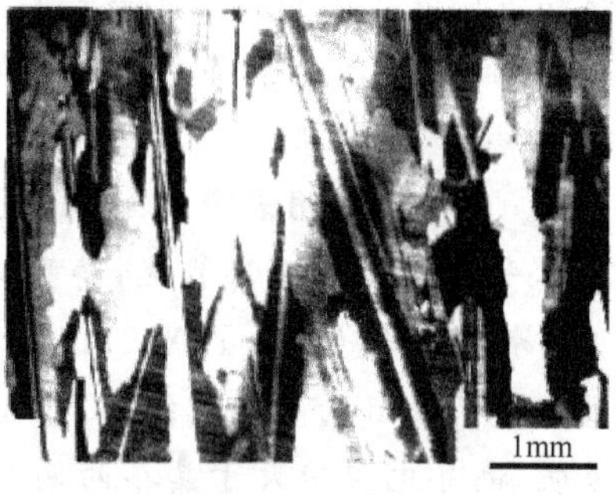

图 6.38 单向凝固多晶硅锭

(a)炉示意图[66];(b)硅锭纵截面柱状晶组织(NaOH 溶液腐蚀,吴亚萍、李廷举等,2006 年)

案例 6.25 Al-Si 共晶合金的单向凝固的研究

实验使用杂质含量不大于 $1\sim2\times10^{-6}$ 的铝和硅配制合金。刚玉坩埚,真空或氩气保护下熔化,在刚玉管中空冷。装在刚玉管中,长为 150mm,直径为 2mm、8mm 的试样以速率 R 向下运动,通过电阻炉加热与水冷铜激冷区单向凝固,温度梯度被控制。以 R 作为试样中部凝固速率。

共晶合金采用单向凝固使两相都单向生长,构成一种类似复合材料的结构,如图 6.39 所示[67]。很多共晶和共晶型合金,如 Pb-Sn、Al-Al_3Ni、Al-Al_2Cu、InSb-NiSb、Nb-Nb_2C、Ni_xAl_y-Cr 等,都可以形成这种原位复合材料[68]。这种材料的实用情况报道不多。

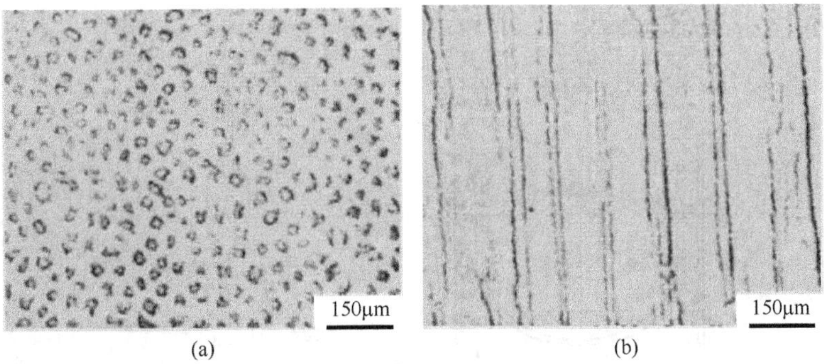

图 6.39　单向凝固的 Al-Si 共晶合金，凝固速率 $R=0.28\mu m/s$，温度梯度为 20K/mm，未浸蚀，硅形成纤维状、互不相连的、不稳定的带状组织(Day 和 Hellawell，1968 年)

(a)与凝固方向垂直的横断面；(b)相应试样，与凝固方向相同的纵断面

6.5.5　从熔体生长晶体

从熔体人工生长的单晶体是为激光晶体、半导体器件等提供晶体材料的重要途径之一。现在使用的两个方法都有着悠久的历史，以原发明者命名。公布后，不断地被改进、完善与发展。这里只讨论其技术原理而不涉及技术细节及其发展历史。

6.5.5.1　Czochralski 方法

此方法于 1917 年公布，以发明者命名，常被称为**提拉法**或**拉单晶**，其基本原理见图 6.40(a)。坩埚 5 内熔体 4 的温度场被加热体 6 控制，以防止熔体达到形核的临界过冷度。生长过程固-液界面的热量通过晶体 2、3，由辐射散热和沿轴向从通水冷却的旋转与提升夹头 1 导出，晶体 3 沿轴向单向生长。

把成分与熔体 4 相同、具有一定晶向的单晶 2(称为**籽晶**)装入夹头 1，下降籽晶与熔体 4 液面接触。籽晶 2 只有插入熔体 4 的部分被充分熔化。籽晶 2 与熔体 4 液面相交的固-液界面 7 就是凝固前沿[69]。当籽晶 2 被旋转提升离开熔体 4 液面时，其表面有一层熔融的金属，它刚离开熔体 4 便立即凝固，籽晶 2 提供生长界面，晶体开始长大延伸，其结晶取向与籽晶 2 相同。控制其他部位温度都高于形核温度，保证只在凝固前沿 7 结晶并防止形成多晶体。随着熔体 4 液面下降，不断保持固-液界面 7 的稳定，不断地旋转提拉，从籽晶 2 生长的单晶 3 逐渐长大成材。为了防止氧化，图 6.40 所示整个系统都设在有观察窗的真空室内或通氩气保护。缩颈区是用以排除籽晶中的位错传播到生长的晶体中(案例 3.12)。

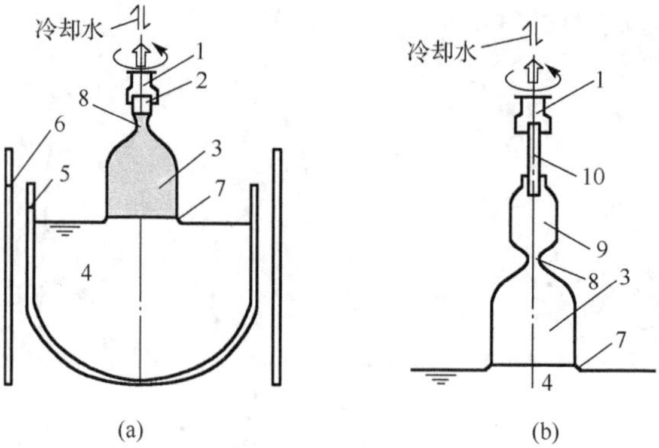

图 6.40　Czochralski 方法

(a)原理图;(b)使用金属丝代替籽晶示意图。1.提升夹头;2.籽晶;3.生长的单晶;4.熔体;5.坩埚;6.加热体;7.凝固前沿;8.缩颈区;9.自发形核的多晶体区;10.金属丝

可以从预备实验获得的多晶体中提取微小晶体作为籽晶。如得不到籽晶,通常用一根金属丝代替籽晶操作[70]。先让金属丝 10 与熔体 4 液面接触。由自发形核在金属丝上单向生成多晶体 9,并让其生长一小段距离[图 6.40(b)]。然后,使其形成缩颈 8,改变为单晶生长,整个过程由择优生长机制控制。

此方法没有铸型,全部操作与晶体生长可以直接观察控制。生产的单晶是圆柱体,形状与直径由熔体温度与提拉速率控制。略微升高温度或加快提升速率,直径就减小。

此方法的一个主要缺点是坩埚是污染的来源。

与工程材料不同,大多数半导体的电学性质对晶体的完整性特别敏感。一些单晶材料,如硅,其位错密度是一个需要控制的指标。虽然生长过程中,固-液界面 7 的温差形成热应力,夹头 1 的振动与杂质原子的影响,会导致产生位错缺陷而降低单晶质量,但是由于单晶冷却过程中没有任何外部的机械约束,此方法成为生产低位错密度单晶硅和锗的主要方法。

用此方法已经拉出大的没有位错的锗、硅单晶(熔点 1412℃,提拉速率 1～2mm/min)[69]和小型铝单晶[70],也可用于重要无机化合物,如钇铝石榴石($Y_3Al_5O_{12}$,熔点 1970℃,提拉速率 0.5～2cm/h)、钨酸钙($CaWO_4$,熔点 1570℃,提拉速率为 6.4～19mm/h)、蓝宝石(Al_2O_3,熔点 2015℃,提拉速率 0.5～2cm/h)等晶体的生长[69]。

6.5.5.2　Bridgemam 方法

此法公布于 1925 年,以发明者命名。基本原理是在相对固定的温度梯度内,运动的熔体单向凝固。生长炉的设计保证，在通过轴线的垂直剖面，能产生如图 6.41所示的近似线性的梯度温度[69]。使炉内盛着熔体的坩埚足够缓慢地下降(或者使加热器上升)，通过垂直于坩埚轴线的等温线。在炉内，形核与晶体长大的温度平面是稳定的。固-液界面将随着坩埚稳定地移动，晶体逐渐长大。这是一个单向凝固装置，首先形核长大的是多个微晶，必须利用择优生长机制，促使形成单晶生长。方法是坩埚的端部设计成圆锥形[图 6.42(b)、(c)、(d)]，或者是毛细管状[图 6.42(a)]，或兼而有之。它们与图 6.35 单晶制备装置中选晶器功能相同。

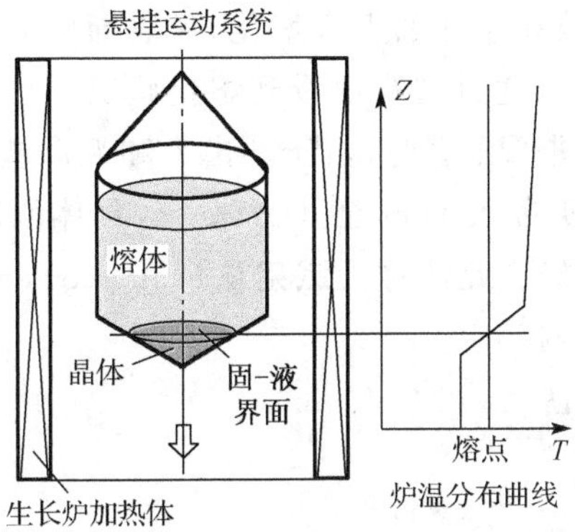

图 6.41　Bridgemam 法原理

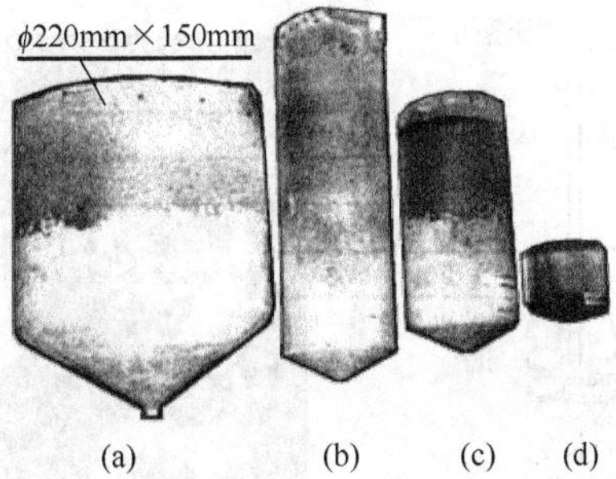

图 6.42　Bridgemam 法生长的光学晶体[64]

(a)CaF_2；(b)CaF_2；(c)BaF_2；(d)MgF_2

垂直的 Bridgemam 法中，坩埚的约束应力会引起生长晶体的位错缺陷，特别是对凝固时体积膨胀的硅和锗晶体更困难。但是，坩埚有使晶体尺寸规格化的优点。改善坩埚的可让性，或在水平炉内，或在敞开的料舟中生长，约束力的困难都可以消除[69]。

此法在生产光学用碱及碱土卤化物晶体中广泛使用。例如，萤石(CaF_2，熔点 1392℃，生长速率 10mm/h)、LiF 等(图 6.42)，也可以生长金、铜、镍、锂单晶，稀土磁致伸缩材料(直径 70mm×250mm)和硅单晶(直径 450mm)[64,69]。

6.5.6 快速凝固

小于 1t 的铸锭和连续铸钢坯的冷却速率为 0.5～4K/s[24]。这里讨论冷却速率超过 10^4K/s 时的凝固组织[13]。大体积熔体内部的热阻是提高冷却速率的主要障碍，只有体积很小的熔体才能如此快地冷却。

最先获得如此快速凝固的方法是在高气压下将质量约 100mg 的小液滴射向冷的铜基板[71]。改进后的装置见图 6.43[72]。在水冷银板上有一个直径 1.6mm的喷射孔，试样放在该孔的上方熔化，靠表面张力阻止它漏出。熔化时，低压室充纯 Ar 保护，可以通过观察窗看到熔化状况。当 7MPa 压力的 He 撕裂厚 76μm 的聚酯薄膜冲进低压室时，由于冲击力和弧形基板的作用，溅射的液滴成为一薄片，其平均厚度为 0.1μm 至几微米[73]，具体取决于合金和操作条件。试样与铜基板热接触良好。此法称为**溅射法**(splat-cooled，或 gun splat)，用以研究冷却速率对结构的影响。

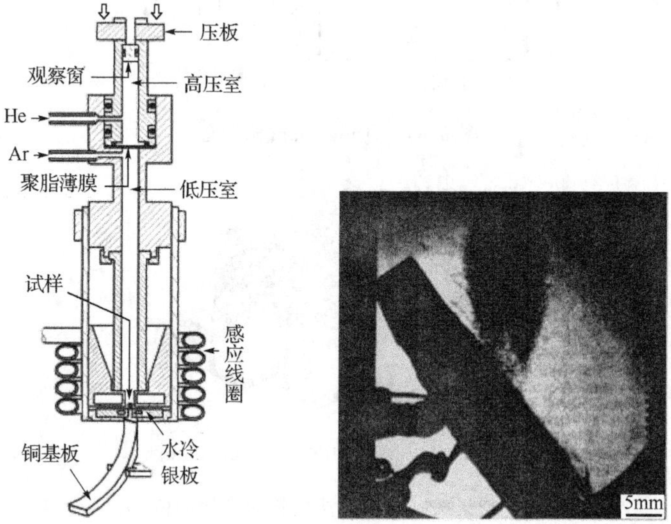

(a)　　　　　　　　　　(b)

图 6.43　溅射法装置

(a)略图(Willens 和 Buehler，1966 年)；(b)射出的液滴接触铜基板瞬间(侧面高速摄影照片；Predecki、Mullendore 和 Grant，1965 年)

快速凝固(ultra-rapid solidification)的传热系数、冷却速率和凝固速率计算基于这样的假定：凝固过程中，由于试样的尺寸足够小，以至于其内部热阻可以忽略，即其温度均匀，计算与试样厚度无关。界面的散热成为控制环节，试样表面的氧化将降低冷却速率。在溅射法条件下，热量全部从固定的圆弧基板散出时，基于测量试样的温度变化，试样计算的冷却速率与材料有关，铝为(1.5～3)×10^7K/s，银为(1～5)×10^8K/s[73]。

快速凝固也用于研究凝固过程，将微粒试样快速淬入低温液体中，保留先凝固的高温相，称为**液淬法**(案例 3.38)。

随着凝固速率加快，材料组织变细，同时，枝晶臂间距也变小(案例 6.26)。另外，快速凝固扩大固溶体的溶解度，获得很多有用的亚稳相。一些合金获得在平衡条件下不能得到的新的中间相，形成微晶、纳米晶、准晶和非晶态组织(6.4 节)或创造常规条件下不存在的新相[73,74]。

快速冷却技术的出现开辟了快速凝固广阔的研究领域。极受重视的、使用快速凝固原理的材料加工方法有液态金属雾化、熔体甩出法、激光表面重熔处理和深过冷法四种方法。

案例 6.26　溅射铝合金的枝晶臂间距的研究[75]

使用溅射法研究 Al 合金，冷却速率根据文献方法确定[73]。Al-11%(原子分数)Si 合金在不同的区域，分别存在枝晶和层片状组织[图 6.44(b)]，枝晶臂或层片宽 100～150nm。Al-6%(原子分数)Pd[图 6.44(a)]、Al-1%(原子分数)Fe、Al-10%(原子分数)Cu、Al-4%(原子分数)Ni 有类似的枝晶组织，枝晶臂间距具有与 Al-11%(原子分数)Si 同样的数量级，同一试样没有可见的偏析。枝晶臂间距与冷却速率的关系见图 6.45[75]与图 6.15 对比，从中可以得出它们是线性关系延伸的结论。

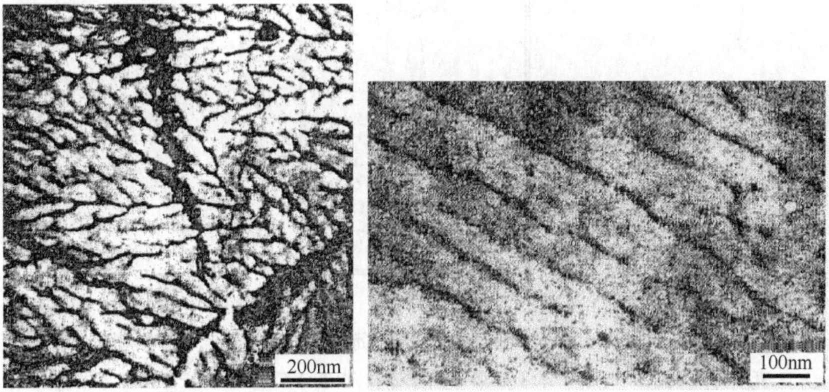

(a)　　(b)

图 6.44　溅射 Al 合金的典型组织(透射电子显微镜；Matyja、Geissen 和 Grant，1968 年)
(a) Al-6%(原子分数)Pd 合金，极细枝晶；(b) Al-11%(原子分数)Si 合金，层片状

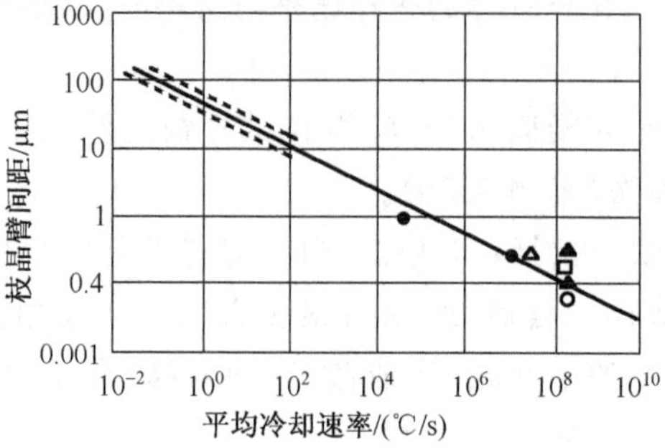

图 6.45 枝晶臂间距与冷却速率的关系(Matyja、Geissen 和 Grant,1968 年)

○. Al-1%(原子分数)Fe 溅射法；□. Al-6%(原子分数)Pd 溅射法；▲. Al-11%(原子分数)Si 溅射法；△. Al-8%(原子分数)Cu 溅射法；●. 400 目铝合金粉末。平行虚线间区域为若干 Al-Cu 合金

6.5.6.1 液态金属雾化

液态金属雾化(liquid-metal atomization)主要方法有高压空气、高速惰性气体和水喷射雾化、旋转电极雾化、超声雾化、磁雾化[76]、电火花浸蚀和等离子喷射雾化[77]等。图 6.46 所示为气体雾化的原理。从漏包流出的金属经过喷嘴雾化,在雾化室进一步破碎和凝固,分散成微米数量级的微粒,如果收集起来,就是粉末冶金粉末材料。

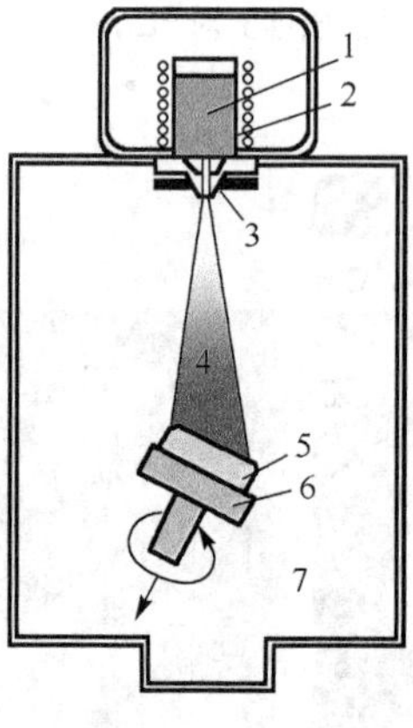

图 6.46 Osprey 法喷射沉积工艺示意图

1. 熔体；2. 漏包；3. 气体喷嘴；4. 喷射雾滴锥体；5. 沉积工件；6. 工件支撑架；7. 雾化室

利用喷射沉积工艺(process of spray forming)可以生产工件(图 6.46)[78]。已经生产了铝硅合金、不锈钢、普通方法难以生产的高合金及超合金管、环、棒、坯料、复合管和汽车零件,喷射速率达 200kg/min。用水平喷射沉积设备已经试制出直径 200～325mm、长 1300mm 的圆钢坯[79]。

雾化微液滴的冷却速率为 10～10^7K/s，平均颗粒尺寸为 1～200μm，它们取决于雾化方法与材质[29]。Fe、Ni、Cu、Al、Ti、Ni 基超级合金等金属粉末组织都是极细枝晶。在喷射沉积 Al75Mn10Cr5Si10 合金中观察到准晶(案例 6.27)[13,76,79]。

案例 6.27　喷射雾化与喷射沉积 Al75Mn10Cr5Si10 合金的形态和微观组织[80]

使用高纯 Al、Mn、Cr、和 Si，在 Ar 气保护感应电炉中，使用石墨黏土坩埚熔炼合金。使用 1.5MPa 的氮气喷射雾化熔体。喷嘴直径 5mm，熔体流速 1.2kg/min，氮气流速 3.0kg/min。沉积实验使用的铜衬底距离喷嘴 25cm。沉积的试样直径20cm，厚 8mm。

雾化实验获得的 80%粉末尺寸小于 150μm，分布见图 6.47(a)。微观结构取决于颗粒尺寸。冷却速率大的表面为胞状结构，由于凝固时潜热的影响，随后凝固倾向胞状-枝状生长。颗粒尺寸降低将增大微胞状区域。细颗粒近似球形，表面为胞状和枝状生长。较粗的颗粒形状不规则，芯部是枝状晶[图 6.47(b)、(c)]，喷射沉积后期颗粒的芯部倾向于形成枝状生长的等轴晶。

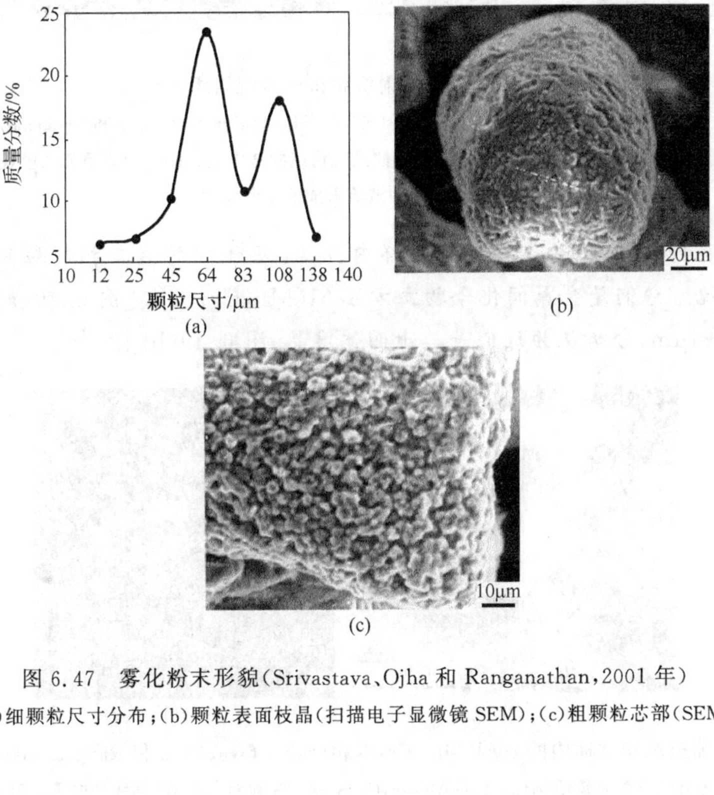

图 6.47　雾化粉末形貌(Srivastava、Ojha 和 Ranganathan，2001 年)

(a)细颗粒尺寸分布；(b)颗粒表面枝晶(扫描电子显微镜 SEM)；(c)粗颗粒芯部(SEM)

图 6.48(a)所示为喷射沉积试样的微观组织。整个沉积区微观结构均匀，以部分凝固的液滴沉积形成细晶粒为基体，细小的基体晶粒上均匀分布着极细的第二相颗粒，从中心至外表结构尺寸有差异。整个组织反映出半固相液滴在沉积时受冲击导致变形。在上部可以看到细小的枝晶，方向朝向最后沉积区。二次枝晶臂不明显，歪斜、倾向形成等轴晶。沉积的顶部区域，可以观察到保持球形形貌的颗粒，沉积后其表面被液流形成的流线包围[图 6.48(b)]。沉积过程在固体表面形成的不规则空隙不能被液体填满，还可以观察到沿其周界分布 1 ～5μm 的亚微观的孔洞。测定的试样密度是理论值的 97%。微观组织反映熔体雾化后以固体微粒、液滴和部分凝固的小滴的混合物喷射沉积在衬底。

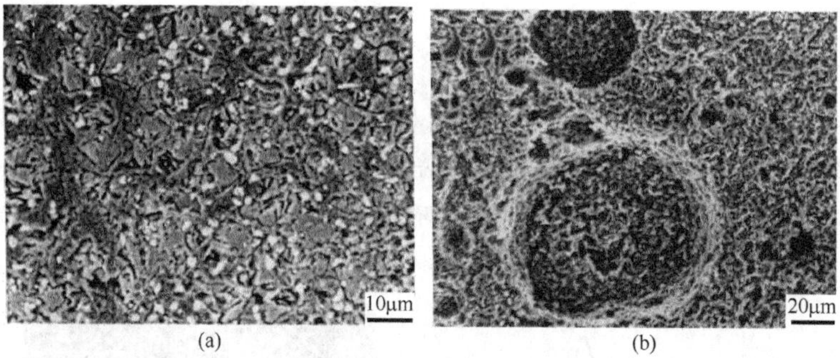

图 6.48　喷射沉积试样微观组织

腐蚀抛光剂：95% H_2O-2.5% HNO_3-1.5% HCl-1%HF，SEM；Srivastava、Ojha 和 Ranganathan，2001 年。(a)细小的第二相颗粒均匀地分布在细小的晶粒构成的基体上；(b)沉积的顶部区域观察到的颗粒周界被液流形成的流线包围

检测表明，在雾化粉末和沉积试样内，α-Al 基体中的第二相颗粒具有小平面生长的形貌。它们是金属间化合物立方 α-Al(Mn,Cr)Si 相[图 6.49(a)]，平均尺度为 0.5～1μm，分析认为近似是二十面体准晶[图 6.49(b)]。

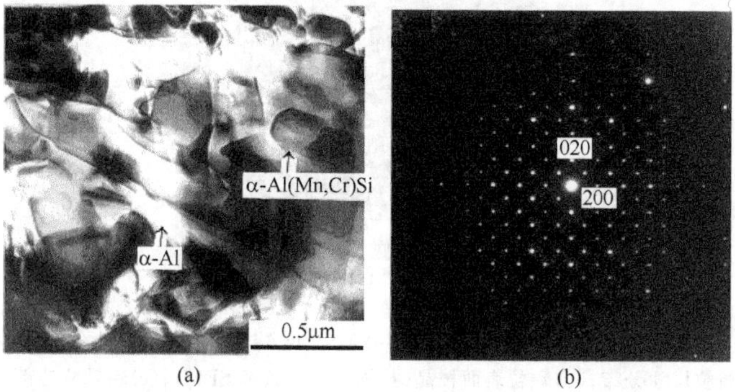

图 6.49　喷射沉积试样内的 α-Al(Mn, Cr)Si 相(Srivastava、Ojha 和 Ranganathan，2001 年)

(a)透射电子显微镜明场像；(b)α-Al(Mn,Cr)Si 立方颗粒沿[001]区轴线的电子衍射花样

6.5.6.2　熔体甩出法

熔体甩出法(melt spinning)是能够实现小于毫米数量级薄带连续生产、获得非晶态金属带材的主要方法,又称**单辊法**(single roller)。其原理是合金液流到转速(2～10)×10^3r/mim[29]的激冷圆辊表面后,铺展成液膜并快速凝固,然后被甩出,形成一定宽度、厚度数十到100μm,常为非晶态的带材(图 6.50)。此原理与溅射法相似,方法简单,但控制复杂。它的冷却速率可达 10^5～10^6K/s。影响冷速、带宽和带厚的主要参数包括激冷辊转速、熔体过热度与流速(Ar 气压力)、喷嘴形状与尺寸和熔体与激冷辊接触面的导热状况[81]。为了保证冷却速率,要防止熔体喷出后的氧化问题。案例 6.28 提供有关例子。

图 6.50　自由喷射熔体甩出法(单辊法)制造金属薄带的过程(高速摄影,Sarazin,1984 年)
1.底部有喷嘴的承载熔体的石英管;2.水冷感应加热线圈;3.喷出的金属薄带;
4.高速旋转(逆时针方向)铜激冷辊装置

通过改变液流的引入方法,已经开发出多种改进装置,带宽可达 250～300mm。非晶态软磁合金已基本成熟(案例 6.29)。快速凝固薄带磁性材料已经在大型配电变压器中形成产业。用薄带制成的各向同性磁粉可获得高的矫顽力。非晶态元件广泛应用于电子工业[37,82]。

案例 6.28　自由喷射熔体甩出法(free-jet melt spinning)制造金属薄带[81]

实验装置见图 6.50。以石英管 1 作为坩埚,试样熔化后,用 Ar 气加压,使熔体通过石英管下端喷嘴连续流到直径为 113mm 的铜激冷辊 4 的表面,在转速 1747r/min 激冷辊的作用下,迅速凝固并以切线速率 1034cm/s 飞出。使用高速摄影记录薄带 3 的形成过程,并确定薄带与铜鼓接触时间为 3.7ms。计算的冷却速率为(1～3)×10^5K/s。喷嘴孔圆形比细长孔好。

制造的 Cu-61%Sn 包晶合金带厚为 40～60μm，初生 ε 相的生长被抑制，近激冷面约 25μm，直接从液相形成包晶产物 η 相，余下为 η+β 相。从相图分析，要有 200℃的过冷度以防止初生 ε 相成核(图 6.51)。

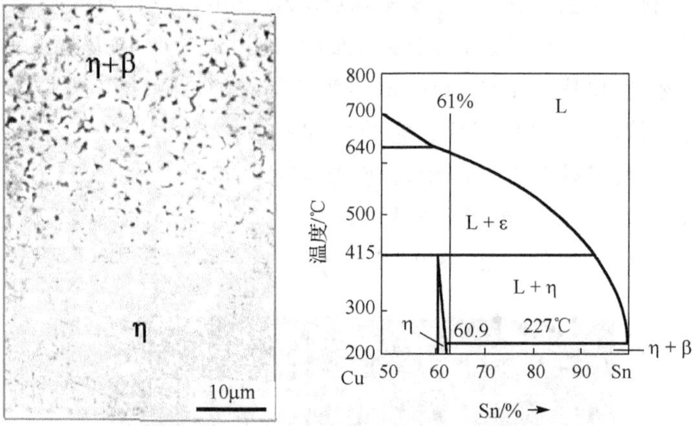

图 6.51　Cu-61%Sn 薄带组织，下端为激冷面，白色为 η 相
(Sarazin，1984 年；相图根据文献[83]资料绘制)

案例 6.29　自由喷射单辊法制造微晶薄带

生产的 FeAlSi 磁性材料薄带宽 15～20mm，厚 20～40μm，长数十米。喷制面晶粒平均 2～4μm。组织以 $Fe_3(SiAl)$ 为主相，断面以柱状晶粒为主，有择优取向现象，其方向垂直于带面，晶粒长度有的达带厚的一半，有的贯穿整个带厚。同时可以看出晶界上有夹杂物析出，晶粒本身有裂纹，可能是材料存在脆性的原因。高 Si 钢薄带平均晶粒直径为 5～10μm，贴辊面是等轴晶，大量的是基本垂直辊面的柱状晶，呈微晶状态，具有良好的韧性和延展性[37]。

6.5.6.3　激光表面重熔处理

激光表面重熔处理(rapid solidification laser processing)使用高功率密度激光，短时间作用于被处理金属材料浅的表层(图 6.52)，在极短的时间内能产生极高温度，使表层熔化。由于吸收的大多数能量集中在熔化层，在熔化区域与紧密接触的固体基体间，产生极大的温度梯度 G。当激光移开后，受基体的激冷作用急速凝固，冷却速率 R 达到 10^4～10^8 K/s，取决于熔化层厚度(案例 6.30)。极高的温度梯度和

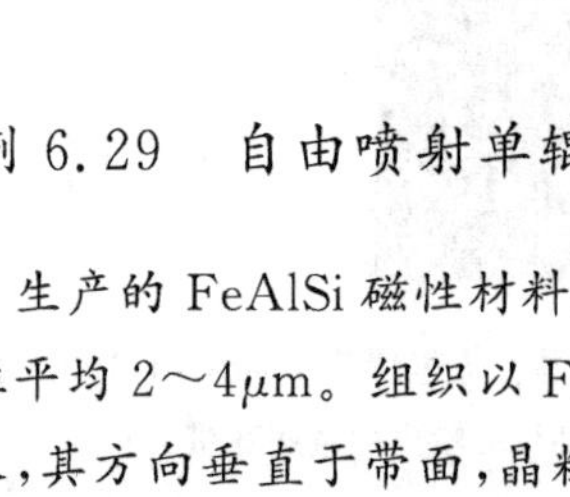

图 6.52　激光表面重熔处理示意图

冷却速率条件下重新凝固，有可能得到非晶态组织、微晶或平面凝固前沿条件[84]。通过表面扫描，可以形成表面改性的点、线和面。

案例 6.30　激光重熔参数举例

当功率密度为 $5.5\times10^5\,W/cm^2$，以适当的速度扫描时，产生约 25μm 深的熔化层，表面温度为 2457K，熔化层的温度梯度为 $10^5\,K/cm$，冷却速率为 $10^6\,K/s$，凝固速率达到 250cm/s。[84]

6.5.6.4　深过冷法

深过冷法的基本原理是最大限度消除异质核，使熔体在非激冷条件下达到很高的过冷度。根据经典形核理论，熔体最大过冷度将从异质形核的 $0.02T_m$ 向均质形核 $0.2T_m$ 逼近（3.1.1.3 节）。这就可以在凝固前排出尽可能多的热量，以提高大体积熔体的冷却速率。为此，可以采取以下方法：

(1) 过热熔体，有利于减少异质核（6.3.3 节）。

(2) 将合金包覆在熔融的玻璃中冶炼和冷却，可以净化材料，获得较大的过冷度[29]。

(3) 材料在高温加工过程与容器（坩埚或铸型）相互作用，是杂质（异质核）的主要来源之一，并且常成为开发新材料的障碍。在空间实验室，在失重条件下已经开展**无容器过程**(containerless processing)的材料研究。使用电磁或气体喷射方法，在地面环境实现无容器过程，称为**悬浮熔炼法**(containerless processing)（案例 6.31）。

深过冷 Al72Ni12Co16 合金凝固形成的准晶见案例 6.11。

案例 6.31　悬浮熔炼法举例

图 6.53(a) 所示为电磁悬浮与激光和光学控制结合熔炼一个铝球。图 6.53(b)、(c) 为气体喷射悬浮与激光结合制造一个光学玻璃镜片。

(a)　(b)　(c)

图 6.53　悬浮熔炼法[85]

(a) 电磁悬浮与激光和光学控制结合熔炼一个铝球；(b) 气体喷射悬浮与激光结合熔化一个光学玻璃球，控制悬浮稳定，直至镜片达到要求形状(c)

6.6 熔化焊接金属的凝固

6.6.1 熔化焊接金属的凝固条件

熔化焊接接头由**焊缝**和**热影响区**(近缝区)两部分组成,其间有过渡区,称为**熔合区**(fusion zone)。图 6.54 是目前应用最广的焊条电弧焊的焊缝区域,它以外部涂有涂料的焊条作为电极和填充金属,电弧在电极端部和工件表面之间燃烧,涂料产生气体保护电弧,并形成熔渣覆盖熔池表面起保护作用。

熔焊时,在热源作用下,焊条(丝)和部分被焊金属都被熔化,组成不大的、具有一定形状的熔区,称为**熔池**(melt pool)。当熔池的形状、状态和质量不再变化时,称为熔焊进入稳定状态。实测表明,熔池温度分布不均匀,中心温度比熔化温度高很多。熔池平均温度取决于材质和散热条件,低碳钢为(1770±100)℃[86]。熔池凝固后成为焊缝,称为**焊态**金属,它通常不再进行热加工(形变或热处理)。

熔池内熔体处于运动状态,方向如图 6.54 所示[86],对流和搅拌使熔体内部均匀混合,但靠近固相的边界层内熔体运动慢。

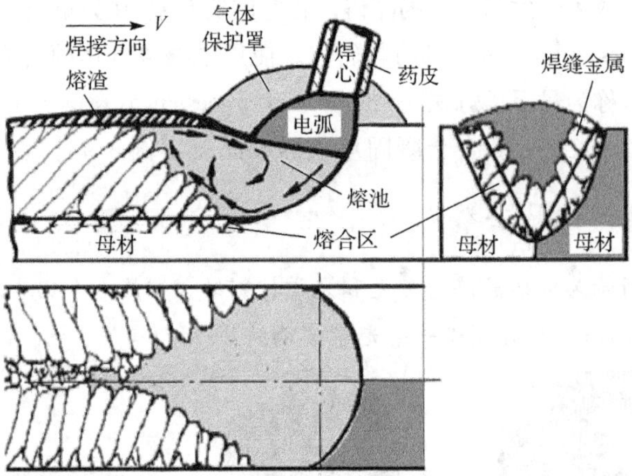

图 6.54 焊条电弧焊焊缝区域示意图

熔池凝固的热量主要通过熔合区向母材传递。熔体凝固时,固态的母材相当于不存在气隙的厚壁金属型,有良好的导热条件。熔池边界或固-液界面的温度梯度可比铸件高 $10^3 \sim 10^4$ 倍[86]。由于熔体与母材成分近似,母材为凝固金属提供异质核。

6.6.2　熔化焊接金属的组织与控制

凝固条件决定了多数被熔化的金属以柱状晶形式长大，长大的主方向与最大散热方向平行且相反，是焊缝金属结晶的主要方式之一（案例 6.32～案例 6.34）。

案例 6.32　不锈钢熔焊焊缝组织的研究[87]

实验用母材是不同成分不锈钢板，尺寸为 150mm×100mm×1.6mm，它们凝固时的初生相分别是 δ-Fe 或奥氏体（γ）。焊接前表面抛光并用丙酮清洗。焊接过程氩气保护。为了观察凝固组织，提高冷却速率，在焊接过程中将工件在 300℃液体 Sn 中淬火。在电弧熄灭的同时，焊缝的凝固组织保持淬火温度时的状态。

对应图 6.55 取样位置，图 6.56 所示为靠近熔池位置 A 处焊缝的凝固组织。可以清楚地观察到 δ-Fe 枝状晶向熔池内生长。在 δ-Fe 枝状晶区的下面，已经进入 δ-Fe 向 γ 相转变温度，是 δ+γ 两相区。图 6.57 所示为初生柱状晶从两端母材向中部生长与会合（图 6.55 中位置 B）。

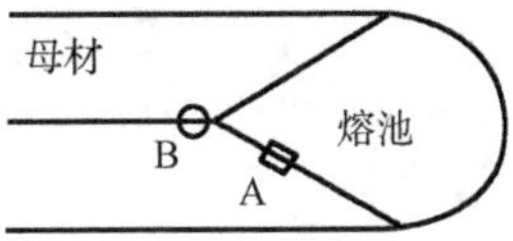

图 6.55　取样位置

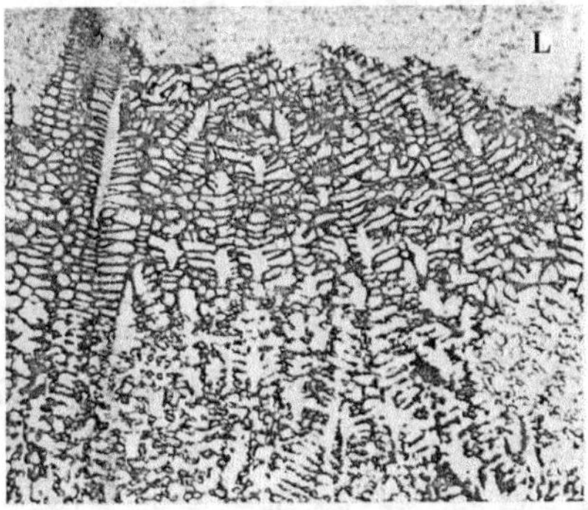

图 6.56　不锈钢焊接时靠近熔池的焊缝凝固组织（Kou 和 Le，1986 年）
淬火时为液相。母材成分：22.6%Cr，14.10%Ni，0.035%C，
在液相锡中淬火，取样位置：图 6.55A，混合酸浸蚀

案例 6.33　ZG4Cr25Ni40 钢（HK40）高温炉管的焊缝组织[28]

石油化工装置用 HK40 高温炉管纵截面焊缝的宏观组织如图 6.58 所示。可以清楚地观察到分三次焊接完成的焊缝，每层都是柱状晶组织。

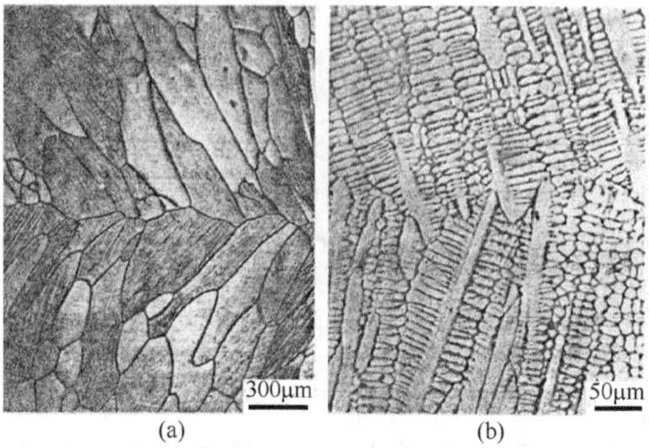

图 6.57　不锈钢焊接时凝固组织(Kou 和 Le,1986 年)

在液相锡中淬火,取样位置:图 6.55B,混合酸浸蚀。(a)焊缝与熔合区,δ柱状晶,高的冷却速率抑制了 δ→γ 的相变。母材成分:16.23%Cr、0.18%Ni、0.058%C;(b)焊缝,初生奥氏体柱状晶,母材成分:25.47%Cr、19.72%Ni、0.038%C,枝晶间间断的黑色相应当是凝固后期形成的离异共晶的 δ-Fe

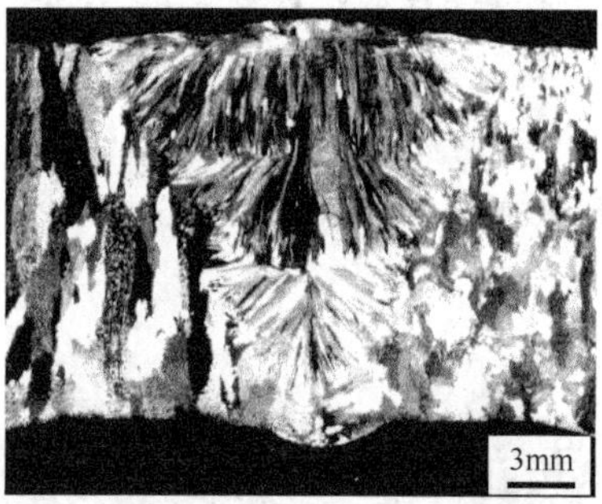

图 6.58　HK40 焊缝组织(王水浸蚀;李德俊、王焕庭和曹智本,1991 年)

案例 6.34　钢板点焊的凝固组织[88]

点焊原理示于图 6.59。两片要连接的钢板被水冷铜电极夹紧并通电流,钢板、特别接触面的高电阻导致产生热量。水冷电极和连接面相对高的电阻使热量局限在焊点区域,仅使焊点熔化。通过电极加压防止熔化的金属从界面漏出。与上面讨论的电弧焊(图 6.54)相比,熔池是很小的纽扣形斑点。

1.22mm 厚 0.05%C-0.3%Mn 低碳钢板焊点微观结构示于图 6.59,熔化区 1、热影响区 2 和母材连接面 3 清晰可见。图 6.59 所示为熔化的焊接点内沿厚度选取的三个位置的微观组织。从热影响区与熔化边界[图 6.59(c)]至熔池中心[图 6.59(a)],为胞状到胞状树枝晶组织。枝晶臂间距接近热影响区部位最小[图 6.59(c)],熔池中心区最大[图 6.59(a)]。

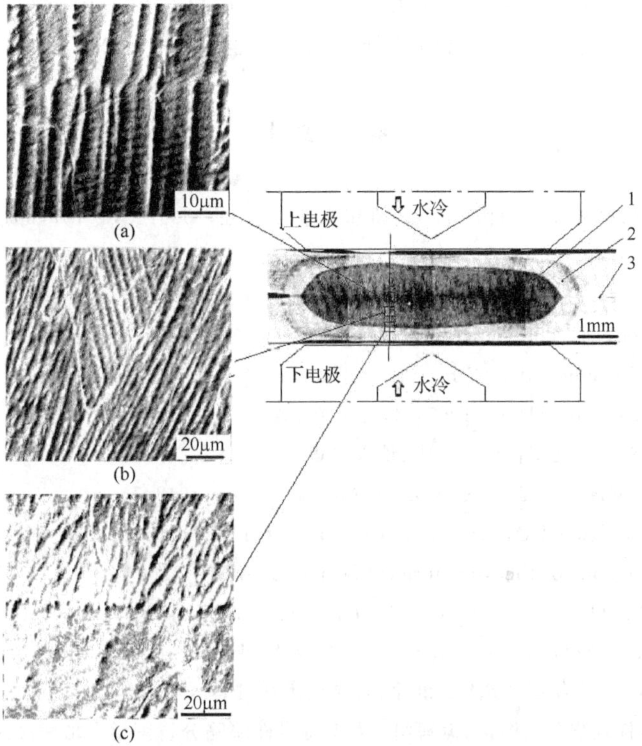

图 6.59　厚 1.22mm 低碳钢板点焊焊点蚀显后微观组织(Gould 和 Chang,1986 年)

(a)上下两板连接区,中部为熔池中线;(b)熔池 1/4 厚度位置处组织;(c)熔化区与热影响区边界。

1. 熔化区;2. 热影响区;3. 母材连接面

凝固常从母材晶粒表面向外延伸,称为**外延结晶**或**联生结晶**(epitaxial growth)。通过择优生长机制形成柱状晶。在焊缝柱状晶中,可以见到从母材一个晶粒表面延伸多个晶体的情况。与包晶反应的粒化现象类似,一个晶体表面的多个部位可以形核。

焊接的热作用与焊接速率有关,所以凝固过程受焊接速率影响很大。柱状晶生长方向也与焊接速率有关[89]。一般焊接速率下,柱状晶弯曲朝向熔池方向生长,如图 6.57(a)所示。当焊接速率较高时,柱状晶生长方向几乎不变,一直长到焊缝中心,如图 6.57(b)所示。

凝固控制原理可以用于焊缝组织。利用强磁场搅拌铝合金熔池以改善焊缝组织已经实际使用。在电子束焊时,利用高能电子束周期性地横向扫描,以一定距离熔化切断生长的晶体,成功地控制了 4Al14R 铝合金焊缝晶粒尺寸。但是,通过向焊条(丝)或焊药加入 0.03%～0.5%Ti、B、Ce、Zr 等元素作为变质剂细化晶粒的效果不显著,因为焊缝晶粒是在母材晶粒上外延生长的[86]。

在点焊的快速熔化与凝固的条件下，熔化的母材晶界的偏析与杂质来不及扩散均匀，因此在焊缝组织中可以看到原来晶界，如图 6.59(a)所示。

参考文献

[1] 李炯辉. 金属材料金相图谱. 北京：机械工业出版社，2006：15，16，67，80，673，677，1504，1588，1648，1714.

[2] Morrogh H. The solidification of cast iron and the interpretation of results obtained from chilled test pieces. The British Foundrymen, 1960, 53:221.

[3] Bower T F, Flemings M C. Structure of dendrites at chill surfaces. Transactions of the Metallurgical Society of AIME, 1967, 239:1620-1625.

[4] 大野笃美. 新订金属凝固学. 日本：地人书馆，1977：§13.1.

[5] Нехедзи Ю. Стальное Литье. Москва: Металлугиздат, 1948:75.

[6] Jackson K A, Hunt J D, Uhlmann D R, et al. On the origin of the equiaxed zone in castings. Transactions of the Metallurgical Society of AIME, 1966, 236:149-158.

[7] Ruddle R W. The Solidification of Castings. London: The Institute of Metals, 1957:9.

[8] Flemings M C. Solidification Processing. New York: McGraw-Hill, 1974:134, 147, 277.

[9] 中国金属学会. 金相图片选集. 北京：科学出版社，1964：32.

[10]《大型铸锻件缺陷分析图谱》编写组. 大型铸锻件缺陷分析图谱. 北京：机械工业出版社. 1990：17-26.

[11] 曲英. 炼钢学原理. 北京：冶金工业出版社，1980：271-273，275.

[12]《大型锻件的生产》编写组. 大型锻件的生产. 北京：机械工业出版社，1978：5.

[13] Flemings M C. Structure control in cast metals//Proceedings of the First Army Materials Technology Conference, Portsmouth, 1974:4-14.

[14] Pilling J, Hellawell A. Mechanical deformation of dendrites by fluid flow. Metallurgical and Materials Transactions, 1996, 27A:229-232.

[15] Christian J W. The Theory of Transformations in Metals and Alloys. Oxford: Pergamon Press, 1965:405.

[16] Корольков А М. Усадочные явления в сплавах и образование трещин при затвердевании. Москва: Издательство Академии Наук СССР, 1757:38-39.

[17] Suzuki A, Suzuki T, Nagaoka Y, et al. On secondary dendrite arm spacing in commercial carbon steels with different carbon content. Journal of the Japan Institute of Metals, 1968: 1301-1305.

[18] Bailey A R, Samuels L E. Foundry Metallography. Surrey: Betchworth, 1971:16.

[19] Verhoeven J D. Fundamentals of Physical Metallurgy. New York: John Wiley & Sons, 1975.

[20] Awes B M, Kahn N A. Transactions of the American Foundrymen's Society, 1950, 58:229.

[21] Sachs G, Horn K R. Practical Metallurgy. Cleveland: American Society for Metals, 1944:31.

[22] 苏云刚. 小方坯角边纵裂形成机理基础研究. 大连:大连理工大学硕士学位论文, 1988.

[23] 崔素兰,陆云威. 连铸小方坯凝固过程的研究. 鞍钢技术, 1994, 9:12-15.

[24] Jernkontorel. A guide to the solidification of steels. Stockholm, 1977:11.

[25] Уманский Я С, Скаков Ю А. 金属物理. 赵坚,蔡淑卿,译. 北京:冶金工业出版社,1985:160.

[26] Beeley P R. Foundry Technology. London:Butterworths,1972:62.

[27] 王家炘, 黄积荣, 林建生. 金属的凝固及其控制. 北京:机械工业出版社,1983:198, 201,210.

[28] 李德俊, 王焕庭, 曹智本. HK40 高温炉管组织检查及定量方法//王富岗,王来. 石油化工装置失效分析论文选集. 大连:大连理工大学出版社, 1991:34.

[29] 周尧和,胡壮麒,介万奇. 凝固技术. 北京:机械工业出版社,1998:102,245-246,268, 281,429.

[30] 师昌绪. 凝固科学技术及其在国民经济与国防建设中的作用//香山科学会议第 211 次学术讨论会论文集, 北京,2005:34.

[31] Physics Survey Committee. 凝聚态物理学. 龚少明, 译. 北京:科学出版社, 1994:8,46, 62,83.

[32] Kittel C. Introduction to Solid State Physics. 7th ed. New York: John Wiley & Sons, 1996:524-528.

[33] Kingery W D, Bowen H K, Uhlmann D R. 陶瓷导论. 清华大学无机非金属材料教研组, 译. 北京:中国建筑工业出版社,1982:90-95,350-351.

[34] Kittel C. 固体物理导论. 杨顺华, 等, 译. 北京:科学出版社, 1979:31.

[35] DeLa'O J, Hellawell A, Pilling J. Directional solidification and microstructural evolution between diopside and anorthite in the system CaO-MgO-Al_2O_3-SiO_2//Proceedings of the Royal Society, London, 2000, 456 A:2322.

[36] Duwez P, Willens R H, Crewdson R C. Amorphous phase in palladium-silicon alloys. Journal of Applied Physics, 1965, 36:2267-2269.

[37] 陈国钧,王新林,孙桂琴,等. 非晶态合金, 纳米晶合金//干勇, 田志凌, 董瀚, 等. 中国材料工程大典. 2. 北京:化学工业出版社,2006:963-965,969-972,983,985.

[38] 刘治国. 材料科学基础//师昌绪, 钟群鹏, 李成功. 中国材料工程大典. 1. 北京: 化学工业出版社,2006:15-16.

[39] 王零森. 特种陶瓷. 长沙:中南大学出版社, 2005:40.

[40] Liu X B, Yang G C, Fan P. Mechanical properties of decagonal quasicrystal formed from undercooled Al72Ni12Co16 alloy. Journal of Materials Science Letters, 2003, 22: 611- 613.

[41] 以色列获诺贝尔化学奖. 法新社斯德哥尔摩 2011 年 10 月 5 日电讯.

[42] Shechtman D, Blech I, Gratias D, et al. Metallic phase with long-range orientational order and no translational symmetry. Physical Review Letters, 1984, 53:1951-1953.

[43] Liu X B, Yang G C, Fan P. Mechanical properties of decagonal quasicrystal formed from undercooled Al72Ni12Co16 alloy. Journal of Materials Science Letters, 2003, 22: 611- 613.

[44] Liu X B, Yang G C, Fan P. Solidification behavior of decagonal quasicrystal in the undercooled Al72Ni12Co16 alloy melt. Journal of Materials Science, 2003, 38:885- 889.

[45] Wolf M, Stilli A. 连铸技术的最新进展. 北京:中国金属学会连续铸钢学会,1988:262.

[46] Baxter Jr D F. Technology Forecast' 86. Metal Casting. Metal Progress, 1986,1:39-41.

[47] 李庆春. 铸件形成理论基础. 北京:机械工业出版社,1982:144,163,167.

[48] Pearson J, Birch E J, Hadlet D. Recent advances in aluminium grain refinement//Solidification Technology in the Foundry and Casthouse. London:The Metals Society,1983:74.

[49] 陆文华. 铸铁及其熔炼. 北京:机械工业出版社,1981:76.

[50]《铸造有色合金手册》编写组. 铸造有色合金手册. 北京:机械工业出版社,1978:199.

[51] 高强. 最新有色金属金相图谱大全. 北京:冶金工业出版社,2005:121,122,125,126.

[52] Kim C B, Heine R W. Fundamentals of modification in the aluminium-silicon system. Journal of the Institute of Metals, 1963-1964, 92:367-377.

[53] Elliott R. Eutectic Solidification Processing. Crystalline and Glassy Alloys. London:Butterworths,1983:174-179.

[54] Lu Shu-Zu, Hellawell A. The mechanism of silicon modification in aluminum-silicon alloys:Impurity induced twinning. Metallurgical Transactions, 1987, 18A:1721-1733.

[55] Campbell J. Grain refinement of solidifying metals by vibration: A review//Solidification Technology in the Foundry and Casthouse. London:The Metals Society,1983:61-64.

[56] 翟启杰,赵沛,胡汉起,等. 金属凝固细晶技术研究//香山科学会议第 211 次学术讨论会论文集,北京,2005:172-183.

[57] Wolf M. 现代连铸理论与实践. 北京:中国金属学会连续铸钢学会,1986:369,422,545,548.

[58] 刘明延,李平,栾兴家,等. 板坯连铸机. 北京:机械工业出版社,1990:116.

[59] VerSnyder F L, Shank M E. The development of columnar grain and single crystal high temperature materials through directional solidification. Materials Science and Engineering, 1970,6:213-247.

[60] Gell M, Duhl D N, Giamei A F. The development of single crystal superalloy turbine blades. Superalloys 1980//Proceedings of the Fourth International Sympsium on Superalloys, Champion, 1980:205-214.

[61] 李建国,郑红星,马伟增,等. 磁性功能材料定向生长//香山科学会议第 211 次学术讨论会论文集, 北京,2005:150-153.

[62] Ohno A. Continuous casting of single crystal ingots by the OCC process. Journal of Metals, 1986, 1:14-16.

[63] 严文,陈建,范新会. 晶界对信号传输影响的研究及金属线材单晶化技术//香山科学会议第 211 次学术讨论会论文集, 北京,2005:141-148.

[64] 傅恒志,魏炳波,郭景杰. 凝固科学技术与材料//香山科学会议第 211 次学术讨论会论文集, 2005:11.

[65] 吴亚萍,张剑,高学鹏,等. 多晶硅的真空感应熔炼及定向凝固研究. 特种铸造及有色合金, 2006, 26:792-794.

[66] 钟根香,周浪,万跃鹏. 太阳能多晶硅锭定向凝固技术进展. 材料导报, 2008, 22:91-95.

[67] Day M G, Hellawell A. The microstructure and crystallography of aluminium-silicon eutectic alloys//Proceedings of the Royal Society, London, 1968, A 305:473-491.

[68] Lemkey F D. Casting and properties of directionally solidified eutectic superalloys//Proceedings of the First Army Materials Technology Conference, Portsmouth, 1974:166.

[69] Laudise R A. 单晶生长. 刘光照,译. 北京:科学出版社,1979:190-192,205.

[70] Bunshah R F. Techniques of Materials Preparation and Handing. New York: John Willey & Sons, 1968:1080.

[71] Duwez P, Willens R H, Klement W Jr. Continuous series of metastable solid solutions in silver-copper alloys. Journal of Applied Physics, 1960, 31:1136.

[72] Willens R H, Buehler E. Rapid quenching of reactive and refractory alloys from the liquid state. Transactions of the Metallurgical Society of AIME, 1966, 236:171-174.

[73] Predecki P, Mullendore A W, Grant N J. A study of splat cooling technique. Transactions of the Metallurgical Society of AIME, 1965, 233:1581-1586.

[74] Duwez P, Willens R H. Rapid quenching of liquid alloys. Transactions of the Metallurgical Society of AIME, 1963, 227:362-364.

[75] Matyja H, Giessen B C, Grant N J. The effect of cooling rate on the dendrite spacing in splat-cooled aluminium alloys. Journal of the Institute of Metals, 1968, 96:30-32.

[76] Grant N J, Pelloux R M. Liquit-metal atomization for hot working preforms//Proceedings of the First Army Materials Technology Conference, Protsmouth, 1974:317,324.

[77] Moss M, Smith D L, et al. Metastable phases and superconductors produced by plasma-jet sprying. Applied Physics Letters, 1964, 5:120-121.

[78] Brooks R G, Moor C, Leatham A G, et al. The Osprey process. Powder Metallurgy, 1997(20): 100-102.

[79] 徐匡迪,翟启杰. 微滴凝固的若干科学问题//香山科学会议第 211 次学术讨论会论文集, 北京,2005:36.

[80] Srivastava A K, Ojha S N, Ranganathan S. Microstructural features associated with spray atomization and deposition of Al-Mn-Cr-Si alloy. Journal of Materials Science, 2001, 36 : 3335-3341.

[81] Sarazin J R. Rapid solidification of metallic alloys by melt spinning//Progress Report of Department of Metallurgical Engineering of Michigan Technological University, Houghton, 1984, 5.

[82] 祝景汉,万永,王新林. 金属永磁材料//干勇, 田志凌, 董瀚, 等. 中国材料工程大典. 2. 北京: 化学工业出版社,2006:904.

[83] ASM. ASM Metal Reference Book. 2nd ed. Metals Park，1983:299.
[84] Breinan E M，Kear B H. Rapid solidification laser processing at high power density//Bass M. Laser Materials Processing. Amsterdam：North-Holland Pub Co，1983:238-240，255.
[85] Nordine P C，Schiffman R A. Containerless processing at Midwest Research Institute//115th TMS Annual Meeting，New Orleans，1986，3：2-6.
[86] 栗卓新. 焊缝与热影响区的组织与性能//史耀武. 中国材料工程大典. 22. 北京：化学工业出版社，2006:123-127，85.
[87] Kou S，Le Y. The effect of quenching on the solidification structure and transformation behavior of stainless steel welds. Metallurgical Transactions，1982，13A：1141.
[88] Gould J E，Chang P H. Thermal modeling of spot welds. Journal of Metals，1986，5:39-42.
[89] Poter D A，Easterling K E. Phase Transformations in Metals and Alloys. London：Van Nostrand Reinhold，1984:246-247.

第 7 章　伴随凝固与冷却过程产生的现象

熔体通过液体、凝固和固体三个阶段，冷却到常温，伴随体积变化和吸收气体。要获得优质的凝固产品，必须了解这些伴生现象的规律与应当采取的对策。在这个领域，涉及很多工程问题，实验研究和生产实践经验占有重要地位。

7.1　由液态至常温的体积变化

7.1.1　收缩的一般规律

随着熔体温度下降，通常它们的组成原子或分子间的平均距离变小，导致各个阶段都发生体积收缩，由此引起线尺寸变化。产生收缩的另一个原因是凝固或固态相变。纯金属和共晶凝固时，相变是收缩产生的原因。合金具有一个凝固温度范围，相变和温度差共同影响其收缩量。因此，凝固温度范围大的合金的凝固收缩比其组元的凝固收缩大得多[1]。

在没有外力影响的条件下，温度变化产生的体积变化是完全可逆的，加热时增大的体积在冷却时恢复原状。由相变产生的体积变化，同一物体加热与冷却时可能差别很大，因为相变进行情况可能存在很大差异。

在实际应用上，液态和凝固阶段通常考虑**体收缩**，固态通常考虑**线收缩**。

试样在凝固过程可能同时存在液态、凝固和固态三种类型。原因如下：

(1)凝固时表层形成硬壳，或内部枝晶构成连续的、足够坚固的骨架，能够抵抗金属内部的静压力，保持试样的外形，这时合金处于凝固温度范围，还未完全凝固，固态的线收缩就开始。

(2)熔体内部的温度梯度决定其凝固进程，铸件各部分温度分布不均匀。

并不都是冷却产生收缩。在下列情况下，温度降低，出现体积膨胀：

(1)某些固态相变导致体积膨胀(案例 7.1 和案例 7.2)；

(2)少数结构不紧密的金属，如锑、镓、铋和锗凝固过程体积膨胀 0.95%～5%[1,2](案例 7.3)；

(3)灰口铸铁凝固和冷却过程石墨化膨胀(案例 7.2)。

收缩量是使用试样测定的。高温测量存在技术上的困难，影响因数比较复杂，测定的数据常出现差异，从各案例的数据中可以看出这点。

应当区别合金的收缩与由该合金制成的铸件的收缩。合金的收缩量是其成分和温度变化的函数。而铸件的收缩除了合金的收缩外,还受杂质量、气体含量及其析出程度、铸件结构和铸型的阻力、冷却速率等工艺条件影响。凝固收缩受工艺因素影响,因为工艺因素影响气体析出和凝固过程相的析出与转变,这点在铸铁中表现很明显(案例 7.2)。在固体收缩阶段,线收缩与工艺因素密切相关,**受阻收缩**小于仅受到凝固表面与铸型摩擦阻力的**自由收缩**(案例 7.1～案例 7.3)。

7.1.2 收缩系数与收缩率

使用**膨胀方程**描述收缩现象。当温度变化 ΔT 足够小,长度 l 的固体增量 Δl 与 l 和 ΔT 成比例

$$\Delta l = \alpha l \Delta T \tag{7.1}$$

式中,α 称为**平均线膨胀系数**(average coefficient of linear expansion)或**平均线收缩系数**。

在常压下,温度变化引起固体、液体或凝固过程体积 V 的增量为

$$\Delta V = \beta V \Delta T \tag{7.2}$$

对各向同性的固体,各向 α 相同,根据式(7.1)和式(7.2)可以证明[3],**平均体积膨胀(收缩)系数**(average coefficient of volume expansion)$\beta=3\alpha$。

常用相对收缩量 $\Delta l/l$ 或 $\Delta V/V$ 表示收缩特性,以百分数表示,称为**收缩率** ε (percent contraction),%。从式(7.1)和式(7.2)可以确定收缩率和收缩系数之间的关系

$$\varepsilon_l = \frac{\Delta l}{l} = \alpha \Delta T \tag{7.3}$$

或

$$\varepsilon_V = \frac{\Delta V}{V} = \beta \Delta T \tag{7.4}$$

通常用收缩率表示收缩量。经常以相对于室温体积或线尺寸的百分比来表示收缩率。

温度降低出现体积膨胀时,收缩系数取负值。

7.1.3 铸造收缩率

线收缩使模型与铸件尺寸产生差异,补救铸件线收缩的方法是使用缩尺,将型腔适当放大,使冷却后的尺寸符合要求。进行铸件工艺设计时,模样尺寸不能按照自由收缩考虑。工程上使用总的线收缩率,称为**铸造收缩率** $\varepsilon_{铸}$,用以确定模型尺寸。

$$\varepsilon_{铸} = \frac{l_{模} - l_{件}}{l_{件}} \times 100\% \tag{7.5}$$

式中，$l_{模}$为 模样尺寸；$l_{件}$为 铸件尺寸。

准确地确定铸造收缩率，更多的还是依赖经验。对于各种铸件，存在不同的经验规范。

案例 7.1　铸钢的收缩

Fe-C 合金存在固态相变，$\gamma \rightarrow \alpha$ 转变产生体积膨胀。所以，在共析转变期间存在一个体积变化的临界区间(critical range)。以 0.35%C 钢为例，其冷却过程测定的体积变化示于图 7.1[4]。

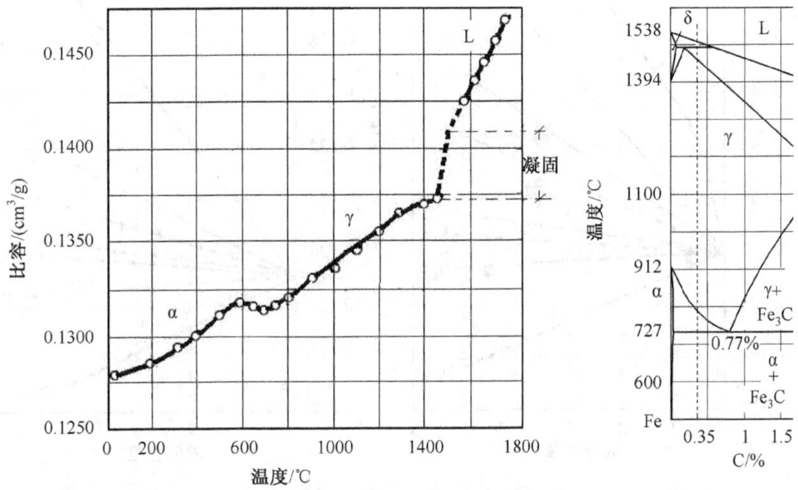

图 7.1　不同温度下 0.35%C 钢冷却过程测定的体积变化(Briggs 和 Gezelius，1935 年)
右图为 Fe-C 相图相应部分

液态收缩：常用的铸造碳钢和铸造低合金钢，每变化 100℃其体积变化约为其常温体积的1.50%～1.75%。例如，0.3%C 钢为 1.6%。增加 C、Si、Mn、P 时，此值略为增高，而增加 Cr、Al 时则略减[5]。

凝固收缩：表 7.1 给出从液相线冷却到固相线温度时的凝固收缩率 ε。在研究范围内，随含 C 量增加而增加。

表 7.1　含 C 量对钢在凝固时收缩的影响[6]

含 C 量/%	纯铁	0.10	0.35	0.45	0.70	1.00
凝固时体收缩率 $\varepsilon_{凝}$/%	2.2[5]	2.0	3.0*	4.3	5.3	4[5]

* 凝固时，0.35%C 钢的平均体积收缩为 0.0039cm^3/g，相当于凝固点固体比容的 2.85%，或常温比容的 3.05%[5]。

固态收缩:在含碳量0.08%～0.90%范围内(含0.55%～0.80%Mn;0.25%～0.40%Si),临界区间前的收缩为1.42%～1.21%,临界区间内的膨胀为0.11%～0.01%,临界区间以下的收缩为1.16%～0.98%,固态总自由线收缩率为2.47%～2.18%,随含C量增加而降低。通常低合金钢的固态总收缩量与碳钢相似[5]。

总收缩量:从图7.1可以得出,从1600℃冷却到常温,0.35%C钢的总收缩率为11.8%。图7.2给出1600℃和常温时合金元素对钢的比容的影响。由图可以得出,随含C量增加总体积收缩增加[7]。

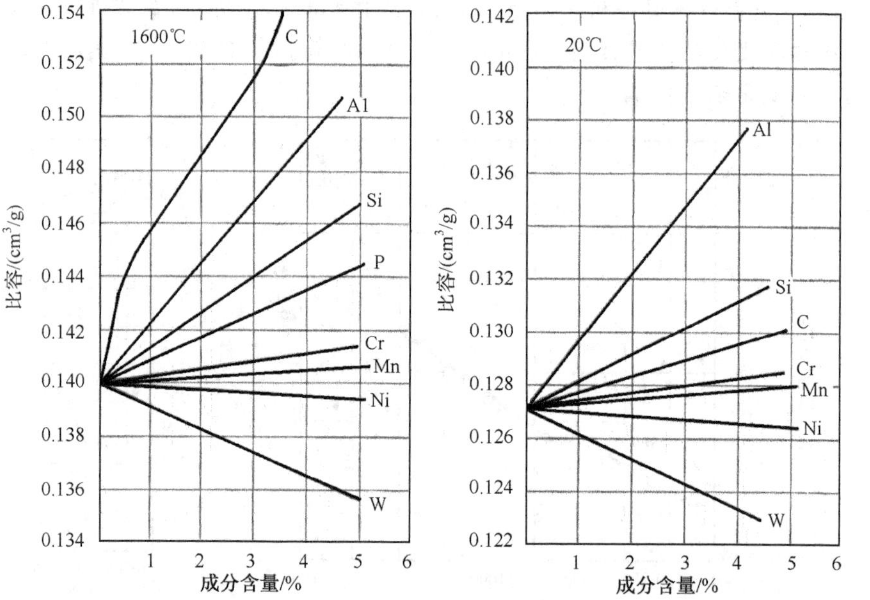

图7.2　成分对钢在1600℃和20℃时比容的影响(Benedicks、Ericsson和Ericson,1930年)

铸造收缩率(线收缩率):一般值见表7.2。

表7.2　铸钢铸造收缩率的一般值[8]

铸件类型	铸造收缩率/%	
	受阻收缩	自由收缩
碳钢与低合金结构钢	1.3～1.7	1.6～2.0
高Cr钢	1.0～1.4	1.3～1.7
奥氏体钢	1.7～2.0	2.0～2.3

案例7.2　铸铁的收缩[9]

图7.3所示为灰口和白口铸铁从横坐标示温度冷却到室温时收缩率的一般规律。以常温体积或线尺寸变化的相对百分数来表示收缩率。

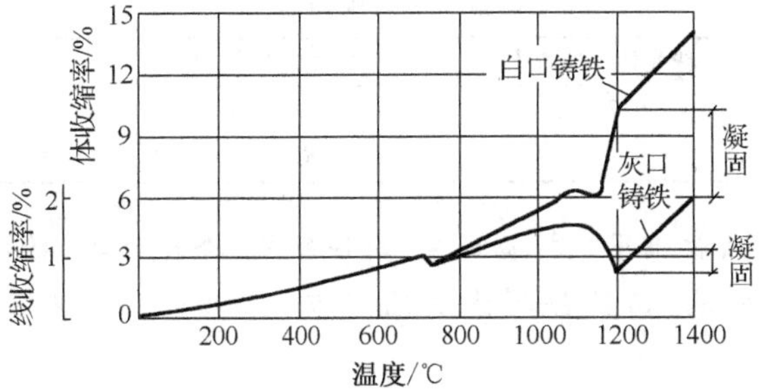

图 7.3　灰口和白口铸铁收缩曲线的一般规律(Гиршович,1949 年)

液态收缩:由图 7.3 可见,收缩系数几乎与温度无关。它随着铸铁内含 C 量增加而显著增加,如表 7.3 所示,但与其他元素含量的关系很小。

表 7.3　含 C 量对铸铁的液态体积收缩的影响[9]

含 C 量%	2.0	2.5	3.0	3.5	4.0
液态收缩率 $\varepsilon_{液}$(从 1400℃开始冷却)/%	0.7	1.5	2.4	3.5	4.7
液态收缩率 $\varepsilon_{液}$(过热度 50℃)/%	0.7	0.8	0.9	1.0	1.1

凝固收缩:白口铸铁体积减小,凝固体积收缩率为 3%～5%。每当析出 1%石墨,铸铁的体积约增加 2%,当含 C 量足够高时,灰口铸铁体积会增加,体积收缩率为−1.5%～ +3%,如图 7.3 所示。只有低温浇注和含 C 量很高时,液态与凝固的体积总收缩率才能成为负值(表 7.4)。

表 7.4　含 C 量对铸铁的液态和凝固体积总的变化的影响[9]

含 C 量/%		2.0	2.5	3.0	3.5	4.0
液态收缩率 $\varepsilon_{液}$(从 1400℃开始冷却)/%	白口铸铁	+5.8	+6.1	+6.6	+7.2	+8.0
	灰口铸铁	+5.0	+4.3	+3.8	+3.6	+3.2
液态收缩率 $\varepsilon_{液}$(过热度 50℃)/%	白口铸铁	+5.8	+5.4	+5.1	+4.7	+4.4
	灰口铸铁	+5.0	+3.6	+2.3	+1.1	−0.4

固态收缩:凝固后首先发生收缩前的膨胀(图 7.3),其值主要取决于凝固后的石墨化过程,气体的析出也有影响,随其量增加膨胀加大。但在白口铸铁中,甚至在铁和其他元素的二元合金中,也可以发现少许膨胀。

与钢一样,$\gamma\rightarrow\alpha$ 转变导致体积增大。在缓慢冷却时,体积膨胀不超过 0.3%,线膨胀不超过 0.1%。纯铁体积膨胀约 1%。由于碳自固溶体析出时所发生的压缩作用,膨胀量随着含 C 量的增加而减低。

膨胀前后的收缩量见表 7.5。

表 7.5 铸铁固态线收缩率的一般值[9]

铸铁类型	珠光体前收缩/%	珠光体后收缩/%	总收缩/%
白口铸铁	0.7～1.0	0.9～1.0	1.6～2.0
灰口铸铁	0.0～0.3	0.9～1.0	0.9～1.3

铸造收缩率(线收缩率):根据成分、铸件结构、冷却速率、铸型条件、收缩受阻的程度和热处理规范，铸铁件的线收缩可在－0.5%～＋2.5%变动。一般值见表 7.6。

表 7.6 铸铁铸造收缩率的一般值[10]

铸件类型		铸造收缩率/%	
		受阻收缩	自由收缩
灰铸铁	中小件	0.8～1.0	0.9～1.1
	大中件	0.7～0.9	0.8～1.0
	特大件	0.6～0.8	0.7～0.9
球墨铸铁	珠光体组织	0.6～0.8	0.9～1.1
	铁素体组织	0.4～0.6	0.8～1.0
黑心可锻铸铁	壁厚＞25mm	0.5～0.6	0.6～0.8
	壁厚＜25mm	0.6～0.8	0.8～1.0
白口铸铁		1.5	1.75

案例 7.3 有色金属的收缩

表 7.7 和表 7.8 给出有色金属收缩的一些数据。

表 7.7 有色金属冷却时的收缩率(以室温时的体积分数表示)[1]

金属	凝固温度/℃	液相(液相线以上100℃至液相线)/%	凝固过程/%	固相(自固相线至室温)/%
Cu	1083	2.1	4.5	7.3
Cu80Zn20	1015～960	2.2	4.8	6.0
Ni(1.5Si,0.1C)	(1440～1430)		7.1	9.4
Al	660	1.4	6.5～7.9	5.1～6.2
Al90Mg10	605～510	1.3	7.5	4.4
Mg	650	1.4	4.4	5.8
Zn	419		4.9	4.1
Pb	327		3.5～3.9	3.1
Sn	232		3.0，2.3[11]	1.5
Bi	271		－3.4，－3.25[11]	

表 7.8　有色合金铸造收缩率(线收缩率)的一般值[8]

铸件类型	铸造收缩率/%	
	受阻收缩	自由收缩
锡青铜	1.2	1.4
锌黄铜	1.5～1.7	1.8～2.0
锰黄铜	1.8～2.0	2.0～2.3
含硅的铝基合金	0.8～1.0	1.0～1.2
铝铜合金	1.4	1.6

7.2　缩孔与缩松

液相和凝固过程的体积收缩如果得不到液体的补充，将在铸件中形成孔洞。孔洞的形态取决于凝固方式。集中的孔洞称为**缩孔**，分散的称为**缩松**。这是一种凝固过程形成的铸造缺陷。

7.2.1　缩孔

7.2.1.1　缩孔的形成

液相和凝固收缩形成较大、相对集中的孔洞，称为**缩孔**。其特征是形状不规则(图 7.4)，内表面可以看到树枝晶末梢(图 7.5)。当位于铸件内部时，用无损检测、剖开或切割冒口后可见。

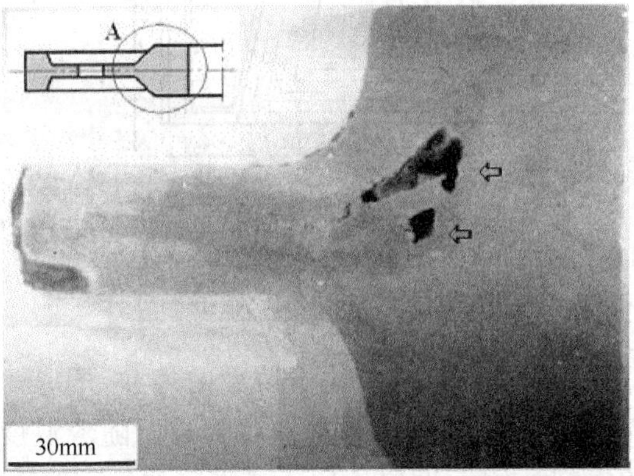

图 7.4　铸钢齿轮轮毂内部缩孔(剖面 A 区，宏观磨片，未浸蚀，箭头示；徐葆榕，1962)

形成缩孔的必要条件是熔体采取逐层方式凝固。只有结晶发生于连续的、分支不发达的薄层中，液体进入结晶层内补缩的阻力很小时，才能实现从液相补缩，凝固组织才能是紧密的，缩孔才能集中在最后凝固区域。

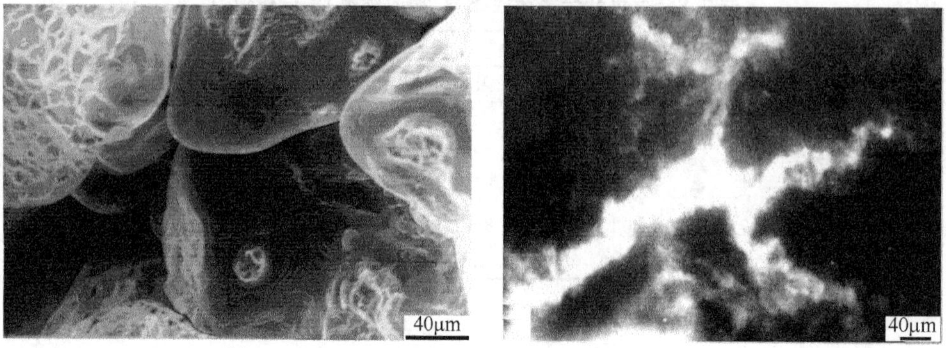

(a)　　(b)

图 7.5　缩孔内表面形貌

(a)形貌,SEM;(b)X 光照片。高强度铸钢件,显示白色树枝状直径为 5～10mm 缩孔(李喜书,1984)

图 7.6 所示为熔体向各个方向散热时缩孔的形成过程。熔体充满型腔后,当结晶尚未开始时,凝固前液相收缩只导致熔体上部水平面降低,首先形成上部间隙。它可以从液面高于铸件最高点以上浇口杯、出气口等工艺附加系统补充液体。

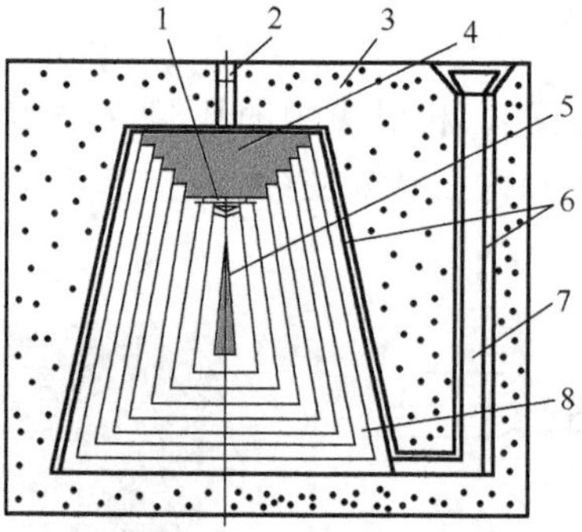

图 7.6　缩孔形成过程示意图

1. 铸件表面凹陷;2. 铸型上气孔;3. 铸型;4. 外缩孔(灰色区域);5. 内缩孔(灰色区域);6. 收缩形成的间隙;7. 浇道;8. 铸件

固态线收缩开始后,铸件的尺寸将小于铸型的尺寸,形成铸型与铸件的间隙。各处的间隙大小常不等。对流使熔体上部温度最高。随着温度降低,由外向内逐层凝固,各层从液相得到补缩。收缩使液面逐渐下降,形成上部外缩孔。当上表面凝固,内部液体收缩得不到补充时,就形成内缩孔。在熔体含气量不大时,内缩孔将形成真空,固相薄壳在大气压力作用下凹陷,称为**缩凹**。

缩孔出现在最后凝固区域,常在称为**热区**(hot-spot)或**热节**的铸件局部最厚大断面部位。可以用图 7.6 所示方法,根据各向散热条件,将固相从表向里逐层推进，粗略地估计缩孔位置，称为**结晶等温线法**。更常用的**热节圆法**[11]，在铸件断面上内切圆直径较大的部位就是缩孔位置。

7.2.1.2　消除缩孔的途径

消除缩孔的唯一方法是补充缩孔体积所需要的熔体。为此，需要设置称为**冒口**(feeder head)的补充熔体储存空间，使全部缩孔集中于冒口处，清理铸件时将冒口切除，获得健全铸件。冒口内有缩孔、缩松和杂质聚集，即使作为锻件毛坯使用的钢锭，上部冒口也不能使用。通常大型碳钢锭切除率为 20%～22%，合金钢锭为 22%～30%[12]。

冒口设计的三个基本原则是：

1)凝固向冒口方向推进，冒口最后凝固

通过安排浇口和冒口位置，获得足够高的温度梯度，使凝固方向从被补缩部分向冒口推进，冒口最后凝固。这种设计思想被称为**顺序凝固原则**[11,13]。基本措施包括厚的部分尽可能地与冒口接近，从厚的部分或冒口浇注，而较薄的部分远离浇口。局部加大铸件壁厚(称为**补贴**)，在砂质铸型中局部加入导热良好的金属(称为**冷铁**)。这些都是控制凝固方向的常用措施。

2)冒口内液体能够流入被补缩的缩孔

补缩流动要考虑驱动力和补缩通道畅通两个问题。

冒口尽可能设置于被补缩部位上方，尽可能设置于最高处，利用重力驱使液体流入被补缩空间。通常位于铸件顶部的冒口是敞开的，与大气接触，称为**明冒口**，必要时可以在凝固过程中向冒口补加高温熔体。位于铸型内部的冒口称为**暗冒口**，暗冒口表面凝固后，内部缩孔形成的真空可以阻碍补缩流动(案例 7.6)。

通道畅通与凝固顺序密切相关。通道截面处如果开始凝固，枝晶会阻碍补缩流动，通道会因侧壁凝固区域的推进而堵塞。由于难以保持长距离顺序冷却，冒口存在**有效补缩距离**问题。工艺设计时首先要确定冒口的位置及其补缩范围。当水平方向补缩距离过长时，需要使用多个冒口。通常利用工业经验规范计算冒口的有效补缩距离。对重要的铸件可以通过热计算确定。为了加大补缩距离，补贴与冷铁都是常用措施。

3)足够补缩的液体量

总的原则是在保证补缩需要的液体量的前提下，使用最小的冒口尺寸。尽量避免采用方形冒口以减少散热面积。

冒口的主要尺寸包括根部尺寸、形状和高度。由于影响因数太多，通常难以用计算方法精确确定。最简单的近似计算是使用 Chvorinov 法则决定冒口尺寸

(案例 7.7)。如果造型材料相同,不对冒口采取发热或保温等特殊措施,冒口与铸件以相同的速度凝固,铸件的凝固时间取决于体积 V/冷却表面积 A^2(4.4 节)。冒口的凝固时间至少应等于被补缩部分的凝固时间。通常根据经验适当加大 10%～15%[13]。工程上广泛使用各种特定条件下的经验规范。

案例 7.4～案例 7.7 提供四个有关补缩的具体工艺设计例子。

案例 7.4　明冒口与补贴应用举例

铸件净重 103kg,材质为 ZG2Cr13(图 7.7)。内部要求无任何孔洞。为了保证顺序冷却,铸件内圆增加补贴,以后加工切除。从顶部通过冒口浇注。铸件加冒口和补贴质量为 232kg。

顶部设置明冒口是最常用的工艺方案之一。从顶部通过冒口浇注可以产生有利的温度梯度。

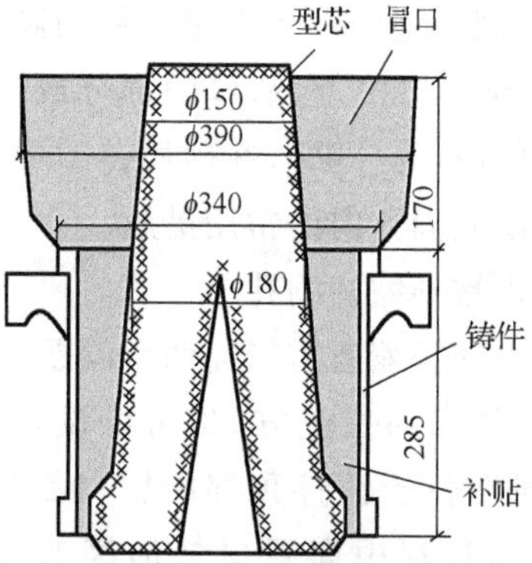

图 7.7　ZG2Cr13 铸钢件铸造工艺图(徐葆榕)

案例 7.5　轮形铸件轮缘的补缩方案

顶部设置明冒口,对轮辐和幅板相交处形成的热节进行补缩(图 7.8)。用结晶等温线法推定缩孔位置。由于补缩距离较大,用画内切圆的方法来决定补贴量,以维持补缩通道,并使缩孔留在冒口内。

案例 7.6　大气压力冒口

在被砂型包围的暗冒口顶部设置砂芯(图 7.9),由于它被熔体加热,与其接触的熔体凝固较为缓慢,使冒口内缩孔空间与大气连通,防止内部缩孔形成的真空阻碍补缩流动。这种实用设计称为**大气压力冒口**。

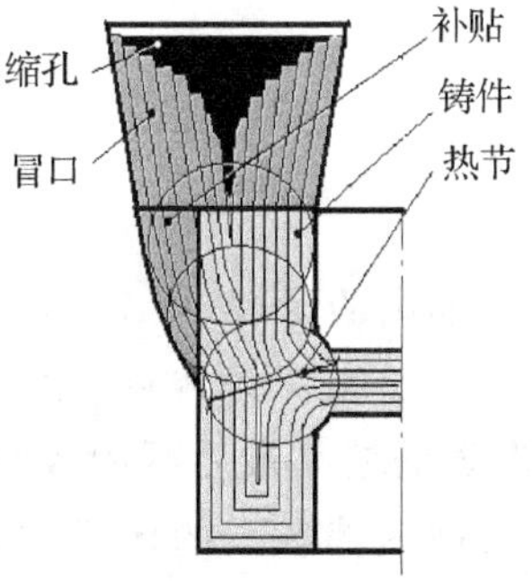

图 7.8　推定缩孔位置的两种方法
——等温线法和内切圆法

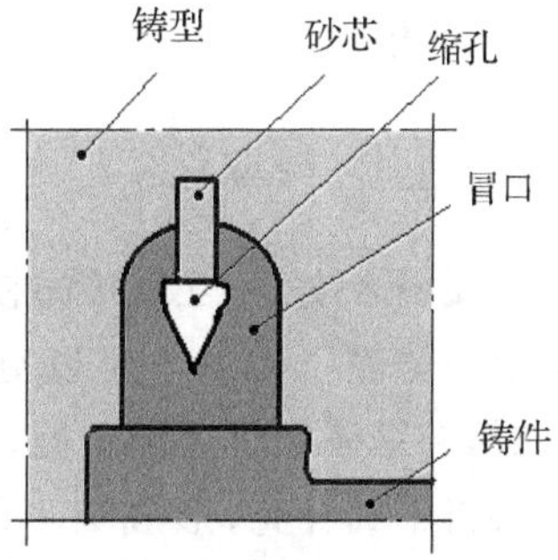

图 7.9　大气压力冒口示意图

案例 7.7　使用 Chvorinov 法则计算冒口举例

铸件净重 15kg，内部要求无任何孔洞(图 7.10)。铸件内圆槽不铸出，以后加工切除。圆环热节需要补缩。选取腰圆柱形冒口，根部宽 120mm，长 260mm。补缩环型铸件，没有称为**末端效应**的边缘冷却条件。根据经验规范[14]，冒口的有效补缩距离为 2 倍铸件厚度(130mm)。因此每个冒口补缩范围为 520mm。使用 4 个冒口，每个冒口水平作用区为 90°。

被补缩区是断面为 120mm×64mm 的圆环，铸件的 $V/A=2.09$cm，取冒口的 V/A 为铸件 V/A 的 1.15 倍，等于 2.4 cm。

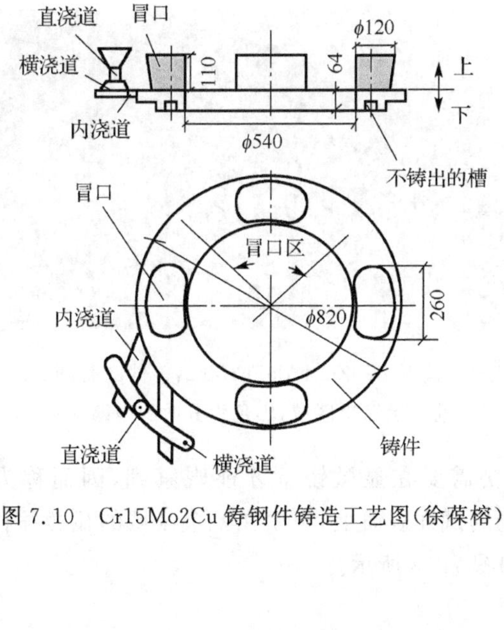

图 7.10　Cr15Mo2Cu 铸钢件铸造工艺图(徐葆榕)

7.2.2　缩松

7.2.2.1　缩松的形成

在凝固末期,相互连接的枝晶如果形成一些被隔离的区域(图 7.11),大气压力加上液体静压力都不足以克服枝晶间流动阻力。研究认为,当固相分数达到 70%时,补缩流动将逐渐变慢,并最终停止[13]。那里的枝晶最后凝固收缩形成的空间将得不到补充,形成细小的收缩孔,分散于铸件内部较大的体积内,称为**缩松**。缩松的缝隙具有缩孔特征,形状不规则,借助显微镜可以观察到枝晶或其末梢,内壁未被氧化(图 7.12)。

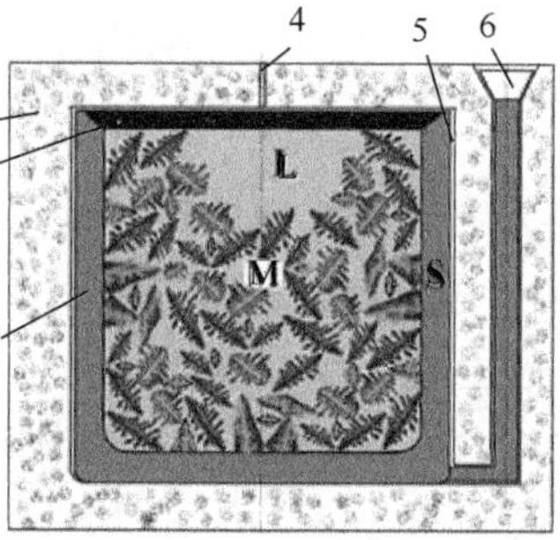

图 7.11　分散的内缩孔(缩松)形成过程示意图

1. 铸型;2. 外缩孔(黑色区域);3. 铸件;4. 铸型上气孔;5. 收缩形成的间隙;6. 浇道;

L 为液相;S 为激冷表层;M 为固液两相区

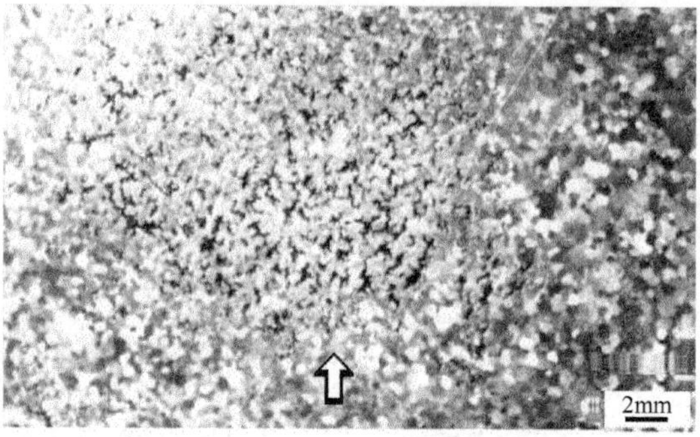

图 7.12　缩松缺陷(铝黄铜 ZCuZn24Al5Fe2Mn2,铸件剖面,$FeCl_3$ 盐酸水溶液浸蚀,箭头示缩松区域,黑色为分散的内缩孔)

尺度很小的缩松需要在显微镜下才能观察到,因而称为**显微缩松**(microshrinkage)。在抛光的试样表面上,集中在一个区域的显微缩松使光线散射,可以观察到暗色区域,如图 7.13 所示。

图 7.13　显微缩松(宏观磨片,未浸蚀,箭头示区域)[11]

缩松主要出现在采取糊状方式凝固的合金,其面积通常都比较大。固液两相区域宽,凝固收缩就形成缩松。即使倾向逐层凝固的合金,糊状区较窄,也可能存在微观缩松。由于微观缩松很难完全防止,因此,所有要求高气密性、高机械或物理化学性能,供重要用途的铸件,都要经过无损检验,以确保组织致密。

二次枝晶臂间距和晶粒尺寸对微观缩孔的分散程度有重要影响(6.2.5 节)。

7.2.2.2　缩松的对策

凝固范围宽,并以糊状方式凝固的合金,没有畅通的补缩通道,如果按顺序凝固原则补缩,即使设置大冒口,缩松也很难完全防止。案例 7.8 提供了相关的实验结果。

案例 7.8　冒口大小对以糊状方式凝固的铸件的影响[15]

实验条件为 100mm×100mm×200mm 的 Cu85Sn5Pb5Zn5 合金砂型铸件,冒口使用熟石膏套。这种含铅锡青铜倾向于糊状凝固。研究发现,不用冒口,浇道也很小时,在铸件后凝固区域形成 3%体积的分散小孔。体积计算表明,大部分的凝固收缩被凝固后线收缩补偿(图 7.14)。按顺序凝固原则设置冒口,最初健全程度随冒口逐渐加大而改善,孔隙度逐渐下降,但效果并不显著。进一步加大冒口,孔隙度反而增加。

这个现象是由于冒口越大,由本体和冒口构成的整个铸件的凝固时间就越长,凝固期间铸件内部的温度梯度就越小,固液两相区就越宽,健全程度就越差。冒口只起到在凝固期间对液体加压,防止表面缩陷的作用。最初健全程度随冒口逐渐加大而改善,是冒口产生的液体静压力的结果。

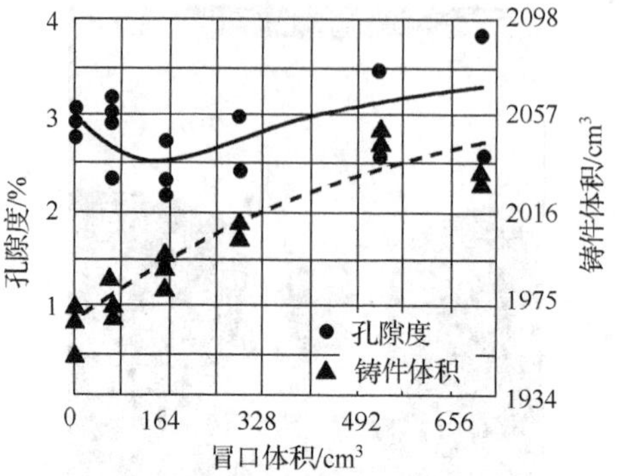

图 7.14　冒口体积对糊状凝固铸件健全性的影响(Jackson,1965 年)

铸件尺寸:100mm×100mm×200mm,砂型;材质:Cu85Sn5Pb5Zn5

处理倾向糊状凝固的合金的铸造工艺时,有两种对策:

(1)生产完全健全的铸件。要完全消除缩松,通常要在凝固期间使铸件内部保持足够大的温度梯度,以减少糊状区宽度,使其趋向逐层方式凝固,使分散的缩孔变成集中的缩孔。这样,就可以按顺序凝固原则方法设置冒口消除缩孔(案例 7.9)。一般有两个方法。一是在设计零件时尽量减薄截面厚度。只有在截面相当薄时,对大多数合金,为 12～13mm 时[13],才能保证有大的温度梯度。另一种方法是采用激冷,如采用金属铸型。通常在同样体积时,高冒口比矮冒口效果好,因为重力有利于驱动流动。

案例 7.9　锡青铜海水阀体铸造工艺

铸件壁厚为 10mm 数量级。为了获得健全的铸件,全部 3 个法兰盘都分别使用冒口补缩,包括两个暗冒口 5 和一个明冒口 3(图 7.15)。暗冒口 4 用以补缩上部球形曲面。在宽达 60mm 的局部热结处设置铜质内冷铁 9,用以消除该连接区域可能形成的缩孔,防止液压实验出现渗漏。在机械加工时钻孔清除。冷铁必须清洁干净。液体金属通过暗冒口 5 从两个侧法兰盘引入,可以保证平稳充填铸型。这种内浇道和暗冒口连接的设计,使用容积不大的冒口。由于冒口被流过的金属加热,保证它是最后凝固。甚至起内浇口作用的冒口和铸件连接通道断面远小于铸件断面时,还能很好地起补缩作用。

(2)生产表面健全的铸件。采取有效的补缩方法,常有可能生产出健全的糊状凝固的厚壁铸件,但成本昂贵。在技术条件允许时,另一种方法是生产表面健全的铸件,让一定数量的微孔存在于铸件内部,并使它们尽可能分散。采取的方法是使铸件内部温度梯度尽可能平缓,使整个铸件尽可能均匀一致地凝固。这种

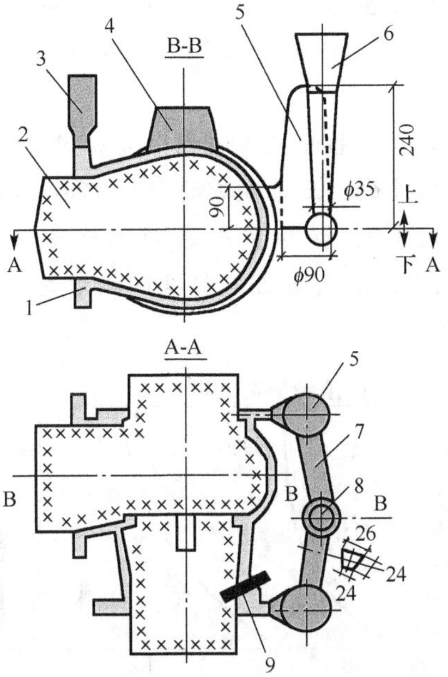

图 7.15 锡青铜 ZCuSn10Zn2 砂型阀体铸造工艺[16]

1. 铸件；2. 砂芯；3. 冒口；4，5. 暗冒口；6. 浇口杯；7. 横浇道；8. 直浇道；9. 冷铁

设计思想与顺序凝固原则相反，被称为**同时凝固原则**。基本措施包括从薄壁处浇入，采用几个内浇口使热量均匀分布。冷铁也常被用来控制温度梯度。即使采用冒口，尺寸也较小，只是用来防止发生表面缩陷和缩松[13]。例如，锡青铜凝固范围宽，倾向糊状方式凝固，常采用这种工艺设计原则。

7.2.3 凝固过程膨胀的影响

凝固过程膨胀对缩孔形成的影响与晶体的生长机制密切相关。在常用的工程材料中，只有铸铁的石墨化过程产生体积膨胀。石墨片状生长的灰铸铁和球状生长的球墨铸铁，由于生长机制不同，石墨结晶产生的体积膨胀对缩孔形成的影响有很大差异。案例 7.10 给出有关研究结果。

案例 7.10 亚共晶灰铸铁和球墨铸铁的缩孔

亚共晶铸铁是应用最广泛的接近共晶成分的合金。缓冷时，它先形成奥氏体，然后形成奥氏体和石墨共晶相（见案例 3.31、案例 3.32 和案例 6.1）。析出石墨会发生体积膨胀，可能影响缩孔的形成。

使用测温技术[17]和液淬[18]两种方法研究了亚共晶灰铸铁和镁制球墨铸铁的凝固过程。淬火前形成的相在显微镜下容易被识别。先结晶的奥氏体晶粒最初主要是在金属液体和铸型相接触的表面层成核，长成树枝状晶。枝状晶的一次臂迅速向内部生长，并因相互接触而停止生长。此后，枝状晶分支长大，在液体中形成奥氏体枝晶网格[18]。

两种铸铁初生奥氏体枝状晶的凝固过程十分相似。热分析表明，相同成分的两种铸铁中奥氏体开始结晶的温度是相近的[18]。178mm×178mm 矩形断面砂型铸件浇注 12min 后，从表至里，铸件整个断面都开始初生奥氏体枝晶结晶，在 55min 后，奥氏体凝固完成。这表明它们都以糊状方式凝固(图 7.16)，使补缩困难，具有形成缩松的条件[17]。

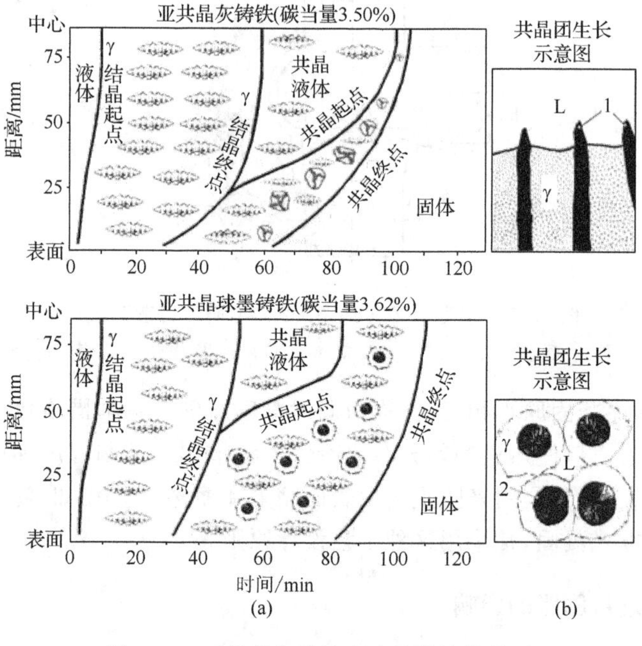

图 7.16　亚共晶灰铸铁和球墨铸铁的凝固

(a)根据冷却曲线作出的凝固动态曲线，178mm×178mm 矩形断面砂型铸件[17]；

(b)共晶团生长示意图。1. 片状石墨；2. 球状石墨[18]

随着温度降低及奥氏体数量增加，液相含碳逐渐增高。奥氏体枝晶凝固完成后，液体中含碳量达到某一过饱和度，共晶结晶过程就开始。共晶通常也是从铸件表面向贯穿奥氏体的内部推进。在共晶初期，共晶奥氏体和石墨分开结晶，然后，石墨表面上就有奥氏体形成，形成共晶团。亚共晶铸铁凝固过程以共晶结晶而告终[18]。

灰铸铁共晶过程中，奥氏体并不完全包住片状石墨的表面，石墨的尖端仍与液体接触(图 7.16)，所产生的膨胀直接作用于液体[17,18]。另外，片状石墨铸铁共晶凝固接近逐层方式。这两个特点使液体可以克服枝晶阻力补缩。因此灰铸铁通常很少甚至不需要考虑补缩，只有在存在严重热节的大铸件中，补缩才成为一个问题[13]。

球墨铸铁与灰铸铁共晶过程的机制有重大差异。和成分相同、冷却条件相同的灰铸铁相比较，球状石墨在较大的过冷度才结晶，因此共晶转变前析出奥氏体的温度区间就宽些。在整个共晶转变期间，在形成新的球状石墨的同时，先结晶的球状石墨在和液体接触条件下继续长大的时间很短。在开始长大后不久，即被奥氏体从各方面包围，并和液体不再接触(图 7.16)，由液体经奥氏体扩散来供给其长大所需要的碳[18]。整个共晶过程是采取糊状方式凝固。石墨的膨胀使共晶团膨胀，部分膨胀可以传到枝晶间的液体，但其大部分趋向于把邻近的晶体挤开，导致铸件线尺寸膨胀，减小枝晶间补缩通道。这些特性导致产生缩孔和缩松的倾向很大[13]。

7.3　在固相线附近温度区间形成裂纹

在固相线温度附近产生裂纹，是一种常见的铸造缺陷，称为**热裂**，以区别冷却到较低温度下形成的裂纹。出现在铸件外表面的称为**外热裂**[图 7.17(a)]。裂缝能够在铸件表面清晰地看出，首先在表面开裂，然后向内部推进(图 7.18)。

出现在铸件内部的称为**内热裂**[图 7.17(b)]，它从铸件内部开始，向外表方向延伸。由于表面温度较低，很少露出表面。存在内裂纹是危险的，需要使用无损探伤技术才能被检测。与防止缩松一样，所有要求高气密性、高机械或物理化学性能，供重要用途的铸件，都要经过无损检验，确保没有内裂纹。

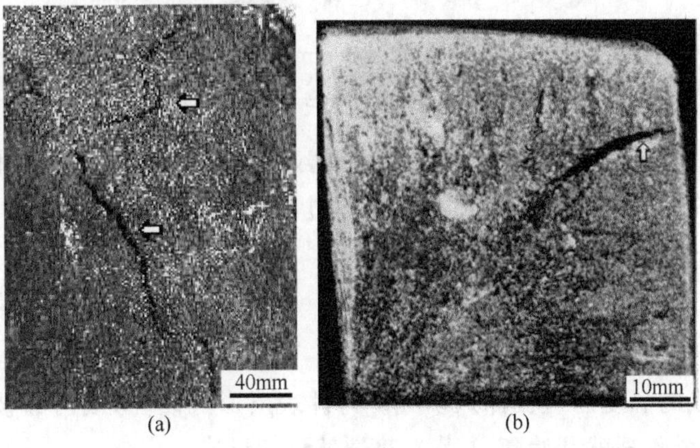

(a)　(b)

图 7.17　热裂裂纹(箭头示)

(a)外热裂纹外观[19]；(b)内热裂纹(A3 钢连铸 136mm×136mm 小方坯横剖面，15%HNO_3 乙醇溶液浸蚀)[20]

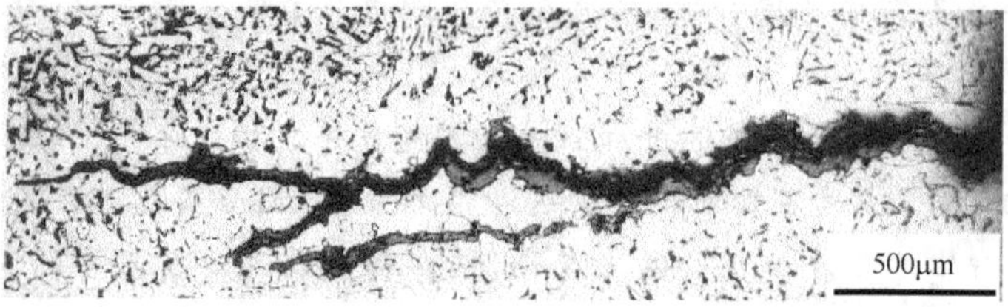

图 7.18　外热裂纹从外表面(右端)向内部延伸(A3 钢,连续铸造 136mm×136mm 小方坯横剖面,4% HNO_3 乙醇溶液浸蚀)[20]

热裂纹的尺度,可以是不超过 5～10μm 的微观晶间开裂[21],也可以发展成毫米数量级的宏观裂纹。

7.3.1　裂纹特征

低倍组织检查确认这种裂纹都是沿晶粒周界开裂的,因此具有极不规则与锯齿状的外形。裂缝表面呈现氧化现象(图 7.19),对于铸钢,还可以观察到脱碳现象。这些都是明显的高温开裂的特征。

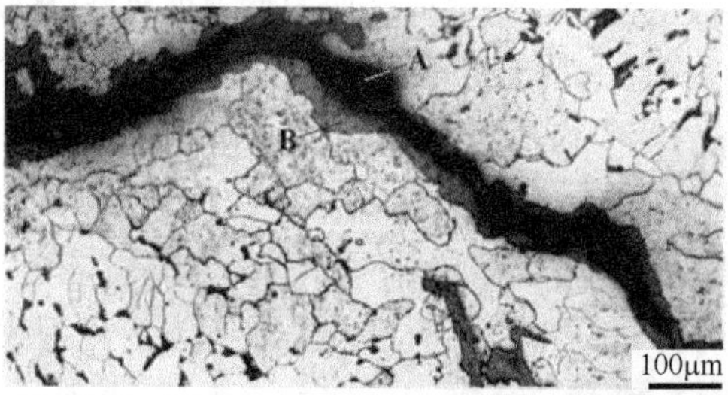

图 7.19　连续铸造 A3 钢,136mm×136mm 小方坯横剖面,沿晶粒周界开裂,A 为热裂纹(黑色);B 为氧化铁带(灰色)(4% HNO_3 乙醇溶液浸蚀)[20]

热裂形成后,凝固常并未结束,热裂纹常被最后凝固的液相流入充填。图 7.20显示裂纹状的共晶分支,就是凝固过程产生的热裂缝[11]。回填的低熔点相凝固后,会产生危害性很大的集中缩孔[1]。

7.3.2　热裂形成温度

热裂形成的温度已经被深入研究。铸件表层形成硬壳,或内部枝晶构成足够坚固的骨架,线收缩就开始(7.1 节),热裂就可能形成。

实验结果证明热裂在固相线附近温度形成(案例 7.11)。回填内热裂缝现象证明热裂可能发生于全部熔体凝固结束之前。有文献提出[22],枝晶间还存在足够薄的液膜时,就可以承受拉力;当应力足够大时,液膜就会开裂。拉断液膜之力与

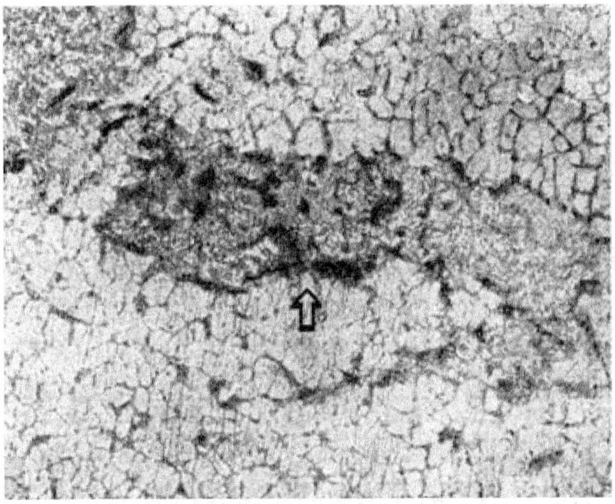

图 7.20　在凝固金属内部被液相回填的热裂纹(箭头示;Свидерская,1950 年)

界面张力成正比。也有文献确认[5],根据经验和实验观察,钢的热裂生成温度略低于凝固温度。

案例 7.11　产生热裂的温度范围的研究

实验材料为含小于 1.0%C 的碳钢。当铸件凝固冷却时,每一定时间间隔记录温度与拍摄 X 射线照片。产生热裂前,温度与 X 射线底片出现热裂的温度就是产生热裂的温度范围。将实验结果标在铁碳平衡图中,如图 7.21 所示[22]。实验还确定,当钢中硫和磷含量增多时,产生热裂的温度降低,移至平衡图固相线以下。

非平衡凝固和杂质都使平衡图的固相线下移,因此实验不能确定热裂生成是在凝固结束前或后,只能证明热裂形成在固相线温度附近。

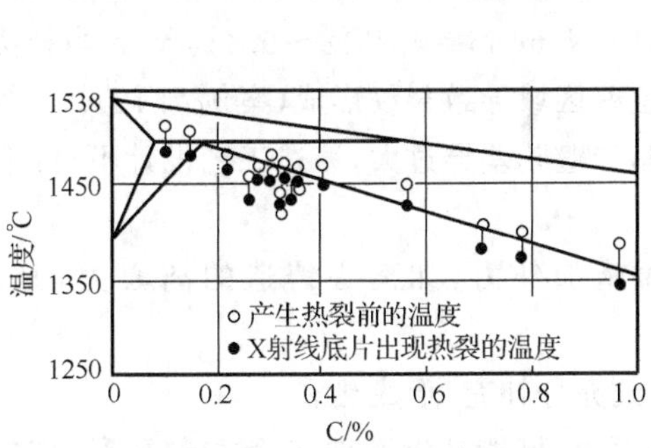

图 7.21　碳钢形成热裂时的温度(Pellini,1952 年)

7.3.3 形成热裂的原因

有两种情况会产生热裂。

1)晶体在超过其强度极限的应力下开裂

当铸件各部分壁厚差异过大,或按顺序凝固原则设计铸造工艺时,会使铸件内部存在显著的温差,导致铸件各部分的凝固和收缩进程存在差异。如果铸件结构和铸型的退让性不良,会使线收缩受到阻碍,形成应力。例如[5],0.35%C钢,在1370℃,在阻碍收缩条件下,形成的应力可达 $2.6\times10^6\,N/m^2$。铸件比较薄的断面较早凝固,它的收缩可能对相连的热结区的枝晶构架施加拉力。

应力导致凝固的金属发生塑性形变。从显微照片图 7.22 可以清楚地观察到阻碍收缩产生的应力导致晶粒的变形和晶粒周界移动[21]。

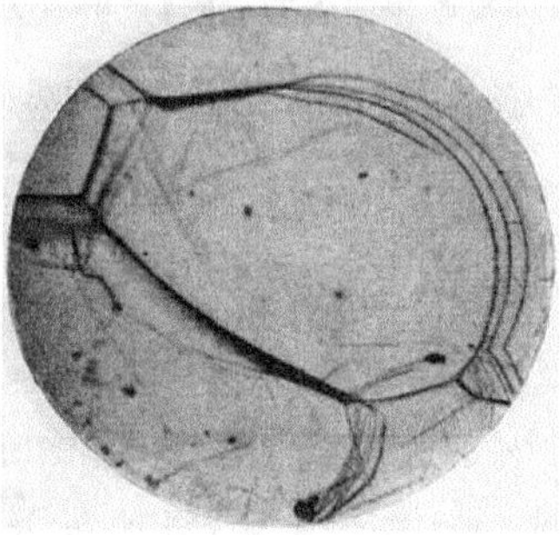

图 7.22　由于收缩困难引起晶粒周界区域变形和晶粒周界移动(Корольков,1957 年)
99.99%Al,试样取自收缩受阻的双法兰试样表面,滑移宽度 2～4μm

铸件的热节,如凹角、厚薄壁连接部、后凝固区域和厚薄差异大的断面连接处温度最高,是铸件中的脆弱部分。在固相线附近,材料的结合力相当薄弱,强度和延伸率都很低,随温度增高性能急剧下降。例如,30 号碳钢,在 1410～1385℃时,$\sigma_b=(0.075\sim0.21)\times10^7\,N/m^2$,$\delta=0.23\%\sim0.4\%$[22]。当拉力或剪应力超过材料的机械强度,可能在这些区域导致裂纹形成(案例 7.12)。

铸件设计不合理,如壁厚差异过大,铸造工艺设计不良(案例 7.13),会加大出现热裂的危险。

由于工艺需要而施加外力,如离心铸造的离心力,是应力的另一个来源(案例 7.14)。

2)凝固收缩得不到充分补充,形成热裂

在急剧变化的断面内,可能从缩孔向各个方向开裂,形成内热裂缝。严重的缩松延伸到表面可能成为外热裂。

综上所述，对于一定的合金，形成热裂的危险取决于铸件的结构、铸型材料在热裂形成温度区间的退让性和导热性、铸造工艺设计与铸造方法。为了预防热裂，总的原则是力求铸件同时凝固，减少收缩阻力。

案例 7.12　在两壁交接处形成外热裂举例

铸件在两壁交接处的内角散热困难(图 7.23)，先凝固的两壁开始收缩产生拉应力，而内角温度还在固相线附近，固相的结合力还相当薄弱，导致产生热裂。可以使用冷铁加速内角冷却，防止热裂。如图 7.23(b)所示。

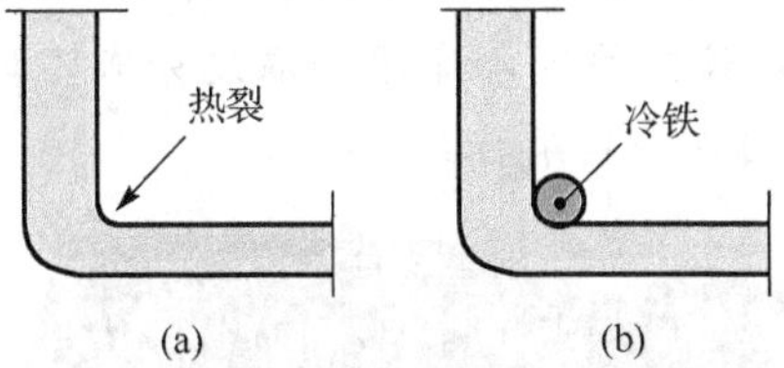

图 7.23　砂型铸件在两壁交接处形成的外热裂(箭头示)

(a)铸件，箭头示外热裂纹；(b)改进方案

案例 7.13　由于铸造工艺设计不良引起热裂举例

图 7.24 所示为合金钢板形铸件，使用 4 个内浇道浇注。由于内浇道先于铸件凝固，阻碍后凝的铸件本体的收缩，导致形成热裂。

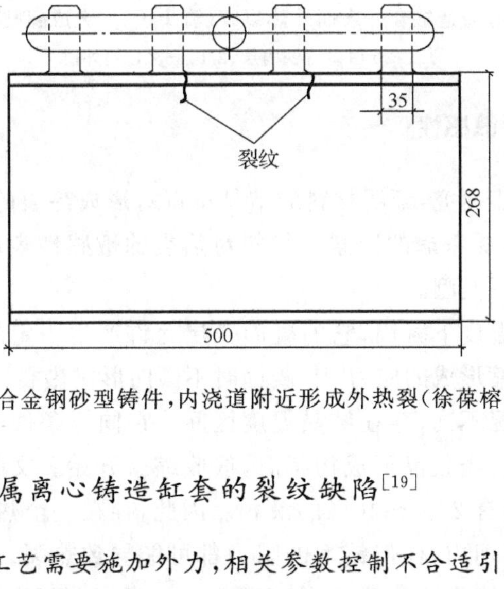

图 7.24　合金钢砂型铸件，内浇道附近形成外热裂(徐葆榕，1964 年)

案例 7.14　双金属离心铸造缸套的裂纹缺陷[19]

这是一个由于工艺需要施加外力，相关参数控制不合适引起热裂的例子。

泥浆泵缸套，是一个中部带法兰的圆筒状零件，图 7.25 给出此铸件一半的形貌。本案例采用双金属离心铸造工艺制造。在高速旋转的金属铸型中，先浇入45钢，形成外层，经过一定的时间间隔，待45钢凝固，再浇入Cr20白口铸铁，形成内层，使内外两层熔合。

出现的一种缺陷是铸件外表面(外表45钢层)开裂(图7.25箭头示)，裂纹具有典型的热裂特征。

形成裂纹的主要原因是作用在刚凝固的外表层的压力过大。外层凝壳与铸型形成间隙后，当铸型转速过高，或浇注内层时转速过高，浇入的液体金属都会对外层产生过大的离心压力。适当降低铸型转速，适当延长浇注第二层前的停留时间，使外层在较低温度时才承受较高压力，都有利于防止形成裂纹。铸型预热温度或涂料厚度不均匀，导致铸件冷却速率和温度分布不均匀，也可能使铸件圆周方向最后凝固区被先凝固部分收缩拉裂。

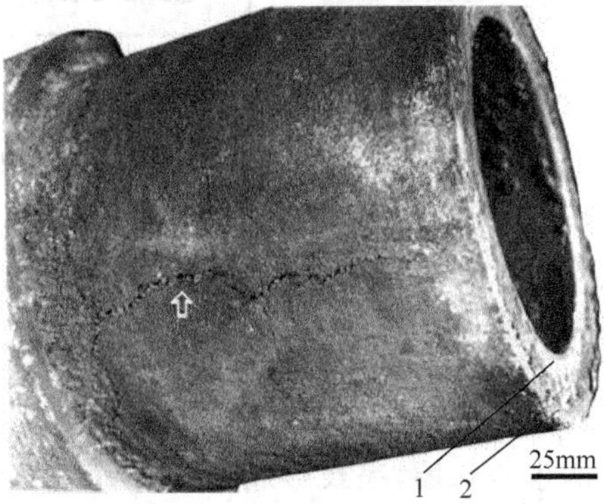

图7.25　离心铸造缸套外表面外热裂纹(箭头示；方大成、程骥等，1986年)
1. Cr20白口铸铁内层；2. 0.45%C钢外层

7.3.4　合金的热裂敏感性

已经进行过很多研究，证明材料的结晶特点对**形成热裂的敏感性**有重要的影响，是材料选择时需要考虑的因素。材料对热裂的敏感性表现出共同的规律性，都取决于成分和相图类型。

纯金属在一定温度下凝固，它的凝固壳层允许产生一定的滑移，晶体间的强度足以抵抗阻碍收缩形成的应力[21]，凝固时不倾向形成热裂。

合金凝固时情况不同，存在结晶温度区间。在同样条件下，它的完全凝固时间比纯金属长很多。当枝晶形成构架时，线收缩就开始。文献[22]报道，经实验证明，此时合金中还有20%～40%的液相。因此，存在一个热裂形成的危险温度区间，在这个温度区间内，任何铸型的阻力都可能导致热裂。这个区间的起点是枝晶形成构架，开始线收缩的温度，终点是固相线温度(凝固结束)。案例7.15称此区为凝固收缩和热裂的有效温度区间，并提供有关实验数据[21]。合金的这个温度区间越宽，凝固期间收缩就越大，热裂倾向越大。因为脆弱的初次枝状晶构架存在的温度间隔越大，受力的时间就越长，越容易被拉裂。与相图相对应，合金的凝固温度范围越宽，热裂倾向越大(案例 7.15)。热裂倾向还取决于初次枝状晶结晶完成后剩余液相的含量，液相越少，热裂倾向性越大。如果剩余的液相比较多，热裂纹可能被液相回填(案例 7.15)。

案例 7.15　合金的热裂敏感性的研究

研究了二元合金成分对凝固过程收缩和热裂敏感性的影响。研究的合金包括 Cu-Si，Cu-Al，Cu-Sn，Al-Si，Al-Cu，和 Al-Sn 等二元系。为此，浇注了具有不同成分、不同断面的试样。所有热裂试样长度相同，热条件相同，两端有法兰，收缩都十分困难，变动的参数是成分和试样断面。

图 7.26 给出 Al-Si 系的实验结果。测定固、液相各占约 50%的温度，用以评估形成热裂的有效温度区间。成分-收缩的测量结果表明，随 Si 量增加，收缩量减少，在二元共晶系中，这个规律有代表性。成分-热裂性测量结果表明，合金的凝固温度范围越宽，热裂倾向越大，存在一定的共晶量以后，不倾向形成热裂。由此得出结论，合金的热裂敏感性与其成分密切相关，研究的合金表现出共同的规律性。具有大的有效温度区间，同时保持约 10%的后凝固相的合金，热裂倾向性最大。处于液态的后凝相不低于 20%的合金，观察到热裂纹被未凝固液相回填现象[21]。

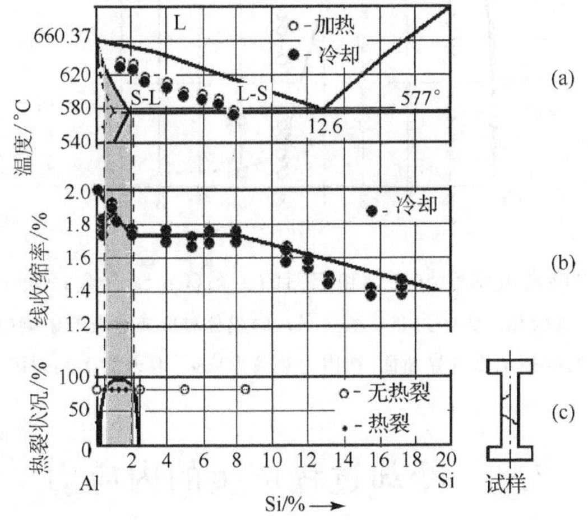

图 7.26　合金的收缩和热裂敏感性与成分和相图的关系(Al-Si 合金；Корольков，1957 年)

(a)平衡相图(实线)，虚线为非平衡状态，实验点是固(S)、液相(L)各占约 50%，将凝固温度范围区分为液固和固液两区；(b)成分-收缩曲线；(c)成分对形成热裂的影响(成分-热裂性曲线)，阴影表示热裂倾向大区域更早的研究已经确定共晶系具有这种热裂规律[1]。合金中共晶体含量是热裂倾向的一个指标。合金中含共晶成分越少，热裂倾向越大(Lees，Baker)。当60%～80%的金属凝固后，初生枝状晶构成的骨架的强度是很低的。如果此时余下的液相是共晶体，由于共晶成分的液相凝固过程不必降温，脆弱的枝晶构架可以不受收缩应变的影响，基本上不会发生热裂(Singer，Collrell)。

研究确认非共晶系也有共同规律(图 7.27)，并认为研究结论适用于三元系[21]。

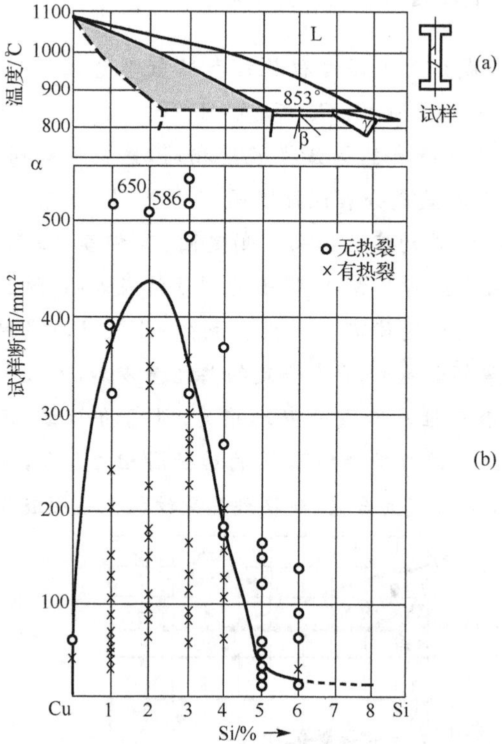

图 7.27　合金的热裂敏感性与成分和相图的关系(Cu-Si 合金；Королbkob，1957 年)
(a)平衡相图(实线)，虚线和阴影区为非平衡状态；(b)成分对形成热裂的影响(成分-热裂性曲线)，
曲线标示出临界断面，线内为热裂形成区，线外为无热裂区

7.4　冷却过程产生的内应力

凝固完成后，在铸件冷却过程中，收缩受阻引起铸件产生内应力。

由于铸件内部温差导致阻碍收缩，引起的应力称为**热应力**(thermal stress)。由于铸型退让性差或浇注系统和冒口阻碍收缩，引起的应力称为**机械阻碍应力**。

由于相变或铸件内部温差引起固态相变开始时间和完成程度差异，引起的应力称为**相变应力**。

收缩随着温度降低而加大，应力随着收缩加大而加大。应力引起铸件变形。当应力超过材料的强度极限时，就会产生裂纹。

7.4.1　热应力

温度改变时，组成物体的各部分[图 7.28(a)、(b)中 A 与 B]，或铸件内部[7.28(c)中 A 与 B]存在温差，不同部位体积变化不同或不均匀，相互连接的各部位之间相互约束，不能自由胀缩，所生产的力称为热应力。

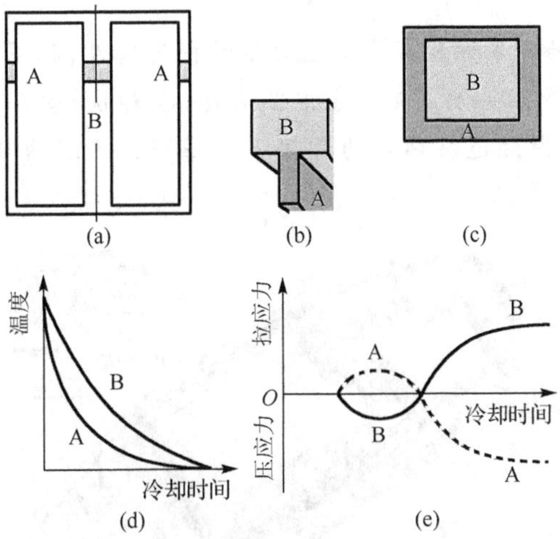

图 7.28　铸件内部温差引起的应力

(a)应力框试样[9]；(b)壁厚不同区域；(c)断面内外区域；(d)冷却曲线；(e)冷却过程试样内应力随时间的变化，A 为快冷区域，B 为慢冷区域

为了显示内应力，使用一个称为**应力框**的专用铸件[图 7.28(a)]，可以很好地解析热应力的形成机制。应力框试样冷却曲线见图 7.28(d)，内应力随时间的变化见图 7.28(e)。浇注后，薄杆 A 及边框冷却速率大于厚杆 B，后期则相反，B 大于 A。当整个铸件处于高温塑性区时，A、B 都可以变形，不形成高的内应力。随着温度进一步降低，A 杆具有弹性，而 B 杆还处于塑性状态。A 杆收缩使 B 杆受压，B 产生永久变形。随着 B 杆温度下降，B 对变形产生抗力并逐渐加大，A 的收缩受到限制，在 B 形成压应力，相应 A 杆形成拉应力。进一步冷却，B 杆产生的收缩被 A 杆制约，A 开始受压，B 转为受拉。B 后期温度下降大，A、B 杆的内应力方向产生变换。由于 A、B 杆都在弹性区，在铸件内部存在内应力[图 7.28(e)]。

在室温，材料内部存在的应力称为**残留应力**(residual stress)。与其相反的是

临时应力,如铸型退让性差引起的机械阻碍应力,清除铸型后,应力就会消失。

缓慢锯断应力框的B杆,当最后剩余断面抵抗不了拉应力时,B杆将被拉断,并发出响声。测定断裂后的变形量,可以计算应力值。

应力框试样内应力随时间的变化曲线可以利用实验方法测定。应力框A、B杆断面积如果设计不当,可能导致B杆出现热裂或冷裂,或者A杆被压弯(案例7.16)。

案例7.16　铸件内应力例一

图7.29所示为铁道车辆侧架是碳钢铸件。内浇道设在两侧安装轴箱的开口部。内浇道率先凝固,起拉杆作用,阻止开口部冷却收缩过程中,受铸型阻碍收缩产生张开变形。

内浇道与铸件轴箱本体构成类似应力框的框形铸件,如图中A圆所示。轴箱相当粗杆,冷却慢,受拉应力;内浇道相当细杆,冷却快,受压应力。在清理砂型后,可以看到细小的内浇道在压应力作用下被压弯。内浇道变形后,开口部的拉应力即消除。

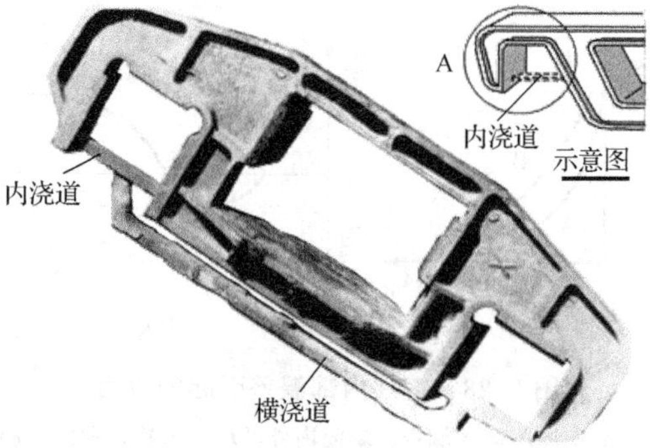

图7.29　铁道车辆侧架(铸钢件,未切除浇注系统)

同样机理,当铸件相连的不同部分冷却速率有差异,如图7.28(b)所示,冷却快的薄壁A残留压应力,冷却慢的厚壁B残留拉应力。在铸件断面内[图7.28(c)],表层冷却快,残留压应力,内部冷却慢,残留拉应力。

由此确定热应力的一般规律,残留应力方向取决于该部位的冷却速率。率先冷却部位残余压应力,后冷却部位残余拉应力。所有使铸件内部温度均匀的措施,都有利于减少残留内应力。

热处理时加热过程产生的工件内部温度不均,同样会产生热应力,引起工件变形或开裂。其机制与冷却过程相同。

残留应力是铸件变形的主要原因(案例7.17)。裂纹倾向大的材料,铸件离开铸型后,常需要放入保温炉中,使温度均匀(案例8.4)。

对于有固态相变的合金，温差导致各部分进入相变的时间不同，相变产生的体积变化相互制约，也产生内应力，机制与热应力相似。存在固态相变时，将相变引起的体积变化与温度引起的体积变化叠加考虑。

案例 7.17　铸件内应力例二

图 7.30 所示为在内应力影响下灰铸铁机床床身变形。上部导轨部分厚，受拉应力，力图缩短。铸件下部较薄，其内部压应力抵抗不了此拉应力，产生导轨凹下变形。变形减少了导轨内拉应力，剩余部分拉应力与下部压应力达到平衡。

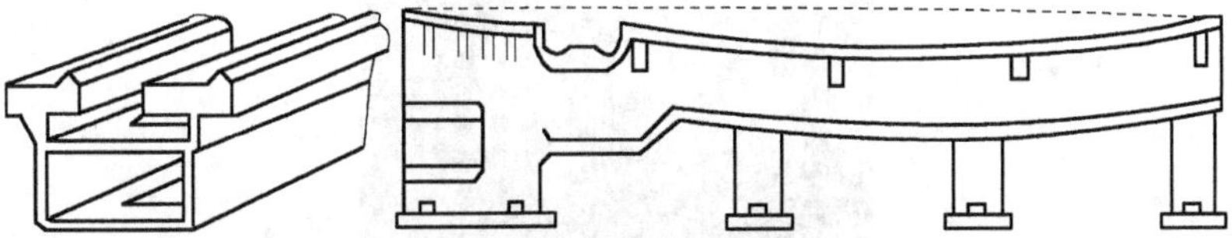

图 7.30　在内应力影响下机床床身变形[10]

灰铸铁不能使用加压校正，为了防止此项变形，生产时采取反变形补贴，模型的导轨是凸起呈拱形，使冷却变形后导轨保持平直，导轨内残留拉应力与下部残留压应力保持平衡。

7.4.2　消除残留应力的方法

铸件冷却过程中，内部温差引起的残留内应力难以避免。变形只能减少残余内应力。如果将铸件直接进行机械加工，部分材料被切除，材料内部残留内应力的平衡被破坏，新的变形又会产生，加工精度将会丧失。

内应力的本质是晶格发生扭曲。扭曲晶格上的原子能量较高，不稳定。消除残留内应力的原理是让原子发生能量交换，使能量趋于均衡。主要方法包括以下三种。

(1)人工时效(热处理)法：将铸件加热到塑性区温度范围下保温，使应力消失，然后缓慢冷却。

(2)自然时效法：将铸件露天放置数月以上，使铸件长时间经受不断变化的温度的作用。

(3)共振法：用振动器使其产生共振或亚共振(案例 7.18)，促使原子移动到低能位置，消除应力。这是耗时最短、不产生氧化皮和变形的方法。

案例 7.18　亚共振振动(sub-resonant vibrations)消除残留应力

图 7.31 所示为装置外观。工作时工件必须被隔离。两根需要消除残留应力的精密轴稳妥地安置两块钢板之间,钢板安置在橡胶垫上。这种设置保证工件被隔离。这种方法适用于消除热应力,但不是适用于所有材料。实验表明,它对低碳钢、中碳钢、不锈钢和铝合金最有效[23]。

图 7.31　亚共振振动消除残留应力[23]

1. 控制柜;2. 振动器;3、5. 钢板;4. 需要消除残留应力的精密轴,直径 100mm,长 915mm;6. 橡胶垫

7.4.3　冷裂

冷却过程产生的应力,尤其是当机械阻碍应力超过材料的强度极限时,就会出现裂纹。这种裂纹产生于冷却过程中较低的温度,所以称为**冷裂**,以区别热裂。有文献认为铸钢冷裂发生于凝固温度到 260℃之间[5]。

冷裂纹具有较低温度开裂的特征,常产生于铸件表面,通常是单条,极少分叉,宽度变化不大,边缘锋利,裂口未被氧化,具有光亮表面。一般是穿晶断裂(案例 7.19),也可以是沿晶粒周界断裂。它可以延伸至整个断面或不贯穿整个断面。这些特征与热裂缝明显不同,其中表面不存在氧化膜是与热裂区别的主要判断标准。

铸型阻力与铸件形状密切相关,因型芯阻力产生冷裂,是最常见的例子,如框型、环型和筒形铸件等(案例 7.20 和案例 21)。提高铸型的退让性是重要对策。

过高的冷却速率使某些合金形成脆性组织,会加大裂纹倾向。在冬季清理铸型时,低的室温会增加应力,导致开箱时产生裂纹。

案例 7.19　冷裂纹的穿晶断裂特征

图 7.32 所示为 136mm×136mm A3 钢连续铸坯内部的冷裂纹。它从外向内延伸，穿过晶粒断裂。此裂纹起源于热裂纹。在钢坯冷却过程中，热裂纹是冷裂纹的诱发因素。

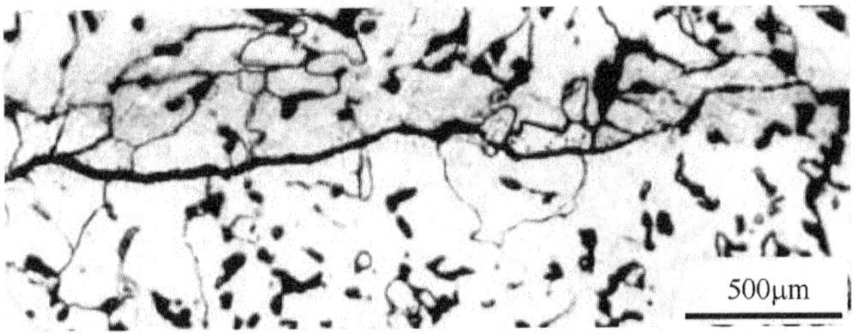

图 7.32　冷裂纹穿过晶粒延伸（A3 钢，4%HNO_3 乙醇溶液浸蚀）[20]

案例 7.20　铸铁机床床身冷裂

图 7.33 所示为灰铸铁小型无心磨床床身的冷裂缺陷。使用砂型铸造，烘干的黏土型芯。用铸铁制成的型芯骨架（图 7.33，箭头 2）过分靠近砂芯表面，导致型芯退让性太差，框形铸件收缩严重受阻。在相对薄弱的带孔侧壁形成裂纹，贯穿整个断面，完全断开。典型的冷裂纹使铸件报废。

铸型退让性太差，阻碍铸件收缩是产生冷裂的原因。

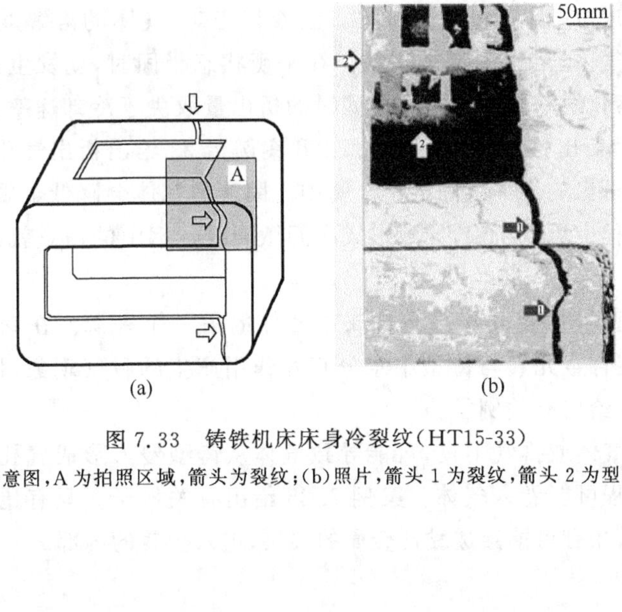

图 7.33　铸铁机床床身冷裂纹（HT15-33）

(a)示意图，A 为拍照区域，箭头为裂纹；(b)照片，箭头 1 为裂纹，箭头 2 为型芯骨架

案例 7.21　熔模精密铸造铸件冷裂

图 7.34 所示为一个熔模铸造小型铸件的冷裂缺陷，它是薄且壁厚均匀的碳钢铸件。左右两条狭长的槽，造成铸型阻碍收缩，产生冷裂。

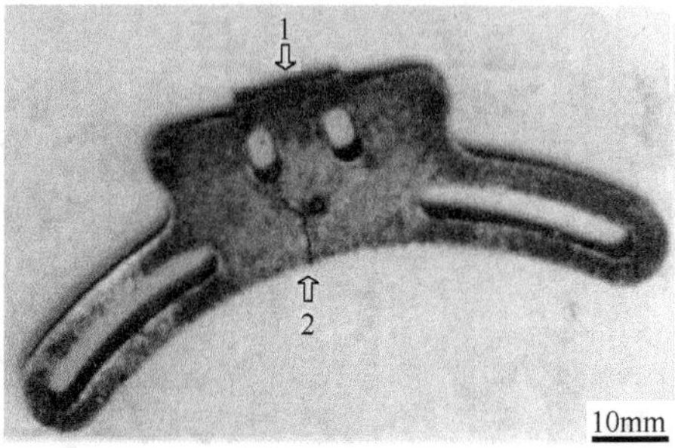

图 7.34　ZG45 熔模精密铸造铸件冷裂

1. 内浇道；2. 冷裂

7.5　凝固过程中的气体问题

气体以溶解、化合物和气泡三种状态存在于液体金属中。气体的成分可以是单质氢、氧和氮，也可以是化合物 CO、CO_2 等。习惯称溶解气体为金属吸收气体。氢几乎能溶解在各种金属和合金中，因而受到高度重视。氧通常形成化合物。

气体在金属中溶解是气体的主要来源。它们来自原材料和冶炼过程吸收气体。溶解度与成分、温度和压力有关。固液相变时，气体的溶解度会发生突变。熔化过程吸收气体，溶解度增加很快。在平衡状态凝固时，就发生逆过程。在非平衡条件下，熔化时溶解的气体在凝固时的析出量取决于冷却速率。析出的气体形成气孔，称为**析出性气孔**。案例 7.22 和案例 7.23 给出析出气孔的有关例子。部分未能及时析出的气体就固溶于金属中。固溶的气体会降低金属的塑性，在固态加工处理过程中可能析出，导致形成晶间微裂纹。钢中的白点就是固溶的氢形成的这种缺陷[24]。

熔体与铸型材料相互作用是金属中气体的另一个来源。在钢铁、铜和铝合金[1]中，都存在合金元素与铸型中水分相互作用产生的吸气现象，称为**反应性气孔**。案例 7.24 给出有关例子。

铸型产生气体或排气不良，可能导致气体从铸型侵入形成气孔，称为**入侵型气孔**。充填过程可能卷入气体。案例 7.25 给出有关例子。只有比较大、有比较高压力的气泡，才有可能穿透黏性金属的表层，进入金属的内部。

气孔是铸件的主要缺陷形式之一。所有析出、反应、卷入和侵入的气体形成的气孔的内表面都是光滑的，可以和缩孔加以区别。气孔表面的颜色取决于是否被氧化。例如，钢铁件，氢气孔内壁发亮，CO 气孔内壁为浅蓝色，含氧的气孔氧化呈灰色。形状有各种形态，包括近似呈圆形、不规则形状等。在铸件表皮下，垂直于表面的针状小孔也是常见形式。

缩孔有利于气体析出。当存在缩孔时，气体在液体中的分压大于空洞中的压力，加速了气体析出并进入缩孔中。因此，缩孔常存在析出的气体，成为气体与收缩结合的产物(案例 7.25)。

大量析出气体可能导致铸件体积增加，反过来，体积增加又是大量析出气体的标志。

综上所述，铸件的气体问题受铸造工艺设计、冶炼过程、凝固过程和铸型材料等众多因素影响。为了消除与气体有关的缺陷，对于有吸气倾向的材料，在冶炼时都进行去气处理，提供优质熔体。在铸造工艺设计和造型材料选择时，必须考虑气体问题。如果先行工序处理不当，凝固过程控制难以消除气体的影响。

人们已经发现气体可利用的一面，开发出制造多孔金属材料的新工艺(案例 7.26)。

案例 7.22　凝固过程气体析出机制的模拟研究

析出气孔时，凝固界面是气孔形核概率最高的位置，因为该处气体的过饱和度最大。

在光学显微镜下，通过透明的乙酰胺-水二元系，可以清楚地观察气体的析出过程(图 7.35)。液相结晶形成柱状晶，在凝固前沿析出气体，形成圆形气泡。随着晶体继续长大与降温，析出的气体扩散到气泡中，气泡的体积和柱状晶同时长大。它们的生长方向相同，气泡长成长条形。

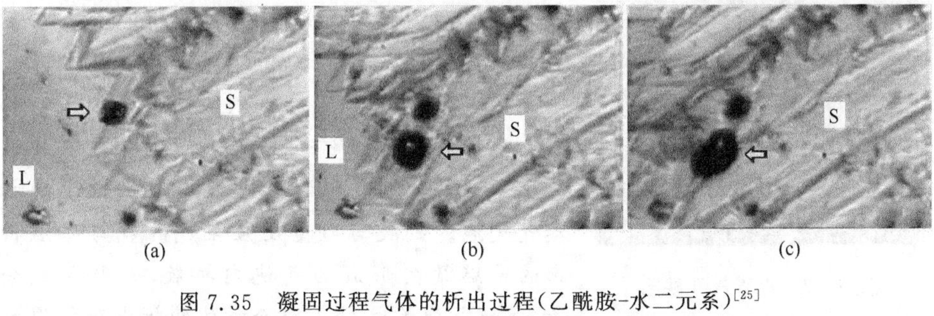

(a)　　(b)　　(c)

图 7.35　凝固过程气体的析出过程(乙酰胺-水二元系)[25]

(a)在凝固前沿析出气泡(箭头示)；(b)前沿推进后，气泡位于柱状晶晶周；

(c)气泡沿凝固方向逐渐变长(L 为液体，S 为固体)

案例 7.23　氢引起的形状不规则的气孔

由脱溶析出或反应生成的氢可以在铸件表面或内部形成针孔、形状不规则的或大的气孔。图 7.36 所示为由氢在枝晶间隙析出形成的大量的裂纹状孔隙，造成类似缩松的缺陷[26]。

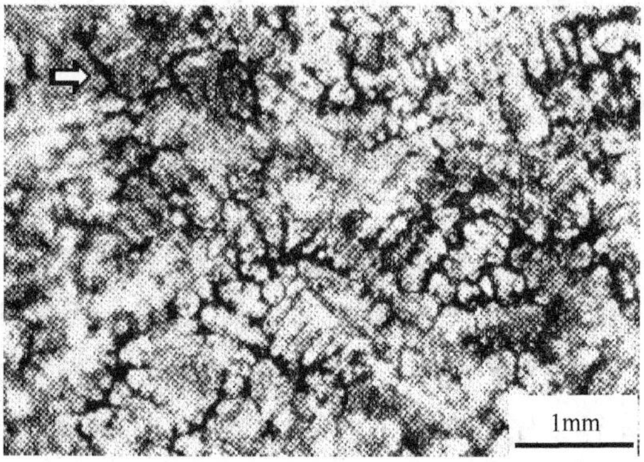

图 7.36　钢中氢析出在枝晶间形成的孔隙(箭头示;Sims 和 zapffe,1941 年)

案例 7.24　皮下气孔的形成机制

皮下气孔在文献中又称为针状或筛状气孔。特征是在表皮下(小于 3mm[22])出现长轴与表面垂直的孔洞，针状细长(深可达 10mm[22])，内壁光滑，未氧化，如图 7.37 所示[27]。常在热处理或清理、加工后露出表面。

这种缺陷常见于潮模铸钢件、使用含氮树脂砂铸型的铸铁和铸钢件中。铸件表层气体的来源与熔体和铸型的反应有关，是熔体与铸型相互作用的结果。

图 7.37　皮下气孔缺陷(铸钢件，宏观磨片；Рыжиков,1961 年)

最初的文献是基于对铸钢件的研究。正常的钢液并不含有超过标准规定的气体。浇注后，钢液与湿砂型接触，砂中的水变成水蒸气，与高温的铁产生反应：

$$H_2O + Fe \longrightarrow 2H + FeO \tag{7.6}$$

产生的氢原子扩散溶解使钢液中氢浓度迅速增高。氢与钢液中的 FeO 反应生成微小的水蒸气气泡。钢液与砂型反应生成的氢与降温析出的氢继续向形成的气泡内扩散，并形成氢分子，导致气泡长大[26]。整个气体的析出和气泡的形成过程与案例 7.22 观察到的现象完全一致。

因此，铸型的水分和熔体含氧量是形成铸钢

件皮下气孔的必要条件，熔体的原始含氢量高将加大形成皮下气孔的倾向。文献[26]提出的皮下气孔形成机制的模型已经得到普遍认可。

案例 7.25　铝黄铜铸锭气孔分析

铸锭材质是 ZCuZn24Al5Fe2Mn2 铝黄铜，电阻炉熔化。用预热至浇注温度的石墨坩埚作为铸型，980℃浇注，在此温度下保温 285min，然后在室温条件下冷却。铸锭是细等轴晶组织，中下部存在缩松，表明这是最后凝固区域。在中上部左侧，有一个大气孔，如图 7.38 所示。分析其成因，有助于理解凝固过程中气体的行为。

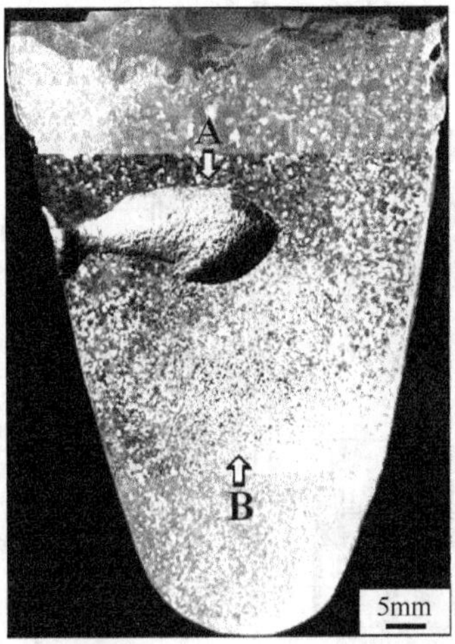

图 7.38　铝黄铜 ZCuZn24Al5Fe2Mn2 铸锭的气孔

A 为气孔，B 为缩松，$FeCl_3$-HCl 浸蚀

黄铜吸气问题并不严重。铝黄铜中含有 24% 的 Zn，Zn 的沸点是 907℃[28]，易蒸发。金属的蒸气压影响气体在金属中的溶解度。Mg、Zn 等沸点低的金属，在熔体接近沸点时，气体溶解度逐渐降低，在沸点时为零。因此，此气孔不是凝固时溶解的气体析出形成的。

这是一个典型的**入侵型气孔**。由于金属的内摩擦力（黏性）作用，这种气泡沿运动方向被拉长。大端是前进方向，拖长的细尾指明气孔来源。说明气体是从坩埚壁入侵，沿水平方向向熔体内部运动。只有比较大、有比较高压力的气泡才能够穿透黏性金属的表层，进入金属的内部。在现代铸造工业中，这种气孔已经很少出现。

此气泡的内表面不光滑，可以看到粗糙的等轴晶粒外表，表明它是气与收缩结合的产物。

案例 7.26　Gasar 方法

这是一种制备多孔金属的专利方法[29]。基本原理如下：让不能形成氢化物的金属或合金熔体溶解大量的氢气。然后令熔体单向凝固。析出的气泡与柱状晶共同生长，如案例 7.22 所示。当气体量足够多时，就可以视为气相-固相共晶转变。获得类似复合材料的结构，如图 7.39(a)所示，因其形状被称为藕状材料。

其实验装置示意图见图 7.39。在几百千帕到几兆帕的高压氢气或氢气和氩气混合气氛中熔化和保温，以加大溶解度，使用的金属有 Ni、Cu、Al 和 Mg 等。

文献提供的 Mg 多孔实验材料示于图 7.40[30]。其实验条件为：熔体在 1023K 恒温渗氢，氢压力为 0.4MPa，陶瓷铸型预热到 900K。

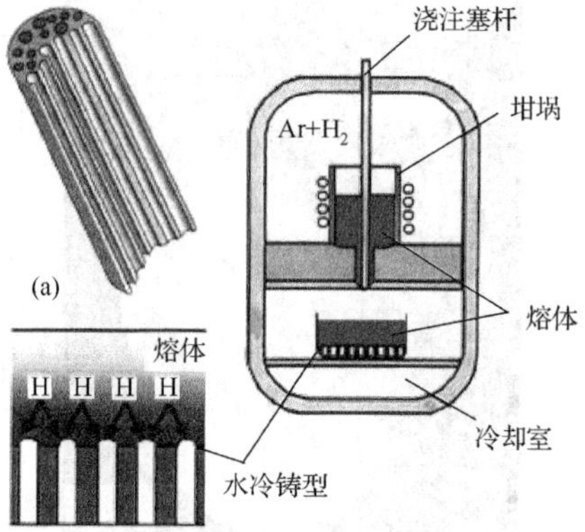

图 7.39　Gasar 工艺示意图(Shapovalov，1993 年)

(a)藕状结构材料示意图

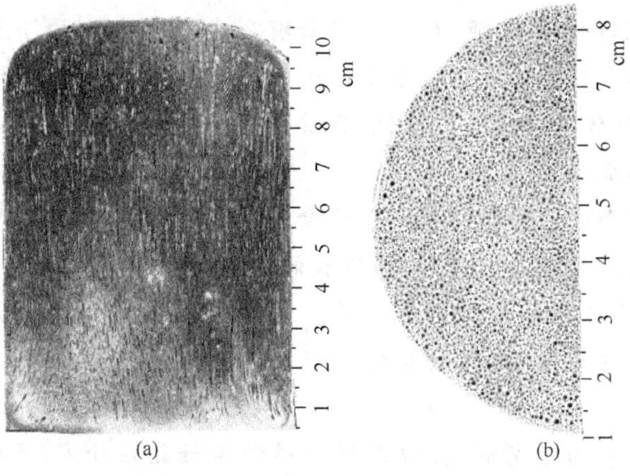

图 7.40　藕状多孔 Mg 的结构(刘源、李言祥等，2005 年)

(a)纵断面，细长的条纹为气孔；(b)横断面，黑点为气孔

参考文献

[1] 陶令桓,荣科,孙凯南,等. 有色金属铸造原理. 北京:机械工业出版社,1960:61,133-134,141,466.

[2] Daives G D. 凝固与铸造. 陈邦迪,舒震,译. 北京:机械工业出版社,1981:3.

[3] Serway R A. Physics. Philadelphia:Saunders College Publishing,1990:514.

[4] Briggs C, Gezelius S. Studies on solidification and contraction in steel castings Ⅱ. Free and hindered contraction of cast carbon steel. Transactions of the American Foundrymen's Association, 1935, 42:449-470.

[5] Briggs C W. The Metallurgy of Steel Castings. New York:McGraw-Hill,1946:167-168,317,312,330.

[6] Нехедзи Ю. Стальное Литье. Москва:Металлугиздат,1948:110.

[7] Benedicks C, Ericsson N, Ericson G. Determination of the specific volume of iron-nickel and iron-alloys in the molten state. Arch Eisenhttenw, 1930,1:473-486.

[8] Руссиян С В, Баранов И А,Голоанов Н Н,идр. 铸造生产工艺规程的设计. 张忠莹,龚伦舜,译. 北京:机械工业出版社,1985:32,113.

[9] Гиршович Н Г. Чугунное лиье. Москва: Металлургиздат, 1949:151-154,174,178.

[10]《铸铁手册》编写组. 铸铁手册. 北京:机械工业出版社,1979:879.

[11] Спасский А Г. Основы литейного производства. Москва:Метллургиздат, 1950:46,192,198,201,209,274.

[12]《大型锻件的生产》编写组. 大型锻件的生产. 北京:机械工业出版社,1978:5.

[13] Ruddle R W. 铸件的凝固. 党刚,译. 北京:中国工业出版社,1963:56,287,293,301-303,307.

[14] Beeley P R. Foundry Technology. London:Butterworths,1972:112.

[15] Jackson R S. Foundry Trade Journal, 1965, 100:487.

[16] Ткачёв К И, Чижикова Л В, Сарайлов М Г, илр. Усовершенствование технологии отливки деталей арматуры. Москва:МАШГИЗ,1955:68-70.

[17] Dunphy R P, Ackerlind C G, Pellini W S. Foundry, 1954, 82:108.

[18] Бунин К Н, Таран Ю Н, Черновол А В. Чугун с шаровидным графитом. Киев: Издателъство Академии Наук Украинской ССР, 1955: рнс12, 54.

[19] 方大成,程骥,梁立达,等. 双金属离心铸造中几个工艺问题的研究. 特种铸造及有色合金, 1986,3:24-29.

[20] 苏云刚. 小方坯角边纵裂形成机理基础研究. 大连:大连理工大学硕士学位论文, 1988.

[21] Корольков А М. Усадочные явления в сплавах и образование трещин при затвердевании. Москва:Издательство Академии Наук СССР, 1957:50,53,59,68.

[22] 李庆春. 铸件形成理论基础. 北京:机械工业出版社,1982:198,224,252-254.

[23] Hebel A G Jr. Subresonant vibrations relieve residual stress. Metal Progress, 1985, 11, 51-55.

[24] Дубовой В Я. Флокены в стали. Москва: Металлургиздат, 1950: Заключение

[25] 东北大学材料系. 铸件形成理论基础教学多媒体, 1983.

[26] Sims C E, Zapffe C A. The mechanism of pin-hole formation. Transactions of the American Foundrymen's Association, 1941, 49:255-281.

[27] Рыжиков А А. Теоретические основы литейного производства. Москва: Машгиз, 1961:256.

[28] 北京师范大学无机化学教研室. 简明化学手册. 北京:北京出版社,1980:31.

[29] Shapovalov V. Method of manufacturing porous articles: US Patent, 5151246. 1993.

[30] 刘源,李言祥,张华伟,等. 金属-气体共晶定向凝固制备藕状多孔金属的研究. 特种铸造及有色合金, 2005, 25:1.

第 8 章　陶瓷材料中的凝固问题

陶瓷(ceramics)材料包括传统陶瓷、特种陶瓷和金属陶瓷，指使用无机非金属材料或由陶瓷相(氧化物、难熔化合物)和金属组成的复合材料的制品。有粉末烧结和熔铸两种成型工艺。

粉末烧结方法是以粉末作为原料，经成型和烧结生产制品。这种生产陶瓷的方法，也用于制造各种类型的金属制品。这种工艺方法也被称为**粉末冶金**(powder metallurgy)。

本章讨论陶瓷成型工艺中有关凝固的两个问题。研究对象包括粉末冶金领域。

8.1　陶瓷材料凝固的特点

除熔点很高或熔化前分解的陶瓷材料不适宜熔铸外，陶瓷材料凝固具有三个特点：

(1)与金属不同，氧化物和硅酸盐熔体扩散速率慢，导致结晶缓慢，液相过冷。在温度接近凝固点时，如果冷却速率比较高，容易偏离平衡凝固，形成非晶态的玻璃相[1,2]。本章的讨论和案例将充分说明这点。

(2)大多数陶瓷材料凝固时会产生大的体积变化，固相陶瓷是脆性材料，导热性差[2]，容易形成裂纹，铸造性差。

(3)氧化物熔体导热率低。熔铸陶瓷制品凝固时，倾向形成一层完整的固体表面层，缩孔形成在铸件内部，而不是连通到铸件开敞的表面。要生产完全致密铸件，必须控制凝固顺序及缩孔位置，这已经成为熔铸致密小型陶瓷铸件的难题之一[2]。

(4)晶粒尺寸较难控制，可能导致性能不理想[3]。

8.2　陶瓷材料熔铸

8.2.1　玻璃

使用最广泛的硅酸盐玻璃是用熔铸方法制造的陶瓷材料，它是硅酸盐陶瓷工业最大的一个分支。玻璃和玻璃陶瓷是使用熔铸方法的主要领域。

许多硅酸盐系统都能通过控制冷却速率，保证获得完全的玻璃态材料。硅酸盐液相向玻璃相转变过程体积没有急剧变化。随着温度降低黏度增加，当外壳已经凝固，形成稳定的外形，内部仍然保持足够流动性，不产生危险的应力。冷却时产生的应力，可以通过退火消除[2]。长石是含有 K^+、Na^+、Ca^{2+} 的一种无水铝硅酸盐，加入作为助溶剂，Na_2O+K_2O 可以促使形成玻璃相[4,5]。

应用于红外线、特殊光学性能和半导体器件的非硅酸盐玻璃也得到一定发展。

8.2.2 结晶陶瓷

用常规玻璃工艺，在熔化配料时加入成核剂，凝固后获得成型的玻璃态坯料(非晶态相)，然后热处理，使其受控结晶，再转变为晶粒尺寸受控制的晶体制品，称为**结晶陶瓷**或**玻璃陶瓷**。其中晶体体积远比残留的玻璃相多。这种玻璃-陶瓷把熔铸玻璃工艺和高度结晶体的某些特性结合起来。已经广泛用这种工艺发展了各种特种玻璃，它们具有低热膨胀系数等一系列特性。案例 8.1 给出结晶陶瓷的典型例子。案例 8.2 给出熔铸玄武岩生产陶瓷板材的例子。

案例 8.1　Li_2O-Al_2O_3-SiO_2 系玻璃-陶瓷材料[2]

材料成分为 70% SiO_2-18%Al_2O_3-18% MgO-3.0%Li_2O -5.0%TiO_2，是具有很低热膨胀系数的玻璃-陶瓷材料。要求在热处理时，从玻璃相析出大比例的微小 β-锂霞石晶体，与残余少量的玻璃相组成无孔复合体。通常晶体尺度小于 1μm，典型值占体积的 95%～98%。

玻璃常规的结晶过程总是从外表面开始，然后向内生长，形成不均匀的大尺寸晶粒。为此，这类材料在熔化配料时加入成核剂。最常用的成核剂是 4%～12% TiO_2 或 ZrO_2(硅酸盐中为 4%～5%)，也可用贵金属或氟化物，它们都直接起晶核作用，或促使形成晶核。

TiO_2 晶核在 725 ℃左右形成，在 800～825 ℃形成速率达到最大，到 825 ℃又变得很小。β-锂霞石在 TiO_2 晶核上形成，获得 0.1μm 范围内的晶粒(图 8.1)。

案例 8.2　铸造玄武岩板材工艺

采用天然玄武岩或工业废渣为主要原料，生产板材。凝固组织主要是玻璃相，通过随后的热处理，在 850～950℃的结晶炉内辉石结晶，形成玻璃陶瓷。板材产品微观组织为在辉石微晶之间充填着残余的玻璃，几乎完全没有橄榄石和斜长石。Na_2O+K_2O 量控制在 2%～4%，以尽量减少玻璃相[4]。其他成分也要调整。

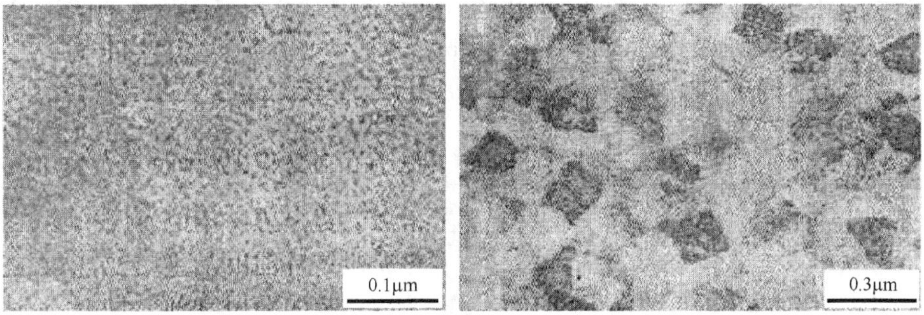

(a)　(b)

图 8.1　Li_2O-Al_2O_3-SiO_2 系玻璃-陶瓷的微观组织[2]

(a)加入 4% TiO_2 时形成的晶核；(b)加入 5.0%(质量分数) TiO_2，先在 775℃保温 2h，然后加热到 975℃保温 2h

8.2.3　从熔体直接获得结晶陶瓷

广泛使用 Czochralski 法生产单晶陶瓷(6.5.5.1 节)。红宝石、蓝宝石和石榴石激光晶体，都是从熔体中生长出来的。

采用天然玄武岩或工业废渣为主要原料，通过熔铸方法，可以获得具有良好的耐蚀和抗磨性能的硅酸盐陶瓷材料或制品。这个工艺方法(案例 8.2 和案例 8.4)被称为**铸石**或**玄武岩熔铸**(processing of basalt rock)。

熔铸硅酸盐的化学成分因原材料不同而异。天然玄武岩的典型成分包括至少 10 种氧化物和类似数量的痕迹元素，其中 $CaO+MgO+Al_2O_3+SiO_2$ 约占 80%，氧化铁约占 10%[1]。熔铸天然玄武岩的主要化学成分可归纳为：46%～52% SiO_2，13%～19% Al_2O_3，3%～14% MgO，7%～13% CaO，0～3% TiO_2，2%～19%(Fe_2O_3+FeO)，2%～6%(Na_2O+K_2O)。碱量使玻璃相增多，不能超过 8%，否则有玻璃化倾向。液相线温度是 1200～1250 ℃，固相线温度是 1100～1050 ℃[4,5]。这个温度适合熔铸。

铸石的结晶程度(或残留玻璃相量)与化学成分和工艺水平有关，直接影响机械性能[6]。CaO-MgO-Al_2O_3-SiO_2 四元系的凝固组织见案例 8.3 和案例 8.4。不同用途对凝固组织有不同的要求，根据组织要求调整化学成分和冷却速率。案例 8.4 讨论了冷却速率的影响。

案例 8.3　玄武岩单向凝固的实验研究[1]

用单向凝固方法研究玄武岩凝固组织。CaO-MgO-Al_2O_3-SiO_2 四元氧化物系简略相图与相关化合物的位置见图 8.2。试样成分为位于靠近透辉石(CaO·MgO·2SiO_2)

和钙长石($CaO \cdot Al_2O_3 \cdot 2SiO_2$)连线之间。如果把透辉石钙长石各视为一个组元,这连线可以视为类似二元共晶(quasi-binaly eutectic)系。

氧化物试样直径 10mm,长 100mm,用粉末冶金方法制备。坯料用 3×10^8Pa 冷等静压制备,在大气气氛下 1100℃烧结。再经过垂直上下两次速率为 170mm/h 的区域重熔(案例 3.23)预处理,径向成分不均匀度不超过 0.1%,长度方向不超过 1%。单向凝固前大多数试样由于冷却较快,是透明或半透明玻璃相。

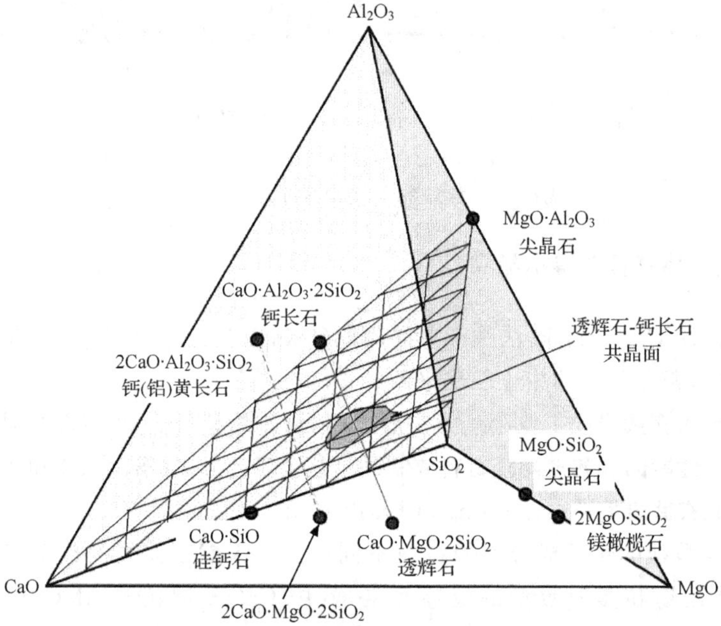

图 8.2 $CaO-MgO-Al_2O_3-SiO_2$ 四元系相图,研究的氧化物及其成分标于图中[1]

使用悬浮区域法熔炼。经过预处理的玻璃态试样被垂直固定在试样夹。为了保证平衡相的生长,试样底部被连接到一个烧结的晶体上,试样向上单向结晶时,下部晶体起晶芽作用。在电弧反射炉内,通过两个反射镜,氙弧光辐射被聚焦到垂直的圆柱体试样上。熔区温度高于凝固点 200K。由于自身表面张力的作用,试样内的熔化区保持在两端固体圆柱之间,如图 8.3 所示。为了提高热的均匀性,试样的上下部分别以 60r/min 转速反向旋转。因此,在熔化区,在熔化和生长前沿,液相被剪切,圆周速率为 $2\pi r$。试样直径 $2r$ 为 7mm,外圆周速率超过 20mm/s,中心的液相是停滞的。因此,在 100K/mm 正温度梯度条件下,以 0.18μm/s(0.7mm/h)的凝固速率(R)向上单向凝固时,r 越大,生长速率越大,排出的溶质倾向于向试样中心积聚,凝固前沿倾向形成向上的凹面。

单向生长超过 20mm 就结束实验。分离试样上下部分,同时关闭弧光热源,水淬凝固前沿。下部试样由两部分组成。凝固前沿上部是近似半球形的液淬区，液相淬火后形成透明的玻璃体，凝固前沿下部是单向凝固试样。分离液淬区后，纵横切取研究试片[图 8.3(c)]。

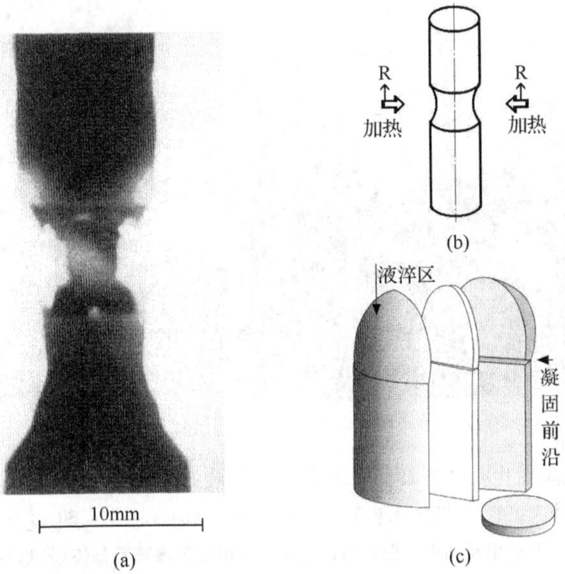

图 8.3　悬浮区域熔炼，垂直向上生长装置(Dela'O、Hellawell 和 Pilling，2000 年)

(a)试样外观；(b)悬浮区域熔炼示意图，向上凝固速率 R；(c)凝固后取样示意图

玄武岩的结晶模式如下：

1)透辉石单向凝固组织

凝固前沿的淬火组织见图 8.4(a)。图中沿垂直生长轴方向分成三个区域：下部是单向生长的初次晶胞状晶体(黑色)，白色的富钙相勾画出其排列形貌，顶部是有淬火产生裂纹的透明的液淬玻璃组织，在它们之间是一精细的淬火层，它是在淬火过程中形成的快速生长层，是由于停止加热时固相突然降温的冷却作用促成的，类似的现象在金属试样中也出现。这一淬火层可能是晶体，从下部晶体生长，并与下部晶体具有同样取向。

横断面组织明显具有小平面形貌[图 8.4(b)]。

透辉石是在一个温度-成分区间凝固的，单向凝固过程形成明显的偏析，导致产生成分偏离透辉石-钙长石连线，远离共晶面的富钙相。

2)钙长石单向凝固组织

凝固前沿的淬火组织见图 8.5(a)，与透辉石[图 8.4(a)]具有相同的宏观形貌，沿垂直生长轴方向也分成单向生长晶体、精细的淬火层和玻璃相三个区域。但是，锯齿状的生长前沿比透辉石组织精细很多。钙长石晶体生长前沿后面的横

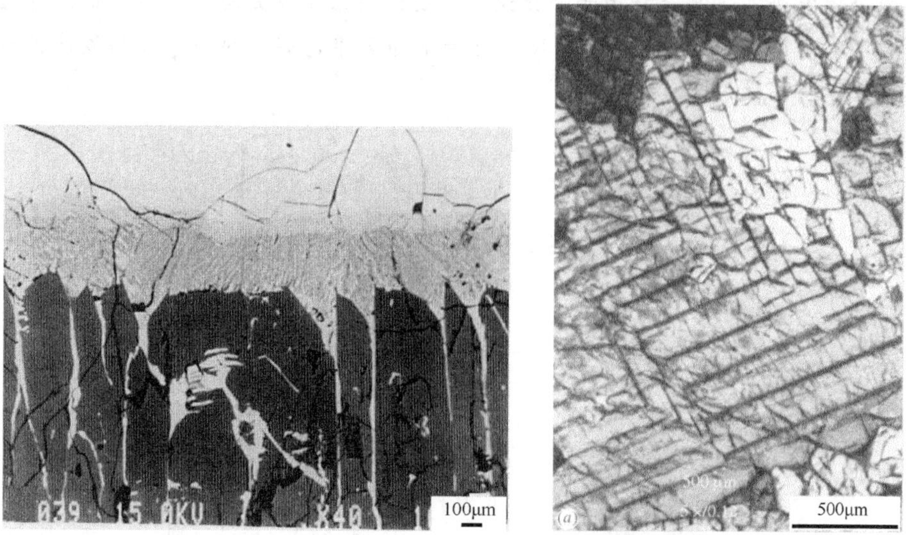

(a)　　(b)

图 8.4　单向生长透辉石显微组织(Dela'O、Hellawell 和 Pilling, 2000 年)

(a)凝固前沿淬火组织(试样是透辉石,成分为 18.6% MgO,55.5% SiO_2,25.9% CaO,平行生长轴取样,背散射电子图像),白色的富钙相勾画出胞状透辉石晶体(黑色),上部是精细的多相淬火层和液相淬火形成的透明的玻璃组织(有淬火产生的裂纹);(b)凝固前沿下面约 1mm 以内横断面岩相图像(试样成分在透辉石和钙长石连线上,在透辉石附近,成分为 17.7% MgO,54.9 SiO_2,25.6 CaO,1.83% Al_2O_3,垂直于生长轴取样),在相邻的透辉石晶粒内,是小平面胞状晶(faceted cellular)的形貌

断面组织含有间距为 20～30μm 的条带[图 8.5(b)],与生长前沿的锯齿状组织间距相似,也比透辉石组织精细。分析表明横断面[图 8.5(b)]存在相似间距的富钙偏析带。电子微探针分析化学成分,表明其是 CaO 和富 SiO_2 相,Al_2O_3 的偏析可以忽略。由此可以认定,钙长石并没有按胞状生长前沿方式凝固,其不规则的凝固前沿是小平面生长台阶,形成孪生平面。

3)单向凝固共晶组织

透辉石和钙长石连线之间的共晶成分是 10.8% MgO,50.3% SiO_2,23.5% CaO,15.4% Al_2O_3。图 8.6 所示为接近透辉石和钙长石连线之间共晶成分试样的共晶组织。值得注意的是,共晶前沿总是胞状的。此外,试样成分在透辉石和钙长石连线上,从靠透辉石一侧至共晶名义成分,都出现透辉石初生晶。但是,试样成分在透辉石和钙长石连线上,在钙长石一侧,靠近共晶点的成分却没有钙长石初生相[图 8.6(a)]。

单向凝固技术有利于控制凝固顺序及缩孔位置,有利于获得致密铸件。有文献预计将其应用到陶瓷领域会受到重视[2]。

(a)　(b)

图 8.5　单向生长钙长石显微组织(Dela'O、Hellawell 和 Pilling，2000 年)

试样是钙长石，成分为 43.2% SiO_2，20.2% CaO，36.6% Al_2O_3。(a)凝固前沿淬火组织(平行生长轴取样，背散射电子图像)，晶体呈现锯齿状，上部是精细的淬火区和玻璃组织；(b)凝固前沿下面的横断面岩相图像(垂直于生长轴取样)，钙长石晶粒具有精细的孪生平面结构，和图(a)示锯齿有相似的间隔

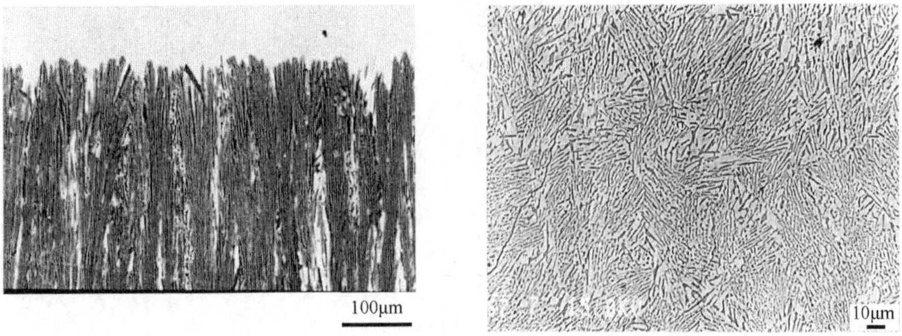

(a)　(b)

图 8.6　单向生长透辉石-钙长石共晶组织(Dela'O、Hellawell 和 Pilling，2000 年)

(a)凝固前沿淬火组织，平行生长轴取样，背散射电子图像，试样成分在透辉石和钙长石连线上共晶点附近(靠钙长石侧)，成分为 9.9% MgO，49.7% SiO_2，23.2% CaO，17.2% Al_2O_3，是胞状共晶，最黑色的相是钙长石，最浅色的是玻璃(富 CaO)，它们之间是透辉石，无钙长石初生相；(b)横断面(垂直于生长轴)组织，试样成分靠近透辉石和钙长石连线，在共晶点附近(靠钙长石侧)，成分为 13.4% MgO，49.5% SiO_2，21.5% CaO，15.6% Al_2O_3，在结构中无胞状晶间相，无明显的纵向偏析，比较黑的相是钙长石

案例 8.4 $CaO\text{-}MgO\text{-}Al_2O_3\text{-}SiO_2$系离心铸管的凝固过程[5]

与板材不同，管材凝固组织是橄榄石、辉石和玻璃体的混合结构。在凝固过程管材要求有橄榄石或磁铁矿首先结晶，然后辉石结晶。在固相热处理时，橄榄石或磁铁矿在玻璃相再结晶时起骨架和增加结晶中心的作用。

原材料采用天然玄武岩，化学成分见表 8.1。管材的 Na_2O+K_2O 为 5%～6%，可以降低熔体黏度，增大流动性，并加大辉石的结晶区间。

表 8.1 成分分析[5]

氧 化 物	SiO_2	TiO_2	Al_2O_3	Fe_2O_3	FeO	MgO	CaO	Na_2O	K_2O
熔体成分/%	45.50	1.92	14.81	3.72	9.68	9.24	8.40	3.30	2.05
橄榄石成分/%	39				19.6	41.4			
玻璃成分/%	47.42	2.29	17.71	4.45	8.06	3.62	10.05	3.95	2.45

1290～1260℃浇注入旋转的离心铸模中，1180～1160℃缓慢降温，冷却曲线出现 3 个平台(图 8.7，1～3)，这是橄榄石结晶放热造成的结果，橄榄石晶体呈短棱柱状[图 8.8(a)、(b)]，占 5%～7%。

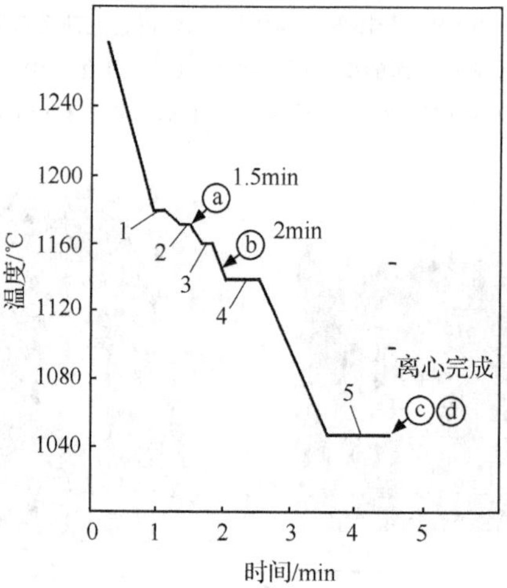

图 8.7 离心过程冷却曲线[5]

a、b、c、d 处的组织见图 8.8，1～5 为结晶引起的温度停顿区

在 1140 ℃，冷却曲线出现一个较长的平台(图 8.7，4)。在这个阶段，橄榄石长成树枝状、扫帚状，也有新析出的呈针状[图 8.8(c)]。可能有些辉石晶体也析出，但晶体细小，数量有限。与透辉石不同，这种辉石晶体富铝、贫钙[6]。全部结晶相占 10%～15%。

在 1050 ℃，出现最后一个温度停顿(图 8.7,5)，这是辉石结晶造成的。有些辉石以针状橄榄石为羽轴，发育成羽毛状晶体[图 8.8(d)]，更多的辉石生长成放射球粒状、星状和扫帚状的晶体，析出量为 10%～15%。这时橄榄石生长基本停止。凝固后结晶相(辉石+橄榄石)占 25%～30%，余下为玻璃相，成斑点状出现，分布不均，主要成分接近于斜长石(61.1% SiO_2，24.4% Al_2O_3，6.1% CaO，8.4% Na_2O)，而不是石英质玻璃[6]。

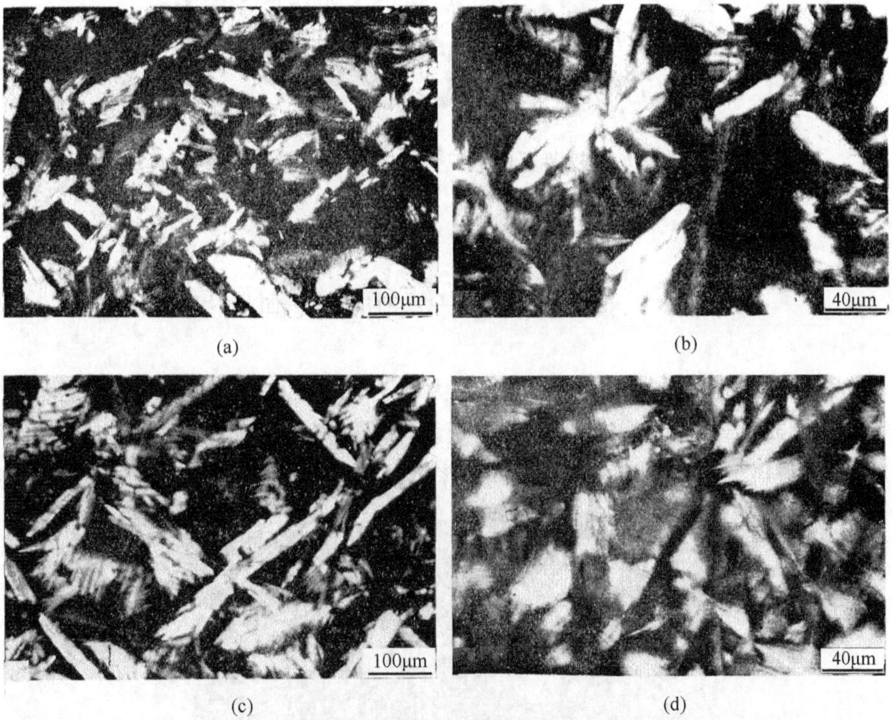

(a)　(b)　(c)　(d)

图 8.8　玄武岩离心铸石管凝固组织，结晶相嵌入非晶态玻璃中
(正交偏光；郭竟雄、叶大年等，1978 年)
(a)离心 1.5min，橄榄石成短树枝状晶；(b)离心 2min，橄榄石成树枝状晶；(c)离心完成后，橄榄石成杆状、树枝状晶；(d)在 1050℃，以针状橄榄石为羽轴，发育成羽毛状辉石晶体

冷却速率要控制在 30～60℃/min，有利结晶进行。当冷速超过 100 ℃/min 时，会终止结晶，整个组织会成为玻璃体(图 8.9)。浇注铸模温度太低或铸件太薄都会出现玻璃化。冷却速率太慢，会导致晶体粗化。

从离心机推出铸管，径向温差为 100～150℃，轴向温差为 80～120℃，需要迅速送入保温炉，以消除温差所造成的内应力。

固态下玻璃相再结晶在保温炉内进行。温度在 850℃左右或更低些，取决于成分。结晶成 10～30μm 的球粒状、星状和羽毛状的普通辉石。

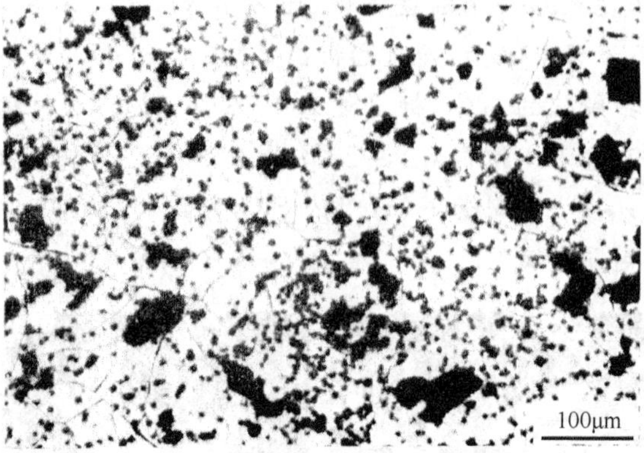

图 8.9　玄武岩离心铸石管凝固组织，19mm 以下薄管，离心后为玻璃结构（正交偏光；郭竟雄、叶大年等，1978 年）

8.3　固相窄缝中液相的凝固问题

陶瓷粉末压坯的结构示于图 8.10，由大小不等的颗粒(grain)构成。实际颗粒的形状是球状或不规则的，粉末细小，如典型黏土原料粒径范围是 10～200μm[2]。颗粒间是空隙，相当于气孔。压坯烧结前孔隙率具体值取决于颗粒尺寸和成型方法。

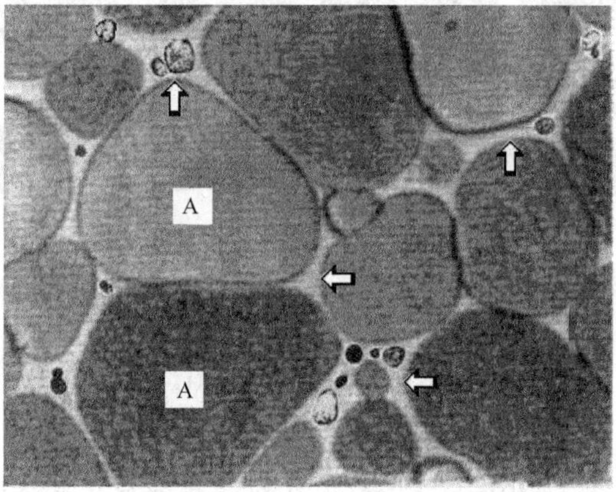

图 8.10　压坯的结构示意图，箭头示固体颗粒(A)间空隙

颗粒不一定是晶粒，取决于颗粒尺度，除非是单晶，颗粒内可能包含多个晶粒。陶瓷文献常称颗粒为晶粒，要注意不要把颗粒与凝固文献的晶粒概念混同。本章除单晶使用“晶粒”外，使用“颗粒”术语。

工艺过程中，粉末压坯的**烧结**(sintering)是重要环节，它是使压坯致密化，获得预期显微结构与性能的关键工序。超过 70% 的粉末冶金产品是用**液相烧结**(liquid phase sintering)方法生产的，大约 95% 的粉末冶金制品涉及液相烧结方法[7]，工艺过程涉及液相运动、固相颗粒相互作用和凝固问题。

8.3.1　液相烧结过程液相的形成与特点

使用液相烧结工艺时，粉末压坯都有两个以上组元。主要组元通常粒度较大，构成压坯骨架(图 8.10 中 A)。少量附加组元(图 8.10 中小颗粒)的任务是形成液相，可以有一种或多种附加组元，通常它们熔点比基本组元低较多。由金属粉末组成的系统是典型例子，如 Fe-Cu 系(第一个组元是主要组元，后面是附加组元，下同)、W-Ni 系(案例 8.9)。

烧结时，可能通过形成共晶相产生液相。陶瓷系统选择的附加组分加热后，常与少量的主要组分反应生成共晶液相[3]。例如，MgO-CaO-SiO_2 系、ZnO-Bi_2O_3 系(案例 8.10)、Si_3N_4-MgO 系(案例 8.5)。

液相烧结温度低于主要组元的熔点，但高于附加组元的熔点，或者略高于出现的共晶的熔点，使其形成液相。因此，主要成分烧结时是不熔化的，它作为晶体构架保持压坯不变形。液相出现的时间和量各不相同，从几百分点到 35%(体积分数)[3,8]。通常液相的量是很少的，难以精确控制成分。高液相比例主要用于传统硅酸盐瓷器和碳化物陶瓷[3]。液相形成后，系统由固相(主要组元)、液相和孔隙中气相组成。

对多数系统，整个烧结过程都存在液相，其量不改变。对少数系统，由于主要组元颗粒溶进液相形成固溶体(如 Si_3N_4-Al_2O_3-AlN 系)，或液相结晶(如 Si_3N_4-Al_2O_3-Y_2O_3 系)，或蒸发(如 $BaTiO_3$-LiF 系)，液相在烧结过程消失[3]。当系统内存在杂质时，特别是石英，液相也可能形成。

另一种烧结工艺使用渗透法，称为**熔渗**。由主要组元制成压坯，选择液相能与固相陶瓷颗粒完全湿润(湿润角＝0°)的金属，烧结温度高于金属熔点，低于主要组元熔点。熔化的液体金属与压坯固态表面接触，在毛细管力作用下，熔化的金属从外部渗入压坯的多孔骨架中，形成的金属液相薄膜包裹在固相颗粒表面。在表面张力作用下，将邻近的颗粒拉紧，获得完全致密的材料(案例 8.6)。

在液相烧结和熔渗过程中，液相的流动与凝固过程是在固相间隙中进行的，固相与液相相互作用起重要的作用。

案例 8.5　Si_3N_4-MgO 系陶瓷烧结时液相的形成与其凝固组织

Si_3N_4 粉末是主要组元，由于表面层氧化，通常含有 1%～5% SiO_2。加入 MgO(如 5%～10%)，作为用以产生液相的附加组元。由于 $MgSiO_3$-SiO_2 系在

1543 ℃出现共晶[9]，在温度足够高时，MgO 与 Si_3N_4 粉末表面的富 Si_2O 层反应，在 1550℃形成共晶相。在 1650℃热压烧结时形成的液量、液层厚度和压坯致密化速度都与 MgO 量成正比。硅酸盐共晶液相凝固时通常形成颗粒间连续的非晶态的玻璃相，通常全部 Mg 都存在于玻璃相中[3]。

案例 8.6 使用熔渗工艺生产 Fe-石墨渗 Cu 制品

工艺为在铁基粉末压坯上面放置磷铜片，在高于铜的熔点烧结，熔化的铜渗入 Fe 基体中，填满孔隙后凝固（图 8.11）。处理后大幅度提高材料强度，组织见图 8.12。

磷铜片用量要根据压坯中的孔隙度进行计算，刚好填满压坯的孔隙。否则多余的金属冷却后，要加工除去。

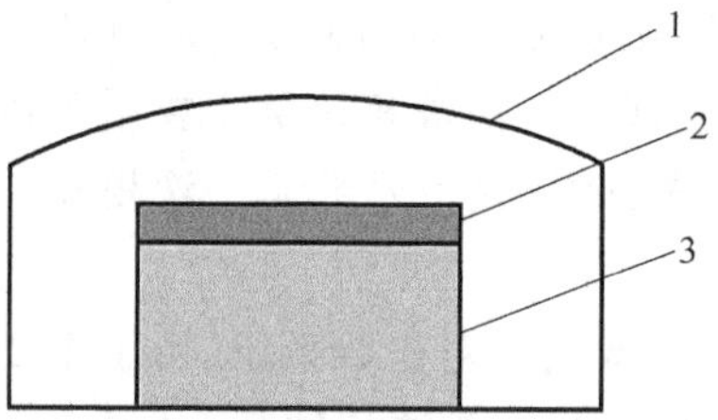

图 8.11 熔渗工艺方法示意图

1.热处理炉；2.磷铜片；3.压坯

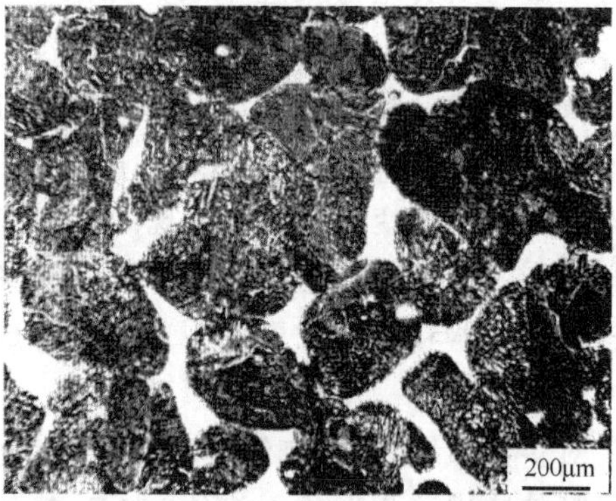

图 8.12 Fe-石墨渗铜烧结后显微组织，3%硝酸乙醇溶液侵蚀，基体为较细层状珠光体和少量铁素体，白色网络状为铜相[10]

8.3.2 液相在固相间隙中的流动与分配

压坯内附加组分熔化后，在毛细管力影响下，液相自身在颗粒间进行分配，并进入小孔。系统的固-气界面被消除，气孔被液体包围。毛细管压力梯度同时使液体从大的孔洞区域流向小的孔洞区域，导致液相重新分配。

液相在孔隙中的流动取决于液相和固相的相互湿润程度。液相通过黏性流动，填充固相颗粒间空隙，使压坯紧密，颗粒间液相凝固后将固相颗粒黏结在一起。液相覆盖固相表面，固-液界面取代固-气表面能，导致系统能量降低（案例 3.9），这是流动的驱动力。保证足够的湿润性，是选择压坯材料成分时的重要指标。差的湿润性会造成颗粒之间排斥，在重力驱动下，烧结时液相会从压坯中流出。一个类似而相反的例子是铸造过程中金属与砂质铸型相互作用（5.4.5 节）。

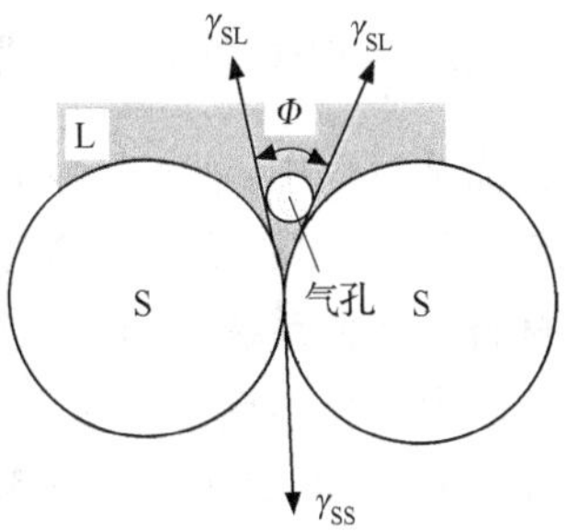

图 8.13　颗粒间界的液相二面角 Φ，$\cos(\Phi/2)=\gamma_{SS}/2\gamma_{SL}$

在界面张力驱动下，液相可能渗透颗粒间周界。如果有足够的湿润和足够的液体量，液相可能渗透在颗粒间，并在固相颗粒表面铺展，形成 1～5 nm 薄层，系统内的空隙的气同时形成气孔，否则，可能仅部分渗透。与结晶时界面张力对长大的相邻晶粒构成的二面角相似(3.3.4.2 节)，在相邻固相颗粒的连接点，界面张力构成二面角平衡(图 8.13)。液相对颗粒接触面的渗透取决于界面张力，液相完全渗透的条件是 $\gamma_{SS}/\gamma_{SL}>2$。其物理意义是两个固-液界面能的和小于固体间的界面能，液相渗透整个固-固界面，将导致系统能量降低[3]。气孔内的压力高于液相内的压力，其值可以使用 Laplace 方程[式(1.4)]计算。

液相的分布和冷却后的凝固相对陶瓷材料的性质有重要的影响。从案例 8.7 可以理解固-液两相间湿润的重要性。不同物质相互湿润问题以及温度对湿润性的影响已经被深入研究，但需要多大的湿润程度问题没有完全解决。

案例 8.7　金属陶瓷的湿润性问题[11]

金属相和陶瓷性质的非金属相组成的烧结材料称为**金属陶瓷**(cermet)。主要问题是把两种不同的相结合起来，获得良好的显微结构，为此，金属液相要良好地湿润陶瓷固体。

氧化物基金属陶瓷，由于氧化物的表面有排斥金属电子的能力，氧化物与液体金属的界面能通常比较大，金属液对氧化物的湿润性通常较差。因此，成功的氧化物金属陶瓷不很多。最成功的例子是 Al_2O_3-Cr 金属陶瓷(25%～72% Cr)。Al_2O_3 与 Cr 之间湿润性差，但金属 Cr 粉表面容易生成一层致密的 Cr_2O_3。可以通过烧结时使 Cr 粉部分氧化(生成 5%～7% Cr_2O_3)，形成 Al_2O_3-Cr_2O_3 固溶体来降低它们之间的界面能，改善湿润性，产生牢固结合。可以在烧结时控制氧化气氛，使金属铬表面生成一层 Cr_2O_3 或在配料中用部分 Cr_2O_3 代替 Cr。

Zn、Sn、Bi、Cu、Pb、Al、Ag 等完全不湿润碳化物，不能与碳化物形成金属陶瓷。一些金属能湿润碳化物并与碳化物产生有限度的作用。铁族金属能溶解碳化物并形成共晶。过渡族金属 Cr、Ti、Mo、Nb 能溶解碳化物形成固溶体或混合型碳化物。常加入少量第二种金属(称为诱导金属)，以改善湿润性。例如，Cu 中加入 0.25%Ni，使纯 Cu 在 1100℃对 ZrC 的湿润角从 135°减至 54°。

8.3.3 液相与固相的相互作用

在烧结过程中，液相促使固相颗粒运动，固相在液相中溶解后，液相又提供传质通道，沉淀析出固溶体。通过这两个作用，使固相颗粒重新排列，导致获得致密化的材料和降低系统自由能。可能的驱动力来自颗粒表面的曲率(界面自由能)、外加的压力和化学反应。对大多数液相烧结系统，固相颗粒和液相间化学反应相对比较薄弱，界面能在烧结过程中起主要作用。[3]

8.3.3.1 毛细管力

液体内的负压力(由 Laplace 方程计算)施加给颗粒很大的压力，力的数量级和性质取决于接触角、液体量、颗粒尺寸和间隙等因素。液体产生的相当大的毛细管压力导致致密化。案例 8.8 基于简化的物理模型，描述了固-液界面张力和弯曲液面产生的毛细管力对固相的作用，建立相应的数学模型。这是讨论液相烧结过程固相颗粒运动的基础方程之一。

案例 8.8 液相存在时毛细管力的模型[12]

研究表明，当液体体积分数很小时，可以假设在 x-z 平面上(图 8.14)液-气界面的曲率是常数(称为环形近似，circle approximation)，应用到处理烧结问题上可以得到精确的结果。实际粉末的形状是球状或不规则的。为了评估液体施加给颗粒的力的影响因素，建立简化的理想球状模型(两个等半径的圆)。考虑两个等直径球形颗粒，并且假设球的表面自由能是各向同性的，对液相和气相都是惰性的。颗粒直径小于 100μm，忽略静电作用和重力引起液体内的压力变化。接触角为 θ，液相聚集于颗粒之间(图 8.14)，或者液相铺展在颗粒表面将两颗粒分隔，颗粒间形成弯月形液面。这时作用在颗粒上的力由两部分组成：固-液界面张力 γ_{LV} 和弯曲液面造成的毛细管力。

边界三相点应维持表面张力平衡，液-气界面表面张力 γ_{LV} 值受接触角 θ 影响[式(3.5)]。为了简化，近似将液体弯月面视作圆弧，其基本曲率半径是 R_1，与其垂直的曲率半径 R_2，液气弯月面的压力差由 Laplace 公式计算

$$\Delta P = \gamma_{LV}\left(\frac{1}{R_1} - \frac{1}{R_2}\right) \tag{8.1}$$

忽略重力，液体内部各处压力将相等。当力处于平衡时，可以证明[3,12]固-固颗粒间作用力

$$F = 2\pi r \gamma_{LV} \cos\Phi - \pi r^2 \Delta P \tag{8.2}$$

式中，第一项反映 γ_{LV} 的作用，第二项反映由弯曲液面产生的液体内的负压的作用。当力为压力时，F 取正值。此式适用于所有 z 值的断面。

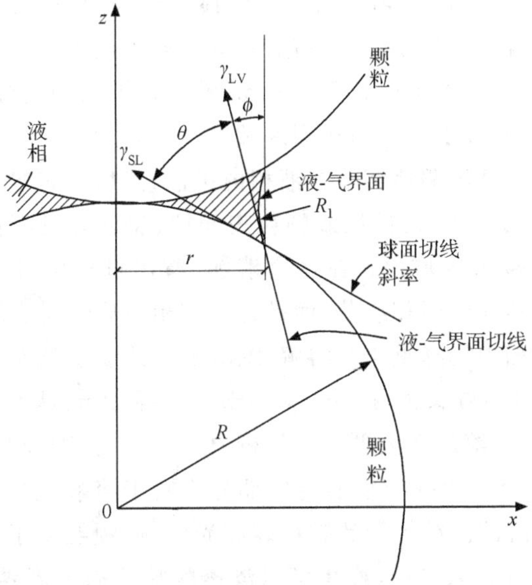

图 8.14　两个等直径球的理想模型(根据文献[12]绘制)
L、S、V 代表液、固、气相

8.3.3.2　固相颗粒在液相中的运动

形成液相后,如果固相能够与液相完全湿润(湿润角为 0°),随着液相流动,液体湿润颗粒并覆其表面,颗粒被液体薄膜分隔,重新处于分离状态。它们之间的摩擦力减少,颗粒可以在毛细管压力作用下运动,发生重新排列,滑动的颗粒形成密排。在表面张力作用下,将邻近的颗粒拉紧。

是否能够填充全部间隙,取决于液相量。液相量少,不能使孔隙封闭,颗粒滑移和重排困难。如果能够大部分填满,出现孤立的气孔,气孔内部指向中心的负压力将有利于固体颗粒在液相中的滑移和重排。如果液相能够填满全部间隙,固体颗粒很易流动与重排。液相越多,致密度越高[11]。

液相产生的较大的毛细管压力和液-气界面减少提供系统致密化的驱动力[3]。

8.3.3.3　固相在液相中的溶解与析出

陶瓷材料成分设计要求固体颗粒组分在液相组分中的溶解度高,实验证明,其导致烧结要求的压坯致密化。相反,要避免液相在固相中有高的溶解度,因为它导致液相内出现孔洞,使液相和压坯膨胀[3~13]。

当颗粒表面存在液膜时,固相溶解现象就要发生,固相表面原子逐渐溶解于液相中。颗粒尺寸有效地影响溶解度。随着颗粒尺寸减小,溶解度增加。对同一颗粒,溶解也不是沿接触面均匀进行的。固体颗粒表面各处的化学位不同,化学位较高部位优先溶解。高化学位区域包括:具有较大曲率的小颗粒和颗粒表面的棱角和凸起部位(2.2.4 节 Gibbs-Thomson 效应)、颗粒间的湿润接触区域(有液体的毛细管应力作用)和加工应力作用区域[3]。

溶解产生的浓度梯度驱使溶质在液相内扩散,然后在颗粒低化学位部分结晶析出。低化学位区域包括:大颗粒或颗粒表面坑、裂缝等具有负曲率的区域和压坯加工时颗粒的非接触区域[3]。在这个**溶解-析出**过程中,液相成为传质通道。从液相析出结晶的不是纯固相组分,而是含有液相组分的固溶体(案例 8.9)。

固体颗粒在液相中滑移重排和溶解-沉淀效应改变了烧结材料的微观组织形貌,这个过程被称为**颗粒长大**(grain growth)。一种机制是物质从小颗粒向大颗粒迁移。小颗粒溶解,溶质在大颗粒某处析出,从而使大颗粒长得更大。同时,颗粒棱边和粗糙表面上小曲率半径的突出部分将趋于溶解,坑、裂缝等具有负曲率半径的部位将发生沉淀。结果导致颗粒表面光滑,使颗粒易于流动,促进致密化。如果颗粒是多晶体,$\gamma_{SS}/\gamma_{SL}>2$,液相可以渗透颗粒的晶粒周界,将出现多晶颗粒的碎化与它们的重排,进一步使主要组分颗粒细化与致密[3]。

另一种机制是使接触面平直化(图 8.15)。平直化是湿润的液体毛细管力作用的结果。颗粒间接触点的溶解度(或化学位)高于颗粒其他表面,导致物质传输离开接触点。因此,在表面张力的作用下,颗粒彼此靠近(对于完全湿润的水系统,保留 $\delta=0.005\sim0.04\mu m$ 的液膜),并形成一个平的接触区[14](图 8.15)。

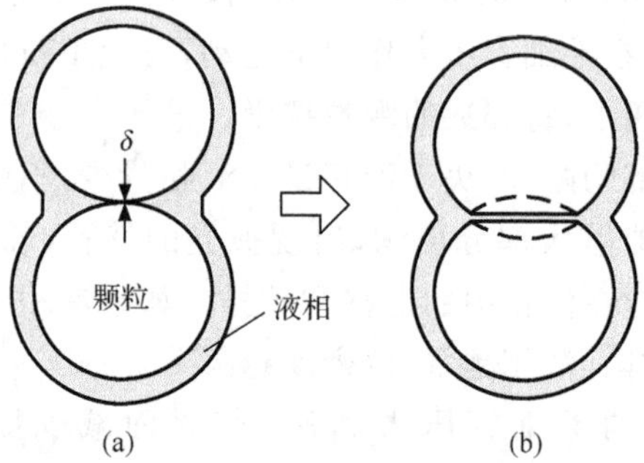

图 8.15　接触面平直化的二球理想模型(Kingery,1959 年)

(a) 在液相毛细管力的作用下,颗粒彼此靠近;(b)形成一个平的接触区

溶解效应有利于组分间相互牢固结合,它被认为是金属陶瓷 WC-Co 获高强度的主要原因[11]。这个过程减少颗粒表面积,驱动力是表面张力和液相层产生的毛细管力,它使固-液界面能降低[3]。扩散是控制因素。

案例 8.9 以 W-Ni 系为例,提供烧结过程液相形成、流动分配和微观组织变化过程的实验结果,是一个理解液相烧结的良好案例。

案例 8.9　W-Ni 系陶瓷烧结过程研究[15,16]

W 是主要组元，实验使用直径 200～250μm 球状颗粒和平均尺寸为 10μm 的不规则形状颗粒 W 单晶（多晶体少于 0.5%），Ni 是附加组元，使用细粉末。在本例中，固相颗粒是晶粒。

1670℃加热 3min（Ni 熔点 1455℃），Ni 粉末熔化形成液相[图 8.16(a)、(b)]。在固-液界面，发生 W 微粒溶解于 Ni 液体并在大晶粒表面沉淀析出和接触面平直化，沉淀的 W 含有少量 Ni(0.15%)。通过蚀显技术，可以清楚地区分纯 W 和沉淀的 W 固溶体[图 8.16(c)]。测量确定试样空隙度随烧结时间延长而下降，结合金相观察，清楚表明伴随致密化过程发生晶粒粗化[图 8.16(a)～(c)]。沉淀的 W 并非均匀地在大 W 球表面生长，而是在没有邻近大晶粒阻碍的区域优先生长[图 8.16(c)]。粗化的大 W 球生长出平面，呈现多面体形状[图 8.16(c)、(d)]，致密化和粗化是伴随晶粒形状适应调整（grain shape accommodation）进行的，也证明接触区变平机制起作用。但不能确定哪一机制对致密化起主导作用。

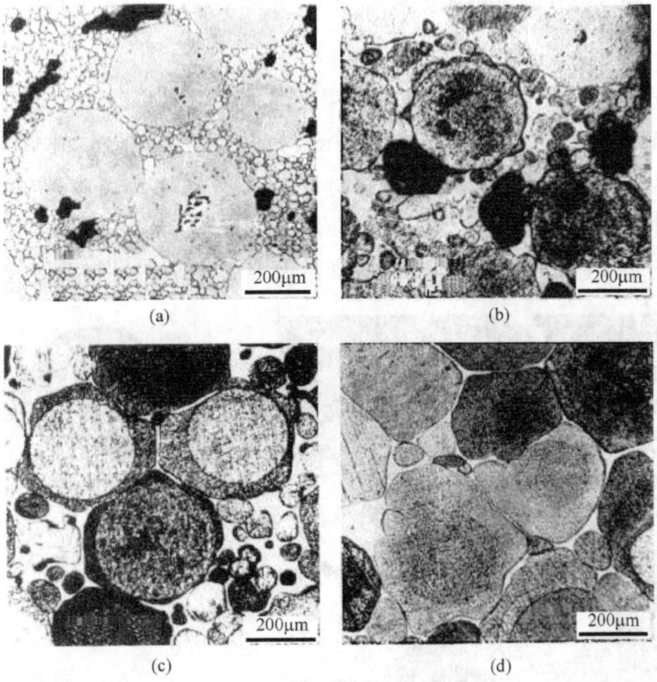

图 8.16　48%大 W 球+48%小 W 球+4%Ni 粉在 1670℃烧结不同时间的微观组织（Yoon 和 Huppmann，1979 年）

(a)3min，Ni 粉溶化成液相（黑色）；(b)20min；(c)120min；(d)360min

增大 Ni 量，使液相量加大，W 晶粒生长呈球形（图 8.17），与图 8.16 的多面体形状明显不同，说明液相量是颗粒形状适应调整过程是否出现的关键因素。

很多液相烧结材料组织中的颗粒是球形的。低液相量有利于发生接触区变平机制。液体量少，消除空隙降低的自由能比多面体代替球状增大的表面自由能多。液体多，毛细管压力低，使晶粒变平和形状调整的驱动力小，圆颗粒得以保留。

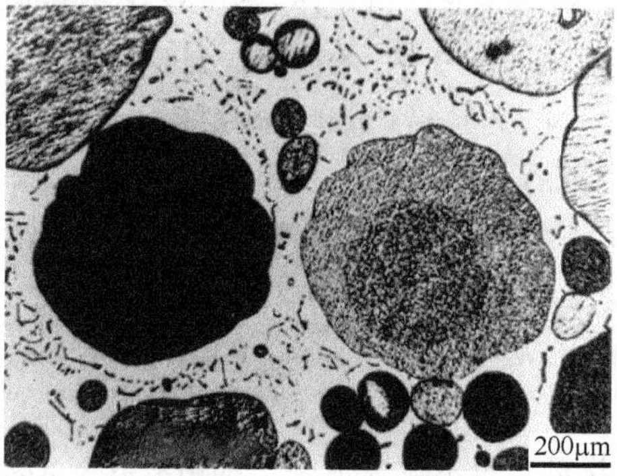

图 8.17　43%大 W 球+43%小 W 球+14%Ni 粉在 1670℃烧结 60min 的微观组织（Yoon 和 Huppmann，1979 年）

除小 W 粒溶解后向大 W 粒沉淀结晶现象外，还观察到两个不接触的单晶 W 球由于隔离的液相迁移而合并（coalescence）[图 8.18(a)]。这种现象出现在一些金属系统，称为颗粒单向生长。电子探针分析表明收缩的晶粒是纯 W，沉淀到生长晶粒的材料是含 0.15%Ni 的 W 固溶体[图 8.18(b)]。纯 W 与固溶体间的成分差提供了很大的化学能下降，足以补偿界面能的增加。

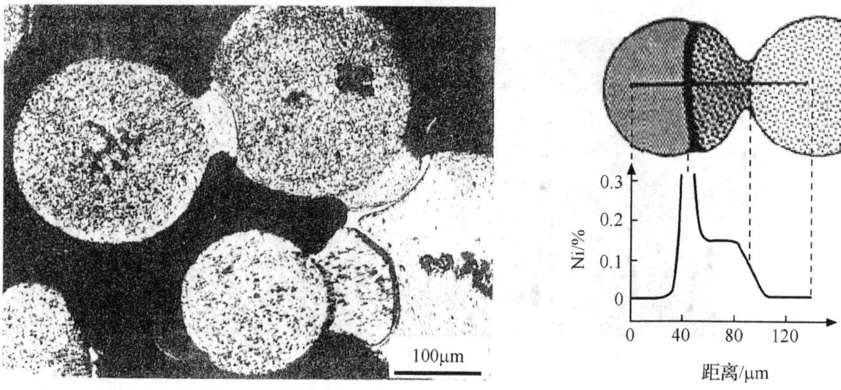

图 8.18　直径 200～250μm 单晶 W 球加 2%Ni 在 1640℃烧结 60min，消耗邻近的 W 晶体单向的晶粒生长现象（Murakami's 溶液浸蚀几分钟）

(a)微观组织；(b)微探针分析（Yoon 和 Huppmann，1979 年）

8.3.4　液相的凝固

除可能存在孔洞外，液相烧结后形成的微观组织基本上有三种类型：

1)由固相颗粒和液相凝固形成的颗粒周界相组成的多相组织

这种系统的液相和构成骨架的固相相互溶解度比较小，整个烧结过程都存在液相。固相颗粒被一层液相包围。烧结过程中，出现的主要现象是液相充填间隙与颗粒重新排列。烧结后期液相凝固，形成颗粒周界相。例如，W-Cu 系，W 不溶解于液相 Cu 中，烧结过程液相量不改变，直到降温凝固[8]。多数系统都属于这种类型。颗粒间周界相常很薄，从厚若干纳米到若干微米，对微观结构和性质有重要的影响，它有不同的性质，其厚度可以随液体量变动，形成周界[3]。

对于纳米数量级的薄晶间相，从热力学角度解析，非晶态膜的形成达到最低的自由能，颗粒间相通常形成玻璃态组织(8.1 节)。已经观察到一些氧化物和非氧化物系统颗粒间存在厚度约为 1nm 的非晶态膜。例如，ZnO(Bi_2O_3)系(案例 8.10)，颗粒间非晶态膜厚 1.0～1.5nm，低能位使液膜以非晶态存在，而不转换为晶态或脱湿润[17]。陶瓷的晶界玻璃相常对高温力学性能有害，可能降低蠕变和抗疲劳等高温性能。使其晶化是提高特种陶瓷高温力学性能的重要研究方向之一。

对少数系统，液相在烧结过程就结晶消失，例如 Si_3N_4-Al_2O_3-Y_2O_3系[3]。

案例 8.10　ZnO-Bi_2O_3系陶瓷的非晶态相[17]

实验条件：试样成分为 ZnO-0.4%Bi_2O_3+0.6%CoO(摩尔分数)，ZnO 是主要组元，附加组元是 Bi_2O_3和 CoO。ZnO-Bi_2O_3 系共晶温度为 740℃。使用液相烧结，试样压坯在 850℃加热 1h，在共晶温度 740℃ 以上形成富 Bi 液相，在 700℃加热 24h，以 150K/h 速度冷却。烧结温度下液相完全渗入颗粒周界，凝固后在颗粒间形成富 Bi 非晶态膜，厚 1.0～1.5nm(图 8.19)，其成分基本上是 Bi_2O_3-ZnO 固溶体。

2)形成固溶体单相组织

系统的液相和构成骨架的固相相互溶解度比较大，液相溶进颗粒形成固溶体，液相在烧结后期逐渐消失，烧结体形成单相固溶体组织，如 Si_3N_4-Al_2O_3-A1N 系[3]。在金属粉末冶金中，Cu-Sn 烧结，Sn 占 Cu 的 15.8%，Sn 熔化后，与 Cu 生成固溶体和各种熔点较高的金属间化合物，导致液相消失。Fe-Ni-Al 也是如此[8]。少数系统属于这种类型。

3)液相直接蒸发

液相可能直接蒸发，如 $BaTiO_3$-LiF 系，液相在烧结过程消失[3]。少数系统属于这种类型。

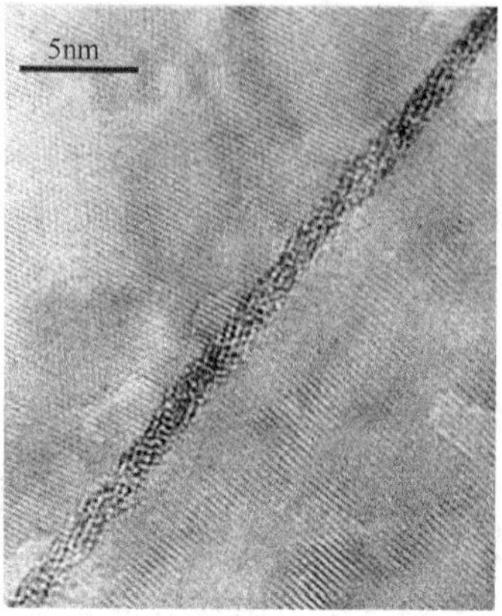

图 8.19 ZnO-Bi_2O_3-CoO 系 ZnO 颗粒间厚 1.5nm 富 Bi 非晶态膜的高分辨率(HREM)电子显微镜图像(试样从共晶温度以上冷却,试样内膜平均厚 1.3nm; Wang 和 Chiang, 1998 年)

参考文献

[1] DeLa'O J, Hellawell A, Pilling J. Directional solidification and microstructural evolution between diopside and anorthite in the system CaO-MgO-Al_2O_3-SiO_2//Proceedings of the Royal Society, London, 2000, A 456:2315-2350.

[2] Kingery W D, Bowen H K, Uhlmann D R. 陶瓷导论. 清华大学无机非金属材料教研组,译. 北京:中国建筑工业出版社, 1982: 9,12,310,354,370-373.

[3] Rahaman M N. Ceramic Processing and Sintering. New York: Marcel Dekker, 2006: 26, 427,620-627,632-635,641-646,652,655,670-673.

[4] 陈友明, 叶大年, 郭竟雄, 等. 论铸石的化学组成//铸石研究论文集. 北京:科学出版社, 1978:1-17.

[5] 郭竟雄, 叶大年, 郝杰, 等. 玄武岩铸石管结晶作用的研究//铸石研究论文集. 北京:科学出版社,1978:18-33.

[6] 叶大年, 金成伟. 铸石矿物的 X 射线粉末法鉴定//铸石研究论文集. 北京:科学出版社, 1978:106.

[7] 果世驹. 烧结工艺与技术//韩风麟, 马福康, 曹家勇. 中国材料工程大典. 14. 北京:化学工业出版社,2006:427.

[8] 中南矿冶学院粉末冶金教研室. 粉末冶金基础. 北京:冶金工业出版社,1977:89,92-93,106.

[9] Bowen L J, Weston R J, Carruthers T G, et al. Hot-pressing and the α-β phase transformation in silicon nitride. Journal of Material Science, 1978,13:341-350.

[10] 李炯辉. 金属材料金相图谱. 北京:机械工业出版社,2006:1318.

[11] 王零森. 特种陶瓷. 长沙:中南大学出版社, 2005:558-565,570-571.

[12] Heady R B, Cohn J W. An analysis of the capillary forces in liquid-phase sintering of spherical particles. Metallurgical Transactions, 1970, 1:185-189.
[13] 果世驹. 粉末烧结理论. 北京:冶金工业出版社, 1998:93.
[14] Kingery W D. Densification during sintering in the presence of a liquid. Journal of Applied Physics, 1959, 30:301-306.
[15] Yoon D N, Huppmann W J. Grain growth and densification during liquid phase sintering of W-Ni. Acta Metallurgica, 1979, 27:693-698.
[16] Yoon D N, Huppmann W J. Chemically driven growth of tungsten grains during sintering in liquid nickel. Acta Metallurgica, 1979, 27:973-977.
[17] Wang H, Chiang Y M. Thermodynamic stability of intergranular amorphous films in bismuth-doped zinc oxide. Journal of the American Ceramic Society, 1998, 81:89-96.

索　引

Z